普通高等学校教材

光纤通信原理

胡先志　杨　博　编著

武汉理工大学出版社
·武　汉·

内 容 提 要

本书系统而全面地阐述了光纤通信基本原理、关键光器件、系统组成和光网络应用，主要内容包括光纤传输理论、光纤结构、光纤传输性能，常用光缆结构及其特点，半导体激光二极管结构、原理与性能，光发射模块的组成与工作原理，半导体光检测器结构、原理与性能，光接收模块的组成与工作原理，光纤通信系统的基本组成、工作原理和系统性能，光网络组网关键光器件，波分复用传输系统工作原理、关键技术和应用实例，光网络的演进，光传送网、自动交换光网络、分组传送网、接入光网络的组成、关键技术及其应用和光纤通信技术前沿研究等。

本书的特点是：**一、内容新颖**。书中所阐述的光纤、光缆、关键光器件、传输系统、光网络和光纤通信技术前沿研究等内容都取材于国内外的最新研究成果；**二、图文并茂**。作者试图以清晰简练的文字和直观形象的图表，便于读者轻松地掌握所学内容，享受学习过程的快乐；**三、实用性强**。书中注意清晰地叙述光纤通信的基本概念、基本原理和关键技术，同时也列举了一些光纤传输系统和光网络应用实例，以彰显理论与实际相结合的特色；**四、目的明确**。本书是专门为通信工程、电子信息工程、应用电子技术、光信息科学与技术等专业大学本科生撰写的光纤通信原理专业课教材，也可以用作光纤通信领域中的科技工作者参考书。

图书在版编目(CIP)数据

光纤通信原理/胡先志，杨博编著. —武汉：武汉理工大学出版社，2019.8
ISBN 978-7-5629-6108-6

Ⅰ. ①光…　Ⅱ. ①胡…　②杨…　Ⅲ. ①光纤通信-高等学校-教材　Ⅳ. ①TN929.11

中国版本图书馆 CIP 数据核字(2019)第 166905 号

项目负责：黄　春　　**责任编辑**：黄　春　黄　鑫
责任校对：夏冬琴　　**封面设计**：博壹臻远
出版发行：武汉理工大学出版社
武汉市洪山区珞狮路 122 号　邮编：430070
http://www.wutp.com.cn　理工图书网
E-mail：chenjd @whut.edu.cn
经　销　者：各地新华书店
印　刷　者：武汉市宏达盛印务有限公司
开　　本：889×1194　1/16
印　　张：20
字　　数：492 千字
版　　次：2019 年 8 月第 1 版
印　　次：2019 年 8 月第 1 次印刷
定　　价：128.00 元

序　言

自1966年华裔科学家高锟博士与George A. Hockham共同提出，利用石英玻璃纤维（简称光纤）传送光信号进行光纤通信的设想以来，在过去的52年中，光纤传输系统从准同步数字体系、同步数字体系、波分复用系统到数字相干光纤传输系统的演进，促进了光网络从业务固定配置的同步数字体系传送网，波长调度的波分复用传送网，大颗粒业务配置和强大管理的光传送网，具有动态、自动实现传送、交换和建立连接功能的自动交换光网络发展到业务灵活调度、网络集中控制的软件定义的光网络。

现在，采用无机硅原料制造光纤，既提高了光纤生产效率，又解决了环境污染问题。光纤光缆已经成为使光信号实现高速率、大容量、长距离传输的最佳介质。利用高阶调制编码、空分复用光纤（多芯光纤、少模光纤、多芯-少模光纤）、相干检测和数字信号处理技术，可以构筑传输容量100Tbit/s以上的超高速率、超大容量、超长距离、超高频谱效率的光纤传输系统。互联网＋、物联网、云计算和大数据中心逐渐成为网络的发展核心。终端用户的带宽和流量高速增长，推动了光纤接入网的快速发展。在光纤到户的宽带接入环境下，用户可以轻松而快捷地享受高清晰数字电视、5G宽带移动通信、虚拟现实游戏等内容丰富、高质量的宽带服务。今天，在全世界范围内已经构建的拥有巨大传输容量的光网络，为与日俱增的信息流量提供了宽阔、可靠的传送平台，而且光网络资源调度已经从固定配置向着动态智能软件定义光网络发展。

本书作者拥有30多年的光纤通信科研与教学工作经验，通过阅读大量的国内外最新研究文献，再凭借他们具有的编写过多本教材和学术著作的经验，撰写了这本适用于通信工程和电子信息工程等专业的本科生教材。这本教材在阐述了光纤传输理论、光纤传输系统和光网络等方面的基本概念、基本原理、关键技术和网络应用实例的基础上，同时也简要介绍了光纤通信技术前沿研究热点，是一本内容丰富、技术新颖、实用性强的本科教材。我相信，这本教材的顺利出版，将会为我国培养光纤通信技术人才做出积极的贡献。

是为序。

中国工程院院士

趙梓森

2018年6月17日

前　言

21 世纪，人类社会已经跨入了光子信息时代。信息的产生、传输、交换几乎都是在由光而生、因光而成、为光而造，以光速在全世界传播。光活跃在通信世界中，光穿越了光网络各根光纤纤芯，光照亮了各个用户连接点。光纤通信意味着通信世界已经迈入光子天地。光纤通信技术的演进是建立在微电子、光电子、光子器件、数字信号处理、通信系统、计算机硬件、计算机软件、通信网络等相关技术和产品突破的基础上的进步。例如，通信技术由电（信）通信到光纤通信的根本原因是，人们对于信息交换需求的增长，高带宽业务的不断诞生。人们利用无质量、无源传播的光子建立无限带宽光纤通信系统代替现有的电子通信系统。在世界进入光纤通信之后，光网络为开发人类智慧、推动社会文明需要进行的超级信息交流创造了必要的条件。光纤通信技术遵循一条萌发创新科学思想，努力科研研究，推动技术进步的发展道路。

1966 年，华裔科学家高锟博士，针对电信号本身存在的问题，提出了用玻璃纤维作为光波导的光（纤）通信理论。光（纤）通信就是用光纤代替铜导线作为信号传输介质，光纤通信具有巨大的可用带宽，可以实现海量通信，从而推动了通信领域的一场技术革命，即由电（通）信进入光纤通信。鉴于高锟博士将人类带入信息社会所做出的卓越贡献，这位“世界光纤之父”于 2009 年 10 月 6 日荣获世界科学最高奖——诺贝尔物理学奖。

1970 年是光纤通信元年。在这一年，美国康宁公司研制出了衰减系数为 20dB/km 的石英玻璃光纤。美国和日本的研究人员同时开发出了可以在室温下连续工作的半导体激光器。巨大带宽的光纤和容易调制的半导体激光器光源，为光纤通信进入试验和实用化奠定了基础。1976 年，世界第一个传输速率为 44.7Mbit/s 的光纤通信在美国亚特兰大顺利完成现场实验。

1985 年，美国贝尔实验室提出了同步数字传送体系标准。该标准由基本网元、光纤线路和网络管理系统共同组成光传输网络。在这个光传输网络上可以实现信息同步复用、传输、分插和交叉连接功能。

1995 年，针对同步数字传送体系开销复杂、电子器件响应速度受限等问题，人们提出利用波分复用技术构建的光网络。波分复用光网络，以较低的设备成本，简单的光器件形式，使单根光纤中的传输容量提高几十倍到数百倍，使其成为光网络的主流结构。波分复用光网络实现了光网络从光波长传输到光波长交换的革命性转变，同时为建立波长路由、业务透明与灵活配置、高生存性光网络提供了必要条件。

1998 年，国际电信联盟提出了光传送网。光传送网处理的单位是光波长。客户层以光波长形式在光网络上复用、传输、选路和放大。在光域上实现分插复用和交叉连接，为客户信号提供有效和可靠的传输。

2000 年，国际电信联盟提出了自动交换光网络。自动交换光网络最核心的技术体现在可以实现网络业务动态配置，通过管理平面自动建立或者拆除光通道，从而推动了光网络组网应用向着动态、灵活、高效、智能，而且更加快捷和安全可靠的方向发展。

2010 年以后，光纤到家庭、4G 宽带移动通信、虚拟现实和增强、超宽带视频等宽带业务的带宽需求迅速增长，同时为了适应互联网＋、物联网、云计算、大数据的海量数据传输网络架构变革，全球长途干线电信网开始采用单信道传输速率为 100Gbit/s 的相干传输系统。

2012 年，中国电信、中国移动和中国联通三大网络运营商陆续试点采用单根光纤传输容量为 8Tbit/s(80×100Gbit/s)的波分复用传输系统。

2013 年，国务院颁布《"宽带中国"战略及实施方案》。该实施方案中明确提出 2020 年发达城市宽带用户入户速率为 1G。为了适应宽带业务发展和网络架构变革的需要，光纤传输系统研究人员主要采用高阶调制编码、波分复用、偏振复用、空分复用等多维复用组合、相干检测和数字信号处理技术使光纤传输系统实现超高速率、超长距离、超大容量、超高频谱效率传输。

2015 年，罗鸣等人在 G.652 单模光纤上成功地完成了离散傅里叶变换、正交频分复用、128 正交幅度调制和偏振复用 100Tbit/s、80km 的传输实验。

2016 年，K. A. Turukhin 等人在单模-12 芯光纤上成功地完成了八维幅移键控、偏振复用的光信号 105.1Tbit/s、14350km 的传输实验。

2017 年，罗鸣等人在单模-7 芯光纤上成功地完成了离散傅里叶变换、正交频分复用、32 正交幅度调制和偏振复用的光信号 560Tbit/s、10km 的传输实验。

2019 年 2 月 13 日，贺志学等人利用数字信号处理的相干光纤传输技术，在单模 19 芯光纤上完成了频谱效率为 113bit/(s·Hz)，单通道速率为 178Gbit/s，传输容量为 1.06Pbit/s的传输实验。这个传输实验成果标志着我国光纤传输系统研究水平已进入世界先进行列。

为了适应分组数据业务发展的需要，光网络正在由传送网向着承载业务的分组交换光网络演进。光网络的四通八达，呼唤智能化自动交换光网络的诞生，从而提高了光网络资源分配、服务质量和可靠性。软件定义光网络在提高了网络的运行维护管理水平的同时，推动了光网络向着开放性和智能化方向的发展。

作为从事光纤通信技术科研与教学工作 30 多年的同志，我们的工作体会是光纤通信技术进步遵循了一个"点、线、面"的发展规律。"点"是指光电器件——基本组件，如半导体激光器、光纤、光放大器等。"线"则为同步数字传输系统、波分复用传输系统——简单应用。"面"就是光网络——更加实用，如光传送网、自动交换光网络、无源光网络。因此，本教材的内容阐述顺序采用了由"点"、"线"到"面"，从简到繁的叙述原则。首先介绍光纤传输理论、光纤结构及其传输性能，其次描述光器件基本结构、工作原理和工作特性，再次介绍传输系统的原理和特点，最后阐述光网络的分类方法、工作特点和应用实例。作者力求读者通过本书的学习，能够获得真实的感悟。光纤的品种更新、光器件功能增多、系统设备的多样化、光网络结构细化和控制的智能化，彼此依靠，取长补短，共同推动光纤通信技术的发展。

在本书的编著过程中作者先后引用了赵梓森院士、余少华院士、韦乐平教授、顾畹仪教授等国内外众多著名专家的研究成果，也参考了一些国内外最新出版的有关光纤通信方面的图书、期刊和最新标准，在此向众多专家和标准部门表示真诚的感谢。对于有关专家和标准部门的研究成果，我们已在书末的参考文献中做了一一列举，但难免有遗漏之处，还请他们多加谅解。

作者在此感谢光纤通信技术和网络国家重点实验室开放课题合作基金资助（项目编号：2014OCTN-03）对本书的大力支持。感谢余少华院士多年来给予作者在学术上的指导和支持。最后，作者衷心地感谢中国光纤之父赵梓森院士在百忙之中为本书作序举荐。

由于本书涉及光纤通信技术的基本理论、关键技术、系统设备及光网络工程应用等诸多方面的理论和技术问题，书中内容广泛且技术新颖，加之作者专业水平有限，书中难免出现一些谬误和不足，恳请读者不吝赐教。

作　者
2019 年 6 月 3 日

目　录

第 1 章　绪　　论

【学习目标】

1. 了解通信技术演进的原因。
2. 掌握光纤通信使用的电磁频谱本质。
3. 掌握信息载波、传输介质和传输系统的依存关系。
4. 掌握光纤通信的特点。
5. 掌握判断多模光纤和单模光纤的方法。

【知识框图】

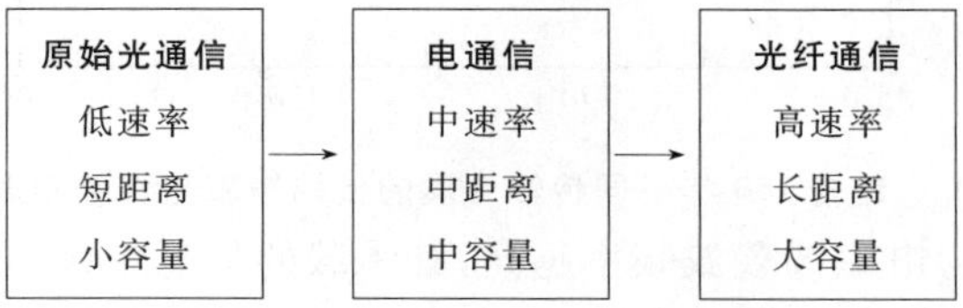

1.1　通信技术演进

通信是互通信息。通信(传输)系统的功能是传输信息。实现信息的高速率、长距离、大容量传输是光通信技术研究的终极目标。通信技术演进历程如下所述。

原始光通信,如中国古代的长城烽火通信。烽火是原始光通信,是简单的二进制数字通信。烽火利用有或无狼烟光信号表示有或无敌情信息。1792 年,法国 Claude Chappe 提出"光电报"概念。利用机械编码中继站进行 200km 的信息传输。光的作用是可以看到简单的编码信号。"光电报"的缺点是传输速率小于 1bit/s、中继站容易窃听。

1838 年,Samuel F. B. Mores 发明了电报。电报的出现使电通信代替原始光通信,人类开始进入电通信时代。电报本质上是数字通信,即通过宽度不同的电脉冲(点、线)编码传输电信号,传输速率提高到 10bit/s,使用中继站,可以实现传输距离为 1000km 的通信。

1876 年,A. G. Bell 发明电话。电话标志着模拟通信的开始。电话通信是一种实时、方便、快捷的交互式通信。因此,电话的电通信持续了大约一个世纪。

进入 20 世纪以来,人们在电话网络中的传输介质研究上取得了一些技术进步。1940 年,利用同轴电缆代替铜线作为系统传输介质,同轴电缆传输系统实现了 3MHz(300 个话路或 1 路电视信号)的传输。

1948 年,利用微波作为传输介质的传输系统,可以实现的信息载波频率为 4GHz。同轴电缆和微波传输系统存在中继距离短、系统运营成本高等问题。

1966 年,高锟提出光纤通信原始创新思想。他英明地预言,巨大的光载波频率、低衰减光纤、半导体激光二极管可以实现高速率、长距离、大容量的信息传输。1970 年,低衰减光纤和室温连续工作的 GaAs 小型半导体激光二极管的同时问世，为全世界开始光纤传输系统的研究奠定了基础。图 1-1 所示的是过去 150 年不同传输介质的传输速率 B 与传输距离 L 的乘积($B \times L$) 演进。

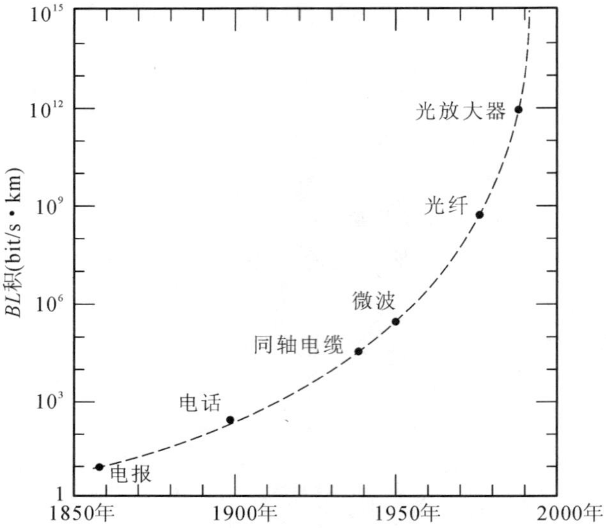

图 1-1　过去 150 年不同传输介质的传输速率与传输距离演进

通信业界人士清楚，电磁波载波频率越高，其承载的信息量越多；传输信道衰减越小，系统传输距离就越长。光纤通信使用的电磁波的载波频率为 100THz，通信使用的传输介质石英玻璃光纤在 1550nm 波长的衰减系数为 0.20dB/km，确保光纤通信系统可以实现高速率、长距离、大容量、低成本、高可靠性的信息传输，带来了通信领域的革命，为人类进入信息化时代奠定了良好的基础。

1.2　电磁波频谱

信息传输是以电磁波为载体。通信使用的波段的波长范围从千米到微米数量级。图 1-2 所示的是通信使用的电磁波频谱。由于通信容量与电磁波频率成正比，所以通信技术研究的终极目标是，不断地探索使用更高频率的电磁波的通信技术，以便达到提高通信系统的传输容量的目的。铜线通信系统、同轴电缆通信系统、微波通信系统和光纤通信系统使用的载波频率分别在 1MHz、1GHz、100GHz 和 $10^{14} \sim 10^{15}$ Hz。

表 1-1 所示的是各种电磁波的波段划分、频率范围、波长范围、传输介质和通信应用。光纤通信是以激光为载波，以光纤为传输介质的通信方式。光纤通信使用的电磁波载波频率比电通信的电磁波载波频率高 4 个数量级，同时光纤的衰减非常小。因此，光纤通信是实现大容量、长距离、低成本信息传输的必然选择。

表 1-1　各种电磁波的波段划分、频率范围、波长范围、传输介质和通信应用

波段划分	频率范围	波长范围	传输介质	通信应用
长波	30 ～ 300kHz	10 ～ 1km	铜线	中距离通信、无线电导航
中波	0.3 ～ 3MHz	1000 ～ 100m	同轴电缆	调频广播、导航

续表 1-1

波段划分		频率范围	波长范围	传输介质	通信应用
短波		3 ～ 30MHz	100 ～ 10m	同轴电缆	调频广播、移动通信
超短波		30 ～ 300MHz	10 ～ 1m	同轴电缆	调频广播、电视、移动通信
微波	分米波	0.3 ～ 3GHz	10 ～ 1dm	波导	微波接力、电视、移动通信
	厘米波	3 ～ 30GHz	10 ～ 1cm	波导	雷达、微波接力、卫星通信
	毫米波	30 ～ 300GHz	10 ～ 1mm	波导	雷达、微波接力、射电天文
紫外、可见光、红外		10^5 ～ 10^7GHz	(0.3 ～ 3) × 10^{-6}cm	光纤	电话、数据、图像

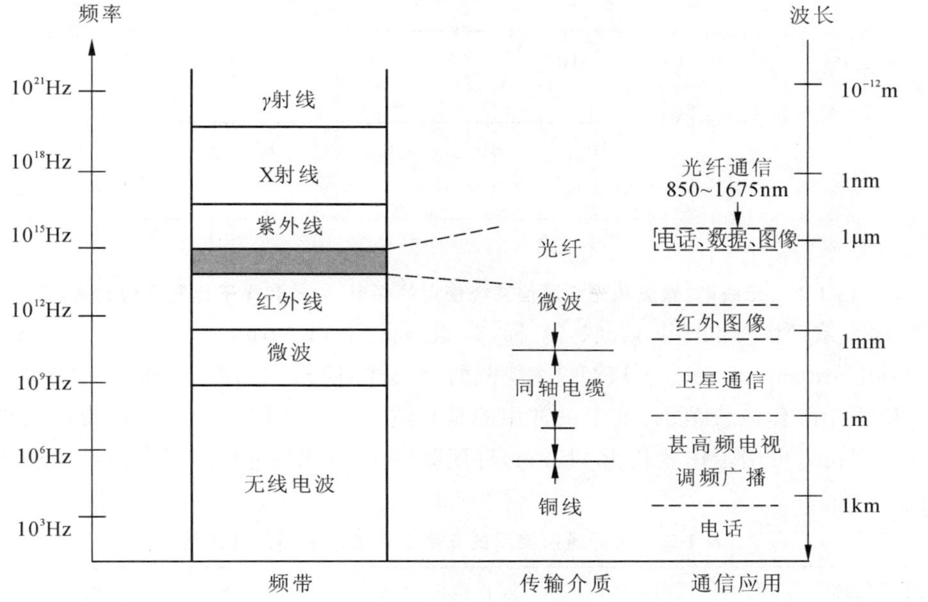

图 1-2　通信使用的电磁波频谱

光具有波动性和粒子性两重性。在研究光纤传输理论时，光被看作电磁波，利用光的波动性可以解释光的传输、折射、反射、干涉、衍射、偏振和损耗等。麦克斯韦平面波动方程可以描述真空中的光的波动性。光的波动特性可以用频率(波长)、相位和传输速度描述。

所有通信系统都使用一定形式的电磁能量传递信息。图 1-3 所示的是无线电、微波和光纤通信系统使用的频率、波长和光子能量之间的关系。光纤通信使用波长表示频谱工作范围。式(1-1) 所示的是光载波频率 υ 与真空中光速度和光波长的关系。

$$\upsilon = \frac{c}{\lambda} \quad [\mathrm{Hz}] \tag{1-1}$$

式中，λ 是光的波长，单位可以用 nm 或 μm 表示。式(1-1) 中的光速 c 是一个固定常数。通信系统所用的光波长越短，光载波频率越高，实现的传输容量就越大。利用光在不同的介质中的传播速度不同(光在光密介质玻璃中传输比在光疏介质真空中传输速度更慢)，通过选择不同折射率的材料，设计不同的纤芯 / 包层折射率分布，可以获得不同传输性能的光纤。

在研究光器件工作原理时，光被看作光粒子，光可以用光粒子数描述。光器件使用光子能量或光功率表示光信号强度或光器件性能。光子能量与其频率之间的关系可由式(1-2) 的普朗克定律确定。

$$E = h\upsilon = hc/\lambda \tag{1-2}$$

式中，普朗克常数 $h = 6.63 \times 10^{-34}\,\mathrm{J \cdot s} = 4.14 \times 10^{-15}\,\mathrm{eV \cdot s}$。波长单位是微米。从图 1-3 电磁波频谱可以看出，光纤通信可以使用的波长范围在 770 ～ 1675nm 之间。常用的波长范围在 1530 ～ 1625nm 之间，载波频率为 176 ～ 375THz，载波频率资源巨大。

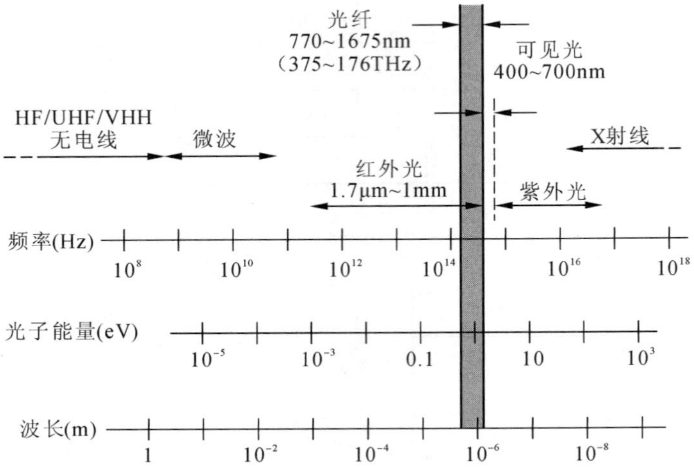

图 1-3 无线电、微波和光纤通信系统使用的频率、波长和光子能量之间的关系

表 1-2 给出国际电信联盟标准化部门（International Telecommunication Union-Standardization Sector，ITU-T）规范的单模光纤可以使用的波带名称分别为 O、E、S、C、L、U 六个工作波带范围。其中最常用的是 C 波带和 L 波带。6 个工作波带的波长范围为 1260 ～ 1675nm，可用工作波长为 415nm，可用频谱为 58THz。由此可见，光纤的潜在的带宽资源巨大。

表 1-2 光纤通信使用的 6 个工作波带范围及其作用

波带名称	代号	波长范围(nm)	作用
原始波带	O	1260 ～ 1360	原始工作波带
扩展波带	E	1360 ～ 1460	低水峰光纤使用的扩展波带
短波长波带	S	1460 ～ 1530	短波长工作波带
常用波带	C	1530 ～ 1565	常用的工作波带
长波长波带	L	1565 ～ 1625	长波长工作波带
超长波长波带	U	1625 ～ 1675	传输维护信号的波带

1.3 光纤通信系统

图 1-4 所示的是高锟博士最早提出的一个由光发射机、光纤和光接收机组成的最简单的点到点的光纤通信系统模型。在光发射机端，采用半导体激光二极管（Laser Diode，LD）或半导体发光二极管（Light Emitting Diode，LED）作为光源，输入信号对 LD 或 LED 的光进行调制，被调制后的光信号经过光纤传输，在光接收机端，经过光纤传输的光信号被光电二极管检测，转换为电信号，最后经过信号恢复，输出原始电信号。高锟博士预测这个光纤通信系统的传输速率可以达到 1Gbit/s，比 20 世纪 70 年代通信系统的最大传输速率

100Mbit/s 大得多。因此，英国、美国、日本等国纷纷开展光纤通信技术研究。

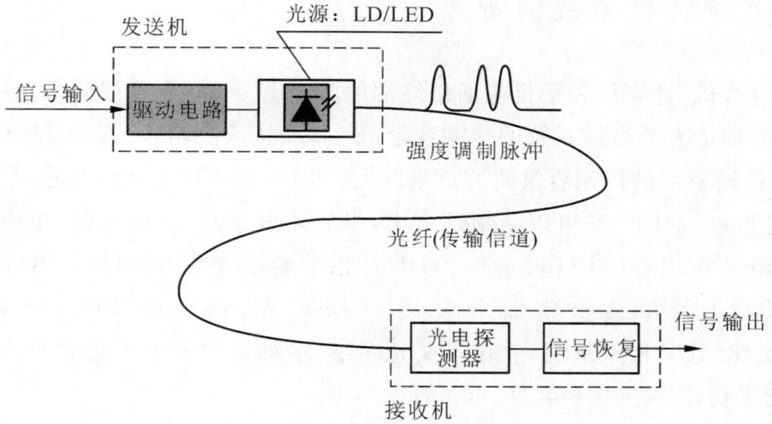

图 1-4　最简单的光纤通信系统

20 世纪 80 年代以后，随着用户对语音、数据、视频和多媒体业务需求与日俱增，单模光纤、光纤放大器、光波分复用器、色散补偿器、编号码调制、相干检测和数字信号处理技术的重大突破，促进光纤通信系统的传输容量不断地持续增长，从而满足互联网＋、物联网、4G 宽带移动通信发展需要巨大的传输容量的需求。今天，光纤通信系统在长途干线网、城域网和接入网络中得到大量的应用。

1.4　光纤通信特点

光纤通信之所以得到如此广泛的应用，究其原因是光纤作为传输介质产生了相较其他传输介质无与伦比的优点：

1. 巨大传输容量

由通信理论获悉，通信载波的频率越高，通信系统可以承载的传输容量越大。目前，无线电通信使用的频率在 $10^3 \sim 10^6$ Hz之间，光纤通信所用的光波频率在 $10^{14} \sim 10^{15}$ Hz 之间。因此，光纤通信具有巨大的通信容量。

2. 极小传输衰减

在光纤通信常用波长 1550nm 处，石英玻璃光纤的衰减系数大约是 0.2dB/km，即传输 100km 光信号后衰减 20dB，所需要中继放大距离为 100km，大大地降低了系统的建设成本。因此，光纤非常适合作为中、长距离传输介质。

3. 体积小、质量轻

玻璃裸光纤外径大约为 125μm，而玻璃的密度比铜的低。光纤的体积小、质量轻，使得光纤非常适合以架空、管道、直埋方式铺设，从而大大地减小了所需空间与铺设难度。

4. 不受电磁波干扰

石英玻璃光纤所用的基础材料 SiO_2 是绝缘体，不会受到电磁波干扰。它非常适合用于有电磁波干扰的电气化铁路或多雷电地区取代电缆通信系统。因为光纤是介质光波导，它只传输光信号，不会产生电火花，故它也可以用于炼油厂或煤矿矿井等易爆易燃恶劣环境的通信。

1.5　光纤传输系统演进

电话机、电视机、计算机和手机等通信终端的日益普及，每个通信终端用户对宽带需求的不断增加，推动了光纤通信系统的传输容量($B\times L$)持续的增长。在1976年到2018年的42年间，光纤传输系统的传输容量研究成果巨大。图1-5所示的是光纤通信系统传输容量持续增长的演进过程。从图1-5可以清晰地看出，半导体激光器、多模光纤、单模光纤、同步数字体系(Synchronous Digital Hierarchy，SDH)、相干接收、掺铒光纤放大器(Erbium Doped Fiber Amplifier，EDFA)、密集波分复用(Dense Wavelength Division Multiplexing，DWDM)、分组化、数字相干系统、软件定义光网络、多维复用和光子集成等技术突破，使得光纤传输系统的传输容量每十年翻1000倍。

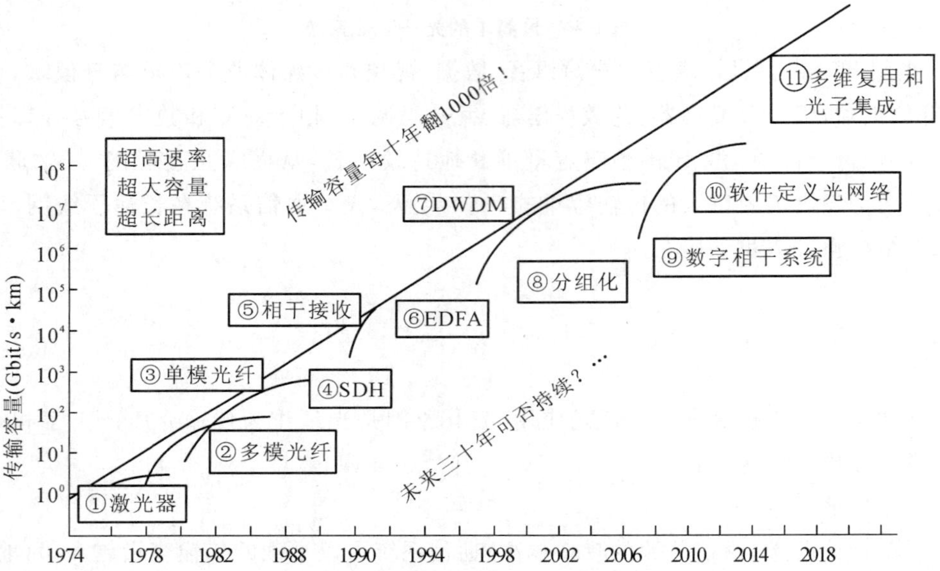

图1-5　光纤通信系统传输容量持续增长的演进过程

光纤通信技术动态发展与光纤、光器件和传输系统技术进步息息相关。新的光纤技术为传输系统打开新的传输窗口，驱动新的器件和新的系统发展。换言之，新的器件和新的系统需要新的光纤。从1976年光纤传输系统的传输速率为44.7Mbit/s到2017年光纤传输系统的传输速率为3200Tbit/s，41年内系统传输速率骤增71.6×10^6倍。这就是光纤通信技术非常令人瞩目的成就。表1-3所示的是光纤、光器件、传输系统和传输容量之间的紧密依存关系。

表1-3　光纤、光器件、传输系统和传输容量之间的紧密依存关系

年代	光纤	光器件	传输系统	传输容量
1976	多模光纤	GaAs发光管	准同步数字体系	44.7Mbit/s，10km
1981	标准单模光纤	InGaAsP激光器	同步数字体系	2Gbit/s，44km
1985	色散位移光纤	单纵模激光器	同步数字体系	2Gbit/s，100km
1991	截止波长位移光纤	光纤放大器	同步数字体系	5Gbit/s，14300km

续表 1-3

年代	光纤	光器件	传输系统	传输容量
2000	非零色散光纤	光放大器、波分复用器	波分复用系统	3.2Tbit/s,3000km
2010	空分复用光纤	高阶调制、相干检测	数字相干系统	64Tbit/s，320km
2015	多芯-少模光纤	高阶调制、相干检测	数字相干系统	2050Tbit/s，9.8km
2016	7 芯光纤	高阶调制、相干检测	数字相干系统	601.36Tbit/s，10km
2017	少模光纤	高阶调制、相干检测	数字相干系统	3200Tbit/s，80km

1.6　光纤通信应用

光纤通信系统经历了简单的 PDH、强大管理的 SDH、灵活配置的波分复用、大颗粒业务的光传送网，逐渐演进到智能光网络、软件定义光网络过程。如图 1-6 所示，光纤通信系统主要应用的三大领域是电话网络、计算机网络和广播电视网络。由于光纤具有巨大的传输容量，使得三大网络都可以提供语音、数据、视频三重业务，为降低用户资费和实现宽带业务奠定了基础。

在今天的信息化社会中，光网络承载着互联网、物联网、云计算、大数据中心等产生的海量数据流量，是整个信息世界的高速铁路和高速公路。由于超高清晰数字电视、虚拟现实游戏、5G 宽带移动通信、光纤到户(Fiber to the Home，FTTH)的宽带业务的快速发展，光网络带宽需求持续高速增长。与此同时，随着物联网、云计算的兴起，大数字中心逐渐成为网络核心。通信终端用户带宽和流量的高速增长，使得光网络的带宽瓶颈从网络核心向网络边缘延伸，光网络应用也在从核心向边缘扩展。目前，光网络三个重要研究方向为：① 传输，超高速率、超长距离、超大容量；② 组网，从电层组网到光层组网；③ 控制，智能化控制管理。

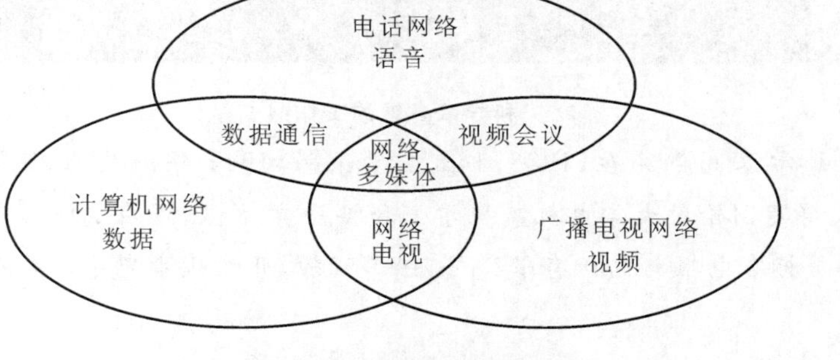

图 1-6　光纤通信系统应用领域

1.7　小结

通信技术从原始光通信、电(子)通信到光纤通信的演进的实质是，通过技术创新寻找高的载波频率、低衰减传输介质，实现大容量、长距离、低成本的信息传输，以满足用户对业务带宽需求的不断增长。

光纤通信使用的电磁波频谱范围在 $10^{14}\sim10^{15}$ Hz 之间，同时光纤在工作波长 1550nm

处的衰减系数仅为 0.20dB/km。因此，光纤通信是实现跨越全球的海量信息传输的必然选择。

最简单的光纤通信系统是由半导体激光二极管、光纤和光电二极管组成的。半导体激光二极管的功能是产生相干光载波，光纤是传输介质，光电二极管实现光电转换。单模光纤、光纤放大器、光波分复用器、色散补偿器、相干检测和数字信号处理等技术突破，促进光纤通信系统从高速率、长距离、大容量向着灵活、高效的光网络发展。

光纤通信的主要特点：巨大的带宽、极小的衰减、体积小、质量轻和不受电磁波干扰等。光纤通信系统的演进的原动力是通信终端的日益普及，用户对带宽需求的不断增长，通过光纤、光器件、相干检测、数字信号处理等技术创新，持续提升光纤通信系统的传输容量。

光纤通信具有海量信息传输能力，成为信息传输的主要手段。目前，在全世界范围内已经构建了一个拥有巨大传输容量的光网络，从而为人类营造信息化社会提供了一个强大的物质基础。

小知识

世界光纤通信之父

科学家高锟的工作照

英籍华裔科学家高锟先生，1933 年出生于上海，1944 年随父母移居香港。1957 年和 1965 年分别获得英国伦敦大学电机工程学士和博士学位。1957 年，加入美国国际电报电话公司英国子公司标准电报与电话有限公司，任工程师，开始从事光导纤维在通信领域的应用研究。

1966 年，高锟博士和何克汉(George A. Hockham)发表了一篇题为《光频介质纤维表面波导》的论文。该论文明确指出：玻璃光纤的光损耗主要是由玻璃中的杂质引起的，而不是玻璃光纤本身；同时也给出光纤具有的纤芯 / 包层原始结构。通过玻璃提纯可以使玻璃光纤的光损耗降低到几个 dB/km 甚至于更小。与作为通信传输介质的同轴电缆相比，光纤可以实现大容量、长距离的信息传输。自论文发表以后，美国、英国、法国、日本和德国纷纷开始玻璃提纯研究。1970 年，美国康宁公司研制出世界上第一根衰减系数小于 20dB/km 的石英玻璃光纤。

高锟先生的原创性研究成果是：(1) 提出光纤结构；(2) 开展了光纤连接器、光耦合器和系统组成的研究。经过 52 年的研究历程，今天光纤通信已经成为全世界海量信息传输平台。现在，在光纤通信技术的支持下，人类已经进入了信息化社会，在实现高效工作的同时，享受丰富的文化生活。为此，高锟先生于 2009 年 10 月 6 日荣获 2009 年诺贝尔物理学奖。2018 年 9 月 23 日，高锟先生在香港因病逝世。

习　题

1-1　阐述电信技术演进的本质。

1-2　说明光纤通信使用的电磁波频谱范围。

1-3　叙述最简单的光纤通信系统的组成及其各个部分的功能。

1-4　与同轴电缆通信相比，光纤通信的主要优点是什么？

1-5　利用图 1-5 简单阐述光纤通信系统演进的技术创新实质。

1-6　解释光网络三个主要发展方向的理由。

第2章　光纤波导理论

【学习目标】

1. 了解光纤结构、分类方法及其特点。
2. 掌握几何光学传输理论原理及其特点。
3. 掌握波动光学传输理论原理及其特点。
4. 掌握归一化频率的物理意义及其作用。
5. 掌握判断多模光纤和单模光纤的方法。
6. 掌握单模光纤的特点与重要参数。
7. 掌握光纤传输性质与光纤折射率分布结构的关系。

【知识框图】

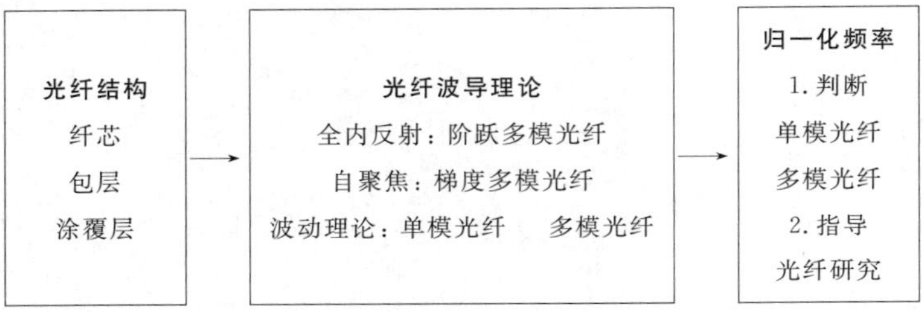

2.1　光纤基本结构

光纤通信中常用的光纤是由石英玻璃或塑料或其他导光材料组成的圆柱形线性的导光纤维。通信光纤横截面非常小，是柔软性好的细长纤维。光纤具有约束光信号和确保光信号实现长距离传输的能力。

光纤是圆柱介质光波导。光纤基本结构是由纤芯、包层和涂覆层组成。图2-1所示的是光纤基本结构的横截面图。纤芯是由光学透明材料组成(如 SiO_2+GeO_2 等)。包层也是由光学透明材料组成(如 SiO_2+F等)。为了使光纤获得所需要的光波导能力，确保大部分光信号被约束在纤芯中传播，纤芯的折射率 n_1 应该稍微高于包层折射率 n_2。涂覆层的作用是，通过在光纤包层外涂覆塑料层，在保护光纤免遭机械损伤的同时，增强光纤的柔软性，以便后续的成缆和工程使用。

目前，国际电信联盟(ITU)和国际电工委员会(IEC)规定多模光纤的纤芯直径分别为 $50\mu m$ 或 $62.5\mu m$，单模光纤的纤芯直径为 $4\sim10\mu m$，而两类光纤的包层直径都是 $125\mu m$。现在，大多数通信光纤是石英玻璃光纤。从光纤波导理论获悉，通过调整光纤结构参数，使用不同折射率的材料，形成不同的折射率分布结构，可以制造出不同传输性能的光纤。

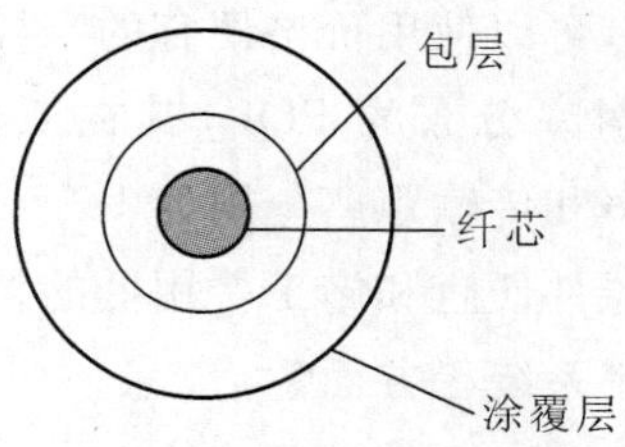

图 2-1　光纤基本结构的横截面图

2.2　光纤分类

自从 1970 年美国康宁公司制造出第一根低衰减通信光纤以来,光纤的研究、制造、使用经历 49 年的发展历程,推动光纤传输系统取得了一系列的技术创新成果。为了深入研究、设计、制造和使用方便,人们按照光纤的不同特点,对光纤进行了一些必要的分类。通信光纤常用的分类方法有:使用材料、折射率分布、传输模数和纤芯数量等。图 2-2 所示的是常用的光纤分类方法。

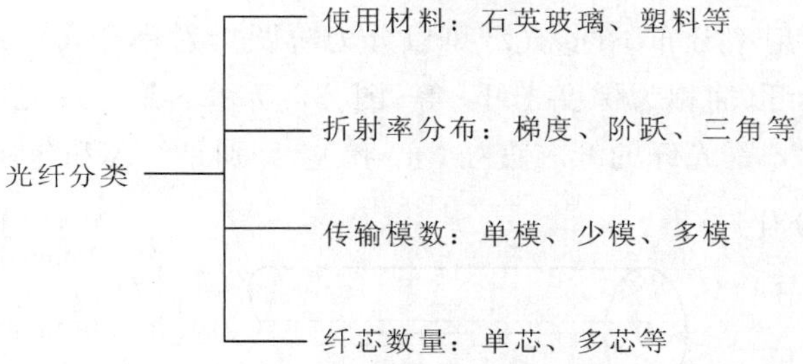

图 2-2　常用的光纤分类方法

2.2.1　使用材料

按照制造光纤所用的原材料的不同,光纤可以分为以下三种类型。

(1) 石英玻璃光纤

光纤基础材料是高纯度的二氧化硅(SiO_2)。通过在纤芯基础材料 SiO_2 和包层基础材料 SiO_2 中掺杂微量的提高折射率的原材料(GeO_2)和降低折射率的原材料(F),形成满足传输性能要求的纤芯 / 包层折射率分布。

石英玻璃具有良好的物理性能和化学性能,它被广泛用于制造光纤、光电子器件、光源和光学仪器。石英玻璃光纤以低衰减、高强度和高可靠性的性能特点,被广泛应用在光纤通信中。

(2) 塑料光纤

塑料光纤(Plastic Optical Fiber,POF)也称为聚合物光纤。POF 是指纤芯和包层都是塑料制成的光纤(全塑料光纤)。POF 原材料包括高度透明的有机玻璃材料聚甲基丙烯酸甲酯(Poly Methyl Methacrylate,PMMA)、聚苯乙烯、聚碳酸酯等。不同的聚合物材料可以制造出不同传输性能和使用温度的 POF。

根据传输带宽和传输距离的不同,POF 可以制造成阶跃折射率分布或梯度折射率分布。POF的纤芯直径为1mm左右，可以使用价格便宜的半导体发光光源、结构简单的连接器接续。氟化的PMMA的梯度折射率分布的POF，其在工作波长650nm处的衰减系数为20dB/km，它可以实现的传输速率和传输距离分别为1.25Gbit/s和100m。POF具有纤芯直径大、柔软性好、接续容易、连接器件便宜和施工费用低的特点，主要使用在光纤接入网的室内布线、家庭智能系统和工业控制系统等方面。

(3) 掺稀土元素光纤

掺稀土元素光纤是在石英玻璃光纤的纤芯中掺稀土元素（铒、镨等）制成的具有放大特殊波长光信号功能的光纤。例如，在工作波长为980nm或1480nm泵浦激光器的激励下，掺铒光纤中的铒离子吸收泵浦光能量，通过受激辐射形式对光纤中传输的1550nm的光信号进行直接放大，光纤的光传输和光纤放大器的光放大构建的全光传输给光纤通信带来革命性的变化。

在光纤通信中，掺铒光纤放大器性能最佳、技术成熟，它主要以线路放大、功率放大和前置放大形式，广泛使用在密集波分复用、大容量、超长距离的光信号传输方面。

2.2.2 折射率分布

根据光纤剖面折射率分布不同，光纤可以分为阶跃折射率分布光纤（简称为阶跃光纤）和梯度折射率分布光纤（简称为梯度光纤）等。图2-3所示的是三种光纤的折射率分布和光射线传播路径。图中$2a$是光纤的纤芯直径，n_1和n_2分别是纤芯和包层的折射率。

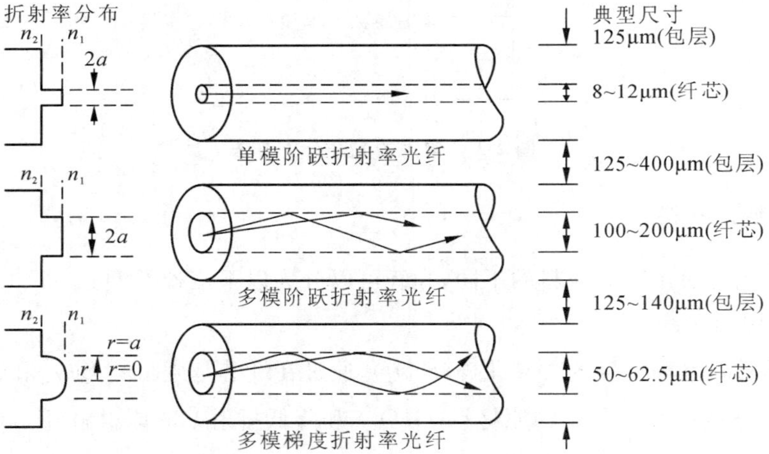

图2-3 光纤的折射率分布和光射线传播路径

(1) 阶跃多模光纤

阶跃多模光纤剖面的折射率分布的特点是，纤芯和包层的折射率都是均匀分布，折射率在纤芯和包层的界面处发生突然（阶跃）变化。阶跃多模光纤传输多个传导模，各个传导模在光纤中传输产生较大的时延差（模间色散），其传输速率和传输距离受到限制。

(2) 梯度多模光纤

梯度多模光纤剖面的折射率分布的特点是，纤芯中的折射率随纤芯半径增大而减小，是非均匀的且连续（梯度）变化。梯度多模光纤是利用纤芯折射率梯度变化，减小多模光纤中多个传导模传输的时延差，提高光纤的传输速率和传输距离。

(3) 阶跃单模光纤

阶跃单模光纤剖面的折射率分布的特点是，纤芯和包层的折射率都是均匀分布，折射率在纤芯和包层的界面处发生突然（阶跃）变化。单模光纤只能传输一个传导模，不存在模间色散，可以实现高速率、长距离、大容量传输。

现在，大容量光纤传输系统中，常用的光纤主要是单模光纤。根据不同的光纤传输系统对光纤的传输性能要求不同，通过设计不同折射率分布，可以制造出具有不同性能的单模光纤。单模光纤的折射率分布除了采用阶跃折射率分布之外，还可以采用阶跃、三角芯和纯硅芯等折射率分布。图 2-4 所示的是常用的单模光纤的折射率分布。不同的折射率分布赋予单模光纤不同的传输性能。例如，光纤采用纯硅芯折射率分布的理由是，以纯二氧化硅为纤芯，以氟化物获得下凹包层，纯二氧化硅纤芯（不掺杂锗）可以减小光的瑞利散射，达到降低光纤衰减的目的。

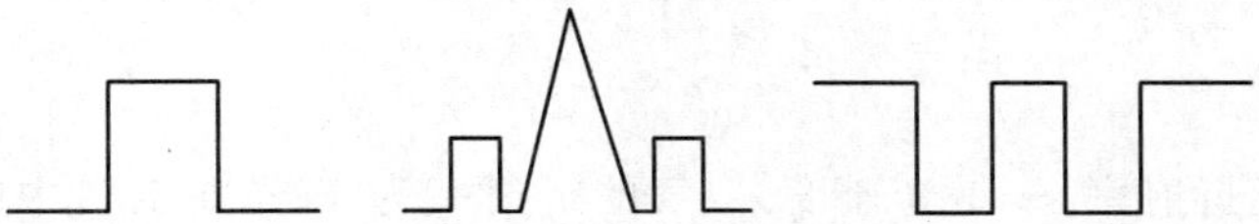

图 2-4　常用的单模光纤的折射率分布

2.2.3　传输模数

光是一种电磁波。光在光纤中传输时，光可能存在多种不同的电磁场分布形式（即传播模式），传导模是能够在光纤中长距离传输的模式。按照光纤能够传输的传导模的数量不同，通信光纤可以分为多模光纤、单模光纤和少模光纤三大类型。三大类型光纤的特点如下所述。

（1）多模光纤

多模光纤是可以同时传输几十上百个传导模的光纤。多模光纤的纤芯直径可以是 50μm、62.5μm、100μm、200μm 等，它可以传输的模式数多，存在大的模间色散，传输速率和传输距离受到限制。多模光纤折射率分布从阶跃演进为梯度的理由是，通过纤芯折射率渐变化，减小各个传导模之间产生的传输时延差（色散），提高光纤的传输带宽。因此，多模光纤适用于中速率、中距离、中容量的光纤传输系统。

（2）单模光纤

单模光纤是只能传输 1 个传导模（基模）的光纤。单模光纤的纤芯直径为 4 ～ 10μm，它只能传输一个模式，不存在模间色散，具有大的带宽资源，极小的传输衰减。单模光纤适用于高速率、长距离、大容量的光纤传输系统。

（3）少模光纤

少模光纤是可以同时传输 8 ～ 10 个传导模的光纤。少模光纤是以不同的传导模承载不同的信息的模分复用技术，使光纤传输系统实现超大容量传输使用的光纤。少模光纤是利用各个传导模彼此深度耦合在一起，在一个光纤纤芯中传输，在接收机端，通过数字信号处理，可以恢复出不同传导模承载的信息。少模光纤适用于超大容量、超高频谱效率的数字相干光纤传输系统。2016 年，美国贝尔实验室在 10 个传导模的少模光纤上完成了传输速率为 67.5Tbit/s、传输距离为 87km、频谱效率为 58bit/(s · Hz) 的传输实验。

2.3　光纤的光传输理论

2.3.1　光波在介质中传输

(1) 光波

光波是一种波长短、频率高的电磁波。光纤通信使用的石英玻璃光纤的低衰减工作波长范围在 850 ～ 1675nm 之间，载波频率范围在 10^{14} ～ 10^{15} Hz 之间。在电磁波频谱中，光波位于可见光的红光波段和不可见的近红外光波段上。

光波与其他电磁波一样，在真空中的传播速度是 3×10^5 km/s。光波在均匀介质中是直线传播。由式(2-1) 得知，光波在介质中的传播速度与介质的光折射率成反比。

$$v = \frac{c}{n} \tag{2-1}$$

式中，n 为介质的光折射率，c 是光速度。空气的折射率为 1，光在空气中的传播速度接近于光速 3×10^5 km/s。石英玻璃的光折射率为 1.458，光在石英玻璃中的传播速度为 2×10^5 km/s。光在石英玻璃光纤中的传播速度要比空气中的传播速度慢。

常用的通信光纤是石英玻璃光纤。研究光在石英玻璃光纤中的光传输原理，借助几何光学理论的光射线研究光在介质中的传播现象，可以解释光在光纤中怎样传播，色散(时延差)产生的原因。波动光学理论解释了光的单模传输、模式分布等，揭示了多模光纤演变为单模光纤的本质。

(2) 光的折射与反射

光波是电磁波。光在空间中是沿直线传播。当光线射到两种不同介质之间的界面上时会发生反射与折射，一部分光线被反射，形成反射光线，而另一部分被折射，而形成折射光线，如图 2-5 所示。对于反射光遵循的规律是：① 反射光线保持在由入射光线与法线所构成的入射平面中；② 相对于入射光线来说，反射光线位于法线的相反侧；③ 反射光线和入射光线分别与法线形成的夹角 $\alpha_1 = \alpha_2$。

对于折射光线而言，如果是在各向同性的介质(如玻璃) 中，则由式(2-2) 菲涅尔折射定律可得出：光的入射角正弦 $\sin\alpha$ 与折射角正弦 $\sin\beta$ 之比与其各自入射介质的折射率 n_1 与折射介质的折射率 n_2 成反比。

$$\frac{\sin\alpha}{\sin\beta} = \frac{n_2}{n_1} \tag{2-2}$$

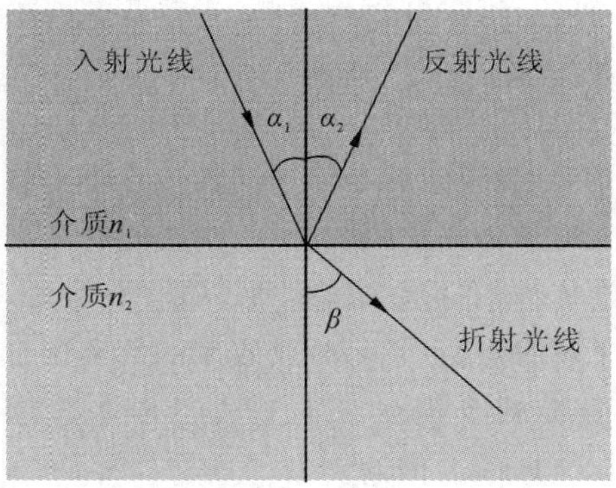

图2-5　光的反射和折射

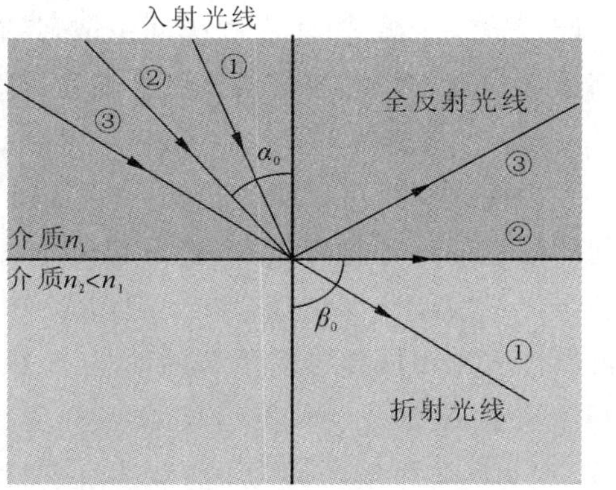

图2-6　光的全内反射

(3) 光的全内反射

当光线以愈来愈大的入射角 α 入射到光密介质 n_1 和光疏介质 n_2 的界面时，在某一入射角 α_0 时折射角 $\beta_0 = 90^0$，如图 2-6 所示。在这种情况下，光线②平行于两介质的界面而传播。这时的入射角 α_0 称为两种介质的临界角，如式(2-3) 所示。

$$\sin\alpha_0 = \frac{n_1}{n_2} \tag{2-3}$$

即临界角是由两种介质的折射率 n_1 和 n_2 的比值决定的。对于入射角 α 大于临界角 α_0 的所有光线，在光疏介质中没有对应的折射光线存在，这些光线在界面上全部被反射回光密介质中，这种现象称为全内反射，如图 2-6 所示的光线③。

由此可知，全内反射只发生在光由光密介质入射到与光疏介质的界面上，对于圆柱形光(纤) 波导，只要使纤芯中心部分的折射率高于外包层的折射率，就可以将那些满足全内反射的光线“限制” 在芯层内，以锯齿形连续反射光形式，从光纤的输入端通过光纤传输到光纤的输出端，从而利用光纤完成光信号的传输任务。

2.3.2　几何光学理论

(1) 光在阶跃多模光纤中的传播

几何光学理论是将光纤(波导) 中传输光视为光射线。光射线代表光能量的传输线路。光射线能够形象地解释多模光纤的数值孔径、带宽等传输特性。按照折射率分布，多模光纤又可以分为两大类型：阶跃多模光纤和梯度多模光纤。本节首先利用几何光学理论的光射线分别解释光射线在阶跃多模光纤和梯度多模光纤中的传输特征，然后进一步阐述多模光纤由阶跃光纤演变为梯度光纤的理由。

图 2-7 所示的是阶跃多模光纤的纵向剖面，即光在阶跃多模光纤中的全内反射传播原理。式(2-4) 是阶跃多模光纤横截面的折射率分布数学公式。

$$n(r) = \begin{cases} n_1 & (r \leqslant a) \\ n_2 & (r > a) \end{cases} \tag{2-4}$$

式中 n_1 为纤芯折射率，n_2 为包层折射率，a 为纤芯半径。

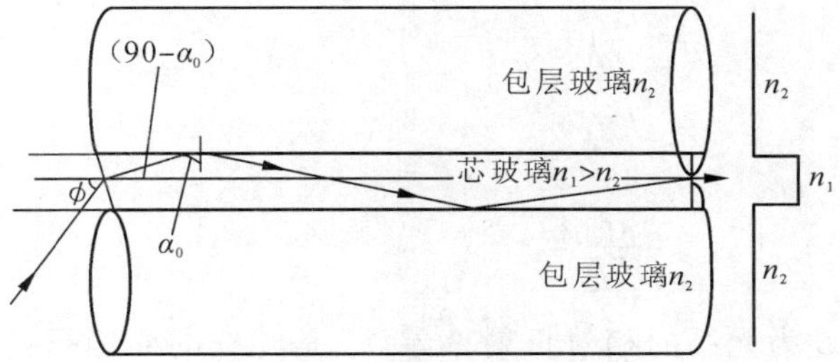

图 2-7　光在阶跃多模光纤中的全内反射传输原理

从图 2-7 可以看出：与光轴成 $90°-\alpha_0$ 角的光线在纤芯中心入射，因为在光纤-空气界面处的反射，光线向法线方向弯曲。折射光线的角度满足式(2-5) 的条件。

$$n_0 \sin\phi = n_1 \sin(90° - \alpha_0) \tag{2-5}$$

式中，n_1 和 n_0 分别是光纤纤芯和空气的折射率。当入射角 ϕ 大于式(2-6) 所示的临界角时，光线就会在光纤纤芯-包层界面处发生全内反射。

$$\sin\alpha_0 = \frac{n_2}{n_1} \tag{2-6}$$

入射角大于临界角的所有光线被限制在光纤纤芯内，沿着光纤长度方向，以全内反射的形式传播，这就是光在阶跃多模光纤中的传播原理。光在光纤端面的最大入射角 ϕ_{max} 应该满足式(2-7)。

$$n_0 \sin\phi_{max} = n_1 \sin(90° - \alpha_0) = (n_1^2 - n_2^2)^{1/2} \tag{2-7}$$

与透镜类似，$n_0 \sin\phi_{max}$ 被称为光纤的数值孔径(Numberical Aperture，NA)。NA 代表光纤的集光能力。对于通信光纤而言，$n_1 \approx n_2$，NA 的近似值可以用式(2-8)表示。

$$NA = \sqrt{n_1^2 - n_2^2} = n_1 \sqrt{2\Delta} \tag{2-8}$$

式中，$\Delta = \frac{n_1^2 - n_2^2}{2n_1^2} \approx (n_1 - n_2)/n_1$，表示纤芯-包层界面之间的相对折射率的变化。显然，为了耦合更多的光进入光纤，应该尽可能将 Δ 做大；但是 Δ 值较大的光纤不适合用作光纤通信。其原因是，Δ 值较大的光纤中存在着多路径色散或模间色散。

例 2-1 考虑一个多模光纤，纤芯折射率 $n_1 = 1.480$，包层折射率 $n_2 = 1.460$，求：(1) 该光纤的临界角；(2) 数值孔径。

解：由式(2-5)可以求得临界角

$$\alpha_0 = \arcsin\frac{n_2}{n_1} = \arcsin\frac{1.460}{1.480} = 80.5°$$

由式(2-7)可以计算出数值孔径

$$NA = \sqrt{n_1^2 - n_2^2} = \sqrt{1.480^2 - 1.460^2} = 0.242$$

多路径色散是不同的光线沿光纤长度，以不同的路径传输，引起的时延差(光脉冲的展宽-模间色散)。通过分析光线传输的最短路径和最长路径，可以估计出光脉冲的展宽程度。当 $\phi = 0$ 时路径最短，光线路径等于光纤长度 L；当 $\phi = \alpha_0$ 时路径最长，光线路径等于 $L/\sin\alpha_0$。光在光纤中的传播速度为 $v = c/n_1$，那么可利用式(2-9)计算出各个光线在光纤中传播的最大时延差 ΔT。

$$\begin{aligned} \Delta T &= \Delta\tau_{max} - \Delta\tau_{min} \\ &= \frac{n_1}{c}\left(\frac{L}{\sin\alpha_0} - L\right) \\ &= \frac{Ln_1}{c}\frac{n_1 - n_2}{n_2} \\ &\approx \frac{\Delta L n_1^2}{cn_2} \end{aligned} \tag{2-9}$$

式中，L 是光纤长度，Δ 为光纤的相对折射率差，n_1 是光纤的纤芯折射率。利用最大时延差 ΔT 与传输速率 B 可以评判光纤承载的信息容量。利用 $\Delta T < 1/B$ 的判据，可用式(2-10)估算出阶跃多模光纤的传输容量 $B \times L$。

$$B \times L < \frac{n_2}{n_1^2}\,\frac{c}{\Delta} \tag{2-10}$$

阶跃多模光纤的传输容量与 Δ 成反比。选择 Δ 值小的光纤有助于减小模式色散。利用梯度折射率分布可以大大地减小多模光纤色散，进而提高光纤的传输容量。

(2) 光在梯度多模光纤中的传输

梯度多模光纤的纤芯中的折射率呈现连续变化，即从纤芯中心最大 n_1 到包层最小 n_2 呈现出 $n_1(r)$ 逐渐递减(梯度）的分布。采用梯度折射率分布的原因是，以光纤折射率差与传输速率成反比为理论依据，通过减小光沿光纤传输方向路径差产生的多模时延差 —— 模式色散，以达到提高多模光纤的传输容量的目的。式(2-11) 则描述了梯度多模光纤剖面的折射率分布结构。

$$n(r)=\begin{cases} n(0) & (r=0) \\ n(0)\left[1-2\Delta\left(\dfrac{r}{a}\right)^{g}\right]^{\frac{1}{2}} & (r<a) \\ n_2 & (r>a) \end{cases} \tag{2-11}$$

式中，a 是纤芯半径，r 为纤芯中任意一点到纤芯轴心的距离，g 是折射率分布指数。$g=\infty$ 时为阶跃折射率光纤，$g\approx 2$ 时为梯度折射率光纤，其时延差最小。在梯度多模光纤中，相对折射率差的数学表达式，如式(2-12) 所示。

$$\Delta=\frac{n^2(r)-n_2^2}{2n^2(r)} \tag{2-12}$$

式中，$n(r)$、n_2 分别是纤芯 r 处的折射率和包层的折射率。利用光速与光纤材料折射率成反比的原理，以折射率差调整光线传输速度(时延) 差。更为具体地讲，纤芯折射率 $n(r)$ 随着 r 的增大而逐渐减小，而光线传输速度随着 r 的增大而逐渐增加。

图 2-8 所示的是光在梯度多模光纤中的自聚焦传播原理。以不同入射角进入纤芯的光线，靠近光纤轴线的光线走过的路径短，而远离光纤轴线的光线走过的路径长。因为纤芯折射率呈现梯度分布，位于光纤轴心的折射率高，光线传输速度慢，而位于光纤远轴处折射率低，光线传输速度快。由于大部分螺旋光线位于折射率逐渐降低的纤芯区，所以在该纤芯区的光线的传播速度更快。通过选择合适的折射率分布($g\approx 2$) 就可以实现所有的光线都同时到达光纤的输出端，光线在光纤中传输时没有产生时延差(色散)，从而提高了多模光纤的传输容量。

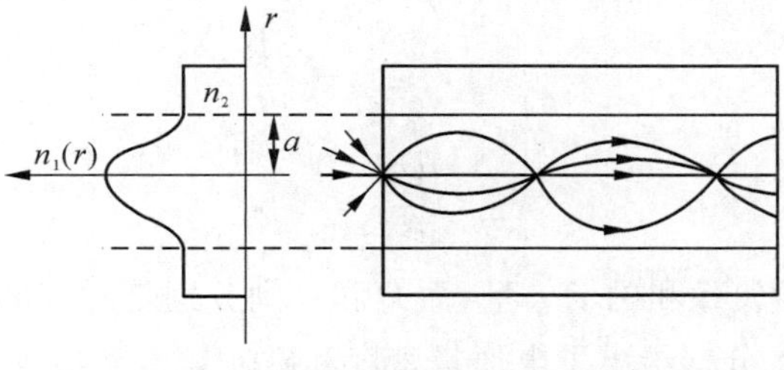

图 2-8　光在梯度多模光纤中的自聚焦传输原理

射线方程也可以用来描述梯度光纤中的光线传输轨迹(路径)。若已知折射率分布和初始条件，那么就可以利用轨迹射线方程计算出梯度光纤中的光线传输轨迹。式(2-13) 所示的是射线方程。

$$\frac{\mathrm{d}}{\mathrm{d}z}\left(n\frac{\mathrm{d}r}{\mathrm{d}z}\right)=\nabla n \tag{2-13}$$

式中，r 是光线传输轨迹的任意位置矢量，z 为光射线的传输轨迹，$\mathrm{d}z$ 是沿着轨迹的距离单元，∇n 为光纤的折射率分布。式(2-13) 揭示了光在梯度多模光纤中传输几乎不会产生模间色散。

利用 $\Delta T < 1/B$ 的判据，可用式(2-14) 估算出梯度多模光纤的传输容量。比较式(2-10) 和式(2-14) 可知，梯度多模光纤的传输容量比阶跃多模光纤提高了 2 个数量级。这就是多模光纤从阶跃折射率分布演变为梯度折射率分布的原因所在。由于受到传输带宽的限制，梯度多模光纤主要使用于短距离、中速率的数据通信。

$$B \times L < \frac{8c}{n_1 \Delta^2} \tag{2-14}$$

利用几何光学理论的光射线可以简单、形象、直观地解释光线是如何传播，不能定量计算光纤的传输性能。分析单模光纤的传输理论，必须求解由麦克斯韦方程组导出的波动方程，然后用波动理论深入分析单模光纤的模式概念、模的空间分布、截止波长、光功率在纤芯-包层中的分布等。波动光学理论可以定量描述单模传输条件、模场直径、有效面积等传输特性。

2.3.3 波动光学理论

(1) 麦克斯韦方程

1864 年，麦克斯韦提出“光就是电磁波”的论断。由于几何光学理论光射线只能定性地描述多模光纤中光射线传输原理，因此为了定量地阐述光纤中的光纤传输原理和光纤传输特性必须使用波动光学理论。波动光学理论的特点是能够既精确又全面地描述光纤的光纤传输原理和光纤传输特性。波动光学理论既适用于单模光纤也适用于多模光纤。利用边界条件，求解麦克斯韦波动方程，得到的归一化频率既可以作为多模光纤和单模光纤判断依据，同时又建立了光纤传输性能与光纤结构参数之间的关系。由此可见，波动光学理论在理解光纤传输原理、研究光纤传输性能和开发新型光纤中具有非常重要的作用。

光纤是一种介质光波导。这种光波导具有无传导电流、无自由电荷、线性各向同性的特点。光纤中光场的传播可以用式(2-15) 所示的麦克斯韦方程组进行描述。

$$\begin{cases} \nabla \times \boldsymbol{H} = \dfrac{\partial D}{\partial t} \\ \nabla \times \boldsymbol{E} = -\dfrac{\partial B}{\partial t} \\ \nabla \cdot D = 0 \\ \nabla \cdot B = 0 \end{cases} \tag{2-15}$$

式中，$\boldsymbol{E}$ 和 $\boldsymbol{H}$ 分别是电场矢量和磁场矢量，而 D 和 B 则分别是对应的电通量密度和磁通量密度。式(2-16) 和式(2-17) 分别给出了电通量密度和磁通量密度与场矢量之间的关系。

$$D = \varepsilon \boldsymbol{E} \tag{2-16}$$

$$B = \mu \boldsymbol{H} \tag{2-17}$$

式中，μ 为材料磁导率，在真空中为 μ_0，对于非磁性材料的光纤 $\mu = \mu_0$，它是一个常数；ε 是材料的介电系数，在真空中为 ε_0，一般物体的 ε 是空间坐标的函数，即 $\varepsilon(x, y, z)$，$\varepsilon(r, \phi, z)$。ε 与 n 的关系，如式(2-18) 所示。

$$\varepsilon = \varepsilon_0 n^2 \tag{2-18}$$

(2) 波动方程

将式(2-17) 代入麦克斯韦方程组式(2-15) 取旋度，并且借助于式(2-19) 的矢量关系。

$$\nabla \times (\nabla \times \boldsymbol{E}) = \nabla(\nabla \boldsymbol{E}) - \nabla^2 \boldsymbol{E}$$

$$\nabla\cdot\boldsymbol{E}=\nabla\cdot\left(\frac{D}{\varepsilon}\right)=\frac{1}{\varepsilon}\nabla\cdot D+D\cdot\nabla\left(\frac{1}{\varepsilon}\right)=-\boldsymbol{E}\cdot\frac{\nabla\varepsilon}{\varepsilon}\tag{2-19}$$

可以得到式(2-20)所示的只与电场强度 $\boldsymbol{E}$ 有关的矢量波动方程。

$$\nabla^2\boldsymbol{E}+\nabla\left(\boldsymbol{E}\cdot\frac{\nabla\varepsilon}{\varepsilon}\right)=\varepsilon\mu\frac{\partial^2\boldsymbol{E}}{\partial t^2}\tag{2-20}$$

同理,可以得到式(2-21)所示的只与磁场强度 $\boldsymbol{H}$ 有关的矢量波动方程。

$$\nabla^2\boldsymbol{H}+\nabla\left(\frac{\nabla\varepsilon}{\varepsilon}\right)\times(\nabla\times\boldsymbol{H})=\varepsilon\mu\frac{\partial^2\boldsymbol{H}}{\partial t^2}\tag{2-21}$$

式(2-20)和式(2-21)是普遍适用的精确的矢量波动方程。对于折射率变化非常缓慢(在 1μm 距离上的折射率变化小于 1×10^{-4})的弱波导光纤而言,可以认为 $\nabla\varepsilon\approx0$。这样可以将上述的两个矢量波动方程分别简化为式(2-22)和式(2-23)所示的标量波动方程。

$$\nabla^2\boldsymbol{E}-\varepsilon\mu\frac{\partial^2\boldsymbol{E}}{\partial t^2}=0\tag{2-22}$$

$$\nabla^2\boldsymbol{H}-\varepsilon\mu\frac{\partial^2\boldsymbol{H}}{\partial t^2}=0\tag{2-23}$$

标量波动方程可以解决光纤的一般问题。只有在进行更精确的分析时,才使用矢量波动方程。

(3) 亥姆霍兹方程

光纤中传播的是单色光波,即电磁场做简谐振荡,由波动方程可以推出式(2-24)和式(2-25)所示的均匀介质中的矢量亥姆霍兹方程。

$$\nabla^2\boldsymbol{E}+k_0^2n^2\boldsymbol{E}=0\tag{2-24}$$

$$\nabla^2\boldsymbol{H}+k_0^2n^2\boldsymbol{E}=0\tag{2-25}$$

式中,$k_0=2\pi/\lambda_0$ 是真空中的光波的波数,λ_0 是真空中的光波波长,n 是介质的折射率。

在直角坐标系中,$\boldsymbol{E}$、$\boldsymbol{H}$ 的 x,y,z 的分量均满足式(2-26)所示的标量亥姆霍兹方程。

$$\nabla^2\boldsymbol{\psi}+k_0^2n^2\boldsymbol{\psi}=0\tag{2-26}$$

式中,$\boldsymbol{\psi}$ 表示 $\boldsymbol{E}$ 或 $\boldsymbol{H}$ 的各个分量。亥姆霍兹方程适用于任何电磁波的传播。由亥姆霍兹方程出发,加入边界条件即可以求出任意光波导中光波场的空间分布。

2.3.4　光纤模式概念

(1) 模式概念

在光纤理论和激光理论中,光纤模式是一个常用的重要概念。光纤模式定义为满足边界条件的电磁场波动方程的本征解,即电磁场的稳态分布,每一稳态分布对应一个模式。应该特别指出,光纤模式是光纤波导结构的固有电磁共振属性的表征。一给定的光纤波导中能够存在的模式及其性质是已经确定的。外界激励源只能激励光纤中存在的模而不会改变模式的固有性质和空间分布。按照光纤中模的特点不同,光纤的模可分为传导模、泄漏模和辐射模。在光纤传输系统中,光信号是借助于传导模进行传输的。

(2) 传导模场分布

在光纤波导理论分析中,求亥姆霍兹方程满足边界条件的解,就可以得到光纤中的传导模式场的矢量 $\boldsymbol{E}(x,y,z)$ 和 $\boldsymbol{H}(x,y,z)$ 分布。在直角坐标系和圆柱坐标系中,传导场分布分别具有6个场分量(E_x,E_y,E_z)和(H_x,H_y,H_z)或(E_r,E_θ,E_z)和(H_r,H_θ,H_z)。只有当6个场分量全部求出方可认为传导模式的场分布是唯一确定。实际上,这并不必要,因为传导场的横向分量可以用纵向分量 E_z 和 H_z 表示。因此，只要解出传导场的纵向分量 E_z 和 H_z 就可以通过传导场分量关系式求出传导场的横向分量，这就给求解波导场方程带来极大的方便。特别是在光纤中，E_z 和 H_z 满足独立的波导场方程。

为了使分析问题简单，选择阶跃折射率光纤（$n_2/n_1 \approx 1$ 或 Δ 很小）作为研究对象。可以认为光纤包层延伸到无限远处。纤芯外波导场是随离开界面的距离而迅速衰减的。选择横向电场的偏振方向沿着 y 轴方向，它满足标量的亥姆霍兹方程，如式(2-27) 所示。

$$\nabla^2 E_y + k_0^2 n^2 E_y = 0 \tag{2-27}$$

为了便于应用边界条件，将式(2-27) 代入所选择的圆柱坐标系，通过逐项展开从而得到式(2-28) 的形式。

$$\frac{\partial E_y}{\partial r^2} + \frac{1}{r}\frac{\partial E}{\partial r} + \frac{1}{r^2}\frac{\partial^2 E_y}{\partial \theta^2} + \frac{\partial^2 E_y}{\partial z^2} + k_0^2 n^2 E_y = 0 \tag{2-28}$$

在纤芯和包层中，折射率 n 是不同的，将 n_1、n_2 分别代替式(2-27) 中的 n 就可以得到纤芯和包层中的对应方程。解式(2-27) 的方程使其满足边界条件，那么就得到 E_y 的解。

可以用分离变量方法求解式(2-27) 的二阶三维偏微分方程。E_y 的解可写成式(2-29) 的三个变量乘积的形式。

$$E_y = AR(r)\Theta(\theta)Z(z) \tag{2-29}$$

式中，$R(r)$、$\Theta(\theta)$、$Z(z)$ 分别是 r、θ、z 的函数，它们分别表示 E_y 随着 3 个坐标变化的情况。从物理概念出发，可以直接写出 $\Theta(\theta)$ 和 $Z(z)$ 的数学公式。

$Z(z)$ 表示导波沿圆周方向的变化规律，如式(2-30) 所示。因导波是沿 z 方向传输，它沿该方向呈现行波状态。

$$Z(z) = \exp(-j\beta z) \tag{2-30}$$

式中，β 表示导波相位常数。

$\Theta(\theta)$ 表示 E_y 沿圆周方向的变化规律，如式(2-31) 所示。E_y 沿该方向呈现驻波状态，是以 2π 为周期的函数。

$$\Theta(\theta) = \begin{cases} \cos m\theta \\ \sin m\theta \end{cases} \tag{2-31}$$

当 θ 变化为 2π 时，传导模场重复原来的数值。为了在边界上进行匹配，纤芯和包层中的 $\Theta(\theta)$ 函数应该按照同样规律变化。现在将式(2-29)、式(2-30)、式(2-31) 代入式(2-28) 的亥姆霍兹方程，同时考虑纤芯（$r \leqslant a$）和包层（$r > a$）中的折射率分别为 n_1 和 n_2，则得到由式(2-32) 和式(2-33) 所示的纤芯和包层的亥姆霍兹方程。

$$r^2 \frac{\mathrm{d}^2 R(r)}{\mathrm{d}r^2} + r\frac{\mathrm{d}R(r)}{\mathrm{d}r} + [(k_0^2 n_1^2 - \beta^2)r^2 - m]R(r) = 0, r \leqslant a \tag{2-32}$$

$$r^2 \frac{\mathrm{d}^2 R(r)}{\mathrm{d}r^2} + r\frac{\mathrm{d}R(r)}{\mathrm{d}r} + [(k_0^2 n_2^2 - \beta^2)r^2 - m]R(r) = 0, r > a \tag{2-33}$$

对于导波而言，在纤芯中应该是振荡解，而在包层中应该是衰减解。经过数学处理，纤芯和包层中的方程可以分别化为式(2-34) 和式(2-35) 所示的贝塞尔方程和虚宗量贝塞尔方程。

$$r^2 \frac{\mathrm{d}^2 R(r)}{\mathrm{d}x^2} + x\frac{\mathrm{d}R(r)}{\mathrm{d}r} + (x^2 - m^2)R = 0, r \leqslant a \tag{2-34}$$

$$r^2 \frac{\mathrm{d}^2 R(r)}{\mathrm{d}x^2} + x\frac{\mathrm{d}R(r)}{\mathrm{d}r} + (x^2 + m^2)R = 0, r > a \tag{2-35}$$

式中，$x^2>0$。在纤芯中，$x=(n_1{}^2k_0{}^2-\beta^2)^{1/2}r$；在包层中 $x=(\beta^2-n_2{}^2k_0{}^2)^{1/2}r$。因而有 $\beta^2<n_1{}^2k_0{}^2$，$\beta^2>n_2{}^2k_0{}^2$，$n_2k_0<\beta<n_1k_0$ 表示传播常数 β 的变化范围。

贝塞尔方程有不同的解，要根据物理意义来确定取什么解。导波在纤芯中应该是振荡解，应该取第一类贝塞尔函数。在包层中应该是衰减解，应该取第二类修正的贝塞尔函数。这样纤芯和包层的 $R(r)$ 可以写成式(2-36) 和式(2-37) 所示的形式。

$$R(r)=J_m\left(\sqrt{n_1^2k_0^2-\beta^2}\cdot r\right) \tag{2-36}$$

$$R(r)=K_m\left(\sqrt{\beta^2-n_2^2k_0^2}\cdot r\right) \tag{2-37}$$

式中，J_m 和 K_m 分别是 m 阶贝塞尔函数和 m 阶第二类修正的贝塞尔函数。图 2-9 给出了贝塞尔函数和第二类修正的贝塞尔函数曲线。

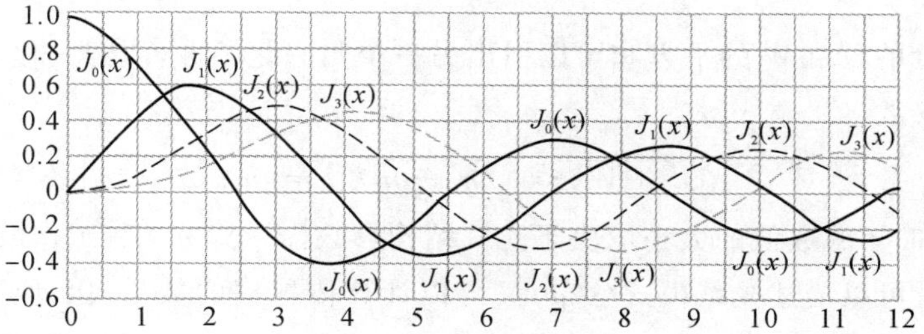

(a)

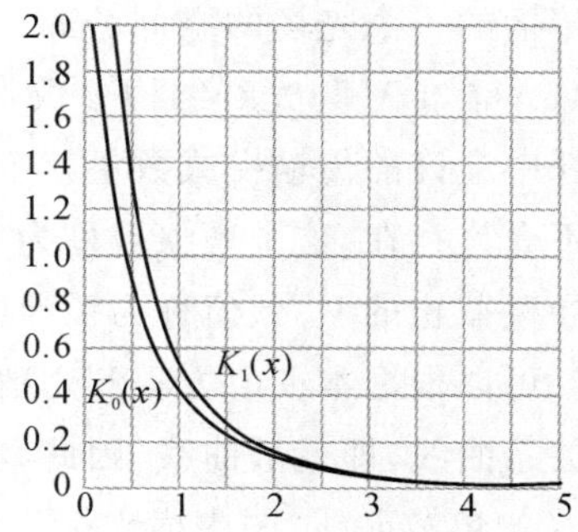

(b)

图 2-9　贝塞尔函数和第二类修正的贝塞尔函数曲线

(a) 贝塞尔函数曲线；(b) 第二类修正的贝塞尔函数曲线

传导模的传播常数 β 与本征解相对应的本征值，其意义是传导模的相位在 z 轴单位长度上的变化数量。在纤芯中，$\beta<n_1k_0$；在包层中，$\beta>n_2k_0$。传导模场分布特点是，在纤芯中应为振荡形式，而在包层中则为衰减形式。除此之外，传导模在空间各点均应为有限值，在无限远处则趋于零。

(3) 归一化参数

为了实现光在光纤中远距离传播，在纤芯区域的导波场应为振荡场，在包层区域的导波场则是衰减场。由于纤芯折射率和包层折射率分布不同，所以应该分别求解出两种场的分布。对于纤芯折射率和包层折射率分别为 n_1、n_2 的阶跃折射率分布光纤，为了分析的简化起见，利用光纤结构参数等条件，可以定义出三个归一化参数：归一化径向相位常数 U、归一化径向衰减常数 W 和归一化传播常数 b。由式(2-38)、式(2-39) 和式(2-40) 分别给出了三个归一化参数的定义。

$$U=a\sqrt{n_1^2k_0^2-\beta^2} \tag{2-38}$$

$$W = a\sqrt{\beta^2 - n_2^2 k_0^2} \tag{2-39}$$

$$b = \frac{W^2}{V^2} = \frac{W^2}{U^2 + W^2} = \frac{\beta^2 - n_2^2 k_0^2}{n_1^2 k_0^2 - n_2^2 k_0^2} \tag{2-40}$$

式中，b 是传导模场归一化传播常数，其取值范围在 $0 \sim 1$ 之间；U 和 W 是传导模场的横向传播常数，它们分别表示在纤芯和包层中传导模(波)场沿着径向变化情况。U 数值反映传导模在纤芯中的驻波场的横向振荡频率，W 数值则表示传导模在包层中的消逝场的衰减速度。W 的取值范围在 $0 \sim \infty$ 之间，当 $W \to 0$ 时，传导模场在包层中不衰减，传导模转换为辐射模；当 $W \to \infty$ 时，传导模场在包层中不存在，传导模场的约束最强。U 的取值范围由传导模的截止条件确定。传导模场远离截止时，$W \approx U \to \infty$，$U \to 0$(一般不等于 0)，U 也被称为传导模的本征值。

由式(2-41)的 U 和 W 的平方和可以引出另一个归一化参数，即归一化频率 V。V 是一个重要的综合性参数。

$$V = \sqrt{U^2 + W^2} = \sqrt{n_1^2 - n_2^2}\, k_0 a = n_1 k_0 a \sqrt{2\Delta} \tag{2-41}$$

由式(2-41)得知，V 的数值的大小取决于光纤结构参数(a, Δ, n_1)和工作波长($k_0 = 2\pi/\lambda$)。V 的数值大小既可以描述光纤模式分布，又可以计算传导模的数量。因此，V 的数值可以用作光纤类型的判据，$V < 2.405$ 时为单模光纤，$V > 2.405$ 时为多模光纤。

模式分布被称为在光纤中传播的一个光场的空间分布。光纤中允许存在的传导模数量由光纤结构参数决定。由式(2-41)得知，V 与光纤结构参数 n_1，k_0 和 a 成正比。光纤的 n_1，k_0 和 a 越大，光纤的 V 值越大，光纤中允许的传输模式数量就会越多。除了基模之外，其他传导模都可能在某一个 V 数值以下不允许存在。这个现象被称为传导模的"截止"。这时传导模转换为辐射模。通常，将某一个传导模截止的 V_c 数值称为传导模截止条件。一旦确定光纤结构参数，光纤的模式分布就被固定。可以根据本征值方程利用数值计算求出各个传导模的传播常数 β 与光纤归一化频率 V 的关系曲线，即色散曲线。因此，本征值方程又被称为色散方程。

图 2-10 给出了几组低阶模式的色散曲线。图中横坐标为归一化频率 V，纵坐标是有效折射率 $n_{eff} = \beta/k_0$，n_{eff} 的取值范围在 $n_1 \sim n_2$ 之间。图中每一条曲线都对应于一个传导模。对于已知 V 值的光纤 ($V-V_c$) 过截止归一化频率 V_c 点做平行于纵轴的竖线，它与色散曲线的交点数就是该光纤中允许存在的传导模数。由交点纵坐标可以求出相应传导模的相位传播常数 β。由图 2-10 可知，V_c 越大则传导模数越多；反之亦然。

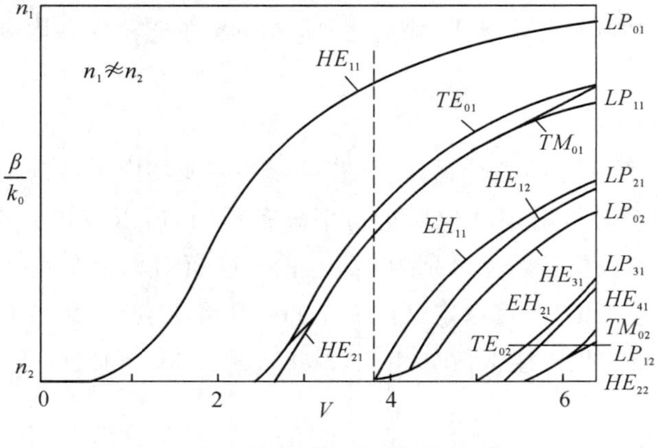

图 2-10　几组低阶模式的色散曲线

光纤中的模式的表示方法可以是线性偏振模 LP_{mn}，其中 m 和 n 表示模阶数的两个参量。m 表示水平模数，m 可以取的数值分别为 0，1，2，3，…。在 $m=0$ 时，表示每个光环不可细分。参数 n 代表径向模数，它表示光环数。n 可以取的数值分别为 1，2，3，…。例如，LP_{01}（一阶模）、LP_{11}（二阶模）…。图 2-11 给出了从 LP_{01} 到 LP_{51} 的 6 个线性偏振模的光强分布。

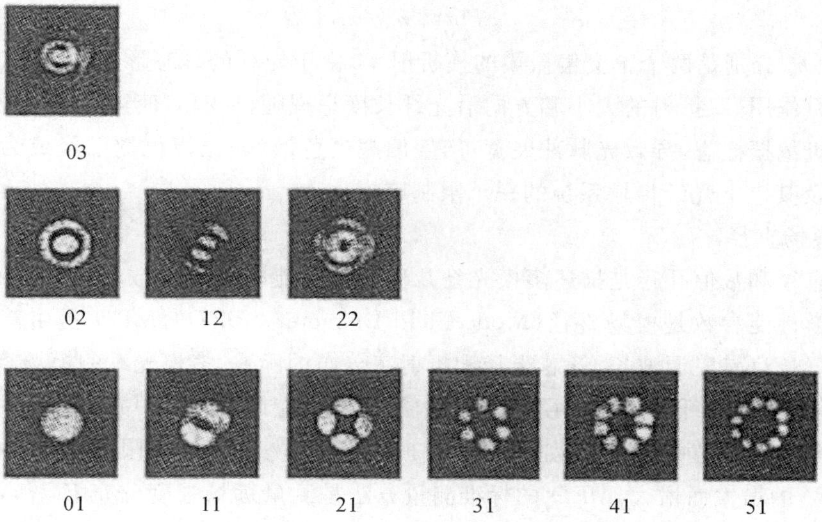

图 2-11　从 LP_{01} 到 LP_{51} 的 6 个线性偏振模的光强分布

2.3.5　单模光纤

(1) 单模传输条件

单模光纤是在给定的工作波长上，只传输基模 LP_{01} 的光纤。由于单模光纤没有模间色散，所以单模光纤传输系统可以实现高速率、长距离、大容量传输。现在，大多数光纤传输系统都是使用的单模光纤。详细讨论单模光纤是非常必要的。讨论单模光纤的主要问题是：单模传输、模场直径、光功率分布等。

基模的截止频率为零，即在任何光频 LP_{01} 模均可以在光纤中传输。光纤的单模工作波长范围决定第一高次模 LP_{11} 的截止特性。只要设计的光纤归一化频率截止 $V_c < 2.405$ 时，光纤只传输 LP_{01} 模，其他传导模全部截止，从而得到了式(2-42) 所示的光纤的单模传输条件。

$$V_c = \frac{2\pi}{\lambda_0} a \sqrt{2\Delta} n_1 < 2.405 \tag{2-42}$$

由式(2-41) 可以估算单模光纤的纤芯半径。单模光纤常用的工作波长范围在 1260 ～ 1625nm 之间。通常，设计的单模光纤的工作波长 $\lambda > 1260$nm。如果选择的单模光纤工作波长 $\lambda = 1.2\mu$m，$n_1 = 1.45$，$\Delta = 5 \times 10^{-3}$。利用式(2-41) 可以估算出，在 $V_c < 2.045$ 时，纤芯半径 $a < 3.2\mu$m。如果将 Δ 降至 3×10^{-3}，那么纤芯半径可以增至 $a \approx 4\mu$m。实际上，大多数光纤传输系统所用的单模光纤，它们的设计纤芯半径 $a \approx 4\mu$m。

综上所述，单模光纤的单模传输条件取决于光纤的工作波长、折射率分布形状和结构参数(a、n_1、n_2、Δ)。通过改变光纤的结构参数(a、n_1、n_2、Δ)，获得不同折射率分布形状，可以制造出满足不同传输系统性能要求的单模光纤。

(2) 光纤双折射

理想的单模光纤是完美的线性圆柱体，没有受到任何应力作用和环境温度的影响。单模光纤中的基模的两个正交偏振模呈现简并特性。实际使用的光纤的纤芯形状沿光纤长度方向表现出变化，光纤长度方向会受到非均匀应力作用、环境温度的影响。这些负面作用破坏了光纤的圆柱对称性，使光纤产生双折射率。式(2-43) 所示的是模式双折射率。

$$B = |n_x - n_y| \tag{2-43}$$

式中，n_x和 n_y 分别是两个正交偏振模的模折射率。由于光纤的纤芯形状的变化(椭圆)，纤芯上受到应力作用，双折射的大小和方向沿光纤长度呈现随机变化，使得入射到光纤中的光很快达到随机偏振模态，导致光脉冲展宽，产生偏振模色散。偏振模色散已经成为传输速度为40Gbit/s 及其以上光纤传输系统的一个限制因素。

(3) 模场直径

纤芯直径和数值孔径是描述多模光纤几何光学性能的重要参数。单模光纤的一个主要的几何光学性能参数是模场直径(Mode Field Diameter，*MFD*)。*MFD* 是由基模的模场分布决定的。*MFD* 是光源波长、纤芯半径和折射率分布的函数。多模光纤的模场直径与纤芯直径几乎相等，单模光纤的模场直径与纤芯直径不相等。在单模光纤中并非所有的光都是由纤芯承载并限制在纤芯中传输。例如，当$V=2$时，只有75%的光功率限制在纤芯中传输。这个百分比随 V 的增大而增大。*MFD* 的标准测量方法是测量远场强度分布 $E^2(r)$，然后利用式(2-44) 计算出 *MFD*。

$$MFD = 2w_0 = 2\left[\frac{2\int_0^{\infty} E^2(r) r^3 \mathrm{d}r}{\int_0^{\infty} E^2(r) r \mathrm{d}r}\right]^{1/2} \tag{2-44}$$

式中，$2w_0$ 是光斑大小(模场直径)。在单模光纤中，基模的能量主要集中在纤芯附近。为了简单方便，光纤径向电场强度 E 常用高斯分布近似处理，所以沿着径向 r 的光功率分布 $E(r)$，如式(2-45) 所示。

$$E(r) = E_0 \exp\left(-\frac{r^2}{w_0^2}\right) \tag{2-45}$$

式中，r 是光纤半径，w_0 是模场半径，E_0 是 $r=0$ 处的场量值。如图 2-12 所示，*MFD* 是由光功率从纤芯峰值处下降至 $1/e^2(=0.135)$ 的宽带决定。可由式(2-46) 求出 w_0 的数值。

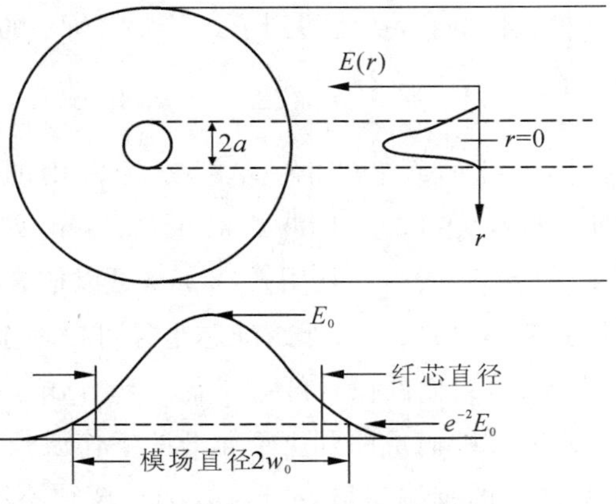

图 2-12　单模光纤模场直径

$$w_0 = \frac{w}{2} = 2.6\frac{d}{V} \tag{2-46}$$

式中，MFD 常用 $2w_0$ 表示。w_0 描述光纤可以载光部分的尺寸，d 是光纤纤芯直径，V 为归一化频率。对于单模光纤而言，光纤载光部分除了包括纤芯 d 之外，还包括小部分包层玻璃。MFD 是决定光纤耐弯曲损耗和影响接头损耗的重要参数。当光纤与光源耦合时，MFD 是确定单模光纤几何光学性能的重要参数，即 MFD 是波长、纤芯直径和纤芯与包层之间的折射率差的函数。

由计算公式(2-41)可以看出，在多模光纤($V > 2.405$)中，光纤中的光能量主要集中在纤芯($MFD <$ 纤芯直径)；而在单模光纤($V \leqslant 2.405$)中，光纤中的光能量可以分布在纤芯和包层($MFD >$ 纤芯直径)上。光能量延伸至包层的现象会引起波导色散。有关波导色散的机理，请读者阅读本书第4章有关光纤色散性能的内容。

(4) 有效面积

有效面积(Effective Area，EA)是指光纤纤芯承载光信号的剖面面积。有效面积是一个与影响光纤传输系统，特别是带有光放大器的长途干线光纤传输系统的传输质量的光纤非线性效应密切相关的参数。当电场强度呈现高斯分布时，有效面积 A_{eff} 计算公式，如式(2-47)所示。

$$A_{eff} = \frac{w_0^2}{4}\pi \tag{2-47}$$

有效面积 A_{eff} 越大，非线性效应越小。光纤非线性效应与通过光纤纤芯的光信号的光强成正比。通常，传输光纤的有效面积 A_{eff} 范围在 $50 \sim 150\mu m^2$。

(5) 纤芯功率比

纤芯光功率比表示纤芯中传输的光功率(P_{core})与光纤纤芯和包层中所传输的总的光功率(P_{total})之比。引入纤芯光功率比 Γ 概念的目的是说明光功率在光纤纤芯中的集中程度。式(2-48)给出了纤芯光功率比与模场半径的关系。

$$\Gamma = \frac{P_{core}}{P_{total}} = 1 - \exp\left(-\frac{2a^2}{w_0^2}\right) \tag{2-48}$$

由式(2-46)得知，在已知 V 值的情况下，可以确定纤芯中集中的模功率。当 $V = 2$ 时，光纤单模工作，大约有75%的模功率集中在纤芯中；而当 $V = 1$ 时，只要20%的模功率集中在纤芯中。因此，为了使纤芯能够集中更多的模功率，大多数通信用的单模光纤，其 V 值都设计在 $2.0 \sim 2.4$ 之间。

单模光纤 MFD 数值大小对于研究单模光纤结构和计算光纤的衰减，光纤与光纤连接、光纤与其他的光器件耦合，分析连接损耗和光纤抗弯曲性能都具有非常重要的实际意义。

综上所述，从光纤传输理论分析得知，光纤的传输条件和传输性能主要由所用材料、折射率分布和光纤结构参数纤芯半径 a、纤芯/包层相对折射率差 Δ 等决定。因此，读者非常有必要了解光纤设计内容。

2.4　小结

光纤的基本结构是由纤芯和包层组成的。纤芯和包层分别由高度透明材料组成。为了在纤芯和包层之间的界面形成光波导，纤芯材料的折射率略高于包层材料的折射率。

光纤的光传输理论揭示了光纤导光机理。对于光波长远远小于光波导的多模光纤，可以使用几何光学理论的光射线来分析光在多模光纤中的导光机理。阶跃折射率多模光纤导光原理是全内反射，梯度折射率多模光纤导光原理是自聚焦，即利用从光纤端面入射的光线经过适当距离会重新汇聚到一点的作用，使光纤中传输的光线具有相同的时延，以减小梯度折射率多模光纤的模间色散，提高光纤的传输带宽。光射线理论只能给出一个既简单又直观的分析。

单模光纤的导光原理服从麦克斯韦方程组。从波动方程和电磁场边界条件出发，通过简化数学求解可以得到光纤中各个模式、归一化频率、截止波长、功率分布、多模传输时的模式数量等计算公式。在单模光纤中完善的光场描述是，纤芯区域光场为振荡场，包层区域光场为衰减场。波动理论特点是全面、精确地阐述了光纤的传输特性。

归一化频率与光纤结构参数，如纤芯半径 a、纤芯／包层相对折射率差 Δ、纤芯折射率 n_1 建立了定量关系。通过改变光纤结构参数可以研制出满足不同系统所需性能的光纤。因此，归一化频率为光纤的研究和设计奠定了理论基础。与此同时，归一化频率计算公式既可以求出单模光纤的截止波长，判断传输条件，又可以计算单模光纤的模场直径、多模光纤传输模式数量。

小知识

电磁波理论奠基人

詹姆斯·克拉克·麦克斯韦

詹姆斯·克拉克·麦克斯韦(1831—1879 年)，出生于英国爱丁堡，英国物理学家、数学家，经典电动力学的创始人，统计物理学的奠基人之一。1873 年出版的《论电和磁》，被尊为继牛顿《自然哲学的数学原理》之后的一部最重要的物理学经典。麦克斯韦被普遍认为是对 20 世纪最有影响力的 19 世纪物理学家。科学史上，称牛顿把天上和地上的运动规律统一起来，是实现了第一次大综合，麦克斯韦把电和光统一起来，是实现了第二次大综合，因此应与牛顿齐名。

习　　题

2-1　光纤为什么要采用纤芯 - 包层结构？

2-2　确保光纤发生全内反射的条件是什么？

2-3　石英玻璃光纤在 1550nm 处的衰减最小，这一波长对应的频率是多少？

2-4　阶跃折射率分布光纤的纤芯折射率为 1.48，包层折射率为 1.478，当工作波长选择在 1320nm 时，如果要保证该光纤只传输单模，请计算出这个光纤的纤芯半径、光纤的数值孔径和光纤端面允许的最大入射角。

2-5　阶跃折射率分布光纤的纤芯折射率为 1.5，在工作波长为 1310nm 时，要保证该光纤只传输单模，请求出该光纤的纤芯半径数值。

2-6　一阶跃折射率分布光纤，纤芯半径 $a=25\mu m$，纤芯折射率 $n_1=1.5$，相对折射率差 $\Delta=1\%$，光纤长度 $L=1km$，求：(1) 光纤的数值孔径 NA；(2) 子午光线的最大时延差；(3) 去除光纤包层和涂覆层，再求裸光纤的 NA 和最大时延差。

2-7　一数值孔径为 0.2 的阶跃折射率分布的多模光纤，在工作波长为 850nm 处可以传输 1000 个模式，求该光纤的数值孔径。如果该光纤的工作波长为 1550nm，请计算出它可以支持的模式数量。

2-8　阐述几何光学射线理论特点。

2-9　叙述麦克斯韦方程光波导理论特点。

2-10　哪种类型光纤的模间色散最大？

2-11　说明梯度折射率多模光纤的光传播原理。

2-12　解释多模光纤折射率分布由采用阶跃型到采用梯度型的原因。

2-13　阐述光纤减小色散的理由。

2-14　如何判断多模光纤和单模光纤？

2-15　解释多模光纤演变为单模光纤的理由。

2-16　光纤中的传导模数量与什么有关？

2-17　光纤是如何获得不同折射率分布的？

2-18　请给出单模光纤的特点。

2-19　阐述阶跃折射率单模光纤的单模传输原理。

2-20　说明光纤结构参数决定光纤的传输性能的原因。

2-21　阐述归一化频率在光纤性能研究中所起到的重要作用。

第3章　光　　纤

【学习目标】

1. 掌握光纤设计原则。
2. 理解光纤结构设计思想。
3. 了解光纤所用材料和制造方法。
4. 掌握光纤衰减系数的定义、产生原因和影响作用。
5. 掌握光纤色散系数的定义、产生原因和影响作用。
6. 掌握光纤偏振模色散衰减系数的定义、产生原因和影响作用。
7. 掌握光纤非线性效应的产生原因、各种类型和影响作用。

【知识框图】

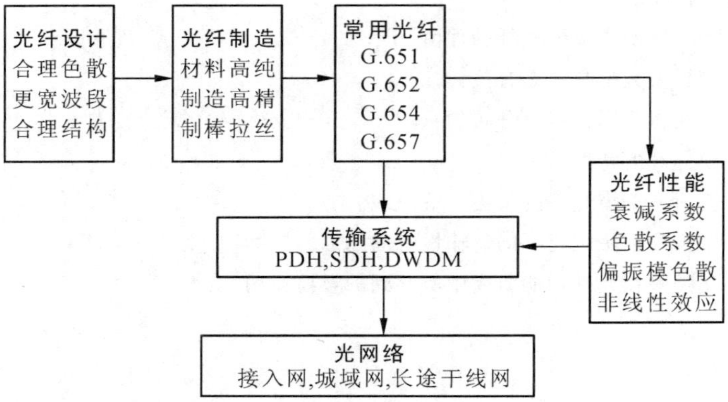

3.1　光纤设计原则

利用归一化频率V数值的大小可以判断光纤是单模传输，还是多模传输。同时V的计算公式揭示光纤的传输性能与光纤结构参数a、n_1、n_2、Δ的数值密切相关。通过调制光纤结构参数，可以获得不同的折射率分布，制造出不同传输性能的光纤，满足不同光纤传输系统需要的不同传输性能的要求。

为了研制出满足不同光纤传输系统需要的不同传输性能要求的光纤，首先依据光纤的光波导理论设计出合理的折射率分布结构，其次按照折射率分布结构制造所需要的光纤，再次借助光纤测量仪器验证制得的光纤性能，如果制得的光纤性能与设计光纤性能差别太大，还需要进一步调整折射率分布结构及制造工艺，直到制得的光纤性能完全满足设计要求为止。

在设计光纤结构(折射率分布)时都会遵循下列的一些设计原则：

(1) 最小的衰减系数　通过掺杂剂、材料选择、制造工艺技术等方面保证所设计和制得的各种类型的光纤的衰减系数最小。

(2) 合理的色散特性　单模光纤的折射率分布应使其工作波长范围内具有合理的色散系数和尽可能小的色散斜率。

(3) 更宽的工作波段　密集波分复用和稀疏波分复用技术的广泛使用，需要色散斜率小、工作波段更宽的光纤，以求达到在提高系统容量的同时降低系统成本的目的。

(4) 合理的光纤结构　在设计单模光纤时，归一化频率 $V < 2.405$，通过改变光纤的结构参数(a、n_1、n_2、Δ)，就可以研制出各种不同传输性能的单模光纤结构。

3.2　光纤结构设计

图 3-1(a)、图 3-1(b) 和图 3-1(c) 分别所示的是光纤基本结构、多模光纤和单模光纤的折射率分布结构。图中的 n 和 r 分别是光纤的折射率、径向距离，$2a$ 和 $2d$ 分别是光纤的纤芯直径和包层直径，n_1 和 n_2 则分别是光纤的纤芯和包层的折射率。

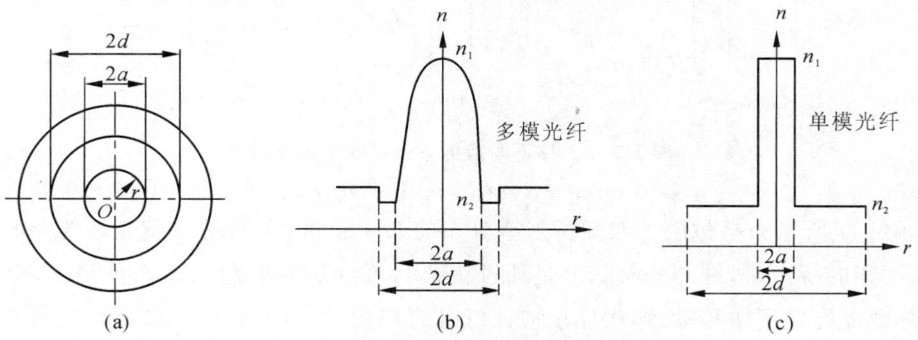

图 3-1　光纤基本结构与折射率分布

(a) 光纤基本结构；(b) 多模光纤折射率分布；(c) 单模光纤折射率分布

根据光纤传输理论的分析得知，光纤的折射率分布直接决定着光纤的色散等传输性能。光纤的折射率分布主要由折射率分布指数 g 和纤芯与包层的相对折射率之差 Δ 决定。g 取不同的数值，光纤呈现不同的折射率分布。例如，$g = 1$ 时，光纤折射率是三角分布；$g = 2$ 时，光纤折射率为梯度分布；$g = \infty$ 时，光纤折射率是阶跃分布。Δ 不仅影响光纤折射率分布，而且影响着光纤的传输性能和光纤预制棒制造工艺。通常，单模光纤的纤芯和包层的相对折射率差 Δ 取值范围在 $0.3\% \sim 0.6\%$，多模光纤的纤芯与包层的相对折射率差 Δ 取值范围在 $0.6\% \sim 1.5\%$。在光纤结构设计中，以 125μm 包层直径为基础，通过调整光纤的纤芯直径和折射率以及光纤折射率结构来满足各种不同传输系统需要的光纤传输性能。为此，光纤设计人员必须掌握光纤性能与光纤结构参数的定性关系。

(1) 截止波长　与纤芯直径和数值孔径的大小成正比关系。

(2) 色散　在简单阶跃剖面结构的情况下，一般零色散点随着纤芯直径的增大和数值孔径的减小往短波长方向移动，反之往长波长方向移动。

(3) 模场直径　对于标准单模光纤，模场直径随纤芯直径变大而变大，随数值孔径变大而减小。

(4) 衰减　对于现在的光纤工业生产而言，衰减的降低主要是降低羟基含量和降低瑞利散射，这主要属于光纤制造工艺问题。

(5) 弯曲损耗　按照光纤的弯曲半径不同,光纤的弯曲损耗可以分为宏弯损耗和微弯损耗。宏弯损耗是光纤轴向弯曲远大于波长产生的损耗,其数值随纤芯直径的增大和数值孔径的增大而减小;微弯损耗是光纤轴向纳米级弯曲产生的损耗,其数值随纤芯直径的增大而增大,随数值孔径的增大而减小。

(6) 偏振模色散　数值的大小与纤芯直径大小有关,一般纤芯直径越小的光纤偏振模色散离散性越大,但是主要的难点还是在光纤制造工艺上加以控制。偏振模色散的降低一般是通过精确控制纤芯几何尺寸来实现的。

图 3-2(a)、图 3-2(b) 和图 3-2(c) 分别给出了非色散位移单模光纤(G.652 光纤)、截止波长位移单模光纤(G.654 光纤)和弯曲不敏感的单模光纤(G.657 光纤)三种单模光纤的折射率分布形状。通过选择不同折射率分布,使得单模光纤获得不同的光传输性能。

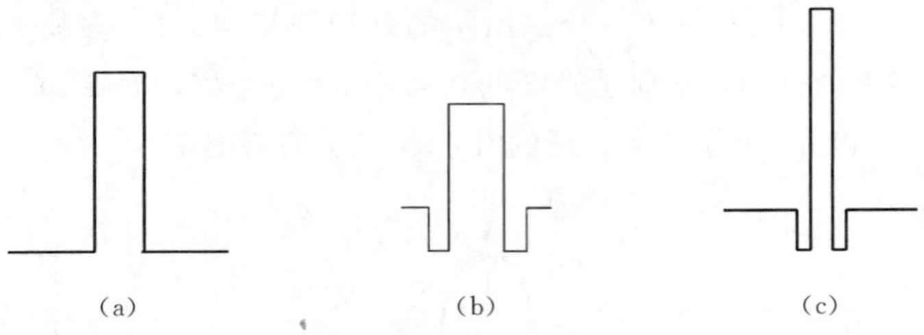

图 3-2　三种不同折射率分布的单模光纤

(a)G.652 光纤;(b) G.654 光纤;(c)G.657 光纤

图 3-2(a) 所示的是包层为匹配折射率分布的 G.652 光纤。普通单模光纤选择的折射率分布,其性能的特点是,纤芯的阶跃型是通过掺杂 GeO_2 获得的,包层是石英玻璃。单模光纤中有一部分光在包层中传输,包层厚度应比纤芯直径大 8 ~ 10 倍。G.652 光纤的典型结构参数是,纤芯直径为 8 ~ 10μm,包层直径是 125μm,Δ 为 0.3% ~ 0.6%。

图 3-2(b) 所示的是纯二氧化硅纤芯和下凹包层折射率分布的 G.654 光纤。这种光纤的特点是,以纯二氧化硅纤芯和掺氟的下凹包层,降低瑞利散射损耗,用下凹包层调整耐弯曲性能和有效面积。

图 3-2(c) 所示的是下凹包层折射率分布的 G.657 光纤。这种光纤的特点是,以下凹包层有效减少泄漏光损耗,提高光纤的耐弯曲性能。

3.3　光纤结构参数设计

图 3-1(a) 所示的是光纤基本结构。光纤结构参数设计的内容是光纤的纤芯直径 $2a$ 和包层直径 $2d$ 等。国际电信联盟(ITU-T) 等标准组织已对光纤产品的结构参数提出明确的要求。例如,G.652 光纤,$2a = (8.5 \sim 9.5) \pm 0.6\mu m$,$2d = 125 \pm 1\mu m$。

通信光纤一般是由预制棒拉制而成的。要想获得需要的光纤结构参数,必须设计预制棒的几何尺寸。预制棒的几何尺寸包括芯层直径 $2A_p$ 和包层直径 $2D_p$。预制棒在拉丝过程中,芯 / 包比是维持不变的,即光纤芯 / 包比 $= 2a_f/2D_f = a_f/D_f$,预制棒芯 / 包比 $= 2A_p/2D_p = A_p/D_p$。因为 $A_p/D_p = a_f/D_f$,那么可以用式(3-1) 计算出预制棒的芯层直径。

$$A_p = \frac{D_p}{D_f}a_f \tag{3-1}$$

一般，D_p 可以根据制造工艺预先设定，可以利用式(3-1) 计算出预制棒的芯层直径 $2A_p$。同理，式(3-2) 所示的是预制棒的体积等于拉丝得到的光纤体积。

$$a_f^2 \pi L_f = A_p^2 \pi L_p \tag{3-2}$$

式中，L_p 和 L_f 分别是预制棒长度和光纤长度。那么用式(3-2) 就可以计算出由预制棒可以拉制的光纤长度。

3.4　光纤材料

光纤的传输性能是由光纤的折射率分布所决定的，光纤的折射率分布结构设计是制造出良好传输性能光纤的基础，光纤原材料的选择和制造工艺才是保证生产出高质量光纤的必要条件。

进行光纤材料的选择时应该考虑的问题分别是，光衰减、折射率、成纤能力、物化性能，以及材料成本等。应该确保所选用的材料能够满足以下要求：(1) 成形方便：材料必须能够制成细长、柔软的光纤；(2) 透明材料：为了使光纤在特定的光波长有效地导光，所选用的材料必须是透明的；(3) 性能兼容：为了保证纤芯 / 包层物理性能的彼此适应，必须选用具有微小的折射率差，但物理性能彼此相近的材料；(4) 材料成本：光纤制造所用的原材料应该是来源丰富、价格便宜的原材料。

迄今为止，人们已经发现，同时满足上述的成形方便、透明材料、性能兼容和材料成本四大要素的光纤原材料主要是玻璃和塑料等材料。过去，石英玻璃光纤选择 $SiCl_4$ 液体为主体材料，使用高折射率的 $GeCl_4$ 液体为提高纤芯折射率掺杂剂，而选择低折射率的 CF_2Cl_2 液体等为降低纤芯折射率掺杂剂。现在，光纤制造工厂开始使用有机硅原材料，可以消除氯气造成的环境污染，提高光纤预制棒的沉积效率。塑料光纤则以聚甲基丙烯酸甲酯(Polymethylmethacrylate，PMMA)、聚苯乙烯(Polystyrene，PS) 高分子聚合物分别作为纤芯和包层材料。好材料是制造好光纤的基础。

3.5　光纤制造

3.5.1　制棒工艺

光纤本身具有的高纯度和高精度特点决定了光纤制造必须采用光电子器件制造所用的气相沉积工艺。采用材料杂质含量小于 99.9999% 的高纯度原料，以保证制成光纤的衰减非常小；利用计算机程序精确控制气相沉积过程中的各种气体原料的流量，使通过气相沉积过程所得的光纤折射率分布与设计结构完全一致，从而达到满足光纤性能要求的目的。

通信光纤制造包括两个工艺过程：制棒和拉丝。制棒工艺是通过沉积工艺过程制造出一根符合折射率分布要求的光纤预制棒。拉丝是将已制得的光纤预制棒拉制成高质量纤维的生产过程。1966 年，科学家高锟博士发表了一篇题为《光频介质纤维表面波导》的论文。该论文开创性提出：用石英玻璃纤维(简称“光纤”) 传送光信号进行通信。同时该论文也明确地指出：① 光纤可以实现超高速通信；② 通过对玻璃提纯可以使光纤衰减系数减小到小于 20dB/km；③ 给出了光纤原始结构。光纤的性能除了与其所用的材料组成、结构和波导结构

（折射率分布）息息相关之外，还与光纤制造工艺关系密切。光纤制造工艺要解决的一些技术关键问题是保证精确控制折射率分布结构、挖掘降低衰减潜力、提高机械强度和化学稳定性、设法制造更大尺寸的预制棒等。

光纤折射率分布结构设计是保证所制造的光纤能够满足使用时所需要的光纤传输性能、机械性能和环境性能要求，光纤原材料选择则是制造良好性能光纤的基本条件，而合适的光纤制造工艺方法才是保证获得性能良好的光纤的充分条件。由于石英玻璃具有高的透可见光和近红外线的能力，优秀的化学稳定性和极高的机械强度，因此现在通信光纤大都采用石英玻璃为基础材料，通过气相沉积方法向基础材料 $SiCl_4$ 掺杂如 $GeCl_4$ 和 C_2F_6 来改变折射率分布结构，以获得所需要的各种性能的光纤。鉴于石英玻璃的优异性能和气相沉积方法能够精确调整折射率分布结构，目前全世界普遍采用石英玻璃与气相沉积工艺来制造通信光纤。自 1970 年美国康宁公司制造出世界上第一根光纤以来，光纤的制造工艺方法一直处在不断改进和完善之中。今天，光纤的制造工艺方法已经由光纤制造的一步法（即预制棒的芯／包层都是由气相沉积工艺完成的）转入了两步法，即气相沉积芯棒技术＋外包技术，以通过制造大尺寸的预制棒来进一步降低生产成本和提高生产效率。

（1）改进的化学气相沉积工艺

1973 年，美国贝尔实验室的 Machesney 等人发明了改进的化学气相沉积工艺（Modified Chemical Vapor Deposition，MCVD）。图 3-3 是典型的 MCVD 工艺系统组成示意图。在此，作者特别提请读者注意，MCVD 工艺包括沉积和熔缩两个工艺过程，这两个工艺过程是在同一台玻璃车床，不同的工艺阶段，即不同的时间段完成的。

MCVD 工艺过程大致如下：首先将一根石英玻璃管（简称“反应管”）安装在卧式玻璃车床的两个同步旋转卡盘上，反应管的一端与化学原料供应系统（一般为鼓泡瓶系统）相连，以便将各种化学原料（$SiCl_4$，$GeCl_4$，O_2，Cl_2，He，CF_2Cl_2 等），依据设计的光纤折射率分布结构，按照控制的流量进行混合并输入反应管。反应管的另一端与反应尾气及粉尘处理设备相连。反应管下方的喷灯，以可控的速度沿反应管纵向平移对反应管进行加热。

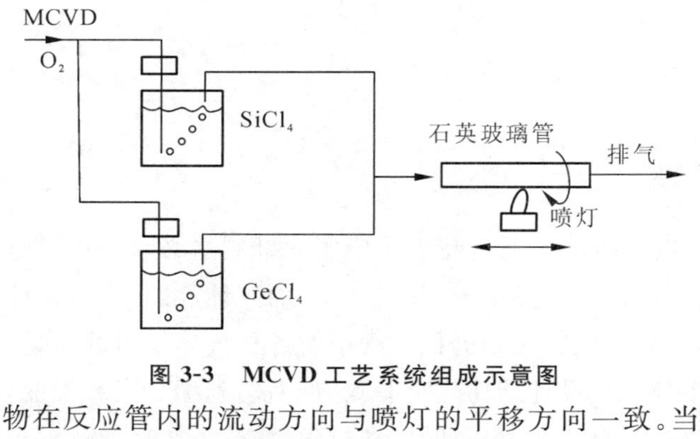

图 3-3　MCVD 工艺系统组成示意图

化学原料混合物在反应管内的流动方向与喷灯的平移方向一致。当化学原料混合物被加热到足够高的温度（约 1400℃），即发生化学反应，生成亚微米大小的包含所需掺杂剂的二氧化硅玻璃微粒并沉积于热区下游的反应管的内表面上，当喷灯平移经过时，沉积的材料就被烧结成一层透明的玻璃膜。喷灯平移到反应管的出气端后就迅速返回进气端，开始第二层沉积，如此一层又一层的循环沉积，可依次进行很多层沉积。沉积单层厚度从几 μm 到几十 μm。根据计划生产的光纤品种，进行工艺设计，按照设计的程序，先沉积包层材料，再沉积芯材料，沉积过程中控制相应沉积层的化学原料混合物的成分和相应的沉积层数，以获得必需的芯／包层折射率分布结构（光波导结构）。在沉积完成之后，接着以很高的温度（1800～2200℃）把沉积的高纯材料连同反应管一起熔缩成一根实心石英玻璃棒，即为芯棒。然后，用所选择的外包层技术对芯棒进行外包，最后方可制成供拉丝使用的预制棒。

在MCVD工艺中，所使用的主要原料是$SiCl_4$、$GeCl_4$等。$SiCl_4$、$GeCl_4$是通过高温氧化反应形成光纤的基质材料SiO_2和纤芯最重要的掺杂材料GeO_2。$SiCl_4$、$GeCl_4$形成SiO_2和GeO_2的高温氧化反应如下：

$$SiCl_4 + O_2 \rightarrow SiO_2 + 2Cl_2$$

$$GeCl_4 + O_2 \rightarrow GeO_2 + 2Cl_2$$

（气态）（气态）（固态）（气态）

上述反应的条件是高温。在MCVD工艺实践中，喷灯加热的温度不是根据反应需要确定的，而是由沉积层是否能够烧结透明确定的，通常高于1800℃。沉积芯材料时，两种反应同时发生。反应是否完全、反应效率高低、反应进行的方向都是受平衡常数与温度、气相成分浓度的关系控制的。研究反应的动态平衡，对于了解工艺过程、指导生产有重要意义。一般，$SiCl_4$ 100％反应，而$GeCl_4$只有30％以下的发生反应。

(2) 外部气相沉积工艺

1972年，美国康宁公司的Kapron等发明了外部气相沉积工艺（Outside Vapour Deposition，OVD）。从制造工艺来看，OVD工艺比MCVD工艺复杂。图3-4所示的是典型的OVD工艺系统组成示意图。OVD工艺的沉积和烧结两个工艺过程是分别在沉积设备和烧结炉内完成的，在沉积设备中完成预制棒的沉积工艺过程，而在烧结炉所进行的是预制棒的脱水和烧结工艺过程。

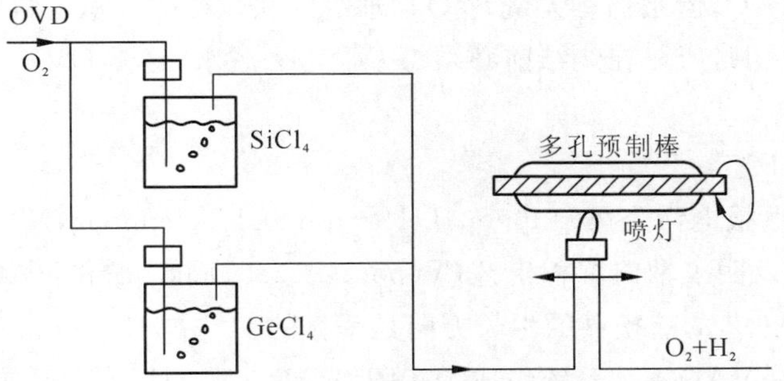

图3-4　OVD工艺系统组成示意图

OVD芯棒生产工艺过程可以简述如下：首先，将经过仔细清洗的一根耐火材料（陶瓷、石墨等）制成的靶棒（直径约10mm，长度约1000mm）安装在卧式沉积车床的两个同步卡盘上，以一定速度旋转、平移。靶棒正下方配备氢－氧焰沉积喷灯，该喷灯的火焰朝向靶棒。喷灯孔除了通有产生火焰的氢气、氧气之外，还通入$SiCl_4$等原料蒸气。这些蒸气在火焰中发生反应，生成亚微米大小的包含各种掺杂剂的球形SiO_2玻璃微粒，其中一些玻璃微粒以部分烧结状态沉积于靶棒外表面。未沉积的微粒随废气排放到环保处理系统。靶棒平移一个行程，就在圆周表面上沉积了一层玻璃微粒。反复进行，就形成白色圆柱形疏松质的坯棒（以下称“疏松棒”）。值得提及的是，在靶棒两端各有一支小型氢－氧焰喷灯，对靶棒与沉积材料的结合部分进行加热，其作用是防止疏松棒开裂。按工艺设计改变相应沉积层的化学原料混合物的成分并沉积适当的沉积层数、厚度，就可获得必需的芯 / 包层光波导结构。在沉积完成之后，抽出靶棒，把带有中心孔的疏松棒安装到烧结设备上，进行纯化烧结工序。在该工序中，疏松棒从上往下，以控制的速度送入烧结炉中，烧结炉沿纵向有设计的温度分布，高温区温度约 1600℃。炉内按程序通入氦 - 氯混合气体。氯气可去除坯棒中的物理吸附的水分、化学结合的羟基、金属杂质；氦气有助于消除气泡。废气排放到环保处理系统中。在严格控制的气氛、温度、速度条件下，通过区域烧结过程，带有中心孔的疏松质坯棒转变为实心的、无气泡的透明的玻璃棒，即为芯棒。为了提高沉积速率，氯化物原材料的供应速率需要很高。因此，当前的 OVD 原材料供应系统一般不再采用鼓泡瓶方式，而改用直接蒸发式或液体计量泵 - 闪蒸方式。大规模生产中，OVD 工艺已经全部采用计算机控制。

OVD 工艺的化学反应比 MCVD 工艺的化学反应更为复杂。在 OVD 工艺中，不仅 $SiCl_4$ 等原材料参与化学反应，而且喷灯燃料气体(氢 - 氧焰或者甲烷 - 氧焰) 也参与化学反应。喷灯燃料气体首先反应生成水蒸气，$SiCl_4$ 等原材料再与水蒸气反应生成 SiO_2，因此 OVD 工艺化学反应机理属于火焰水解。在用 O_2 做载气时，以氧化反应为主。OVD 沉积过程中，主要发生以下化学反应：

$$2H_2 + O_2 \rightarrow 2H_2O$$

$$SiCl_4 + 2H_2O \rightarrow SiO_2 + 4HCl$$

$$GeCl_4 + 2H_2O \rightarrow GeO_2 + 4HCl$$

$$SiCl_4 + O_2 \rightarrow SiO_2 + 2Cl_2$$

$$GeCl_4 + O_2 \rightarrow GeO_2 + 2Cl_2$$

$$2H_2O + 2Cl_2 \rightarrow 4HCl + O_2$$

OVD 工艺通过以上的最后一个反应，除去了大量生成的氯气，有利于 SiO_2 和 GeO_2 形成，并消耗部分的 H_2O，但是仍有大量 H_2O 物理吸附在疏松的沉积材料中，也有部分与 SiO_2 化学结合形成 Si—OH，所以在烧结前必须想方设法去脱水，这是 OVD、VAD 等外部沉积工艺的特点之一。

(3) 轴向沉积工艺

1977 年，日本电报电话公司(Nippon Telegraph and Telephone，NTT) 茨城电气通信研究所的伊泽立男等发明了轴向沉积工艺(Vapour Axial Deposition，VAD)。与 OVD 工艺唯一不同的是，VAD 工艺的疏松棒的生长方向是垂直的。

图 3-5 所示的是 VAD 工艺系统组成示意图。VAD 工艺利用一根垂直放置并绕纵轴旋转的石英玻璃棒(靶棒) 的下端面作为衬底，喷灯火焰朝向靶棒的下端面。$SiCl_4$ 等氯化物在火焰中反应产生的玻璃微粒就沉积在靶棒的下端面上，端面温度一般为 400 ～ 800℃，在沉积的同时，靶棒连同沉积的材料边旋转边提升，形成疏松棒。系统配备有激光器或者摄像机监测沉积端面的位置，位置信号送到轴向提升机构进行反馈控制，以使沉积端面与喷灯的位置保持不变。当沉积的疏松棒提升经过石墨炉时，就进行脱水与烧结工艺环节，连续制造出透明预制棒。出于优化工艺控制、提高成品率的考虑，当前的 VAD 工艺已经将沉积与烧结工艺步骤分开进行。

VAD 工艺与 OVD 工艺基本相同。VAD 工艺与 OVD 工艺的沉积机理都是热泳。除了温度等条件之外，要发生能够产生氧化物微粒的反应，还必须满足卤化物阈值流量条件。低于阈值流量，火焰中不产生氧化物微粒，而只有蒸气。阈值流量是由氧化物的饱和蒸气压决定

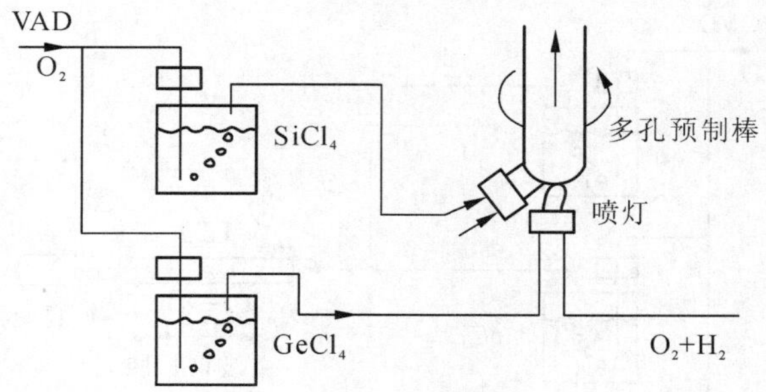

图 3-5　VAD 工艺系统组成示意图

的，只有当火焰中的氧化物的蒸气分压超过其饱和蒸气压时，这种氧化物才有固相存在。阈值流量也与喷灯的氢气流量有关。对于同种卤化物，氢气流量大，阈值流量也大。采用低阈值流量的卤化物原材料，更容易形成氧化物微粒。

与OVD工艺不同的是，喷灯火焰与沉积表面没有相对移动，沉积表面没有机会冷却，故温度梯度比OVD工艺要小。这对于VAD工艺是不利因素。但是，业已研究证明，使喷灯的中心线相对疏松棒纵轴倾斜成适当的角度，仍可获得与 OVD 工艺相当的沉积速率与效率。并且发现，喷灯角度也影响疏松棒的直径起伏。

(4) 等离子化学气相沉积工艺

1972 年，荷兰飞利浦公司的 Küppers 等人发明了微波等离子体化学气相工艺(Plasma Chemical Vapour Deposition，PCVD)。PCVD 工艺是世界流行的四大光纤制造工艺之一。PCVD 工艺可沉积数千层沉积层，因而其为光纤的波导体结构设计、材料选择和品种研究提供了一个自由的发展空间。简言之，PCVD 工艺具有极高的折射率分布控制精度、高的沉积效率和自由调整折射率分布结构的灵活性，所以它不仅能够用来生产折射率分布结构简单的多模光纤、G.652 光纤，而且可以制造折射率分布结构复杂的 G.654 光纤、G.657 光纤和色散补偿光纤等。应该特别指出的是，PCVD 工艺极适合用来制造折射率剖面分布复杂的光纤。

PCVD 工艺与 MCVD 工艺相似的是两种工艺都是采用管内气相沉积工艺，所不同的是反应机理。PCVD 工艺反应机理为用微波低压等离子体进行化学气相沉积制造光纤预制棒。等离子体是指发生电离的气体。等离子体是除固态、液态和气态之外，物质存在的第四种状态。等离子体由电子、正离子和中性粒子(包括不带电荷的粒子，如原子或分子以及原子团)组成。由于微波等离子体具有能量大、活性强，激发的亚稳态原子多、工作稳定、无电极污染等优点，因此它非常适合光纤预制棒的沉积。

1976 年荷兰飞利浦公司将 PCVD 工艺的初研成果转移到玻璃部进行中间试验，随后又引入工厂进行光纤预制棒的生产。1982 年荷兰飞利浦公司的 PCVD 工艺投入工业化生产。PCVD 工艺的发展历程就是沉积速率的提高过程。PCVD 工艺最初生产使用的沉积速率仅为 0.1g/min，以后逐渐提高到 1.0g/min。现在 PCVD 工艺的沉积速率已经达到 2.4g/min。为了便于读者阅读时比较，在图 3-6 中绘制出了 PCVD 工艺系统组成示意图。

PCVD 工艺方法包含了两个生产步骤：沉积和成棒。沉积过程是各种卤化物 $SiCl_4$、$GeCl_4$ 的蒸气和 O_2、C_2F_6 气体的混合物按照预先设计的比例混合后，经气体流量控制柜控制，以一个特定的低压，由石英玻璃反应管的一端注入石英玻璃反应管中进行形成光纤折射

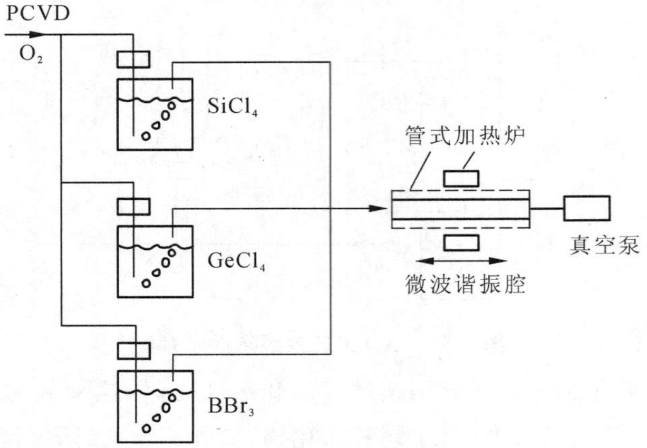

图 3-6　PCVD 工艺系统组成示意图

率分布的沉积反应。为了保证石英玻璃管中的混合气体维持在 1kPa 左右的低气压，石英玻璃反应管的另一端与真空泵连接。往返移动的金属谐振腔环绕的石英玻璃管，通过频率为 2440MHz 的数千瓦微波能量耦合至气体混合物在反应管内产生一个局部非等温、低压的等离子体。等离子体内的气体相互作用，即沉积反应。谐振腔沿石英玻璃管快速往返运动，气体的混合比例都可以改变直到完成多达数千个沉积层。每个沉积层的厚度均为 0.2 ～ 1μm 透明的 SiO_2 和掺杂的 SiO_2 薄膜。在沉积反应中，$SiCl_4$ 与 O_2，$GeCl_4$ 与 O_2 分别发生反应，并分别形成纯 SiO_2 和可以提高折射率的 GeO_2。同时，C_2F_6 中的主要成分氟反应生成物可以降低折射率。通过改变混合气体的比例和流量，就可以灵活地改变光纤的折射率分布结构。因为沉积反应是在透明的石英玻璃反应管内壁进行的，所以 PCVD 工艺的反应管的内壁无任何粉尘产生。

成棒过程是，当石英玻璃反应管中的沉积反应完成了设计要求的沉积厚度和折射率分布后，该完成沉积的石英玻璃管被移至另一台类似于 MCVD 工艺的车床上进行成棒作业。所谓成棒作业是指利用氢－氧焰或其他高温炉使沉积的石英玻璃管熔缩成实心的光纤预制棒。由于在 PCVD 沉积车床上可以沉积出所设计的任何折射率的分布结构，因此 PCVD 沉积车床可以用来生产各种类型的光纤预制棒。

PCVD 工艺的特点是：沉积温度低，沉积物是透明玻璃；沉积精度高和工艺灵活；原材料沉积效率极高。特别是 PCVD 工艺的沉积厚度小于 1μm，所以其沉积层数要高达数千层。因此，PCVD 工艺更适合用于制造折射率分布结构复杂的波导和折射率分布结构需要精确控制的光纤，如高带宽的新一代多模光纤等。

PCVD 工艺原理是利用套在石英玻璃反应管直径外可以往返移动的金属谐振腔，所产生的频率为 2440MHz 的数千瓦微波能量耦合至通有气体混合物石英玻璃反应管内产生一个局部非等温、低压的等离子体。等离子体内的气体相互作用，即为沉积反应。通过改变混合气体的比例和流量所获得的许多个沉积薄膜，可以灵活地改变光纤的折射率分布结构。

3.5.2　拉丝工艺

不管采用哪种预制棒制造工艺，预制棒拉成光纤的拉丝工艺基本相同。拉丝工艺是将光纤预制棒加热软化，拉制成直径、强度和性能符合要求的高质量光纤的工艺。拉丝工艺包括预制棒加热、光纤拉制、光纤测径、光纤涂覆和固化等具体工艺步骤。

光纤拉丝工艺过程是，首先将接好尾棒的光纤的一端垂直夹持在传送棒装置上，预制棒另一端缓慢地送入高温加热炉中，预制棒被加热到2000°C以上，预制棒逐渐软化(黏度减小)，靠自身重量和玻璃表面张力作用，逐渐下垂由棒变细而成纤维(光纤)。光纤通过冷却管、涂覆、固化装置后，由拉丝机的牵引轮拉制，经过导向轮输送到收丝机的收丝筒上。图3-7所示的是光纤拉丝工艺及配套设备示意图。

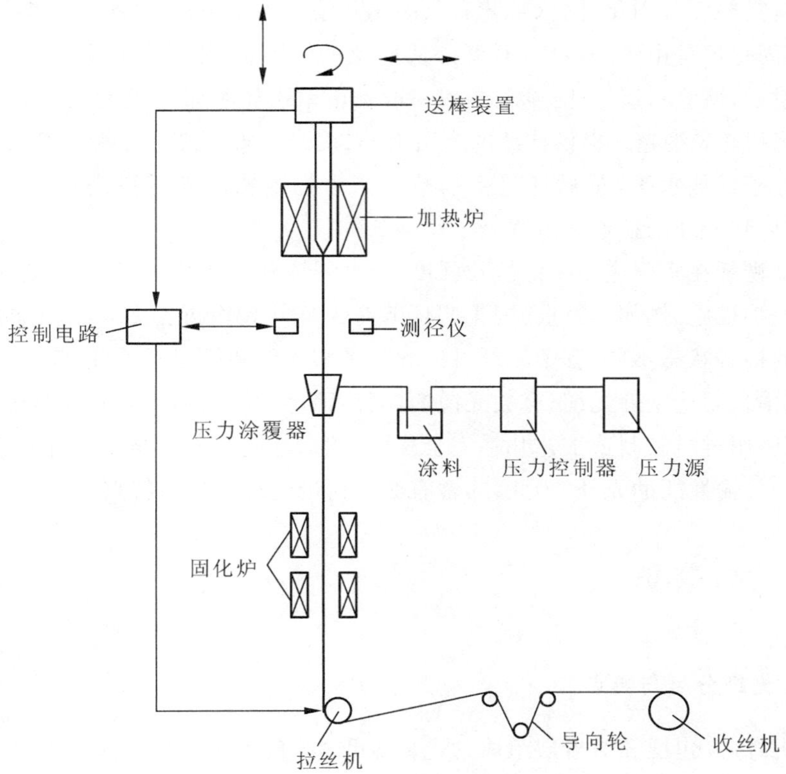

图3-7　拉丝工艺及配套设备示意图

光纤拉丝配套设备主要有拉丝塔、传送棒装置、高温炉、测径仪、冷却装置、涂覆装置、紫外固化装置和牵引装置。拉丝塔的作用是构建光纤冷却距离，固定高温炉、测径仪、冷却和紫外固化装置。传送棒装置的功能是将预制棒输入高温炉加热，送棒速度与拉丝速度匹配，力求通过高速拉丝获得高质量的光纤。高温炉的作用是为加热预制棒提供温度分布均匀的温度场，以便预制棒软化后拉成光纤。测径仪的功能是选用非接触法之一的激光散射法来对刚出高温炉的光纤即刻予以光纤外径遥控，通过比较设置值与实测值，控制拉丝机速度，以实现对光纤外径的精确控制。为了使光纤包层直径控制在125±1μm，拉丝塔的送棒机构和拉丝机牵引速度应该匹配。在时间 t 之内，预制棒送棒容积与拉出的光纤容积相等，通过两个容积变换可以得到式(3-3)所示的光纤拉丝速度 v_f 的计算公式。现在，光纤制造工厂使用的拉丝机拉丝速度已经可以达到2800m/min，甚至于更高。

$$v_f = v_p^2 / \left(\frac{d_f}{D}\right)^2 \tag{3-3}$$

式中，v_p 是预制棒送入高温炉的速度，D 为预制棒的直径，d_f 是裸光纤直径，对于光纤产品，d 是一个定值，通常为125μm。

光纤冷却装置的作用是通过冷却装置提供的强制冷却措施，确保在高速拉丝的条件下，出自高温炉的光纤的温度迅速地从高温降低到室温。光纤涂覆装置的作用是要对拉出高温炉的新鲜光纤表面进行保护塑料涂覆。涂覆工作是由填充有液体紫外线固化的环氧树脂等涂料的压力涂覆器完成。由于光纤玻璃是脆性材料，其表面存在大量的微裂纹，涂覆可以保护光纤表面的微裂纹，隔绝水和外力对微裂纹的作用，提高光纤的机械强度。事实上，通过涂覆对光纤表面予以保护，为光纤进入后续成缆和实际使用提供必要的基础。涂覆后的光纤表面的液体涂料需要经过固化。固化工艺有热固化和紫外固化两种。高速拉丝都采用紫外固化工艺。紫外线固化炉是由紫外线灯，对紫外线敏感的涂料（聚甲基丙烯酸酯）经特定频率的紫外线灯照射后，使涂料层固化。牵引装置一般是由牵引轮和张力控制轮等组成。精确控制电动机驱动牵引轮，给光纤提供持续的牵引力，采用张力监控仪在线测量裸光纤的张力，确保光纤张力处于最佳水平，最后通过牵引轮和张力控制轮的光纤被绕到光纤收丝机（筒）上，完成预制棒到光纤的拉丝全过程。

为了提高光纤在实际应用中的抗拉强度、抗弯强度和耐环境性能，还需要对拉制的光纤进一步施加保护措施。例如，通过套塑工艺环节在光纤外表面再套上一层热塑性材料。根据光纤与套塑的接触状态不同，套塑光纤可以分为紧塑光纤和松套光纤。前者可用于制造室内光缆，后者则用来制造室外光缆。有关光缆的内容，请读者阅读第 4 章光缆的相关内容。光纤的设计设想、所用材料和制造工艺几乎完全相同，然而通过选择不同的折射率分布，可以制造出具有不同传输性能的光纤。为此，非常有必要讨论光纤类型与特点。

3.6　光纤类型

3.6.1　光纤分类与特点

光纤是由纤芯、包层和涂覆层组成的光传输介质（光波导）。光纤的结构是由纤芯、包层共同组成的同心圆柱线性纤维结构。通过选择不同折射率的材料，利用气相沉积工艺，使纤芯和包层形成不同的折射率分布，从而赋予光纤不同的传输性能。为了满足不同的光纤传输系统要求，人们通过设计不同类型的折射率分布，赋予光纤不同的传输性能。

为了确保全世界光纤通信网络的互联互通和长期安全可靠地工作，国际电信联盟通信标准化部门（International Telecommunication Union-Telecommunication Standardization Sector，ITU-T）和国际电工委员会（International Electrotechical Commisssion，IEC）根据光纤使用材料、折射率分布和性能特点分别对光纤进行了分类、命名和定义。

IEC 按照光纤所用材料、折射率分布形状、折射率分布指数和零色散波长、工作波长等特点，将光纤分为 A 和 B 两大类型。表 3-1 所示的是 A 类多模光纤的分类与特点。

表 3-1　多模光纤的分类与特点

类别	材料	折射率分布形状	折射率分布指数 g
A1	玻璃芯 / 玻璃包层	梯度折射率	$1 \leqslant g < 3$
A2.1	玻璃芯 / 玻璃包层	准阶跃折射率	$3 \leqslant g < 10$
A2.2	玻璃芯 / 玻璃包层	阶跃折射率	$10 \leqslant g < \infty$
A3	玻璃芯 / 玻璃包层	阶跃折射率	$10 \leqslant g < \infty$

ITU-T 根据光纤的传输模式、光纤特点和工作波长等不同，将光纤分为 B1.1 ～ B6 等 7 个类型。表 3-2 所示的是 B 类单模光纤的分类与特点。

表 3-2　单模光纤的分类与特点

IEC 类别	ITU-T 类别	特点	零色散波长标称值 (nm)	工作波长标称值 (nm)
B1.1	G.652A、G.652B	单模光纤	1310	1310 或 1550
B1.2	G.654B、G.654E	截止波长位移单模光纤	1310	1550
B1.3	G.652C、G.652D	波长扩展的非零色散位移单模光纤	1300 ～ 1324	1310,1360 ～ 1530,1550
B2	G.653A、G.653B	色散位移单模光纤	1550	1550
B4	G.655C、G.655D、G.655E	非零色散位移单模光纤	＜ 1530，＞ 1625	1530 ～ 1625
B5	G.656	宽带光传输非零色散位移单模光纤	＜ 1450	1460 ～ 1625
B6	G.657A、G.657B	接入网用弯曲不敏感非单模光纤	＜ 1260	1310 ～ 1625

3.6.2　常用光纤

3.6.2.1　多模光纤

(1) 结构

多模光纤是指可以传输多个模式的光纤。按照折射率分布结构的不同，通信用的多模光纤可以分为：梯度型多模光纤结构(图 3-8)、阶跃型多模光纤结构(图 3-9)。目前，常用的多模光纤的纤芯折射率分布采用的是 A1 类梯度折射率分布。表 3-3 列出了常用的梯度折射率分布 A1 类多模光纤中的 3 个子类光纤的结构尺寸参数。

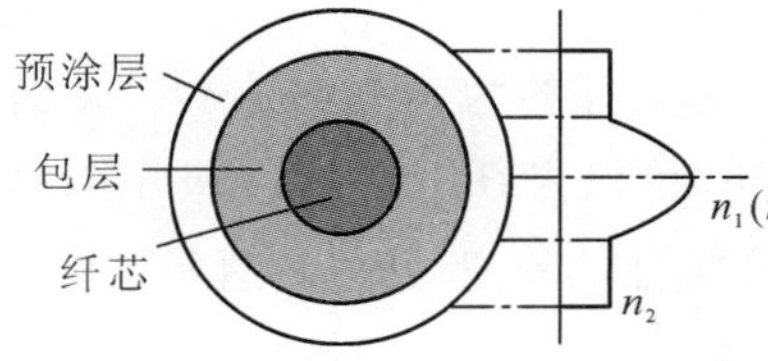

图3-8　梯度型多模光纤结构

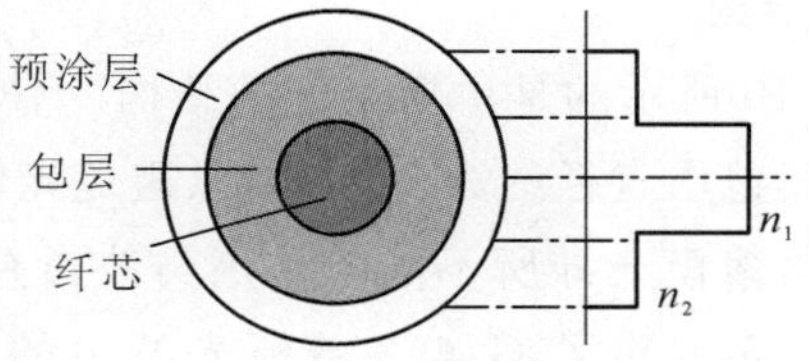

图3-9　阶跃型多模光纤结构

表 3-3　常用的 A1 类多模光纤中的 3 个子类光纤的结构尺寸参数

光纤类型	A1a	A1b	A1d
纤芯直径(μm)	50 ± 3	62.5 ± 3	100 ± 5
包层直径(μm)	125 ± 2	125 ± 3	140 ± 5
芯 / 包同心度(μm)	⩽ 3	⩽ 3	⩽ 6
芯不圆度(%)	⩽ 6	⩽ 6	⩽ 6
包层不圆度(%)	⩽ 2	⩽ 2	⩽ 4
包层直径(未着色)(μm)	245 ± 10	245 ± 10	250 ± 25
包层直径(着色)(μm)	250 ± 15	250 ± 15	250 ± 15
包层 / 涂覆层同心度误差(μm)	12.5	12.5	12.5

(2) 类型与特点

一般在直径相同的情况下，梯度型多模光纤的芯径小于阶跃型多模光纤，这就赋予梯度折射率分布型多模光纤更大的带宽、更高的抗弯曲性能。因此，在实际的计算机局域网中最常用的是梯度型多模光纤。多模光纤的特点是，折射率分布简单、工作带宽小、衰减系数大、纤芯直径大，接续快捷方便，适用于短距离、高速率数据传输使用。表 3-4 列出了三种梯度折射率型多模光纤的衰减系数、工作带宽、传输性能及应用场合。

表 3-4　A1 类梯度型多模光纤中的 3 个子类光纤的传输性能及应用场合

光纤类型	A1a		A1b		A1d	
工作波长(μm)	850	1300	850	1300	850	1300
最大衰减系数(dB/km)	2.4 ~ 3.5	0.7 ~ 1.5	2.8 ~ 3.5	0.7 ~ 1.5	3.5 ~ 7.0	1.5 ~ 4.5
最小模式带宽(MHz)	200 ~ 800	200 ~ 1200	100 ~ 800	200 ~ 1000	100 ~ 200	100 ~ 300
数值孔径	0.20 ± 0.02 或 0.23 ± 0.02		0.275 ± 0.015		0.26 ± 0.015 或 0.29 ± 0.03	
应用场合	数据链路、局域网		数据链路、局域网		局域网、传感网等	

2004 年 6 月，美国电气与电子工程师学会(Institute of Electrical and Electronics Engineers，IEEE) 通过了 10Gbit/s 以太网标准 IEEE802.3ae。10Gbit/s 以上以太网的发展需要研制出一种新型高带宽的 50/125μm 多模光纤。高带宽多模光纤主要适用于高速局域网，如 10/40/100Gbit/s 以太网。

高带宽多模光纤具有差分模时延小、激光优化和带宽高等优点，它们可以在点到点以太网上实现 40/100Gbit/s、150m 的数据传输。

多模光纤因其带宽小、衰减大等限制，故它只能用于局域网的数据传输。现在，光纤通信中的长途干线光网络、城域光网络和接入光网络的光信号传输主要采用单模光纤。

3.6.2.2　单模光纤

(1) 结构

图 3-10 所示的是单模光纤的结构。单模光纤纤芯直径约为 8 ~ 10μm，以确保其传输单模，但是其包层直径约为 125μm，以避免光传输损耗。单模光纤结构的各部分作用与多模光纤类似，与多模光纤所不同的是用与波长有关的模场直径 w 来表示芯直径。为了便于说明问题，表 3-5 列出了 G.652 单模光纤中的四个子类 ——G.652A、G.652B、G.652C 和 G.652D 单模光纤的尺寸参数。其他类型的单模光纤除了模场直径略有变化外，其他结构尺寸参数完全相同。

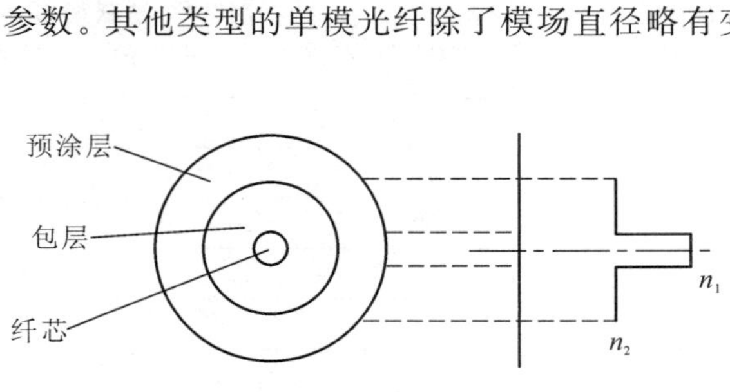

图 3-10　阶跃型单模光纤结构

表 3-5　G.652 单模光纤的结构尺寸参数

光纤类别	G.652A	G.652B	G.652C	G.652D
1310nm 模场直径（μm）	(8.6 ～ 9.5) ± 0.6	(8.6 ～ 9.5) ± 0.6	(8.6 ～ 9.5) ± 0.6	(8.6 ～ 9.5) ± 0.6
包层直径(μm)	125 ± 1	125 ± 1	125 ± 1	125 ± 1
芯同心度误差(μm)	≤ 0.6	≤ 0.6	≤ 0.6	≤ 0.6
包层不圆度(%)	≤ 1	≤ 1	≤ 1	≤ 1

单模光纤以其衰减小、频带宽、容量大、成本低、易于扩容等优点，作为一种理想的光纤通信传输媒介，在全世界得到极为广泛的应用。为了满足光纤通信系统的传输速率提高、传输距离延长、传输容量增大的发展需要，单模光纤的品种类型与传输性能的研究呈现日新月异的局面。

(2) 类型及其特点

由光纤传输理论获悉，光纤的传输性能是由纤芯 - 包层折射率分布决定。通常，通过改变纤芯 - 包层折射率分布就可以制造出不同色散系数、色散斜率、零色散波长、工作波长范围、耐弯曲的单模光纤。迄今为止，ITU-T 已规范了六大类单模光纤标准：单模光纤（G.652 光纤）、色散位移单模光纤（G.653 光纤）、工作波长扩展的单模光纤（G.654 光纤）、非零色散单模光纤（G.655 光纤）、宽带光传输用非零色散单模光纤（G.656 光纤）和弯曲不敏感的单模光纤（G.657 光纤）。

现在，国内外光纤通信工程中最常用的单模光纤分别是 G.652 光纤、G.654 光纤和 G.657 光纤。为此，下面重点介绍这些光纤的性能特点：

① 单模光纤（G.652 光纤）

为了解决多模光纤存在的模式色散问题，人们研制出了单模光纤（又称为标准单模光纤或 G.652 光纤）。1983 年，开始商用。G.652 光纤力求在工作波长处实现零色散和小衰减。G.652 光纤设计的最佳工作波长在 1310nm 附近，也可以用于 1550nm 波段。G.652 光纤是国内外广泛使用和用量最多的单模光纤。

按照水峰含量高低和偏振模散大小，G.652 光纤可以细分为 4 个子类：G.652A、G.652B、G.652C 和 G.652D 光纤。图 3-11 给出了 G.652A、G.652B、G.652C 和 G.652D 的工作波长、衰减系数、色散系数三者之间的关系。4 个子类的 G.652 光纤既有相同之处，又有一定的区别。

G.652 光纤的共同特点是，在 1310nm 波长处，G.652 光纤的色散为零，衰减系数最小约为 0.36dB/km；而在 1550nm 波长附近，G.652 光纤的衰减系数最小约为 0.20dB/km，其最大色散系数约为 17ps/(nm · km)，G.652 光纤的光缆截止波长 λ_{cc} 为 1260nm。

因此，G.652 光纤在 1550nm 波长具有 17ps/(nm · km) 的大色散系数，需要采取色散补偿措施，才能在 10Gbit/s 以上的传输系统中使用。因此，G.652 光纤主要用于 10Gbit/s 以下的光纤传输系统。

4 个子类的 G.652 光纤主要区别在于：

a. 水峰状态　G.652A、G.652B 是有水峰光纤，G.652C、G.652D 是低水峰光纤。

b. 工作波长范围　G.652 在 1383nm 附近高的水吸收峰，使得 G.652A、G.652B 工作波长范围在 1260 ～ 1360nm 和 1530 ～ 1565nm，一共仅为 135nm。G.652C 和 G.652D 消除了

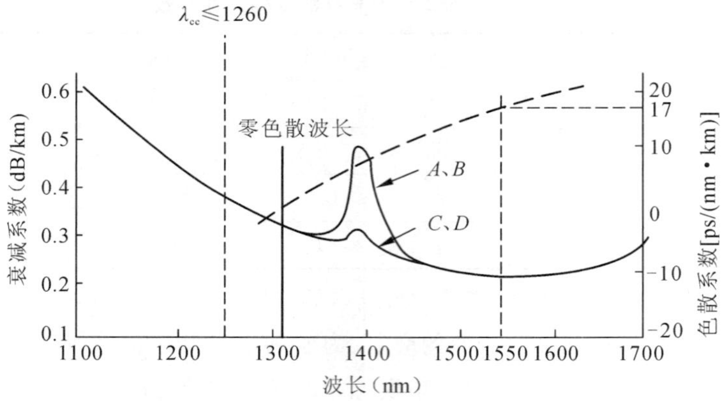

图 3-11 G.652 光纤的工作波长和衰减系数与色散系数

1383nm 处由 OH^- 引起的附加水峰衰减,使得它们的工作波长范围扩展到 1260 ～ 1675nm,它们提供的 415nm 的巨大的工作波长范围,为扩大系统容量、降低系统成本、光网络灵活组网、增加新业务等奠定了非常好的物质基础。

c. 偏振模色散系数 G.652A、G.652C 的偏振模色散系数为 0.5ps/$km^{1/2}$,G.652B、G.652D 的偏振模色散系数为 0.5ps/$km^{1/2}$。

d. 应用 G.652A 可以应用于最高传输速率为 2.5Gbit/s 的同步数字体系(Synchronous Digital Hierarchy,SDH)、传输距离最长为 40km 的 Gbit/s 以太网。G.652B 可以应用于传输速率为10Gbit/s的 SDH。如果其使用在40Gbit/s的传输,它在1550nm波长色散系数为 17ps/(nm·km),需要采取色散补偿措施。G.652C 性能与 G.652A 相同,但是 G.652C 允许在扩展波长 1360 ～ 1530nm 传输。G.652D 性能与 G.652B 相同,G.652D 允许在扩展波长 1260～1625nm 传输。G.652D 光纤集宽阔工作波长和低的偏振模色散系数为一体,可以有效提高系统可用带宽,扩大波分复用系统传输容量,是一种极具优势的单模光纤,G.652 光纤结构简单、制造容易、价格便宜,故它是国内外通信工程中使用最为广泛的光纤。

通过采用纯二氧化硅纤芯和优化拉丝工艺,降低瑞利散射损耗,使 G.652B 光纤在 1550nm 实现的超低损耗为 0.168dB/km。超低损耗 G·652B 光纤为构建陆地超长传输系统提供了良好的基础。

② 截止波长位移单模光纤(G.654 光纤)

G.654 光纤是一种截止波长大于 1310nm,在工作波长 1550nm 衰减系数最小,大有效面积的单模光纤。G.654 光纤是专门为海底光缆系统和陆地超长距离光纤传输开发的光纤。G.654 光纤的折射率分布结构与 G.652 光纤相同,采用匹配型阶跃折射率分布结构。为了在 1550nm 波长范围获得极低衰减,人们采用纯二氧化硅纤芯和掺氟凹陷包层的结构。掺氟凹陷包层是为了降低包层折射率,以便光纤获得所需要的芯 / 包相对折射率差。由于纤芯材料是纯二氧化硅,大大地减小了掺杂引起的瑞利散射损耗。光纤导光部分的光损耗主要是纯二氧化硅的本征损耗,同时也减小了掺杂所造成的纤芯玻璃的晶格的缺陷而导致的 OH^- 与玻璃结合而产生的水峰损耗。这样 G.654 光纤在 1550nm 的衰减系数为 0.15 ～ 0.19dB/km。因此,G.654 光纤可以实现低损耗或超低损耗传输。

除此之外,G.654 光纤更长的截止波长为光纤提供更小的弯曲损耗性能,有利于减小光纤成缆损耗。G.654 光纤在 1550nm 的模场直径为 9.5 ～ 12.5μm,提高了光纤有效面积,降低了光纤非线性效应。因此，G. 654 光纤的极小的衰减系数、更长的截止波长和大有效面积性能，使得其特别适合工作波长为 1530 ～ 1625nm 海底光缆传输系统和长距离陆地传输系统使用。

与 G. 652 光纤有所不同，G. 654 光纤的几何尺寸参数略有变化。图 3-12 所示的是 G. 654 光纤的色散系数和有效面积与衰减系数的关系。按照模场直径、色散系数和偏振模色散系数的不同，G. 654 光纤被细分为五个子类：G. 654A、G. 654B、G. 654C、G. 654D 和 G. 654E。

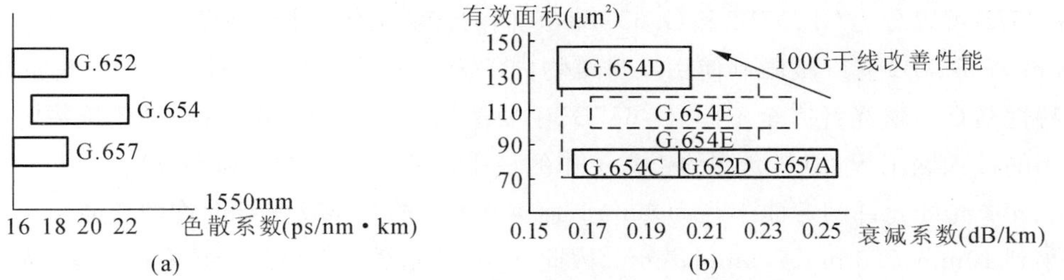

图 3-12　G. 654 光纤的色散系数和有效面积与衰减系数的关系

(a)G. 652、G. 654 和 G. 657 光纤色散系数；(b)G. 654 光纤有效面积与衰减系数

G. 654A 光纤是 G. 654 光纤的基本子类，它适用于工作波长在 1550nm 区域的带有光放大器的单信道传输速率为 10Gbit/s 的 SDH 系统、带光放大器的波分复用海底光缆系统。

G. 654B 光纤适用于工作波长在 1550nm 区域，可供传输距离更长、传输容量更大的波分复用传输系统使用。例如带有遥控泵浦的光放大器的无中继海底密集波分复用系统应用，以及带有光放大器海底密集波分复用系统应用。

G. 654C 光纤性能与 G. 654A 类似，但是 G. 654C 的偏振模色散更小，以便支持光传送网中的更高速率的长途干线光纤传输系统使用。

G. 654D 光纤性能与 G. 654B 类似，为了提高系统的光信噪比，G. 654D 光纤具有良好的宏弯损耗、更低的衰减和更大的模场直径。G. 654D 光纤适用于更高传输速率的海底光缆传输系统。

G. 654E 光纤性能与 G. 654B 类似，但是 G. 654E 光纤具有与 G. 652D 光纤相同的更小的弯曲损耗性能。为了支持更高速率，如 100Gbit/s 相干传输使用，使得陆地铺设光缆具有高的信噪比，G. 654E 光纤在 1530 ～ 1625nm 范围的模场直径和最小 / 最大色散的标称值更为严格。G. 654D 光纤适用于更高传输速率的海底光缆传输系统。

今天，G. 654 光纤以其具有低损耗、大有效面积性能，延长系统传输距离，提高系统光信噪比，减少光纤放大器间隔和降低传输系统成本等优点，成为海底光缆传输系统和陆地光缆传输系统实现 100/400Gbit/s，1000km 以上超长距离传输使用的最佳光纤。

③ 接入网用的弯曲损耗不敏感的单模光纤(G. 657 光纤)

2006 年以来，随着光纤到户(Fiber to the Home，FTTH)的实施，光缆被安装在室内或大楼的狭窄的场所。光缆通过的这些狭窄的场所，如穿墙、过梁、入管时，迫使光纤光缆发生一些非常小的弯曲。为了彻底消除这些过小的弯曲引起的光损耗，研究人员又开发出了接入网用的弯曲损耗不敏感的单模光纤(G. 657 光纤)。

G. 657 光纤是在 G. 652 光纤的基础上，通过减小 G. 652 光纤模场直径来提高光纤抗弯曲损耗能力，而研制出的具有良好的抗弯曲性能的单模光纤。G. 657 光纤的基本设计思想是，力求获得极低的弯曲损耗和准确的截止波长。G. 657 光纤适用于光纤接入网，包括位于光纤接入网终端的建筑物内的各种布线。

按照工作波长、允许的最小弯曲半径和工作波长范围，ITU-T 建议将 G. 657 光纤进一步细分为 G. 657A 和 G. 657B 两个大类，其中 G. 657A 可以分为 G. 657A1 和 G. 657A2，它们可用在 O、E、S、C 和 L 五个波段，它们可以在 1260 ～ 1625nm 整个工作波长范围内进行工作。G. 657A 光纤的传输和互连性能与 G. 652D 相同。与 G. 652D 光纤不同的是，为了改善光纤接入网中的光纤接续性能，G. 657A 光纤具有更好的弯曲性能，几何尺寸技术要求更精确。G. 657B 可以分为 G. 657B2 和 G. 657B3，它们的传输工作波长分别是 1310nm、1550nm 和 1625nm。G. 657B2 光纤被限制使用在建筑物内的光信号传输。G. 657B2 光纤具有的熔接和连接特性与 G. 652 光纤完全不同。G. 657B3 主要适用于接入网终端，特别是建筑物内弯曲半径极小的接入网工程，即其允许的正常工作的最小弯曲半径可以达到 5mm。

G. 652 光纤允许的弯曲半径为 30mm，而 4 个子类的 G. 657 光纤允许的弯曲半径可以分别减小到 10mm、7. 5mm、7. 5mm、5mm。因此，G. 657 光纤具有更好的抗弯曲性能。为了比较 4 个子类 G. 657 光纤的抗弯曲性能，研究人员将 4 个子类 G. 657 光纤，以不同的最小弯曲半径弯成一个圈，测量了这些 G. 657 光纤在不同工作波长的弯曲损耗。具体的测量数据，如表 3-6 所示。

表 3-6　四种 G. 657 光纤在不同工作波长的最大和最小弯曲损耗

光纤类型	G. 657A1	G. 657A2	G. 657B2	G. 657B3
最小弯曲半径(mm)	10	7. 5	7. 5	5
弯成圈数	1	1	1	1
1550nm 弯曲损耗(dB)	0. 75	0. 5	0. 5	0. 15
1620nm 弯曲损耗(dB)	1. 5	1. 0	1. 0	0. 45

为了使读者能够真正掌握 G. 657 光纤的特点，图 3-13 给出了 G. 652 光纤和 G. 657B3 光纤允许的弯曲半径比较。由表 3-6 和图 3-13 得知，G. 657B3 抗弯曲性能最好，它更适合用于光纤到户的室内或大楼等狭窄空间场所。

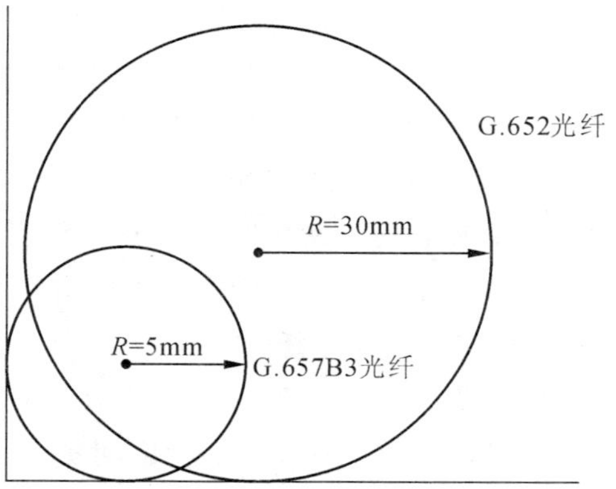

图 3-13　G. 652 光纤与 G. 657B3 光纤允许的弯曲半径比较

2010 年以后，光纤传输系统进入了集高阶调制、多维复用、相干检测和数字处理技术为一体的 100Gbit/s 及其以上的崭新的时代。色散和偏振模色散可以在光接收机端进行电补偿，光纤的损耗和非线性成为限制 100Gbit/s 及其以上系统传输距离的主要因素。低损耗光纤可以有效地延长中继段距离，减少光放大器数量，节约系统设备成本。大有效面积光纤可以有效地减小传输过程的非线性效应。为此，超低损耗、大有效面积光纤成为光纤研究的一个热点。同时，为了解决单模光纤单纤传输速率逐渐接近 100Tbit/s 的香农极限，光纤研究人员开展了以空分复用为基础的多芯光纤和少模光纤的研究。多芯光纤是通过一个包层中由多个纤芯构成的多个平行信道（即空分复用）来提高光纤传输系统的容量的。少模光纤是通过光纤中的不同模式承载不同的信息来提高光纤传输系统的容量的。多芯 - 少模光纤是多芯光纤的空分复用和少模光纤的模分复用的组合，是实现超大容量传输选用的最佳光纤。有关新型光纤的研究内容，请读者详见本书第 10 章光纤通信技术前沿研究的相关内容。

3.7　光纤传输性能

3.7.1　衰减

3.7.1.1　衰减定义

光纤衰减是光纤中传输的光信号的功率沿光纤长度方向减少量的一种度量。光纤衰减的大小决定了光纤传输系统的中继距离。光信号在光纤中传输时，随着距离的增加，光信号功率会不断下降。因此，光纤对光信号的损耗作用称为光纤衰减。光纤衰减是表示光在光纤中传播时，平均光功率沿光纤长度方向呈指数规律减少。光纤衰减可用式(3-4) 表示。

$$P(L) = P(0)\exp(-\alpha L) \tag{3-4}$$

式中，$P(0)$ 是在 $L = 0$ 处注入光纤的光功率；$P(L)$ 是传输到轴向距离 L 处的光功率。

3.7.1.2　衰减系数

光纤衰减系数 $\alpha(\lambda)$ 定义为单位长度光纤引起的光功率衰减。当长度为 L 时，$\alpha(\lambda)$ 可用式(3-5) 表示。

$$\alpha(\lambda) = -\frac{10}{L}\lg\frac{P(L)}{P(0)} \quad (\mathrm{dB/km}) \tag{3-5}$$

衰减系数是光纤的一个重要的传输性能，它在评价光纤质量和计算光纤传输系统中继距离时起着主要作用。例如，G. 652 光纤在工作波长 1310nm 的衰减系数是 0. 35dB/km，而在工作波长 1550nm 的衰减系数为 0. 20dB/km。为了实现长距离传输，减少中继器，节约系统成本，系统的工作波长应该选择在 1550nm。

衰减系数是表示光纤传输性能的最主要的参数之一。光纤衰减系数的大小既可以评定光纤质量，又可以作为计算光纤通信系统的中继距离的一个设计计算的重要指标。为此，从事光纤和通信系统研究的人员一直在配合工作，积极寻找低衰减系数的光纤材料、制造方法和工程应用途径。

例 3-1　试计算输入光功率为 1mW 时，假设光纤衰减是均匀的，在衰减系数 $\alpha = 1000\mathrm{dB/km}$ 和 $\alpha = 0.2\mathrm{dB/km}$ 的光纤中光信号传输 0. 1km 后，光功率分别降低到多大？

解：根据式(3-4) 可以得到：

(1)$\alpha = 1000\mathrm{dB/km}$：

$$P(L) = P(0)10^{-\alpha L/10} = 1 \times 10^{-1000\times 0.1/10} = 1 \times 10^{-10} \quad (\mathrm{mW})$$

(2)$\alpha = 0.2\mathrm{dB/km}$：

$$P(L) = P(0)10^{-\alpha L/10} = 1 \times 10^{-0.2\times0.1/10} = 1 \times 10^{-0.002} = 0.9954(\mathrm{mW})$$

从上述的计算结果，读者可以看到，光纤的衰减系数 $\alpha = 1000\mathrm{dB/km}$ 时，光纤根本不能用作传输介质；而当光纤的衰减系数 $\alpha = 0.2\mathrm{dB/km}$ 时，传输 0.1km 后的光功率仅减小 0.46%。因此，衰减系数 $\alpha = 0.2\mathrm{dB/km}$ 的光纤在光纤通信系统中得到广泛使用。这就是高锟博士的巨大贡献的所在。

图 3-14 所示的是 1979 年制造的单模光纤的衰减谱。从图 3-14 可以看出，光纤衰减是波长的函数。光纤衰减主要包括材料吸收、瑞利散射和波导缺陷。

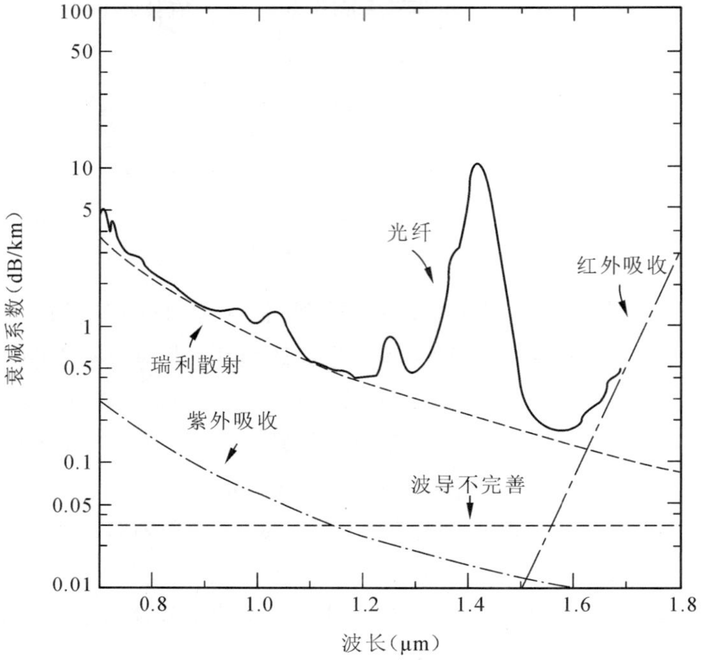

图 3-14 单模光纤的衰减谱

3.7.1.3 衰减机理

(1) 材料吸收

材料吸收可以分为本征吸收和非本征吸收。本征吸收损耗是由制造光纤的熔融石英玻璃材料的吸收引起的，而非本征吸收损耗是由石英玻璃中的杂质造成的损耗。任何材料都会吸收一定的波长。在紫外线光域是因光激发电子而吸收光能量，在红外线光域则因材料分子振动而吸收光能量。在图 3-14 所示的单模光纤的衰减谱中给出了三种光纤衰减机理，即材料吸收、瑞利散射和波导缺陷与波长的关系。石英玻璃中的紫外线吸收在 0.6 ~ 1.6μm 波长范围，衰减系数小于 0.1dB/km。光纤传输系统的工作波长为 1.31 ~ 1.626μm，衰减系数小于 0.03dB/km。

非本征吸收是由材料的杂质引起的光功率损耗。过渡金属杂质，如 Cr、Cu、Fe 和 V 等杂质，在 0.65 ~ 1.626μm 波长范围，具有强烈的光吸收。为了使光纤衰减系数小于 1dB/km，现代光纤材料的提纯技术可以使过渡金属杂质的含量减小到十亿分之一以下。

非本征吸收的另一个来源是水蒸气吸收。水蒸气进入光纤中，水通过 OH^- 离子与石英玻璃的谐振和组合谐振产生的吸收光能量，使光能转换为热能而发生损失。水吸收发生的波长分别在 1.38μm、1.24μm 和 0.95μm。为了消除这些水吸收峰，采用氘气对光纤进行处理，可以将石英玻璃光纤中的 OH^- 离子浓度减小到 10^{-8}，使 1.383μm 波长的吸收峰完全消失，制造出“低(无)水峰光纤”。例如，G.652C/D 和 G.655C/D/E 都是低(无)水峰光纤”，即 OH^- 离子浓度被降到几乎消失的极低水平。

图 3-15 所示的是普通光纤与低水峰光纤的工作波长与衰减系数的比较。低水峰光纤可以在 1260 ～ 1625nm 整个波长范围传输 DWDM、CWDM 光信号，为光网络实现大容量传输、灵活组网和承载更多新业务，提供巨大的带宽资源及其发展空间。

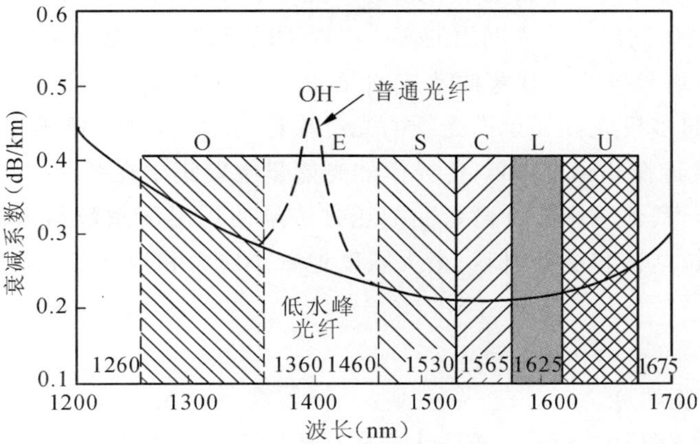

图 3-15　普通光纤与低水峰光纤的工作波长和衰减系数的比较

(2) 瑞利散射

瑞利散射的光损耗机理是由于密度局部微不均匀造成光能的散射损耗。在光纤制造过程中，石英玻璃经历了由熔融状态迅速冷却到室温，玻璃中的分子受到过度冷却，产生密度局部微不均匀，造成光能的散射损耗。这个散射与波长的关系可以用式(3-6)表示。

$$\lambda_R = C/\lambda^4 \tag{3-6}$$

式中，常数 C 的大小范围是 0.7 ～ 0.9(dB/km)/μm^4，与光纤纤芯的组成有关。在 1.55μm 波长所对应的 $\lambda_R = 0.12 \sim 0.16$dB/km。这说明，在 1.55μm 波长附近，光纤的衰减主要由瑞利散射所决定。当波长大于 3μm 时，瑞利散射的作用可以减小到 0.01dB/km 以下。石英玻璃光纤不能工作在这个波长区，因为当波长大于 1.6μm 时，读者可以从图 3-14 看出，光纤衰减主要由红外吸收引起。

(3) 波导缺陷

波导缺陷是非本征光损耗。波导缺陷是指由纤芯 - 包层界面的缺陷(如纤芯半径的随机变化)引起的光功率的附加损耗。在光纤制造过程中，确保纤芯半径沿光纤长度方向变化小于 1%，可以使波导缺陷引起的散射损耗小于 0.03dB/km。

光纤弯曲损耗是光纤的中心轴弯曲(其曲率半径大约为数毫米以上)，而造成的传导模光入射包层所引起的光损耗。引起光损耗的机理是，正常情况下，当入射光的入射角 ≥ 临界角时，光纤中传导的光线，以比临界角大的角度入射到纤芯 - 包层界面，发生全内反射向前传输。然而，在光纤上发生一个弯曲的地方，入射角会变得比临界角小得多，传导的光线离开光纤，不满足光全反射条件，部分光功率折射入包层，而造成光损耗。弯曲损耗 α 与曲率半径 R 的函数关系，如式(3-7)所示。

$$\alpha = C_1 \exp(-C_2 R) \tag{3-7}$$

式中，C_1、C_2 为常数。有关研究资料已经证实，曲率半径 R 有一个临界值 R_c。如果 R 大于 R_c，其所致的弯曲损耗可以忽略不计。R_c 的估算公式，如式(3-8)所示。

$$R_c \approx \frac{3n_1^2\lambda}{4\pi(n_1^2 - n_2^2)^{3/2}} \tag{3-8}$$

式中，n_1 和 n_2 分别是纤芯折射率与包层折射率，λ 是工作波长。对于单模光纤而言，一般 $R_c = 0.2 \sim 0.4\mu m$；而且当光纤弯曲的曲率半径 $R > 5mm$ 时，光纤的弯曲损耗可以忽略不计($< 0.01dB/km$)。由于绝大多数弯曲的曲率半径超过 5mm，所以在实际应用中弯曲损耗可以忽略不计。为了解决光纤到户中出现不可避免的光纤弯曲问题，人们通过减小纤芯模场直径，即使 R_c 变小的方法研制出了接入网用的弯曲损耗不敏感的单模光纤(G.657 光纤)。

弯曲半径约为纳米级的微观弯曲造成的光功率损耗被称为微弯曲损耗。大量的研究发现，微弯曲可以引起多模光纤和单模光纤的光纤损耗的增加。单模光纤可以通过选择使归一化频率 V 尽可能接近截止值 2.405，传导模的光能量主要集中在纤芯中传输，可以实现微弯曲损耗降低到最小。其他减小光纤微弯曲损耗方法是使用温度系数与玻璃相近的预涂覆材料，采用合适的抗拉结构和缓冲材料，最大限度地减小应力和温度变化对光纤的影响。

3.7.2 色散

3.7.2.1 色散作用

色散既能表示光纤固有性能，又是计算光纤传输系统中继距离的主要参数之一。色散是由光源中的不同波长的群速度产生的时延差引起的。色散的作用是使传输的光脉冲展宽。光信号沿着光纤传输会因光纤衰减而变弱，光纤色散使光纤中所传输的光信号产生时延差，进而导致光脉冲展宽，通过码间串扰，从而导致误码。

在低速率光纤传输系统中，色散引起的光脉冲展宽不会引起相邻光脉冲重叠，光脉冲可以识别，不会出现误码现象。在高速率光纤传输系统中，色散引起的光脉冲展宽使光脉冲重叠严重，光脉冲无法识别，从而出现严重误码。图 3-16 表示不同传输速率的色散产生的误码。传输速率越高，色散作用越强，时延差越大，光信号畸变越严重。因此，光纤色散是限制光纤传输系统的传输速率和传输距离的主要因素。

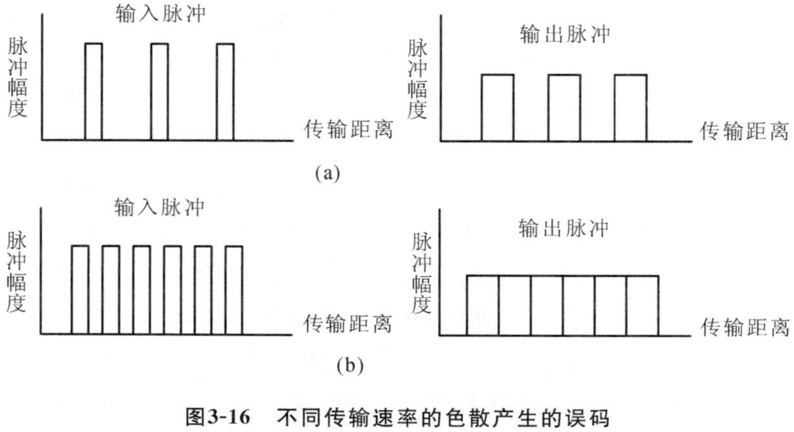

(a)

(b)

图3-16　不同传输速率的色散产生的误码

(a) 低速率传输色散；(b) 高速率传输色散

根据色散产生机理的不同，光纤色散可以分为模式色散、材料色散、波导色散、色度色散和偏振模色散。模式色散是由信号中携带多个模式所产生的，又被称为模间色散。材料色散和波导色散则是由信号中同一个模式内携带信号光波频率成分不同而产生的，所以它被称为模内色散。色度色散是由光源光谱中的不同波长(频率)成分，在光纤中传输的群时延差引起的光脉冲展宽现象。色度色散是由材料色散和波导色散组成。偏振模色散是由单模光纤中两个偏振时延差引起的色散。

3.7.2.2　色散机理

(1) 色散分类

在物理光学中，色散是指光脉冲经过光纤传输后，在输出端发生能量分散，导致传输的光信号的畸变现象。按照色散的产生机理不同，光纤色散可以分为模间色散和模内色散两大类型。多模光纤的色散主要是模间色散，模间色散限制了多模光纤的传输带宽。减小多模光纤的模间色散的做法是，纤芯折射率分布由阶跃变换为梯度，折射率梯度分布来解决不同模式沿着光纤轴向的传输速度差，以达到减小多模光纤色散，提高多模光纤传输带宽的目的。

单模光纤模间色散为零，它的色散主要包括材料色散、波导色散和偏振模色散。材料色散是由于纤芯、包层材料的折射率是光频率（波长）的函数，不同频率的光信号传输速度不同，对于频率光谱比较宽的光信号，经过光纤传输之后，产生光脉冲展宽现象。波导色散是由于某个模式的传播常数是光频率（波长）的函数。在不同的频率下，对于同一模式，它的传播常数变化而产生群速度差，导致光脉冲展宽现象。偏振模色散是单模光纤中的两个垂直偏振模之间产生的时延差。偏振模色散也会引起光脉冲在时域的展宽现象。

光纤色散常用最大群时延差、色散系数和光纤带宽表示。

(2) 最大群时延差

在光纤中，不同速度的光信号传过相同距离所需要的时间不同，即为时延差。时延差越大，色散越严重。因此，常用时延差表示色散大小。例如，一个光信号在光纤中的传播速度用式(3-9)的群速度表示。

$$v_g = \frac{dz}{dt} = \frac{c_0}{n_g} \tag{3-9}$$

式中，c_0和n_g分别是真空中的光速度和群折射率。群折射率n_g与玻璃的折射率n的关系，如式(3-10)所示。

$$n_g = n - \frac{dn}{d\lambda} \tag{3-10}$$

由式(3-10)可见，群折射率n_g随玻璃的折射率n和玻璃折射率与波长的变化$dn/d\lambda$而变化。以群折射率n_g传播距离z后对应的时延称为群时延$\Delta\tau_g$。式(3-11)所示的公式的物理意义在于光纤色散就是群时延$\Delta\tau_g$。

$$\Delta\tau_g = \frac{z}{v_g} \tag{3-11}$$

(3) 色散系数

光纤的色散系数$D(\lambda)$意义为单位线宽光源在单位长度光纤上传输所引起的时延差。$D(\lambda)$是由材料色散和波导色散决定的。单模光纤只传输基模LP_{01}，其总色散是由材料色散和波导色散组成。材料色散和波导色散与波长有关，单模光纤总色散（系数）也被称为波长色散。

① 材料色散

当进入光纤的光信号具有一定的谱宽带时，由于群折射率随波长变化，造成不同波长在在光纤中传播的群速度不同，产生的时延差称为材料色散。选择3个波长$\lambda_1 > \lambda_2 > \lambda_3$，在正常色散区有$n_1 < n_2 < n_3$，从而保证波长长的光波成分传播速度更快，有$v_3 > v_2 > v_1$。图

3-17 表示了光纤的材料使不同波长在空间和时间上完全分离，即光程差引起时间差 $\Delta\tau_g^{Mat}$ 的色散产生机理。

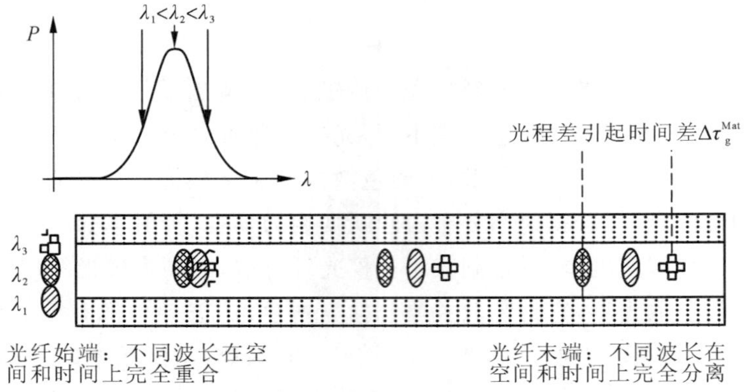

图 3-17　光纤材料色散产生机理

材料色散可以用材料色散系数表示。材料色散系数定义为群折射率对波长的导数，如式(3-12) 所示。

$$D_m(\lambda)=-\frac{1}{c_0}\frac{dn_g}{d\lambda}=-\frac{\lambda}{c_0}\frac{dn^2(\lambda)}{d\lambda^2} \tag{3-12}$$

由式(3-12) 得知，光纤材料色散系数取决于光纤材料折射率对波长的二阶导数。材料色散产生来源于用于制造石英玻璃的折射率。材料色散与光波长有关。图 3-18 所示的是研究人员计算得到的纯石英玻璃(SiO_2) 和掺杂石英玻璃(13.5%GeO_2 + 86.7%SiO_2) 的材料色散系数。在 $\lambda=1280$nm 和 $\lambda=1360$nm 处，纯石英玻璃和掺杂石英玻璃的 $D_m=0$。这个波长被称为零色散波长 λ_0。

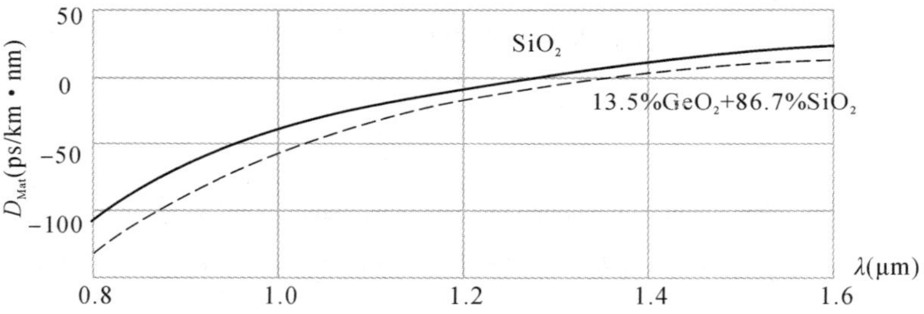

图 3-18　两种玻璃光纤的材料色散系数

② 波导色散

当光纤纤芯直径较小时，模场直径大于纤芯直径(图 2-12)。由于纤芯和包层材料的折射率不同，光波在纤芯和包层中的传播速度不同，处在包层中的光信号传输速度要比纤芯中的光信号传输速度快。图 3-19 所示的是光纤的波导色散产生机理。这种由于波导结构原因引起的色散被称为波导色散。波导结构的负面作用是引起光脉冲展宽现象。

波导色散可以用波导色散系数表示。波导色散系数 D_w 与光纤波导结构(纤芯直径、纤芯和包层折射率，以及包层结构) 和波长有关。D_w 的计算过程比较复杂，这里只介绍一个基本思路，以便于读者理解。

从群速度 $v_g=(d\beta/d\omega)^{-1}$ 出发，传输常数 $\beta=n_{eff}\,k_0=n_{eff}\omega/c$，由纤芯区的亥姆霍兹方程得到式(3-13)。

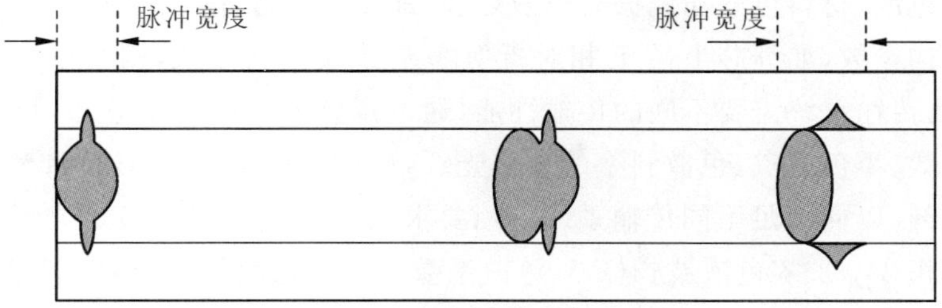

图 3-19　光纤的波导色散产生机理

$$\frac{1}{v_g}=\frac{d\beta}{d\omega}=\frac{1}{c}\frac{d(n_{eff}\omega)}{d\omega}=\frac{1}{c}\left(n_{eff}+\omega\frac{dn_{eff}}{d\omega}\right)$$

$$=\frac{n_{eff}-\lambda\frac{dn_{eff}}{d\lambda}}{c} \tag{3-13}$$

与材料色散公式(3-12)类似,可以得到计算光纤波导色散系数的公式(3-14)。

$$D_w(\lambda)=\frac{\Delta\tau_g}{L\Delta\lambda}=\frac{d}{d\lambda}\left(\frac{1}{v_g}\right)=-\frac{1}{c}\frac{d^2 n_{eff}}{d\lambda^2} \tag{3-14}$$

由式(3-14)得知,D_w 总是负值。图 3-20 所示的是研究人员利用计算得到的波导色散。光纤的波导色散随纤芯的增大而减小,随波长的增大而增大。这个变化的结果充分说明,波导色散在决定单模光纤色散中起到至关重要的作用。非常幸运的是,在单模光纤性能设计中,利用波导色散与材料色散呈现近似互补关系,可以设计并制造符合不同传输系统所需要的不同色散系数的光纤。

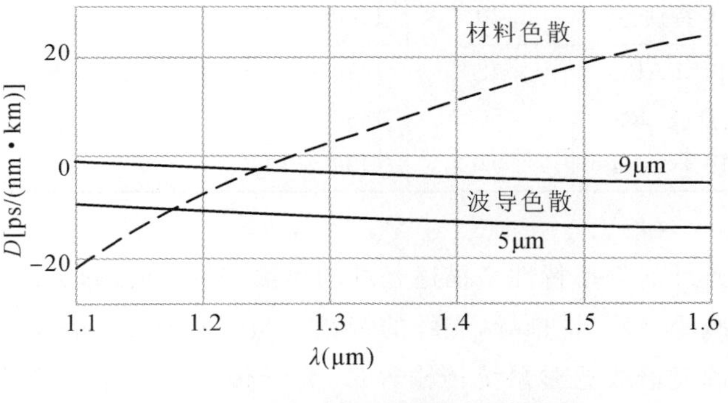

图 3-20　光纤的波导色散和材料色散

③ 波长色散

单模光纤色散主要是由材料色散和波导色散引起的色散。材料色散是由纤芯的折射率随波长变化而引起的。波导色散是纤芯和包层波导结构使不同的波长,以不同速度传输而引起的色散。因此,单模光纤色散也被称为波长色散。式(3-15) 所示的是单模光纤波长色散。

$$D_t(\lambda)=D_m(\lambda)+D_w(\lambda) \tag{3-15}$$

可以用式(3-16) 计算出单模光纤色散系数大小。

$$D_t(\lambda)=\frac{\Delta\tau_g}{L\Delta\lambda} \tag{3-16}$$

式中,L 和 $\Delta\lambda$ 分别是光纤长度(km) 和光源谱宽(nm)。光纤色散系数 $D_t(\lambda)$ 的单位是 ps/(nm · km)。

由图 3-21 所示的单模光纤的衰减、色散与波长的关系,可以得到一个重要的启发。既然总色散是波导色散、材料色散和偏振模色散之和，那么通过选择合适的材料、工作波长、调整折射率分布结构参数，如纤芯半径 a、相对折射率差 Δ 及剖面形状，则可以改变光纤的总色散。根据不同的传输系统需要不同的传输性能，通过调整光纤折射率分布，可以制造出具有不同的色散系数、零色散点、色散斜率的单模光纤，如G. 652、G. 653、G. 654和G. 655光纤以及补偿单模光纤，以便满足不同传输系统使用要求。表3-7给出了G. 652光纤和G. 655光纤产品的有效面积(A_{eff})、零色散波长(λ_0)、色散系数(D)和色散斜率(S)等性能。

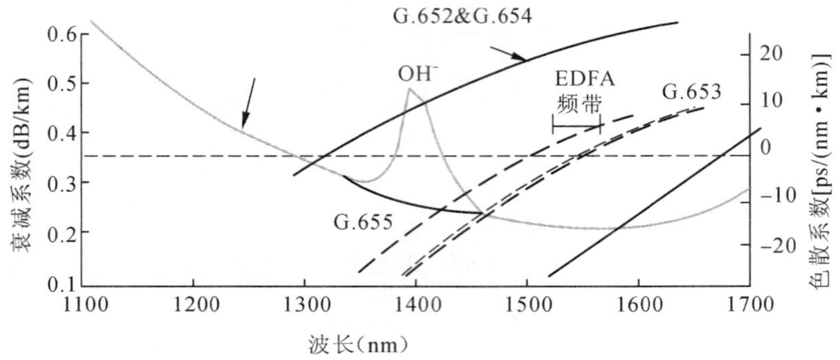

图 3-21　单模光纤的衰减系数、色散系数与波长的关系

表 3-7　G. 652 光纤和 G. 655 光纤的零色散波长、色散系数和色散斜率等性能

光纤类型	光纤产品	A_{eff}(μm^2)	λ_0(nm)	D[ps/(nm·km)]	S[ps/(nm²·km)]
G. 652 光纤	康宁 SMF-28	80	1302 ~ 1322	16 ~ 19	0.090
	OFS 全波	80	1300 ~ 1322	17 ~ 20	0.088
	阿尔卡特锁色	80	1300 ~ 1320	16 ~ 19	0.090
G. 655 光纤	康宁 LEAF	72	1470 ~ 1490	2.0 ~ 6	0.050
	OFS 真波 -RS	50	1490 ~ 1500	2.6 ~ 6	0.060
	阿尔卡特 TeraLight	62	1430 ~ 1440	5.5 ~ 10	0.052

(4) 光纤带宽

光纤带宽是用光纤的频率特性来描述光纤的色散。光脉冲经过光纤传输后，光波的幅度随调制频率增加而减小。经理论推导，光纤的带宽 B 与时延差 $\Delta\tau_g$ 的关系，如式(3-17)所示。光纤色散系数和光源光谱线宽对系统传输容量(光纤带宽与传输距离的乘积)的影响可以用式(3-18)表示。

$$B = \frac{1}{\Delta\tau_g} \tag{3-17}$$

$$BL = \frac{1}{D_t \times \Delta\lambda} \tag{3-18}$$

式中，D_t 为单模光纤色散系数，$\Delta\lambda$ 为半导体激光器的光谱线宽。在工作波长为1550nm处，G. 652光纤的色散系数为18ps/(nm·km)。当选用半导体激光器的光谱线宽为 $\Delta\lambda = 1\text{nm}$ 时，色散对传输(比特)速率的影响为：

$$BL = \frac{1}{D_t \times \Delta\lambda} = \frac{1}{18 \times 1} = 55 \times \frac{\text{Gbit}}{\text{s}}\text{km}$$

这个结果意味着传输速率为1Gbit/s的光信号在G. 652光纤中可以传输的距离为55km，或传输速率为10Gbit/s的光信号在G. 652光纤中可以传输的距离为5.5km而不受色散限制。

如果选择窄光谱线宽的分布反馈 - 多量子阱激光器，窄光谱线宽激光，信号调制引起的线宽，如式(3-19) 所示。

$$\Delta\lambda = \Delta\lambda_L + B^2 \times \frac{\lambda^2}{c_0} \tag{3-19}$$

如果忽略激光线宽的影响，则用式(3-20) 可以计算出允许传输的距离。

$$L = \frac{c_0}{B^2 \lambda^2 D_t} \tag{3-20}$$

式中，c_0 为真空中的光速。构建高速率、长距离光纤传输系统的做法是选择色散系数小的单模光纤、窄光谱线宽激光器和采用色散补偿措施。

3.7.3　偏振模色散

3.7.3.1　单模光纤偏振模色散

在单模光纤中，除了材料色散、波导色散之外，还存在偏振模色散。通过控制或补偿措施，可以大大减小单模光纤色散对系统的传输速率和传输距离的限制。单模光纤实际上传输的是两个相互垂直的基模 LP_{01x}、LP_{01y}，在理想单模光纤中，两个模式是相互兼并的，即不存在偏振模色散，如图 3-22(a) 所示。实际光纤总带有某些缺陷，如纤芯呈椭圆形、光纤中存在残余应力等。这些光纤内在缺陷使得两个相互垂直的基模的相位常数不相等，在光纤中产生了双折射现象。由于双折射的存在，光波的两个垂直的偏振模的群速度不同，从而产生时延差，导致传输的光脉冲展宽。单模光纤偏振模色散(Polarization Mode Dispersion，PMD) 就是由两个垂直的偏振模产生的时延差。实际单模光纤的 *PMD*，如图 3-22(b) 所示。单模光纤 *PMD* 的大小与光纤产品质量有关。与单模光纤色散类似，单模光纤 *PMD* 的负面影响是引起光脉冲畸变，造成光脉冲展宽，限制高速光纤传输系统的传输速率和传输距离。

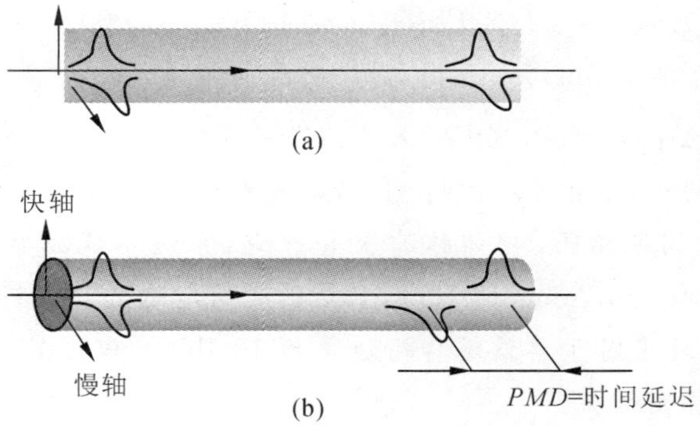

图 3-22　单模光纤中的偏振模色散

(a) 理想光纤；(b) 实际光纤

3.7.3.2　偏振模色散系数

(1) 偏振模色散

偏振模色散可用式(3-21) 表示，其物理含义是在单位长度的光纤上的两个相互垂直的偏振模传输时延差。在光纤通信中，两个偏振模在单位长度光纤上的传播时延差定义为偏振模色散。

$$\Delta\tau_{PMD} = \tau_y - \tau_x$$

$$= \frac{d\beta_y}{d\omega} - \frac{d\beta_x}{d\omega}\left(-\frac{1}{v_y} - \frac{1}{v_x}\right)$$
$$= \frac{n_y - n_x}{c} + \frac{\omega}{c}\frac{d(n_y - n_x)}{d\omega}$$
$$\approx \frac{n_y - n_x}{c} \approx \frac{\Delta\beta}{\omega} \tag{3-21}$$

(2) 偏振模色散系数

读者需要特别注意，由于双折射沿着单模光纤是随机的，双折射又与整个光纤长度上的纤芯椭圆、光纤中的残余应力、环境应力和环境温度的随机变化有关，而且光在单模光纤中传输时，两个偏振模会发生随机转化。为了定量分析 *PMD* 对系统传输距离的影响，通常以 *PMD* 引起的响应时间差 $\Delta\tau_{PMD}$ 小于相邻比特间隔 t_B 的 10% 为门限作为准则，那么就可以得到式(3-22)。

$$\Delta\tau_{PMD} \leqslant \frac{t_B}{10} = \frac{1}{10 \times B} \tag{3-22}$$

由于 *PMD* 是随机过程，$\Delta\tau_{PMD}$ 大小是一个统计结果。一段长度为 L 的光纤的 $\Delta\tau_{PMD}$ 值与光纤长度 L 的平方根成正比。式(3-24) 给出了 $\Delta\tau_{PMD}$ 与 PMD_c 的关系。

$$\Delta\tau_{PMD} = \sqrt{L} \times PMD_c = \frac{1}{10 \times B} \tag{3-23}$$

式中，$\Delta\tau_{PMD}$ 表示的是偏振模色散 *PMD*，其单位是 ps；PMD_c 则是偏振模色散系数，其单位是 $ps/km^{1/2}$。

例 3-2 假设光纤的 PMD_c 为 $5ps/km^{1/2}$ 或 $0.5ps/km^{1/2}$，传输距离为 400km，请分别计算出在两种情况下，由光纤的 *PMD* 引起的脉冲传输时延差 $\Delta\tau_{PMD}$。

解：(1) 当光纤 PMD_c 为 $5ps/km^{1/2}$ 时，脉冲传输时延差 $\Delta\tau_{PMD}$：

$$\Delta\tau_{PMD} = \sqrt{L} \times PMD_c = \sqrt{400} \times 5 = 100(ps)$$

(2) 当光纤 PMD_c 为 $0.5ps/km^{1/2}$ 时，脉冲传输时延差 $\Delta\tau_{PMD}$：

$$\Delta\tau_{PMD} = \sqrt{L} \times PMD_c = \sqrt{400} \times 0.5 = 10(ps)$$

通过上述的计算例子，读者可以看到：① 传输速率为 10Gbit/s，脉冲周期为 100ps，这时 $\Delta\tau_{PMD} = 100ps$ 与脉冲周期相同，相邻脉冲重叠严重，系统不能正常工作。② 传输速率为 10Gbit/s，脉冲周期为 100ps，$\Delta\tau_{PMD} = 10ps$，只是脉冲周期的 1/10，相邻脉冲不会重叠，系统能够正常工作。这就阐述了对于单信道传输速率为 10Gbit/s 以上的系统，对光纤的 PMD_c 提出非常严格要求的原因所在。

3.7.3.3 *PMD* 受限距离

光缆链路 PMD_c 是限制高速光纤系统的传输距离的主要因素之一。式(3-24) 所示的是光缆链路 PMD_c 限制的系统允许的传输距离。

$$L \leqslant \frac{1}{100 \times B^2 \times PMD_c^2} \tag{3-24}$$

光缆链路 PMD_c 随光纤制造年代和测量的光纤而不同，一般在 $0.01 \sim 2ps/km^{1/2}$ 之间。20 世纪 90 年代以前，$PMD_c > 0.1ps/km^{\frac{1}{2}}$，现在 $PMD_c < 0.1ps/km^{\frac{1}{2}}$。从表 3-8 可以看出，光缆链路 $PMD_c < 0.1ps/km^{\frac{1}{2}}$ 时，40Gbit/s 的光信号可以传输 625km，不受光缆链路 PMD_c 限制。当光纤传输系统的单信道传输速率超过 40Gbit/s 时，光缆链路 PMD_c 已经成为光纤

传输系统的传输速率和传输距离的一大障碍。解决光缆链路 PMD_c 限制的主要方法是：① 提高光纤制造精度；② 电域或光域或均衡偏振模色散补偿。

表 3-8　光缆链路 PMD_c 值与传输速率和传输距离的关系

PMD_c(ps/km$^{1/2}$)	2.5Gbit/s	10Gbit/s	40Gbit/s
2.0	400km	25km	1.6km
1.0	1600km	100km	6.3km
0.5	6400km	400km	25km
0.2	40000km	2500km	156km
0.1	160000km	10000km	625km

3.7.4　非线性效应

3.7.4.1　光纤非线性效应

石英玻璃光纤的非线性折射率系数的测量数值在 $2.2 \sim 3.4 \times 10^{-20}\,m^2/W$ 范围内。这个数值比其他大部分非线性介质至少小两个数量级。虽然石英玻璃光纤的非线性折射率系数比较小，但是在较小的光功率下就可以观察到石英玻璃光纤中的非线性效应。究其原因是，在带有光纤放大器的波分复用系统中，多个激光器输出的光功率和光纤放大器放大的光信号被约束在非常细的纤芯中(模场直径为 9μm 左右)，使得纤芯单位面积上的光强非常高，极小的衰减(衰减系数小于 0.20dB/km) 的光纤，又使得高光强持续传输很长的距离，使得光纤中的非线性效应不断地累积增大。例如，在一个 40 波的波分复用系统中，单信道光功率是 3mW，这个 40 波系统的总光功率为 $3mW \times 40 = 120mW$。当如此之大的光功率聚集在光纤的纤芯上时，纤芯上就会产生严重的非线性效应。

在高强度电磁场中，任何介质对光的响应都会产生非线性，光纤也不例外。介质非线性效应的起因是，在施加电磁场的影响下，约束电子的非谐振运动。结果电偶极子感应的总极化强度 $\boldsymbol{P}$ 对于电场 $\boldsymbol{E}$ 是非线性的，满足式(3-25) 的关系。

$$\boldsymbol{P} = \varepsilon_0 (\chi^{(1)} \boldsymbol{E} + \chi^{(2)} \boldsymbol{E}^2 + \chi^{(3)} \boldsymbol{E}^3 + \cdots) \tag{3-25}$$

式中，ε_0 是真空中的介电常数，$\chi^{(j)}$ $(j = 1, 2, \cdots)$ 为第 j 阶极化率，通常 $\chi^{(j)}$ 是第 $j+1$ 阶张量。线性 $\chi^{(1)}$ 极化率表示对 P 的主要贡献。各向同性介质(如石英玻璃的 SiO_2 是分子对称) 在各个方向的折射率相同，二阶极化率 $\chi^{(2)}$ 等于零。光纤中的最低阶非线性效应起源于 $\chi^{(3)}$，它是产生四波混频和非线性效应折射等现象的原因。

3.7.4.2　非线性分类

按照产生非线性效应的机理不同，光纤的非线性效应可分为两类：受激散射效应和折射率扰动。表 3-9 所示的是光纤非线性效应的产生机理、分类及其影响作用。

折射率扰动(克尔效应) 是光纤的折射率 n 随光强而变化的非线性现象。折射率扰动可以直接引起三种不同的非线性效应：自相位调制、交叉相位调制和四波混频。

受激散射效应发生在当光信号与光纤中的声波或系统振动的相互作用的调制系统中。受激散射使光散射或将光从短波长移至长波长。受激散射效应引起的两种不同的非线性效应是：受激布里渊散射和受激拉曼散射。

表 3-9　光纤非线性效应的产生机理、分类及其影响作用

产生机理	单信道	多信道
折射率扰动	自相位调制	交叉相位调制，四波混频
受激散射	受激布里渊散射	受激拉曼散射

在光纤通信系统中，光纤中的非线性效应具有正反两方面作用。反面作用是光波之间的相互作用，它能够引起光信号的附加光损耗、信道之间的串扰，导致传输性能劣化。因此，非线性效应已经成为限制波分复用系统性能的主要因素。正面作用在于可以利用非线性效应开发光纤放大器、调制器等新型光器件。例如，利用受激拉曼散射效应可以制造拉曼光纤放大器实现任意波长光信号放大。利用四波混频制造参量光放大器可以实现光信号放大、波长变换和高速光交换。

在带有光纤放大器的波分复用光纤传输系统中，影响非线性效应的因素有：光信号强度、光源线宽、光纤色散、光纤有效面积、非线性折射率、波长数和信道间隔等。光纤非线性效应会引起光信号损耗、噪声、串扰和脉冲展宽等负面影响。为此，读者应该在理解并掌握这些非线性效应的产生机理的基础上，想方设法解决光纤非线性效应对光纤传输系统的负面影响。

3.7.4.3　折射率扰动

在高的光强作用下，所有材料都会呈现出非线性，它们的折射率随光强增强而增大。在研究光纤非线性时，折射率扰动描述的是光纤的折射率 n 随着光强而变化的非线性现象。这种效应产生的机理是，电子对光场的非谐响应导致非线性极化。式(3-26)给出了光纤的折射率 n 随光强 I(单位面积的光功率)作用而引起光纤折射率扰动的关系。

$$n = n_0 + n_2 I = n_0 + \frac{n_2 P}{A_{\text{eff}}} \tag{3-26}$$

式中，n_0 是光纤的线性折射率；n_2 是光纤的非线性折射率系数；P 是输入光功率；A_{eff} 为光纤有效面积。对于石英玻璃光纤而言，n_2 的数值大约为 $2.6\times10^{-20}\,\text{m}^2/\text{W}$，而且这个数值会随纤芯中所用的掺杂剂而发生微小的变化。因为这个非线性折射率比较小，所以折射率的非线性部分非常的小(在功率为 1mW 时，非线性折射率仅为 $<10^{-12}$)。尽管如此小，由于光纤长度非常长，所以非线性折射率会对波分复用系统产生很大的影响作用。实际上，折射率扰动引发自相位调制、交叉相位调制和四波混频等非线性现象。

(1) 自相位调制

自相位调制(Self Phase Modulation，SPM)是指光在光纤中传输时，光信号强度随时间的变化而引起自身相位变化的非线性现象。在单波长传输系统中，SPM 会引起传输过程中与载波强度相关的相位调制。SPM 能够使光的功率波动转换为相位波动。可用式(3-27)所示的非线性参数 γ 求出 SPM 的数值。

$$\gamma = \frac{2\pi}{\lambda}\frac{n_2}{A_{\text{eff}}} \tag{3-27}$$

式中，λ 是光在真空中的波长。γ 的数值与光纤类型和光信号波长有关。石英玻璃光纤的 γ 数值在 $1\sim5\,\text{W}^{-1}\text{km}^{-1}$ 之间。例如，在工作波长为 1550nm，有效面积为 $72\mu\text{m}^2$ 时，G.652 光纤的 γ 的数值为 $1.3\,\text{W}^{-1}\text{km}^{-1}$。

众所周知，光学相位沿着长度 z 呈线性增加，SPM 效应引起的非线性相移，可用式

(3-28) 表示。

$$\phi_{NL}=\int_0^L P(z)\mathrm{d}z=\gamma P_{in}L_{eff} \tag{3-28}$$

式中，$P(z)$ 是光强沿光纤长度的变化，$P(z)=P_{in}\exp(-\alpha z)$；$L_{eff}$ 是光纤有效长度，$L_{eff}=[1-\exp(-\alpha z)]/\alpha$。式(3-28) 解释光信号功率变化会导致光信号相位非线性变化。

SPM 作用调制自身的相位，使得单波长系统中发生光信号脉冲展宽现象。SPM 引起非线性相移和频率啁啾，通过群速度色散使附加的脉冲展宽，展宽的附加脉冲严重地限制了光纤传输系统的性能。图 3-23 所示的是 SPM 引起的高斯(虚线) 和超高斯(实线) 光脉冲展宽。

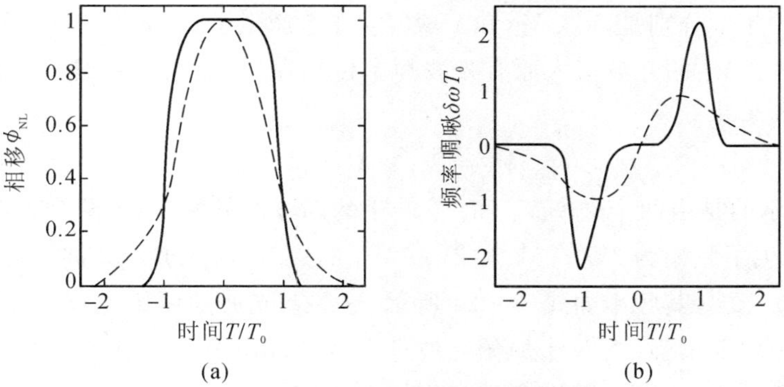

图 3-23　SPM 引起的光脉冲展宽

(a) 相移 ϕ_{NL}；(b) 频率啁啾 $\delta\omega T_0$

在长距离波分复用传输系统中，ϕ_{NL} 与光放大器数 N 成正比。可用式(3-29) 估算由 SPM 引起的接收眼图劣化程度 P_s。SPM 引起的传输损伤与光纤色散成正比，与光纤有效面积成反比。因此，减小 SPM 影响的主要措施是减小光纤色散 D 和增大光纤有效面积 A_{eff}。例如，在采用 G. 652 光纤时，通过在传输线路上，每隔一定距离插入色散补偿模块的方式，可以控制线路总色散，从而也减少了 SPM 的影响。这种间接控制 SPM 影响的方法对于传输距离少于 1000km 的应用场合是比较有效的。

$$P_s\propto\frac{|D|}{A_{eff}} \tag{3-29}$$

(2) 交叉相位调制

在波分复用系统中，光纤中同时传输两个或多个波长时就会发生交叉相位调制(Cross Phase Modulation，XPM)。XPM 的相位变化 ϕ_{XNL} 同时受到波长信号本身功率变化和相邻信道中信号功率波动的影响。某个波长的光功率波动转变为另一个的相位波动。XPM 随着 SPM 同时出现。多个波长信号同时在一根光纤传输时，通过 XPM 效应产生的非线性相移，可用式(3-30) 表示。

$$\phi_{XNL}=\gamma L_{eff}\left(P_j+2\sum_{m\neq j}P_m\right) \tag{3-30}$$

式中括号中的第一项是 SPM 的影响，第二项是 XPM 的影响。SPM 是光信号脉冲对自身信道相位的作用，而 XPM 是光信号脉冲对其他信道相位的作用。由式(3-30) 可以看出 XPM 造成的影响是 SPM 的 2 倍。对于采用 G. 655 光纤的波分复用系统，可用式(3-31) 估算出产生 XPM 的阈值功率 P_{th}。

$$P_{th}\propto\left[\frac{n_2^2P}{A_{eff}}\right]^2 \tag{3-31}$$

P_{th} 与光纤有效面积 A_{eff} 成反比。通过增加光纤有效面积可以显著地减小光纤非线性的影响。从表 3-7 给出的 G. 652/G. 655 光纤的有效面积和色散系数数值可以看出，为了降低波分复用系统的非线性效应，光纤研究人员开发出了一种波分复用系统使用的非零色散位移光纤。这种光纤的特点是，其在 1550nm 波长以非零色散和大有效面积，抑制光纤的非线性效应，以便确保波分复用系统实现高速率、长距离、大容量传输。

(3) 四波混频

四波混频(Four Wave Mixing，FWM) 是石英玻璃光纤中的三阶非线性现象。当波长信道接近零色散时，两个或三个频率不同的光波混合后产生的新谐频率光波非线性现象。如果原始三个光波的频率分别是，V_1、V_2 和 V_3 混合，那么产生了式(3-32) 所示的新的光波的频率 V_4。当新频率为 V_4 的光波落入原有光波频率传输窗口，就会使系统产生严重的串扰，进而导致光信号的劣化。

$$V_4 = V_1 + V_2 - V_3 \tag{3-32}$$

图 3-24 所示的是由两个频率 V_1 和 V_2 产生的四波混频原理。当两个光波在光纤中传输时，它们混频产生了频率为 $2V_1 - V_2$ 和 $2V_2 - V_1$ 的边带(新光波或杂波)。同样，三个光波传输时产生 9 个新光波，其频率如式(3-32) 所示。这些新光波随原始光波一起在光纤中传输，随原始光波的减弱而增强。当 N 个原始光波进入光纤，由 FWM 作用产生混合新光波的数量 M 与原始波长数 N 呈几何递增关系，如式(3-33) 所示。

$$M = \frac{N^2(N-1)}{2} \tag{3-33}$$

如式(3-33) 所示，产生的新光波数量十分可观。例如，16 波长的波分复用器系统中可以产生的新波长数量高达 1920 个。显然，无论是新光波信号的产生需要吸收能量，还是原始波长信号的能量转移消耗，都会在波分复用系统中产生串扰或过大的信号衰减，从而严重地限制着波分复用系统的波长数。FWM 与信道间隔关系密切，信道间隔越小，FWM 越严重。

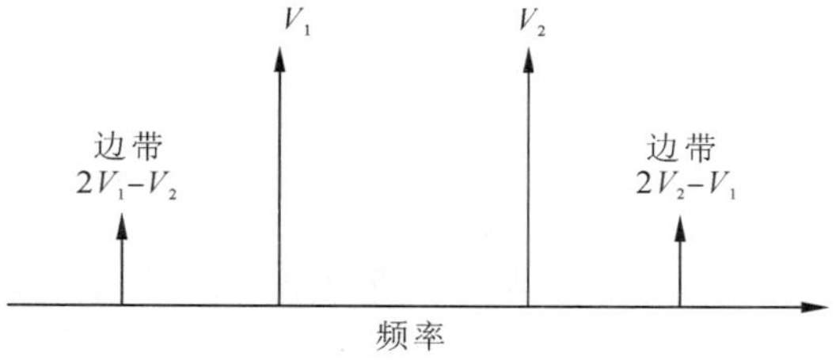

图 3-24　两个频率 V_1 和 V_2 产生的四波混频原理

FWM 是一种最强的非线性效应。它在 1550nm 附近的信道进行混频，进而产生噪声干扰。研究发现，FWM 与光纤色散系数和光纤有效面积关系密切。例如，G. 653 光纤在波长为 1550nm 附近的色散系数为零时，不同光信号在长距离能够保持相同相位，则 FWM 会不断累加，这样就会产生非常严重的 FWM 现象，而 G. 655 光纤在 1550nm 附近的色散系数是 (2.5 ～ 6)ps/(nm · km)，以适当的色散使不同波长失去相位匹配，从而抑制了 FWM。这就是在波分复用系统中，为什么 G. 653 光纤被淘汰，而开发出G. 655 光纤的理由。图 3-25 给出了 G. 655 光纤抑制四波混频的效果。在波分复用系统设计中，必须考虑减小 FWM 作用的措施。

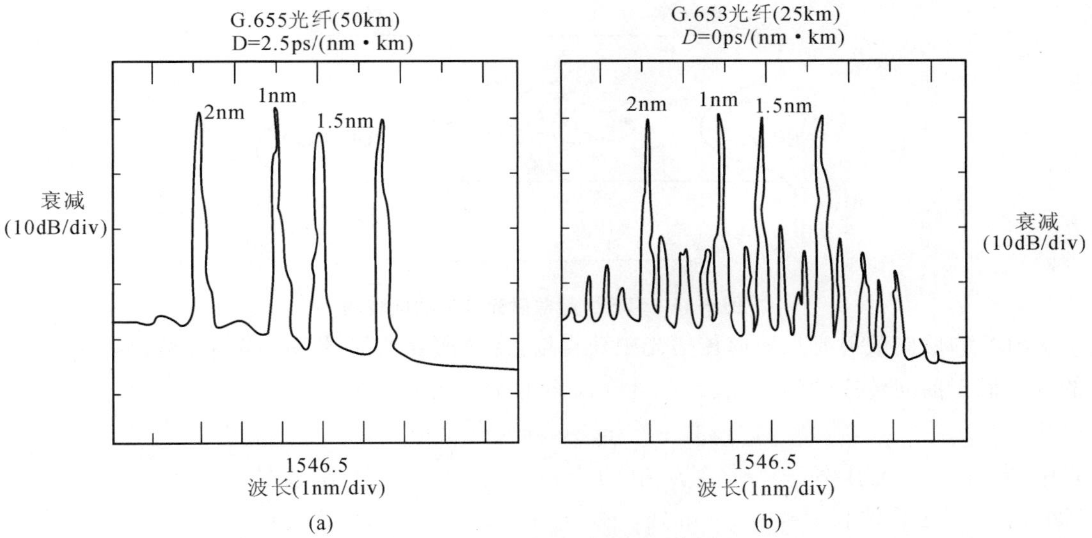

图 3-25　G. 655 光纤抑制四波混频的效果

(a)G. 655 光纤;(b)G. 653 光纤

3.7.4.4　受激散射效应

光纤非线性效应产生的原因是光纤介质中光波和声子(分子振动)相互作用导致的散射效应。受激散射使光能量从入射光波转移给频率较低(波长较长)的光波,其间的能量差以声子(晶格振动)的形式释放。能量的损失是由光纤介质中的分子振动或声子振动吸收引起的。受激散射主要包括受激布里渊散射(Stimulated Brillouin Scattering,SBS)和受激拉曼散射(Stimulated Raman Scattering,SRS)。

在带有光纤放大器的波分复用系统中,由于光纤中同时传输多个光波长,光纤单位截面受到大的光功率作用,产生了 SBS 和 SRS 非线性效应。一旦入射光功率超过某个阈值,受激散射光的强度会呈现指数增长。妥善解决波分复用系统出现的受激散射变得非常重要。由于光学声子和声学声子的色散关系不同,表 3-10 给出了 SBS 和 SRS 在单模光纤中产生的作用。

表 3-10　SBS 和 SRS 在单模光纤中产生的作用

受激散射	SBS	SRS
作用机理	声学声子	光学声子
传输方向	后向	双向
频移范围	11GHz	13THz
增益带宽	＜100MHz	20～30THz
光放大	窄带光放大	宽带光放大

(1) 受激布里渊散射

受激布里渊散射是由光子和介质相互作用时产生的光波散射现象。SBS 是光纤中的一种非线性效应。当光在光纤中传输时,光子与 SiO_2 分子相互作用,光子自身也相互作用,在沿光纤传播的反方向上发生 SBS。SBS 引起的散射光波后向传输,消耗了传输信号的光能量,同时在相反的方向传输比较强的信号,这个信号必须用光隔离器进行屏蔽,否则会影响光源的正常工作。图 3-26 所示的是 SBS 引起散射光波的后向传输。

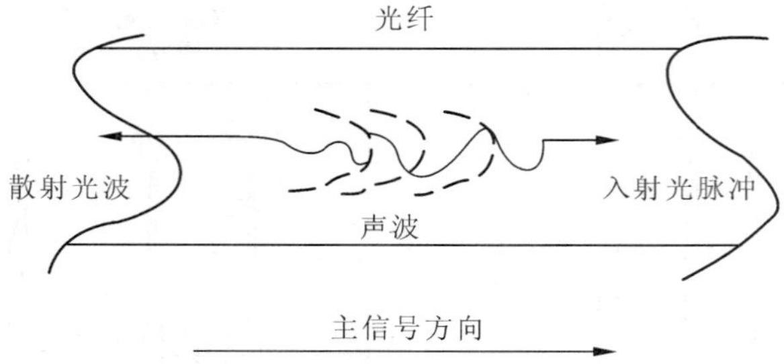

图 3-26　SBS 引起散射光波的后向传输

SBS 的后向散射光从前向传播光中获得增益，从而导致信号光的隔离衰减。后向散射光的频率低于前向传播的信号光。式(3-34) 所示的是后向散射光的频移 v_B。

$$v_B = 2nv_S/\lambda \tag{3-34}$$

式中，n 是介质折射率，v_S 是介质中的声波的速度，λ 是工作波长。石英玻璃的 $v_S =$ 5700m/s，在工作波长 $\lambda = 1550$nm 处，$v_B = 11$GHz(0.09nm)。这就意味着 SBS 效应被限制在波分复用系统的单个波长信道内。每个信道的SBS效应是独立累加的。当散射光功率与信号光功率相当时，SBS 就会使系统产生传输损伤。SBS 使散射光反向传输至光发射机，从而限制了发射光功率。理论上，可用式(3-35) 估算出产生 SBS 的阈值光功率 P_{th}。

$$P_{th} \approx 21\frac{A_{eff}b}{g_B L_{eff}}\left(1+\frac{\Delta v_S}{\Delta v_B}\right)\quad (\text{mW}) \tag{3-35}$$

式中，A_{eff}是光纤的有效面积；b 为修正系数，其取值范围在 1～2 之间；g_B是布里渊散射增益系数；L_{eff} 为光纤有效长度；Δv_S 是光源线宽；Δv_B 是布里渊散射频移。由式(3-35) 可看出，SBS 的阈值随着光源的线宽变宽而增大。G.652 光纤具有大的有效面积，可以提高 SBS 的阈值。SBS 的阈值与光源的光谱线宽和光纤的有效面积成正比，与信道数多少无关。

(2) 受激拉曼散射

受激拉曼散射是入射的泵浦光与光纤中 SiO_2 分子振动相互作用时所产生的非线性现象。泵浦光功率超过一个阈值，拉曼散射过程就变成了一个受激散射过程。当两个或多个不同波长的光信号进入同一光纤传播时，SRS 导致泵浦光能量从短波长转移到长波长。图 3-27 所示的是 SRS 实现泵浦光能量从短波长向长波长转移。SRS 通过短波长信道的能量转移到邻近长波长信道中，严重地影响到波分复用系统的传输性能。

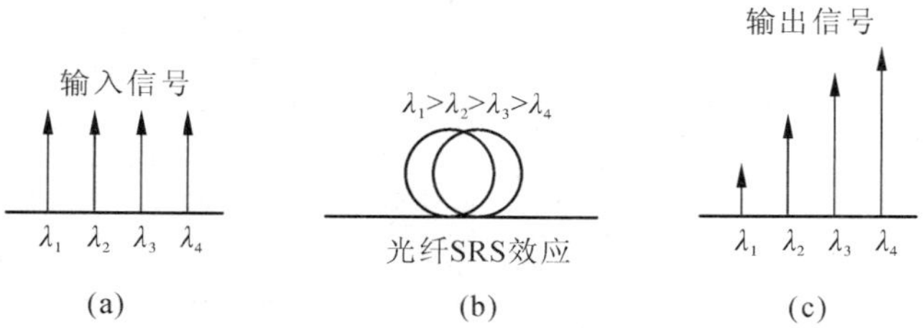

图 3-27　SRS 实现泵浦光能量从短波长向长波长转移

(a) 输入信号；(b) 光纤 SRS 效应；(c) 输出信号

SRS 既可能发生在单波长系统中，又可能发生在波分复用系统中。对于不带线路光放大器的单波长系统，产生能够造成系统传输性能劣化的 SRS 阈值光功率大约为 1W。因此，SRS 对单波长不带线路光放大器系统没有什么影响。然而，对于波分复用系统而言，短波长信道由于 SRS 作用会使部分光功率转移到长波长信道，从而造成光信噪比的恶化。可用式(3-36)

估算出,在 G.652 光纤上,由 SRS 引起的 1dB 功率代价的 SRS 阈值总光功率 P_{th}。

$$P_{th}(N-1)\Delta f < 500\text{GHz} \times W \tag{3-36}$$

式中,N 表示信道数,Δf 是信道间隔。假设信道数为 100,P_{th} 是 20dBm,则容许的信道间隔为 50GHz(波长间隔是 0.4nm)。随着信道数的不断增加,P_{th} 也会增加,那么 Δf 被迫减小。表 3-11 所示的是,在波分复用系统中的信道数分别为 8、16、40、80,选择的信道间隔分别为 50GHz(波长间隔是 0.4nm)、100GHz(波长间隔是 0.8nm),SRS 功率代价为 0.5dB 时,各个波分复用系统的最大发射功率。

表 3-11　波分复用系统中的信道数、信道间隔与最大发射功率的关系

信道数	最大发射功率(dBm)	
	50GHz	100GHz
8	21	18
16	14.7	11.6
40	6.6	3.6
80	0.5	−2.5

因此,在波分复用系统中,SRS 最终会成为限制信道数的主要因素。减小 SRS 的具体措施是,通过小心选择波长、信道数和信道间隔可以抑制拉曼散射和其他信道之间的串扰。

3.8　小结

光纤制造工艺一般采用气相沉积方法。其理由分别是:① 可以实现原料的提纯;② 能够获得精确的折射率分布结构。精确的光纤结构是实现好的导光的必要条件。光纤类型既反映它们的结构不同,同时又描述了光纤以不同的传输性能,满足不同传输系统的使用要求。

光纤的传输性能包括衰减系数、色散系数、偏振模色散、非线性效应等。光纤的衰减系数既反映制造水平,又是限制光纤通信系统的中继距离的主要因素之一。光纤色散系数取决于光纤折射率分布。光纤的色散会引起传输光信号的畸变,降低通信质量,进而影响光纤通信系统的传输容量。色散是高速率通信系统的主要影响因素之一。偏振模色散是因温度和应力作用,使得单模光纤产生双折射,进而引起基模的两个偏振态在光纤中传输产生了时延差。偏振模色散会严重地限制高速通信系统传输速率和传输距离。光纤非线性效应是波分复用导致光纤纤芯光强过大,从而引起传输光信号附加损耗和波分复用系统信道之间的干扰等。

光纤性能指标既是评价制造商技术水平的手段,又是设计光纤通信系统和光网络时正确选择光纤类型的依据。通过对光纤设计、光纤制造和所用材料的了解,读者应该理解光纤结构决定着光纤性能。光纤品种增加和性能不断完善,这些研究成果直接记录了光纤通信系统从低速率、短距离、小容量到超高速率、超长距离、超大容量的技术发展历程。

小知识

通信光纤的开拓者

科学家 Donald Keck，Robert Maurer 和 Peter Schultz 的合影

美国康宁玻璃公司(Coring Glass Works) 成立于 1851 年，总部设立在美国纽约州康宁市。自 1851 年以来，康宁一直是玻璃、玻璃／陶瓷相关技术与产品的发明者和制造商。它为世界著名的跨国公司，世界 500 强之一。

康宁公司重大贡献是：1879 年，最早制造出玻璃灯泡，使爱迪生的发明成为现实，为世界带来了光明。1947 年，最先发明并大规模生产出电视机显像管，使电视进入千家万户，丰富了人们的文化生活。1970 年，康宁公司的科学家 Donald Keck，Robert Maurer 和 Peter Schultz 成功地制备出了低衰减光纤，使得光纤通信变为现实。低衰减光纤拉开了光纤通信革命的序幕。自 1970 年到 1986 年持续 16 年的研究，光纤的衰减系数从 20dB/km 降低到 0.154dB/km，为确保光纤通信进入商用奠定了坚实的基础。

习　　题

3-1　说明光纤衰减产生机理。

3-2　光纤衰减对光纤通信有哪些影响？

3-3　请阐述光纤色散的三种表示方法的物理意义与区别所在。

3-4　光纤色散对光纤通信有哪些影响？

3-5　如何减小模内色散？

3-6　说明光纤偏振模色散的产生原因及其影响作用。

3-7　阐述非线性效应的起因及其影响作用。

3-8　解释光纤由多模光纤向单模光纤演变的理由。

3-9　说明改变波导色散可以使光纤的零色散波长移动的原因。

3-10　比较 G.652 光纤和 G.655 光纤的性能特点。

3-11　说明 G.654 光纤的优点所在。

3-12　阐述 G.657 光纤的性能特点。

3-13　衰减、色散、偏振模色散、非线性效应对通信系统有哪些影响？

3-14　给出长途干线网、城域网和接入网应该首选光纤品种的理由。

3-15　当平均光功率为120μW的光信号耦合入光纤，光纤长度是8km，其输出平均光功率为3μW，请计算出：(1) 该段8km长光纤总的光损耗；(2) 该段8km长光纤的每千米的光损耗。

3-16　G.652光纤在工作波长为1550nm时的色散系数是18ps/(nm·km)。当传输速率分别是2.5Gbit/s、10Gbit/s和40Gbit/s时，在不采用色散补偿措施时，请计算出它们可以实现的传输距离分别是多少？

3-17　假设光纤的*PMD*为5ps/km$^{1/2}$或0.5ps/km$^{1/2}$，传输距离为400km，请分别计算出在两种情况下，由光纤的*PMD*引起的脉冲传输时延差$\Delta\tau$。

3-18　当光纤的*PMD*为0.5ps/km$^{1/2}$，请计算出传输速率是10Gbit/s或40Gbit/s时，它们分别可以实现的最长传输距离是多少。

3-19　当10Gbit/s光信号在*PMD*系数分别为0.5ps/km$^{1/2}$和0.2ps/km$^{1/2}$光纤中传输时，请计算出不受光纤*PMD*限制的系统能够实现的最长传输距离分别是多少。

第4章 光　　缆

【学习目标】

1. 了解光纤的缺陷。
2. 了解光缆设计原则。
3. 了解光缆的基本结构及其各个部分的作用。
4. 掌握光缆的分类方法。
5. 掌握各种光缆的结构特点及其适用的场所。
6. 理解影响光缆性能的主要因素。
7. 学会正确选择光缆的方法。

【知识框图】

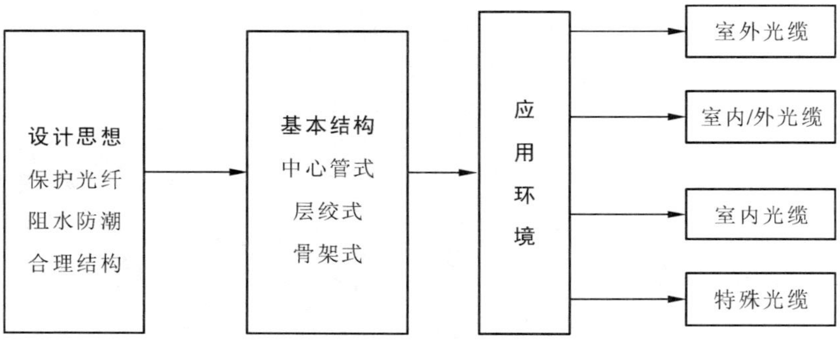

4.1 光缆设计

4.1.1 保护光纤

(1) 保护作用

石英玻璃是脆性材料，在制成光纤的过程中它的表面会存在一定的微裂纹，这些微裂纹本身对外界的机械应力和水的作用非常敏感。机械应力会使光纤发生疲劳断裂，水渗入光纤会在 1383nm 波长引起很大的衰减，使光纤通信系统的光传输质量劣化，同时水侵蚀光纤表面的微裂纹，也会使光纤发生硅氧键断裂。因此，光缆的设计任务就是要确实做到使光缆中的光纤免遭机械应力和水的作用。

因光缆使用环境的不同，故对光缆中的光纤采取的保护措施就不同。例如，在实验室内使用的室内光缆只用一个紧套层就能够满足保护光纤需要。而对于跨越海洋的海底光缆在考虑保护光纤的措施时涉及运输、安装和运行等方面的保护问题。电信业内人士都清楚，所设计的不同结构的光缆其实是为了满足光缆在不同环境条件下使用的需要。

(2) 考虑因素

光缆的成缆工艺应该是在不引起光纤本身的光学性能劣化的前提下，尽可能地保护光纤的机械性能。成缆时光纤中产生的微弯会引起光纤衰减的加剧。产品光缆受到任何动态应力（如光缆被绕在缆盘上）或热胀冷缩作用时，也会产生微弯。光缆结构设计的要点是要确保光缆在安装和使用时产生的微弯最少且受到水的作用尽可能最小。为此，光缆设计时要考虑的各种因素如下：

① 抗拉强度

在光缆的安装中，例如，将光缆拉过管道时，光缆应该具有大的抗拉强度。当光缆吊在一个垂直的管道中，或者在光缆被悬挂在电线杆之间，或者当光缆被安装在海底时，光缆中的抗拉加强件应能够承受光缆的自重。悬挂在电线杆之间的光缆也会受到严重的覆冰和风载的作用。

② 耐压

光缆使用中经常会受到大的径向压力作用。过大的径向压力可能会压断玻璃光纤。一些直埋光缆中的光纤要能够经受住大型交通工具（如汽车、拖拉机等）正好停在或驶过其上的压力作用。

③ 防止过小弯曲

在光缆敷设期间，急剧的小弯曲会出现两个问题：其一是在弯曲处产生光的辐射损耗；其二是光纤可能发生断裂。为了防止光缆出现过小弯曲，光缆的弯曲半径应该满足有关标准所规定的最小弯曲半径。

④ 防止磨损

如果玻璃光纤受到磨损，它们会发生严重的损伤。磨损引起的小缺陷可以通过玻璃进行传输，从而显著地增加光损耗。

⑤ 隔离震动

震动将会引起光纤的光损耗变大。设计的光缆要保证光纤对震动能够进行缓冲，减小由震动引起的微弯光损耗。

⑥ 防潮气和防化学侵蚀

长期暴露在潮气和化学侵蚀中，玻璃光纤性能会发生劣化。光缆设计要保证光纤避免与这些污染物接触。水有时被称为“万能溶剂”。如果将光缆放入水中足够长时间，水或者潮气渗入，光缆中的光纤一定会出现两个问题：其一是水的羟基离子能够使石英玻璃光纤在1383nm 波长的光吸收变大，进而导致光纤的衰减加剧；其二是水渗入石英玻璃光纤中的微裂，使微裂纹扩展进而降低光纤强度。因此，光缆中的阻水措施是光缆设计的重要问题之一。

4.1.2　设计原则

4.1.2.1　基本原则

在充分考虑光缆设计因素的基础上，为了确保光缆满足在各种各样的实际应用环境中的使用要求，在光缆设计时应该遵循的一些基本原则如下：

(1) 极好的机械保护

光缆结构必须能够对光缆中的光纤提供极好的机械保护，使其具有抵抗外界的拉、弯、压等机械应力和良好的适应环境温度变化的性能。为此，光缆中要设置能够承受规定负荷的机械外力作用的加强件。同时，应该根据光纤的应用环境不同通过增加各种形式的耐压和抗冲击的外护层或金属铠装层以加强对光缆的机械保护。

(2) 良好的阻水防潮

光缆应该注意防止水分和化学腐蚀性气体侵入光缆与光纤直接接触。水分渗入光缆后与光纤接触会劣化光纤的传输性能和降低光纤强度。为了满足光缆的阻水要求，光缆中都要填充阻水、防潮的油膏或阻水带(纱)。

(3) 合理的光纤余长

为了确保光缆中的光纤具有25年使用寿命和良好的环境温度特性，光缆中的光纤余长必须合理。所谓光纤余长就是指当光缆从处于室温未受力状态到受力拉伸至光缆中光纤刚受到拉伸应变时，光缆的伸长应变值。光缆中光纤余长与光缆的结构、抗拉强度和温度特性关系密切。例如，常用中心管式光缆和层绞式光缆的光纤余长一般在0.2% ～ 0.3%；而全介质自承式光缆和架空地线复合光缆的光纤余长为0.5% ～ 0.6%。

4.1.2.2 合理的结构

要保证光纤传输性能不发生劣化，必须使所设计的光缆结构合理，使松套管尽可能靠近起支撑作用的部件；所选择组成光缆的材料得当，所有的材料彼此应该相容且析氢量非常小。得当的材料选用会为光缆赢得最佳的传输、机械和环境性能。

除此之外，所设计光缆结构还应该满足制造工艺简单、运输方便、价格便宜等要求。光缆研究人员的职责是，在保证光缆使用要求特性的前提下，尽量简化结构、减小直径、降低自身重量，以最大限度地发挥光纤具有的尺寸小、质量轻等优点。例如，光纤到户所用的集微管、微缆、气吹为一体的微型气吹光缆，使光缆的结构和施工方法都发生了革命性的变化。

4.2 光缆分类

光缆是光纤的具体应用形式。随着光纤通信从局间通信到市内与城际之间通信、省际长途干线通信再到光纤到户的发展，光缆结构、制造工艺、敷设方法、接续技术等方面取得了一系列重大的技术进步，从而繁荣了光缆产品品种，扩大了光缆的使用范围。

对于从事光纤通信技术工作的读者，应该在掌握光缆结构类型和性能特点的基础上，学会正确地选择光缆。按照缆芯结构、光纤状态、敷设方式、使用环境等不同，图4-1所示的是光纤通信工程中常用的光缆分类方法。

按照可容纳的纤芯数量的多少，光缆可以分为中心管式、层绞式和骨架式三大基本结构。中心管式容纳的纤芯数小于12，结构简单；层绞式容纳的纤芯数为12 ～ 144，因纤芯选择范围宽阔，故在国内外通信工程中得到广泛使用；骨架式结构紧凑，其可容纳的纤芯数从几十数百甚至于到数千。

依据光纤状态的不同，光缆可以分为分离光纤光缆、光纤束光缆、光纤带光缆。分离光纤光缆是由独立光纤组成的光缆。光纤束光缆是由扎束光纤组成的光缆。光纤带光缆是由粘成光纤带组成的光缆。光缆中单位截面的光纤密度大小顺序是：光纤带光缆 ＞ 光纤束光缆 ＞ 分离光纤数缆。

按照敷设方式的不同，光缆可以分为直埋光缆、架空光缆、管道光缆。直埋光缆是直接埋地光缆。架空光缆是架设在电线杆上的光缆。管道光缆是置入保护管道内的光缆。

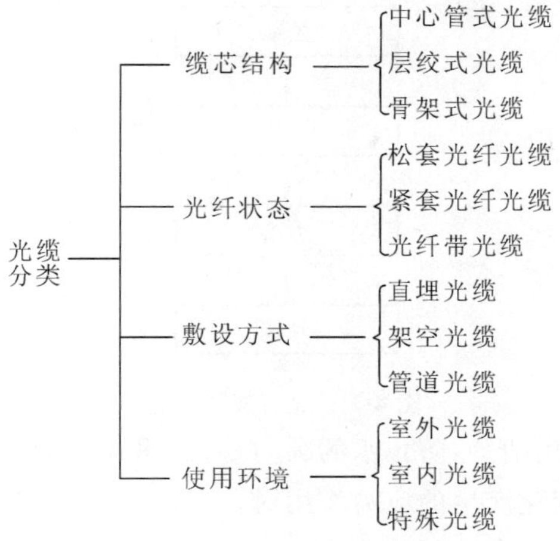

图 4-1　光缆分类方法

根据光缆使用环境的不同，光缆可以分为室外光缆、室内光缆和特殊光缆。分类方法仅仅是为了简单说明光缆外在归属问题，而结构特点才能揭示光缆本质特征。

4.3　光缆结构

4.3.1　基本结构

4.3.1.1　成缆的原因

除了实验室和某些仪器仪表直接使用光纤之外，大部分电信网络使用的是成缆的光纤，即光缆形式。光纤成缆的目的是保护光纤和便于使用。

光缆具有以下一些明显的优点：① 保护光纤。光纤成缆的主要原因是保护光纤。光缆可以避免施工和使用过程中各种外界的拉伸、弯曲、扭绞等应力对光纤的破坏作用。② 易于操作。光纤通过涂覆形成松套光纤或紧套光纤，提高了光纤保护能力；光纤着色和松 / 紧套光纤着色，便于光缆施工接续；几十上百芯光缆，为光网络组网提供了便利。③ 环境保护。光纤成缆可以保护光纤避免环境的温度、潮气、紫外线等引起光纤微弯曲、增加弯曲损耗，使光纤发生老化等。

从光纤到光缆的制造过程本质上是利用各种材料和合理结构对光纤实施免遭机械应力和水的作用的保护。图 4-2 所示的是光纤成缆过程。光纤通过套塑工艺放入松套管中是对光纤实施保护，松套管绞合制成缆芯，以满足用户需要。缆芯外挤制外护层，提供光缆机械强度和阻水能力。

4.3.1.2　缆芯结构

与电缆结构类似，光缆是由缆芯、加强构件、填充物和外护层等构成的。

(1) 光纤状态

按照光纤状态不同，光缆可以分为松套光纤光缆、紧套光纤光缆和光纤带光缆。

① 松套光纤

按光纤在光缆中的松紧状态不同，光缆可分为松套光纤光缆、紧套光纤光缆和半松半紧套光纤光缆。图 4-3 所示的是松套光纤。光纤松套可以是多纤一套。多根光纤放在松套管内，

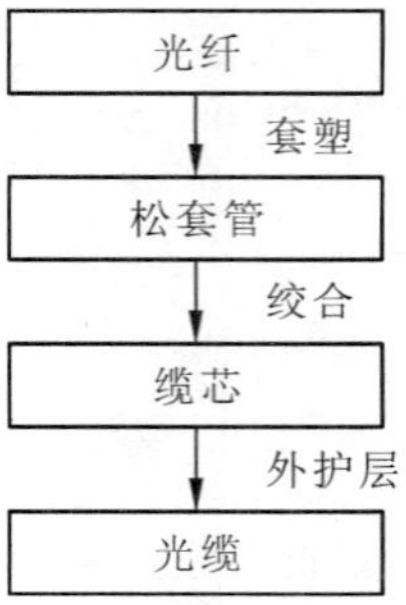

图 4-2　光纤成缆过程

松套管内填充阻水防潮纤用油膏，防止水的纵向移动。采用松套结构的理由是，在光缆使用寿命内，当光缆受到温度变化产生的应力作用时，光纤可以在纤用油膏中自由移动，以释放光缆应变对光纤的作用。由松套光纤构成的光缆被称为松套结构光缆。松套光纤是专门为室外光缆设计的。例如，中心管式光缆、层绞式光缆等。

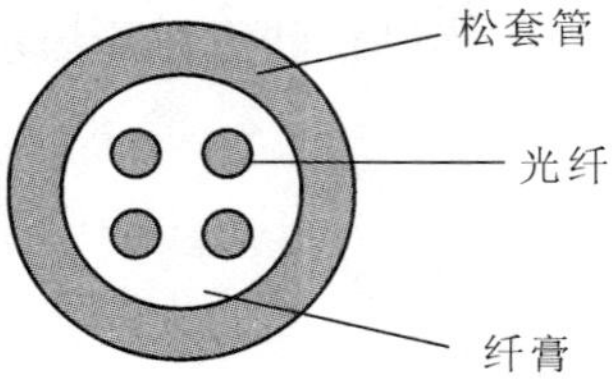

图 4-3　松套光纤

② 紧套光纤

紧套光纤是由预涂覆层、缓冲层和聚合物紧套层组成的多个涂覆层结构。图 4-4 所示的是紧套光纤。紧套光纤是一纤一套。当光纤受到径向应力作用时，缓冲层可以提高光纤的光损耗的稳定性。聚合物紧套层可以赋予光纤抗压性能。虽然紧套光纤没有任何可自由移动空间，但是它的多层涂覆层紧套结构，既提高了光纤的机械强度，又改善了光纤的温度性能，即在温度变化和受到拉伸、侧压作用时，光纤的损耗不会明显增加。紧套光纤是专门为室内光缆设计的。

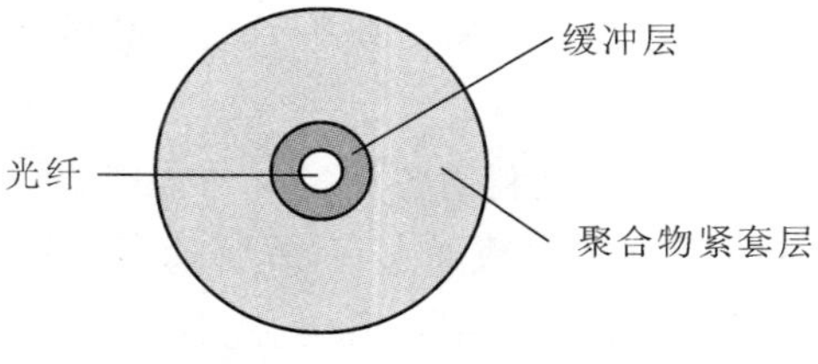

图 4-4　紧套光纤

③ 光纤带

光纤带结构是通过紫外固化丙烯酸酯将 4 芯、6 芯、8 芯、12 芯和 24 芯光纤黏结成一个光纤线性矩阵。图 4-5 所示的是光纤带。光纤带是由成列排列的光纤组成。按照黏结光纤的方法不同，光纤带结构可以分为整体包封型光纤带和边缘黏结型光纤带。整体包封型光纤带是通过丙烯酸酯包覆各个光纤实现的。边缘黏结型光纤带是通过丙烯酸酯黏结各个光纤边缘实现的。在光纤带中，各个光纤保持平行，不会发生交叉。光纤带结构是为制造大芯数光纤带光缆而设计的。

(a)

(b)

图 4-5　光纤带

(a) 边缘黏结型光纤带剖面；(b) 整体包封型光纤带剖面

(2) 加强构件

光缆中的加强构件是光缆的一个重要的组成部分。加强构件主要是为缆芯提供机械保护，使其具有良好的机械性能。加强构件在光缆中的放置方法有缆芯中心放置和护层内放置。层绞式光缆和骨架式光缆采用的是缆芯中心放置，中心管式光缆采用的是护层内放置。在铠装光缆中，在聚乙烯(PE) 内护套外再用钢丝作铠装层，与聚乙烯(PE) 外护套共同构成具有抗侧压、抗冲击的综合性外护套。除此之外，由于钢丝加强件以及钢丝铠装构件的支承作用，限制了不同高分子材料最为明显的热胀冷缩现象，因而有效地改善了光缆的温度特性。

光缆中使用的钢丝有镀锌高碳钢丝、镀磷高碳钢丝和镀锌低碳钢丝。前两种钢丝被用作光缆的加强件，而后一种钢丝被用作光缆的铠装层。光缆中用的钢丝由盘条经数级拉丝和热处理，再经过镀锌或镀磷表面处理后制成。

为了抵御光缆在敷设和应用中可能产生的轴向应力，保证光纤和光缆在较大的张力(光缆所能承受的应力范围内的张力) 作用下有较小的应变，需要采用具有抗张强度高和弹性模量大，延伸性小的高碳钢丝作为光缆的加强构件。给光缆提供良好的机械保护的铠装层，可以选用性价比略低的低碳钢丝。对于需要实现全介质的电力光缆，如全介质自承式光缆可以考虑使用芳纶纱和玻璃钢作为加强构件。

(3) 填充材料

为了提高光缆的阻水性能，在光缆的缆芯松套管和缆芯空隙中分别填充了纤用阻水油膏和缆用阻水油膏。这些阻水油膏必须保证在 -40 ℃ 时不凝固，60℃ 时不滴出，不使光缆的高低温传输性能劣化。阻水油膏也会对材料产生化学侵蚀，或萃取材料中的抗氧剂或稳定剂，降低材料的性能，严重影响光缆的使用寿命，因而必须选取那些与光缆材料相互稳定、匹配，即相容性好的阻水油膏。

4.3.1.3　*护层结构*

光缆是光纤的应用形式，通常是根据光纤数量来选择缆芯结构，缆芯外加护套和护层以保护光纤。光纤是实现光信号传输的介质。

光缆护套属于半密封性的黏结护套。光缆护套由双面涂塑的铝带(PAP) 或双面涂塑的钢带(PSP) 在缆芯外纵包黏结构成。光缆护套的功能是，为缆芯提供机械保护，同时阻止潮气或水进入缆芯。架空光缆和管道光缆采用的是铝带(PAP) 纵包护套。直埋光缆采用的是钢带(PSP) 纵包护套。

光缆护层主要用于为光缆提供更高的机械保护或使光缆获得特殊性能。例如，水底光缆、爬坡光缆需要对光缆进一步铠装。铠装使用的材料有涂塑钢带、不锈钢带、单层钢丝、双层钢丝等。这些金属铠装层外需要加上外护层，以保护金属铠装免遭使用环境的水分腐蚀。

特殊外护层赋予光缆特殊使用性能。例如，尼龙 12 可以赋予光缆防鼠功能。以低烟无卤护套料作为外护层光缆，可以赋予光缆无卤阻燃性能。无卤阻燃光缆被广泛应用在地下铁路、商贸大厦。

按照光缆的不同敷设方法，光缆可以分为直埋光缆、架空光缆、管道光缆和水底光缆等。由于敷设方法不同，光缆的护层结构和对于机械性能的要求不同。图 4-6 所示为三种光缆护层结构。

管道光缆顾名思义用于通信管道或隧道中。管道光缆是由缆芯、包带、塑料覆膜铝箔(LAP) 层和聚乙烯(PE) 护层组成。由于管道光缆中的 LAP 层在受到侧压力时容易变形，所以管道光缆只能在管道中使用。

直埋光缆是指直接埋入地下的光缆。直埋光缆由缆芯、包带、塑料覆膜铝箔(LAP) 层、皱纹钢带和聚乙烯(PE) 外护套组成。直埋光缆使用环境恶劣，必须具有阻水和抗侧压能力。

水底光缆是敷设在河床或水底的光缆。水底光缆是由缆芯、包带、聚乙烯(PE) 护套、钢丝、聚乙烯(PE) 护套组成。为了提高抗拉强度和防止外界的机械损伤，水底光缆的缆芯外用钢丝铠装代替皱纹钢带铠装。

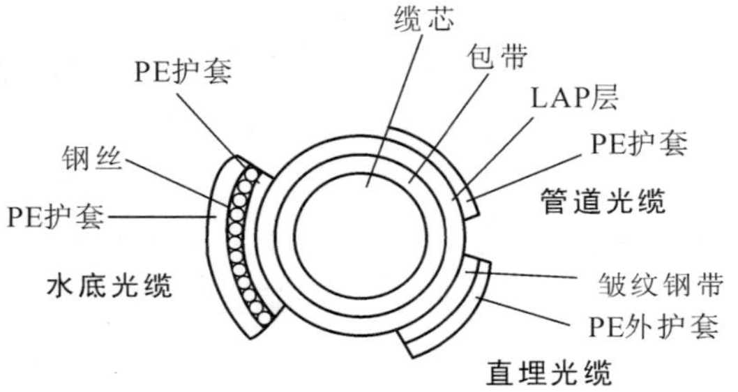

图 4-6　三种光缆护层结构

从图 4-6 和表 4-1 可以看出，水底光缆使用环境条件复杂，其护层结构比管道光缆和直埋光缆的更复杂，机械性能要求比管道光缆和直埋光缆的更高。

表 4-1　不同敷设方法的光缆机械性能

敷设方法	拉伸强度(N)		抗侧压强度(N/100mm)	
	工作时	敷设时	工作时	敷设时
管道	600	1500	800	1000
架空、直埋	1000	3000	1000	3000
水底	2000	10000	5000	3000

4.3.1.4　基本结构

(1) 中心管式光缆

松套光纤无绞合直接放在光缆的中心位置。松套管内填充阻水纤用油膏，实现光纤的纵向阻水防潮。松套管外纵包阻水带和双面涂塑钢(铝) 带，提高光缆阻水和抗侧压能力。位于光缆护层中的两根平行磷化钢丝可以提高光缆抗拉强度。光缆的聚乙烯外护层用来提高光缆抗紫外线和耐摩擦等能力。

图 4-7 所示的是中心管式光缆结构。中心管式光缆结构的优点是，结构简单、工艺简洁、尺寸小、质量轻、价格便宜等；其主要缺点是，容纳的纤芯数少、光纤余长不易控制。中心管式光缆最适合于架空铺设的光缆。

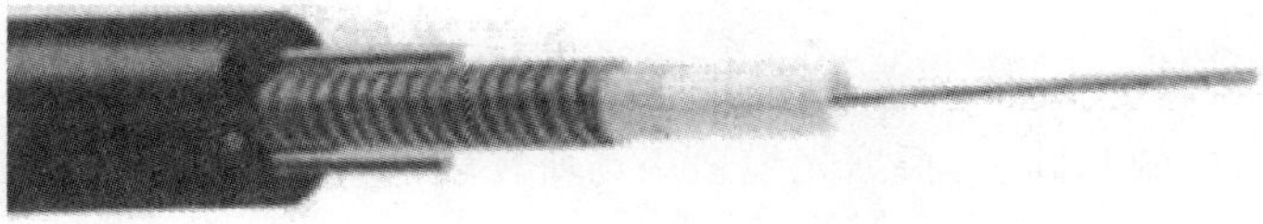

图 4-7　中心管式光缆结构

（2）层绞式光缆

光纤松套绕中心加强件螺旋绞合（S 绞合或 SZ 绞合）形成圆形缆芯。加强件位于光缆的中心。松套管内填充阻水纤用油膏，实现光纤的纵向阻水防潮。缆芯间隙填充缆用油膏，实现缆芯的纵向阻水。缆芯外纵包双面涂塑钢（铝）带，提高光缆阻水和抗侧压能力。光缆的聚乙烯外护层用来提高光缆抗紫外线和耐摩擦等能力。

图 4-8 所示的是层绞式光缆结构。层绞式光缆结构的优点是，容纳的纤芯数多、光纤余长易控制、使用性能好等；其主要缺点是，结构复杂、工艺环节多、材料消耗多。层绞式光缆适合于直埋、管道、架空铺设，是在世界广泛使用的光缆。

图 4-8　层绞式光缆结构

（3）骨架式光缆

光纤带以矩形形式置于 U 型旋转骨架槽或 SZ 型旋转骨架槽中，阻水带以绕包方式缠绕在骨架上，使骨架和阻水带形成一个密封整体。阻水带是由无纺带和吸水膨胀树脂组成。当水分和潮气渗入骨架时，吸水树脂吸收水分和潮气后发生体积膨胀，产生一个凝胶屏障，实现光缆骨架的纵向阻水。阻水带外纵包双面涂塑钢（铝）带，提高光缆阻水和抗侧压能力。光缆的聚乙烯外护层用来提高光缆抗紫外线和耐摩擦等能力。

图 4-9 所示的是骨架式光缆结构。骨架式光缆结构的优点是，结构紧凑、容纳的纤芯数多（数百上千）、为干式光缆、接续快捷（多芯熔接）等；其主要缺点是，结构复杂、工艺环节多、生产难度大。骨架式光缆最适用于光纤接入网中的馈线光缆。

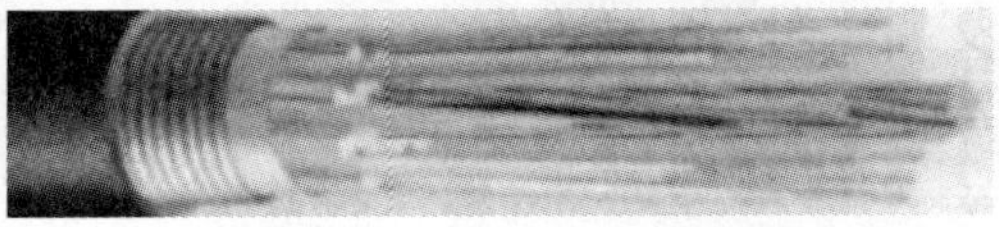

图 4-9　骨架式光缆结构

4.4　光缆结构特点

4.4.1　适用场所

在光缆基本结构的基础上，根据光缆适用场所环境的具体要求，光缆结构可以进一步细分为室外光缆、室内光缆和特殊光缆。

室外光缆普遍采用松套管结构。光纤被放置在一个起到缓冲和保护作用的松套管中，光纤在其中具有一定的自由移动空间。这样光缆在施工安装和路由变更时，光纤可以在松套管中移动，减小外界机械应力作用和环境温度变化引起的微弯曲影响。

室内光缆一般采用紧套结构，其理由是，室内空间非常宝贵，室内使用环境较好。在紧套结构室内光缆中，光纤被缓冲和保护紧套层紧紧包裹，确保光缆具有较小的尺寸，但是受到温度变化的影响很大。

特殊光缆是应付特殊使用环境需要，采取一些针对性保护措施的光缆。例如，光缆外护套采用尼龙 12、无卤阻燃等材料可以制造防白蚁光缆、无卤阻燃光缆等特殊光缆。

4.4.2　室外光缆

(1) 中心管式光缆

中心管式光缆是光纤松套管位于光缆中心的光缆。中心管式光缆结构是由一根二次被覆的光纤松套管或螺旋形光纤松套管，无绞合直接放在缆中心位置，纵包阻水带和双面覆塑钢(铝) 带，两根平行加强圆磷化碳钢丝或玻璃钢圆棒位于聚乙烯护层中。按松套管中放入的是分离光纤(独立光纤)、光纤束(光纤扎束)，还是光纤带(光纤粘带)，中心管式光缆可进一步分为分离光纤中心管式光缆、光纤束中心管式光缆和光纤带中心管式光缆。三种中心管式光缆的结构如图 4-10 所示。

中心管式光缆很适宜架空敷设，也可用于管道或直埋敷设，中心管式光缆的缺点是缆中光纤芯数不宜多(如分离光纤为 12 芯、光纤束为 36 芯、光纤带为 216 芯)，松套管挤塑工艺中松套管冷却不够，成品光缆中松套管会出现后缩大，光缆中光纤余长不易控制。

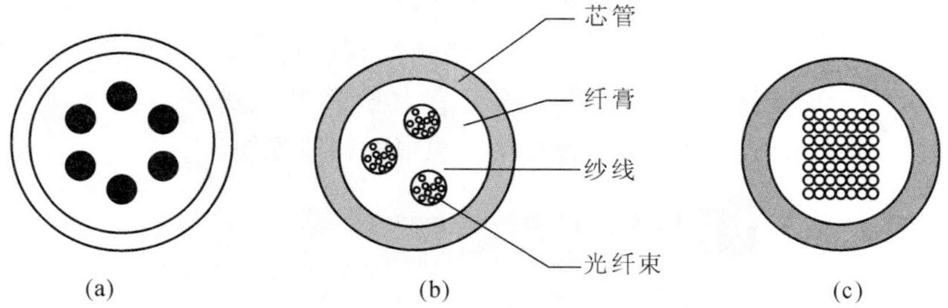

图 4-10　中心管式光缆结构

(a) 分离光纤；(b) 光纤束；(c) 光纤带

(2) 层绞式光缆

层绞式光缆是由若干根光纤松套管围绕中心加强件呈一层或多层分布的光缆。通常，层绞式光缆结构是由 4 根或更多根光纤松套管(或部分填充绳) 绕中心金属加强件绞合成圆整的缆芯，缆芯外先纵包复合铝带并挤上聚乙烯内护套，再纵包阻水带和双面覆膜皱纹钢(铝)

带，再挤制一层聚乙烯外护层。

按照松套管中放入的光纤形态（如分离光纤、光纤带）的不同，层绞式光缆又可分为分离光纤层绞式光缆、光纤带层绞式光缆。它们的结构如图 4-11 所示。

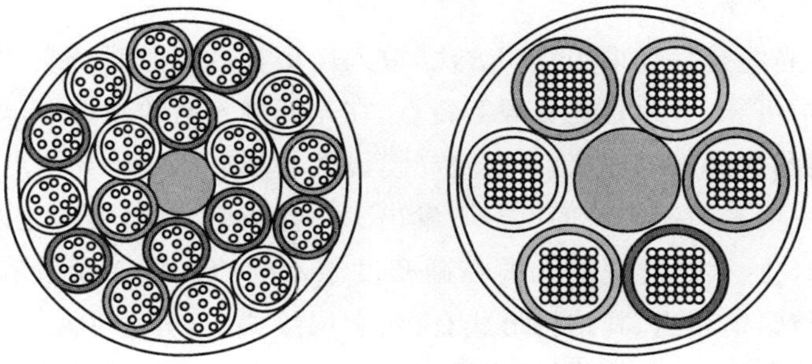

(a)　　(b)

图 4-11　层绞式光缆结构

(a) 分离光纤层绞式光缆；(b) 光纤带层绞式光缆

由图 4-11 得知，分离光纤层绞式光缆与光纤带层绞式光缆的几何结构、制造方法基本相同，而不同之处在于光纤形状、光纤识别、纤芯数等。光纤带层绞式光缆中的各个光纤带中的每根光纤是通过领示色或全色谱并在每根光纤带上喷上数字的方法进行识别的。一般分离光纤层绞式光缆最大纤芯数小于 144 芯（12 芯 × 12 管）；而光纤带层绞式光缆的最大纤芯数可达到 720 芯（12 芯 × 10 层 × 6 管）。

（3）骨架式光缆

骨架式光缆是将光纤带放置于若干个 U 型或 SZ 型螺旋骨架槽的光缆。图 4-12 所示的是具有由 5 个骨架，每个骨架具有 5 个骨架槽，每个骨架槽安放 5 个 8 芯光纤带组成的 1000 芯的骨架式光纤带光缆结构。骨架式光缆是一种全干式光纤带光缆。所谓全干式光缆顾名思义是利用“干式”光缆阻水带或阻水纱代替“湿式”填充阻水油膏的光缆。

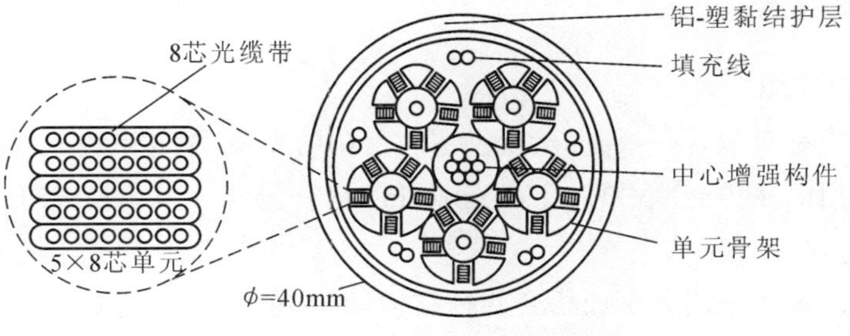

图 4-12　骨架式光纤带光缆结构

骨架式光缆光纤带结构是将 4 芯或 6 芯或 8 芯光纤带，以矩阵形式叠放在 U 型螺旋骨架槽或 SZ 型螺旋骨架槽中，骨架沿光缆连续旋转，使放置于槽内的光纤带具有足够的余长，以保证光缆的抗拉、弯曲和温度特性。以绕包方式将阻水带缠绕在骨架上，使骨架与阻水带形成一个封闭的腔体。骨架既具有高的抗侧压能力，又可以防止开剥光缆时损伤光纤。阻水带的作用是，当阻水带遇水后，阻水带上的吸水膨胀树脂吸水膨胀形成一个阻水凝胶阻挡层。阻水带外再纵包上双面覆塑钢带，金属带处挤上聚乙烯外护层。在金属带与阻水带之间放置撕裂绳，以便于护套开剥。

骨架式光纤带光缆的优点是结构紧凑、缆径小、纤芯密度大（由几十数百乃至上千芯）、施工接续中无须清除阻水油膏，接续效率高，全干式骨架式光纤带光缆特别适用于在城域光网络干线环路和接入网汇聚层的分路、局间中继、有线电视网络的馈线需要大芯数光缆时用作光传输的馈线光缆。

(4) 微管气吹微型光缆

微管气吹微型光缆是一种采用气吹方法，放入微型管道的微型光缆。微管气吹微型光缆具有施工快捷、保护可靠、节约管道资源等特点。在光纤接入网的建设中，如何减少光缆所占用的通信管道空间和提高施工速度，一直是光缆设计与制造商的研究热点问题。

目前，国内外一些光缆制造厂商已经开发出了一种微型光缆，再辅之以微管安放和气吹施工的技术。图 4-13 所示的是微型光缆在高密度聚乙烯(HDPE) 子管和母管中的安放情况。微型光缆直径与铅笔相当。其结构形式有：松套层绞式、全介质中心管式、不锈钢中心管式。光缆的纤芯数值为 2 ～ 72 芯。微型光缆具有的尺寸小巧、质量轻便、气吹安置性能好、抗机械应力和环境温度作用等优点，能够满足各种室外环境使用。特别是利用气吹装置可以进行快速施工，通过节省通信管道空间和提高施工效率，大大地降低了光纤接入网的建设成本。

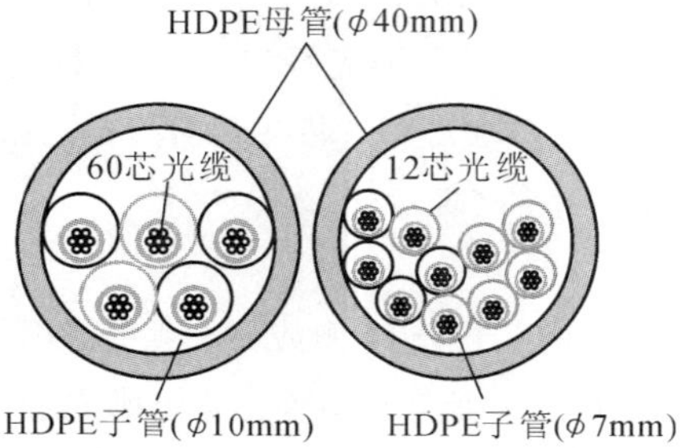

图 4-13　微型光缆在高密度聚乙烯(HDPE) 子管和母管中的安放情况

4.4.3　室内光缆

(1) 单芯室内光缆

单芯室内光缆是只包含一根光纤，仅供室内使用的光缆。单芯室内光缆是通信设备互连线和综合布线所用的室内光缆。单芯室内光缆可以是只包含一根单模光纤或一根多模光纤的光缆。

单芯室内光缆可以采用紧套或松套两种结构。紧套单芯室内光缆的紧套层一般采用尼龙塑料。松套单芯室内光缆的松套管采用高分子塑料。紧套光纤的基本结构，如图 4-14 所示。一般紧套光纤通常采用一纤一套方式。因紧套光纤的机械保护作用是由硅橡胶提供的，故紧套光纤又可以作为室内光缆的制造单元使用。

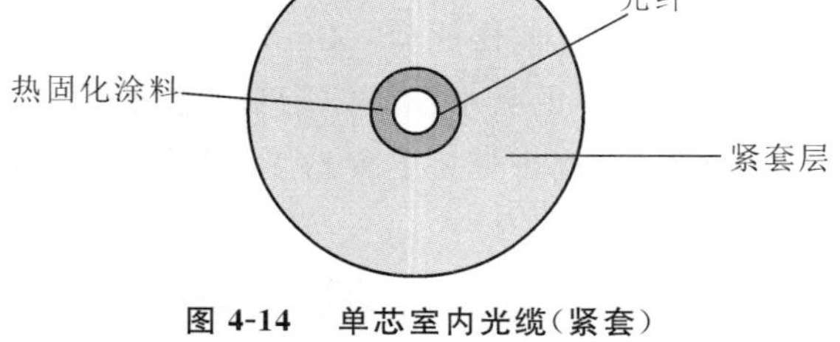

图 4-14　单芯室内光缆(紧套)

(2) 双芯或多芯室内光缆

双芯室内光缆是通信设备互连线和综合布线所用的室内光缆。双芯室内光缆中只包含两根单模光纤或多模光纤。双芯室内光缆也可以采用紧套或松套结构。双芯室内光缆有：紧套 8 字形扁结构、紧套圆形结构、松套 8 字形扁结构和松套中心管式的圆形结构。图 4-15 所示的是双芯或多芯室内光缆的结构。室内光缆中应包含有加强构件，以增强光缆的机械性能。

图 4-15　双芯或多芯室内光缆的结构

(3) 双芯悬挂式光缆

双芯悬挂式光缆结构紧凑、柔软、易施工、易于固定；两单元在入户处分离，光纤单元直接入户，消除室内外光缆转接；敷设时无须架设吊线和挂钩，施工效率高，施工费用低；适合独立住户光缆架空引入使用。双芯悬挂式引入线光缆的结构如图 4-16 所示。

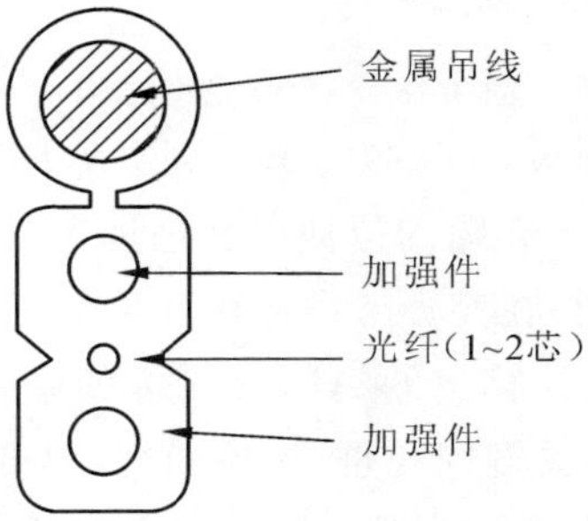

图 4-16　双芯悬挂式引入线光缆的结构

(4) 室内布线光缆

室内布线光缆适合室内布线使用，性能稳定可靠；采用小弯曲半径光纤生产，具有优良的抗弯性能；施工安全可靠，可像铜缆一样对待，不易出现施工故障；无需工具即可剥开光缆，光缆易于固定，安装成本低；光缆现场成端。室内布线光缆的结构如图 4-17 所示。

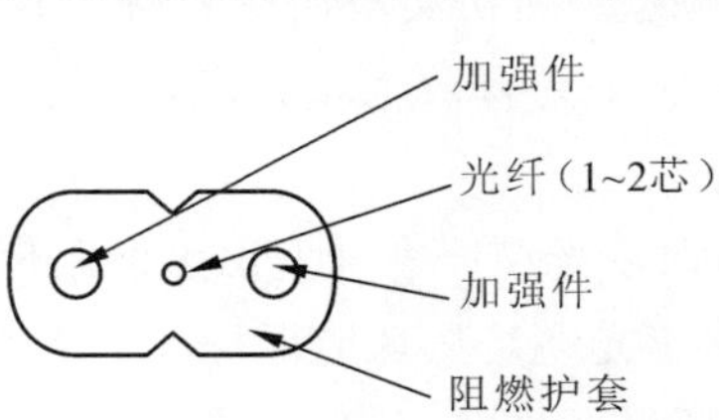

图 4-17　室内布线光缆的结构

4.4.4　特殊光缆

(1) 全介质自承式光缆

全介质自承式光缆(All Dielectric Self-Support, ADSS)是不需要支撑光缆重力的吊线，而是依靠光缆自身配备的加强构件承载光缆重量并且悬挂在现有的高压输电相线下，与电力线同杆塔架设的特殊光缆。ADSS光缆可以在输电线带电条件下进行施工作业。ADSS光缆的研究重点是，计算出合理的抗拉元件芳纶纱用量，选择合适的吊挂点和考虑选用耐电痕或阻燃外护套。

ADSS光缆的特点是，光缆中的骨架由玻璃钢棒组成，抗拉元件由绞合在护套层中的芳纶纱（绝缘材料）组成。ADSS光缆采用全介质结构能够防止雷雨放电或相线接触短路问题。根据使用环境特点，ADSS光缆的缆芯结构，以松套光纤或层绞式光缆为宜。图4-18所示的是一种典型的ADSS光缆结构。围绕缆芯缠绕的芳纶纱为ADSS光缆提供所需的抗拉强度。管内注入阻水油膏可以阻止水渗透和迁移。

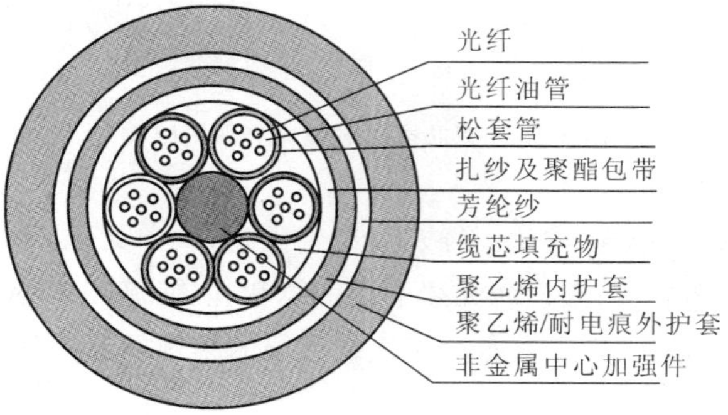

图4-18　ADSS光缆结构

因高压输电线路的杆塔跨距大，ADSS光缆受到自然环境影响，如温度变化、大风作用、承载冰雪负荷等问题，使得ADSS光缆的拉伸应变远远大于其他类型的光缆。ADSS光缆的拉伸应变在0.6%～0.8%之间。在充分考虑使用环境的气候条件、电力杆塔类型及其跨距等影响因素时，通过计算机软件计算出的ADSS光缆的余长通常在0.6%～0.8%之间。ADSS光缆设计应该解决的两个关键问题是，抗拉强度（温度变化）和外护层耐电痕。大的光纤余长赋予ADSS光缆中的光纤良好的抵抗拉伸应力和低温变化能力，耐电痕护套料赋予光缆耐电痕性能，从而确保了ADSS光缆可以长期安全可靠地工作。

（2）无卤阻燃光缆

光纤接入网的骤然兴建，大大地推动了无卤阻燃光缆的发展。室内光缆应该选用无卤阻燃光缆。无卤阻燃光缆是指其护套采用了低烟、阻燃护套料的光缆。为确保要求无卤阻燃场所的通信设备及网络的运行可靠，必须切实解决聚乙烯护层遇火易燃、滴落会造成火灾隐患，以及阻燃聚氯乙烯护层在火灾中易释放大量黑色浓烟和有毒气体，造成"二次"环境污染和逃离困难等问题。

20世纪90年代以来，国内众多光缆厂家开发出无卤阻燃光缆（生态光缆），并陆续应用于各种要求无卤阻燃的场所。生态光缆是从环境保护和节能减排的角度出发，应该积极研究开发对人体和环境没有污染的环保新材料，利用这些具有环保性能的新材料来制造光缆，以达到保护人类和环境的目的。

光缆阻燃有两个方面的含义：一方面是指光缆及其材料的阻燃性，包括可燃性、发热量、延燃性、熔滴性及发烟量等；另一方面是指在火灾过程中，光缆处于高温及燃烧条件下保持正常传输信号的能力，即所谓耐火性。要达到光缆阻燃的目的，需要用适当的结构及选用性能优良的合适材料。

无卤阻燃光缆的结构形式包括层绞式、中心管式、骨架式或室内软光缆，可以是金属加强件光缆，也可以是非金属加强件光缆。最简单的无卤阻燃室内光缆结构，如图 4-19 所示。

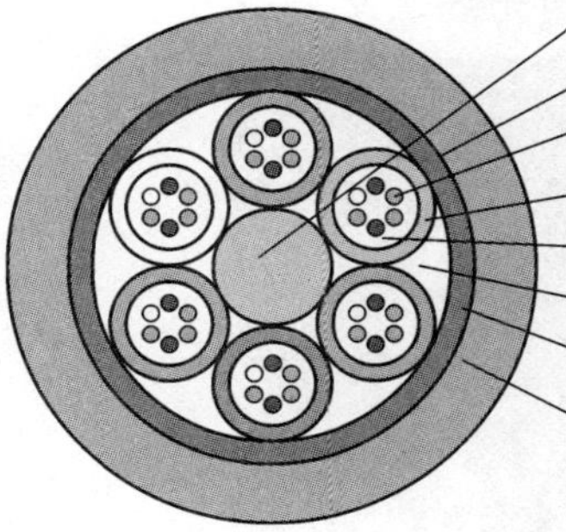

图 4-19　无卤阻燃室内光缆结构

无卤阻燃护套料是以聚烯烃(如醋酸乙烯酯) 为基础树脂，再加有协同效应的无机阻燃剂、偶联剂与其他助剂加工而成。无卤阻燃护套料是无毒、低烟的洁净阻燃材料。如果遇火燃烧时，护套料中添加的无机阻燃剂 $Al(OH)_3$、$Mg(OH)_2$ 在燃烧时会释放出结晶水，吸收大量热量，抑制燃烧护套料的温度上升，燃烧几乎没有烟，不会产生卤化物，着火时能够保护通信设备正常工作。无卤阻燃光缆燃烧时产生的 Al_2O_3、MgO 硬壳可以隔离氧气，从而达到阻止燃烧的目的。

4.5　小结

光纤是构成光缆的主要部件之一。光纤的质量好坏直接决定着光缆的传输性能和使用寿命。因玻璃光纤是由脆性材料 SiO_2 组成的，故其在制造棒和拉丝过程中不可避免地会在光纤的表面产生一些微裂纹。这些表面微裂纹如果受到机械应力和水的侵蚀作用，会引起光纤表面微裂纹扩展，最后导致光纤断裂。同时，水渗透到光纤的表面微裂纹处，在 1383nm 波长附近 OH^- 作用使光纤产生非常高的光吸收峰，大大地增加了光纤衰减。因此，光纤表面微裂纹是影响光缆机械性能、环境性能乃至于使用寿命的主要因素。

光缆的设计任务就是按照其使用环境和敷设方法等来正确选择合适的材料和合理的结构，以确保光缆中的光纤表面微裂纹不会受到机械应力作用和水的侵蚀，使光缆能够具有良好的光传输性能、机械性能、环境性能。

光缆结构根据其容纳的纤芯数量可以分为中心管式、层绞式和骨架式三大基本结构。中心管式光缆可以容纳的纤芯数小于 12，结构简单。层绞式光缆能够容纳的纤芯数范围为 12 ～ 144，因纤芯选择范围宽阔，故得到广泛使用。骨架式光缆结构紧凑，其可容纳的纤芯从几十数百甚至于数千。

按照光缆的具体使用环境的不同，光缆可以划分为室外光缆和室内光缆。就光缆结构而论，室外光缆使用环境恶劣，对光纤采用了较多机械和阻水保护措施，其结构比较复杂。针对光纤接入网发展需要，人们开发出了微管气吹微型光缆。这种光缆的特点是，可以节约城市通信管道资源、施工既简单又快捷等。光缆的广泛使用，推动了室外光缆、室内光缆的结构与性能的研究。总之，光缆的传输性能是由光纤的类型决定的，而光缆的结构类型则决定了光纤的机械性能、环境性能和使用场所。

小知识

中国光纤之父

赵梓森院士

赵梓森(1932—) 光纤通信专家。广东省中山市人。1953 年毕业于上海交通大学。国家光纤通信技术工程研究中心技术委员会主任、武汉邮电科学研究院高级技术顾问、邮电部科技委委员。早在 1973 年就建议开展光纤通信技术的研究，并提出正确的技术路线，参与起草了我国"六五"、"七五"、"八五"、"九五" 光纤通信攻关计划，为我国光纤通信发展少走弯路起了决定性作用。在 20 世纪 70 年代末，组织研制生产出我国的首批实用化的光纤光缆和设备。作为技术负责人、总体设计人，先后完成了我国第一条实用化 8Mbit/s、34Mbit/s 和 140Mbit/s 等 6 项国家、邮电部光缆通信重点工程，其中有 3 项工程获国家科技进步奖二等奖。在 20 世纪 90 年代，领导开发的光纤通信产品大面积推广应用，取得显著经济效益。作为我国光纤通信公认的开拓者之一，因发展中国的光纤通信技术和工业所做贡献，于 1995 年当选中国工程院院士。

习　　题

4-1　说明光纤材料必须透明并能够拉成纤维的原因。

4-2　阐述玻璃光纤的微裂的原因。

4-3　如何防止光纤微裂纹扩展?

4-4　光纤成缆的原因是什么?

4-5　阐述光纤采用松套或紧套或光纤带形式的理由。

4-6　阐述光缆的基本结构及其功能。

4-7　叙述加强构件在光缆中的作用和放置的位置。

4-8　说明光缆分类方法的特点。

4-9　阐述光纤芯数与光缆结构的关系。

4-10　说明常用光缆的类型与特点。

4-11　给出室外光缆中光纤采用松套的理由。

4-12　比较中心管式光缆与层绞式光缆的结构特点。

4-13　叙述室外光缆的结构特点。

4-14　阐述特殊光缆与普通光缆的不同之处。

4-15 说明室内光缆的结构特点。

4-16 简述影响光缆使用寿命的主要因素。

4-17 阐述微管气吹微型光缆的特点。

4-18 光纤到户的特点是什么？

4-19 叙述光缆结构、性能与应用的关系。

4-20 造成光纤特性在成缆前后不同的原因是什么？

4-21 导致成缆光纤出现故障的主要原因是什么？

4-22 说明光缆的研究方向。

第 5 章　光发射模块和光接收模块

【学习目标】

1. 掌握半导体的物理基础知识。
2. 掌握发光二极管的结构、原理、性能与应用。
3. 掌握各种激光器的结构、原理、性能与应用。
4. 掌握光发射模块组成、功能与性能。
5. 掌握光电二极管的结构、原理、性能与应用。
6. 掌握雪崩光电二极管的结构、原理、性能与应用。
7. 掌握光接收模块组成、功能与性能。
8. 学会根据工程需要正确选择有源光模块的方法。

【知识框图】

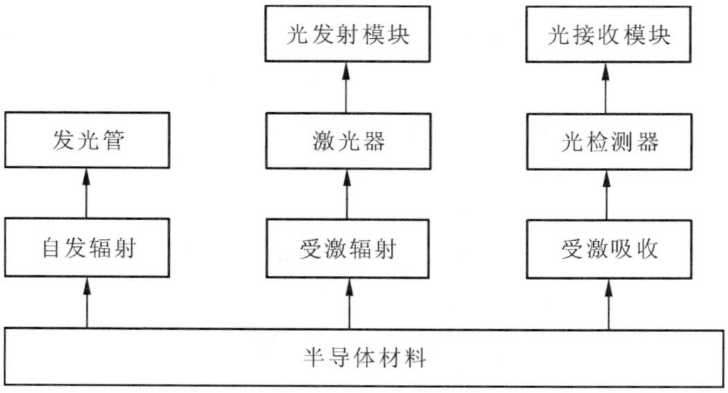

5.1　半导体物理基础知识

5.1.1　原子能级

原子是由原子核和围绕原子核旋转的电子组成。近代物理通过大量的实验已经证明，原子中的电子只能在一定的量子态中运动。所谓量子态是电子在原子中的微观运动状态。量子态的特点是，量子态的能量只能取某些特定数值，需要满足电子轨道的量子化条件。当电子在每个电子轨道运动时，原子具有确定的能量。这个能量被称为原子的能级。

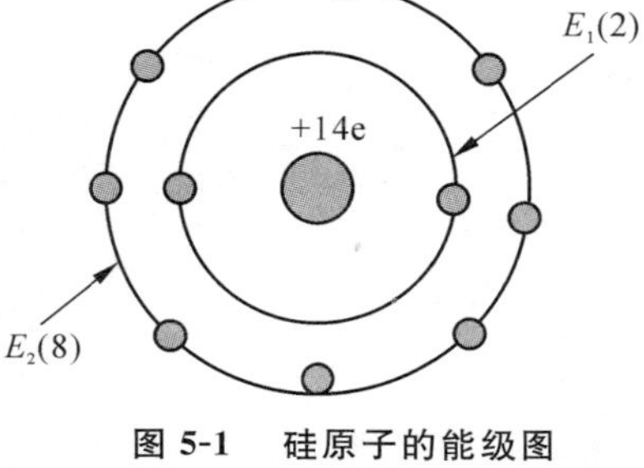

图 5-1　硅原子的能级图

例如，图 5-1 所示为硅原子的能级图，最里层电子距离原子核最近，受原子核约束最强，该电子能量最低。最外层电子距离原子核最远，受原子核约束最弱，这些电子的能量最高。轨道越高，能级越强。

5.1.2　晶体能带

半导体是由原子按照周期性排列的晶体材料。晶体中的原子是按照共价键结合。孤立的原子处在不同的运动状态中，这些不同的运动状态，对应原子的不同能级。当大量的孤立的原子彼此靠近时，原子之间互相作用，使得原子的每个能级分裂成能量稍微不同的若干个能级。孤立原子中的每个能级在固体中变成一个能带。图 5-2 所示的是原子轨道、能级和能带的关系。价带为电子占据（又称满带），导带不存在电子（又称空带）。带隙位于导带和价带之间。带隙 E_g 是表示晶体性质的一个重要参数。按照能带的填充和带隙 E_g 的大小的不同，材料可以分为导体（$E_g = 0$）、半导体（$E_g = 0 \sim 2\text{eV}$）和绝缘体（$E_g > 2\text{eV}$）。半导体的带隙 E_g 介于导体和绝缘体之间，为通过选择不同的半导体材料和采用不同的器件结构，研制出不同发光波长和不同性能的光电子器件奠定了良好的基础。例如，半导体材料的 E_g 决定了 LED 和 LD 的发射波长。

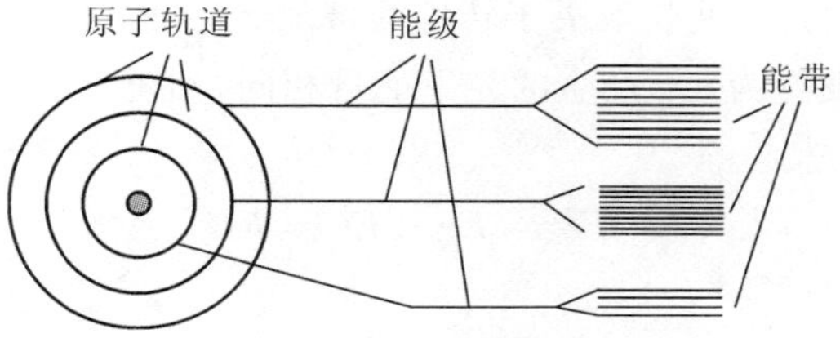

图 5-2　原子轨道、能级和能带的关系

位于导带的电子和位于价带的空穴是自由的。在电场作用下，电子和空穴可以定向运动而导电，故电子（－e）和空穴（＋e）被称为载流子。纯净的半导体材料被称为本征半导体材料。在本征半导体材料中，导带为空带，价带被电子填满，因而导电性能差。实用（非本征）的半导体材料大多数是掺有杂质的 n 型或 p 型半导体。n 型半导体是电子浓度大于空穴浓度的半导体，反之则称为 p 型半导体。半导体器件的工作的关键是少数载流子的注入和泵浦。

5.1.3　能级跃迁

5.1.3.1　发光

在研究光与物质作用时，光被视为光粒子，简称为光子。光子是具有能量的粒子，它是原子能级转换的产物。借助能级跃迁理论，可以解释半导体光源的发光原理，是导带的电子从高能级跃迁到低能级价带的空穴时，电子释放能量给光子，即光子携带一定的能量。因此，发光（子）是电子由高能级跃迁到低能级的产物，如图 5-3 所示。

5.1.3.2　能级跃迁

如图 5-3 所示，原子中的电子通过与外界交换能量发生能级跃迁。在研究光与物质相互作用时，跃迁过程交换的能量是光能。利用两能级系统的光能级跃迁概念，可以解释光子与物质的相互作用的自发辐射、受激辐射和受激吸收三个基本过程。三个基本过程所发生的能级跃迁和产生光子的原理，分别如图 5-4(a)、图 5-4(b) 和图 5-4(c) 所示。

(1) 自发辐射

自发辐射是电子从高能级跃迁到低能级直接发射光子。自发辐射能级跃迁的产生根本

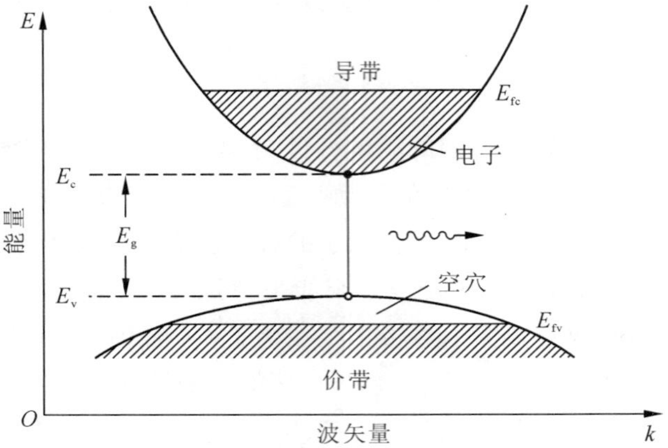

图 5-3　电子和空穴复合发光

不需要其他光子。如果 E_2 和 E_1 分别表示受激(高)态能级和基态能级,自发辐射发射的一个光子所携带的能量恰好等于两个能级差 $h\upsilon$,如式(5-2)所示。h 为普朗克常数($h = 6.626 \times 10^{34}$ Js),υ 是发光频率,发光的波长取决于转换的带隙 E_g。如图 5-4(a)所示,自发辐射的特点是:① 处在高能级的自发行为;② 产生的光子能量相同,相位存在差异;③ 发射的光是一种光谱范围很宽的非相干光。

$$E_g = E_2 - E_1 = h\upsilon \tag{5-1}$$

(2) 受激辐射

受激辐射是电子从高能级 E_2 跃迁到低能级 E_1 受一个入射感应光子的激励而引起的。在这个跃迁过程之后,会发射出两个光子。一个光子是原始的入射感应光子,另一个光子是电子由高能级向低能级跃迁所携带的释放能量的新光子,如图 5-4(b)所示。受激辐射的特点是:① 光子可以引起电子产生能级跃迁并发射新的光子;② 产生的新光子与入射感应光子的能量(或频率)和传播方向完全一致;③ 发射的光是一种光谱很窄、放大的相干光。因此,受激辐射可以对外来入射光的光强进行放大。

(3) 受激吸收

受激吸收是低能级的电子吸收一个入射光子的能量而引起电子从低能级跃迁到高能级的过程,如图 5-4(c)所示。这个跃迁过程的条件是入射光子的能量必须等于高、低能级之能量差。受激吸收的特点是:① 需要消耗外来的光能;② 对应光子被吸收,形成电子 - 光子对,发生光电转换过程。

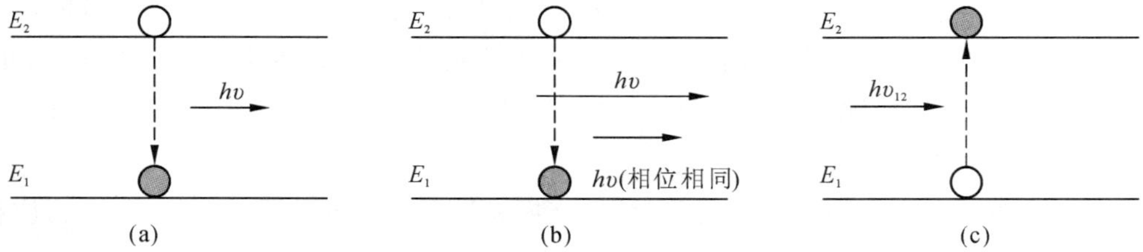

图 5-4　光子与物质的相互作用,能级跃迁过程

(a) 自发辐射;(b) 受激辐射;(c) 受激吸收

在光纤通信系统中,所使用的半导体光(电)器件的基本工作机理是自发辐射、受激辐射和受激吸收。尽管在每种光电器件中三种工作机理共存,但是对每种光电器件,只有一个工作机理起主要作用。例如,半导体激光二极管(Light Emitting Diode,LED)是利用自发辐射过程发射非相干光，所有的半导体激光二极管(Laser Diode,LD) 都是通过受激辐射过程发射相干光；而 PIN 光电二极管、雪崩光电二极管则是以受激吸收过程来实现光电转换。

5.1.4　带隙类型

在电子向导带跃迁或从导带跃迁的过程中，伴随光子的辐射或吸收，必须保证能量和动能的守恒。按照带隙的形状不同，半导体材料可以分为直接带隙材料和间接带隙材料。考虑一个电子和一个空穴复合，辐射一个光子的过程，一个电子和一个空穴具有相同的动量，如图 5-5(a) 所示，这就是直接带隙材料。导带的最小能级和价带的最大能级有不同的动量，如图 5-5(b) 所示，这就是间接带隙材料。由于光子的动量很小，电子与空穴复合必须有其他的粒子参与，以保持能量守恒。同时，为了提高 LED、LD 的发光效率，即电子与空穴复合概率，应该选择直接带隙材料制造 LED、LD。

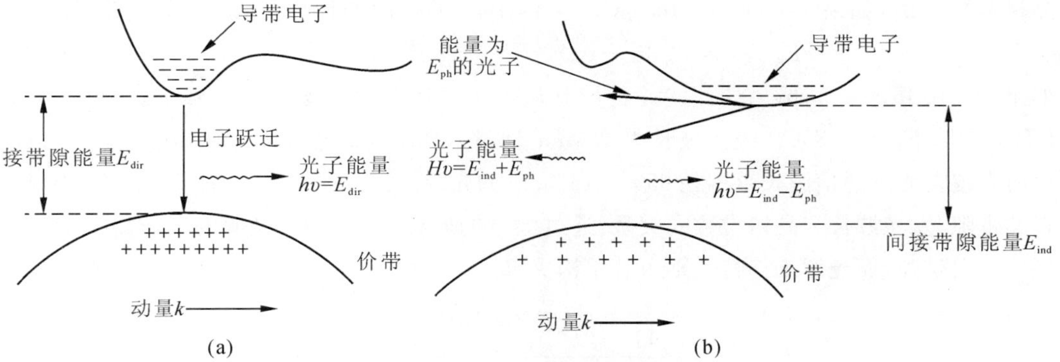

图 5-5　半导体材料的带隙类型

(a) 直接带隙；(b) 间接带隙

LED 大都采用直接带隙材料制成，其发光效率比间隙材料高 3 ~ 5 个数量级，因而易于实现高效率的发光。研究发现，直接带隙材料的带隙决定着 LED 的发光波长。利用式(5-2)，可以计算出采用不同的半导体材料制造的 LED 的发光波长。

$$\lambda = 1.24/E_g \tag{5-2}$$

式中，λ 是发光波长(μm)，E_g 是半导体材料的带隙(eV)。由式(5-3)得到启示，LED的精确的发光波长取决于所用的半导体材料的带隙。通过改变 In、Al、As 和 Ga 半导体材料和选择不同的掺杂量，就可以得到不同的带隙，进而制造出不同工作波长的 LED。表 5-1 给出了部分半导体材料的带隙、发光波长、复合系数和带隙类型。

表 5-1　不同半导体材料的带隙、波长、复合系数和带隙类型

半导体材料	带隙(eV)	波长 λ(μm)	复合系数	带隙类型
GaAs	1.43	0.871	7.21×10^{-10}	直接带隙
InAs	0.35	3.444	8.5×10^{-11}	直接带隙
InSb	0.18	7.208	4.58×10^{-11}	直接带隙
Si	1.12	1.107	1.79×10^{-15}	间接带隙
Ge	0.67	1.878	5.25×10^{-14}	间接带隙
GeP	2.26	0.548	5.37×10^{-14}	间接带隙

5.1.5　材料选择

在半导体光器件中，带隙 E_g 是一个非常重要的参数。从表 5-1 中可以看出，半导体光源的波长不是任意选择的，而是受到所用材料的特性限制。因此，可以通过将不同的半导体材料组合，形成三元或四元混合晶体。混合晶体既可以是相同类型（直接带隙或间接带隙）的半导体材料组合，也可以是不同类型的半导体材料组合。

由表 5-1 得知，直接带隙材料的复合系数比间接带隙材料的复合系数高得多。为此，为了获得高的电子与空穴的复合效率，应该选择高复合系数的半导体直接带隙材料制造光纤通信使用的光源。两种不同类型的半导体组合得到的混合晶体，可以实现在特定波长范围内发光。InP 是发射波长为 1310 ～ 1625nm 的半导体光源的基础材料。在 InP 中掺杂 As 和 P 并保持它们的晶格常数与 InP 相匹配，可以得到 $In_{1-x}Ga_xAs_yP_{1-y}$ 四元半导体材料。为了确保晶格常数匹配，如果 $x = 0.45$，$In_{0.55}Ga_{0.45}As_yP_{1-y}$ 的带隙的计算公式，如式(5-3) 所示。

$$E_g(y) = 1.35 - 0.72y + 0.12y^2 \quad (0 \leqslant y \leqslant 1) \tag{5-3}$$

如果 $x = 0.45$，$y = 1$，$In_{0.55}Ga_{0.45}As_1$ 的带隙 $E_g = 0.75$eV，发光波长为 1650nm；如果 $y = 0$，则 InP 的带隙 $E_g = 1.35$eV，发光波长为 920nm。通过选择不同的半导体材料和掺杂量，可以制造出所有覆盖光纤通信波长范围在 850 ～ 1625nm 的光源。图 5-6 所示的是室温条件下，半导体材料的带隙、发光波长和晶格常数的关系。通过大量的研究业已证明，光源的工作波长取决于半导体材料带隙，而光源工作特性则由其结构决定。

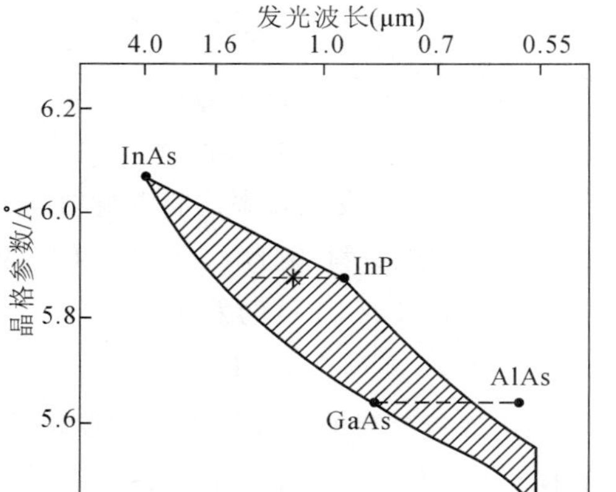

图 5-6　半导体材料的带隙、发光波长和晶格常数的关系

5.1.6　pn 结

所谓pn结是由p型半导体和n型半导体共同接触形成的结。p型半导体和n型半导体是通过掺以过多电子或缺少电子的杂质方法而制得的。例如，半导体光源的核心，即复合发光区（有源区）是由一个或多个垂直方向的 pn 结构成的。pn 结材料和结构就决定着半导体光器件的工作原理和工作特性。

通常，根据 pn 结的性质不同，可以分为同质结、双异质结和量子阱结构。所谓同质结是因 pn 结的两边所用的 p 型半导体和 n 型半导体为同一种材料，但是它们的掺杂类型不同而得名。为了解决同质结载流子受限问题，人们在 p 型半导体和 n 型半导体之间插入一个薄夹层（有源层），构成了两个异质结（n- 有源层和 p- 有源层）。这个插入的有源层的带隙比其周围的半导体的带隙要小得多，从而提高了器件的工作效率。

按照采用的异质结数量，异质结可以分为单异质结和双异质结。半导体光源采用异质结几何结构具有双重益处：① 两种半导体之间的带隙差有助于限制电子和空穴到达中间有源层，随着电子 - 空穴复合，在有源层中就会产生光；② 有源层具有更小的带隙，它的折射率比其周围的 p 型和 n 型包层折射率略大。这样，有源层可以看成是一个介质光波导。改变有源层厚度可以控制有源层所支持的光波导模数。图 5-7 全面描述了在双异质结结构中各层的电子能量、折射率和光强分布。采用异质结结构可以提高半导体激光器的发光效率。因此，半导体激光器在光纤通信中得到了广泛应用。

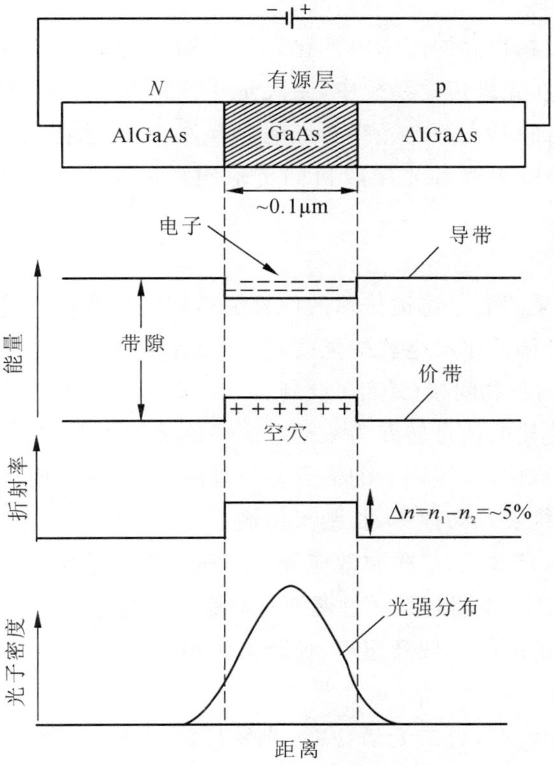

图 5-7　双异质结结构与工作原理

5.2　光源

5.2.1　光源的考虑

在光纤传输系统中，使用的光源是半导体发光二极管和半导体激光二极管。作为半导体器件，它们必须与光纤、光纤放大器等光电子器件配合使用，力求使整个光纤传输系统获得最佳的性能。评价光源性能的主要指标有工作波长、光谱线宽、输出功率等。

5.2.1.1　工作波长

光源的发射波长必须与光纤的最小衰减波长和光纤放大器的放大波长范围相一致，以便与光纤共同实现最大的传输距离。半导体光源发射的波长范围由半导体材料的成分决定，器件结构则决定了它的发射波长和光谱线宽。InGaAs 和 InGaAsP 光源的工作波长与光纤的最小衰减波长和掺铒光纤放大器的工作波长几乎都在 1550nm 附近，三者组合可以构建长距离的光纤传输系统。

5.2.1.2 光谱线宽

光源的光谱线宽影响着系统的传输速率和传输距离。光源的光谱线宽和光纤色散呈线性关系。光纤传输系统实现高速率、长距离传输的前提是，必须想方设法减小光纤色散和光源的光谱线宽。例如，LED的光谱线宽为 30 ～ 50nm，它只能用于传输速率为 1Gbit/s 以下的光纤传输系统。LD的光谱线宽为 0.5 ～ 3nm，它可以使用在传输速率为 1Gbit/s 以上的光纤传输系统。

5.2.1.3 输出功率

光源输出功率可以在很大的范围内变化，LD 的输出功率在 100mW 以上，LED 的输出功率一般为几十微瓦。在光纤传输系统中，注入光纤中的光功率才是有效功率。有效功率与光源的光发射角、发光面积、光源与光纤的光耦合有关。同时选择的光源输出功率大小要合适，即在确保延长光纤放大器和光接收机的传输距离的情况下，不会引起光纤的非线性效应。

5.2.1.4 调制

为实现光纤通信，光调制是将被传输的信号加载到光源的输出光束上的过程。调制的具体做法是用传输的信号调制驱动电流的强度，使输出光信号随驱动电流变化而变化。光源调制方法有直接(内部) 调制和间接(外部) 调制。

直接调制是将被传输的信息转变为驱动电流控制光源的发光过程，从而获得输出光功率的变化，以实现调制响应。直接调制的优点是原理简单、实现方便，但是其调制啁啾加剧光纤链路色散，限制了系统实现高速率、长距离传输。

间接调制是利用电光效应、电吸收效应等来实现对激光进行加载的调制。间接调制适用于各种类型的 LD 光源。间接调制是通过调制器对激光信号进行调制来减小调制啁啾，获得窄的光谱线宽，确保系统能够实现高速率、长距离传输。

5.2.1.5 性价比

LD 以复杂的结构来获得好的光谱性能。光源性能越好，其价格越贵。LED 具有大的发光面积、低的输出功率，结构简单、价格便宜、使用寿命长，它主要应用在中低速率、中短距离的光纤传输系统。LD具有高的输出功率、窄的光谱线宽，价格昂贵，它主要应用在中高速率、中长距离的光纤传输系统。

5.2.2 发光二极管

5.2.2.1 工作原理

在光纤传输系统中，使用多模光纤且传输速度在 200Mbit/s 以下，系统需要的输入光功率为几十微瓦，LED 被认为是可以选用的最佳光源。与 LD 相比，LED 不需要热稳定和功率稳定电路，LED 驱动电路简单，同时它还具有制造成本低、价格便宜、使用寿命长的特点。

作为光纤传输系统的光源，LED 必须具有高的辐射光功率输出、快速的发光响应和高的量子效率等性能。为了获得高的辐射输出光功率和高的量子效率，LED 的结构必须使电子-空穴对复合限制在有源区。LED 的结构有同质结、单异质结和双异质结等。

LED 是利用电子-空穴对复合而产生自发辐射的发光器件。图 5-8 所示的是双异质结 LED 的发光原理。LED 的结构是一种简单的 pn 结二极管。LED 的发光原理是，当在 pn 结上没有施加任何偏置电压时，电子与空穴中间隔着耗尽层，pn 结两端的势垒较高，n 型侧电子难以越过势垒，不存在电子与空穴的复合发光机会；当在 pn 结两端加上正向偏置电压时，pn 结两侧的势垒变小，耗尽层宽度变窄，使电子与空穴的复合发光机会大增，当电子与空穴复合时，就会将多余的能量转换为光能，以光子形式辐射出来，即自发辐射发光。

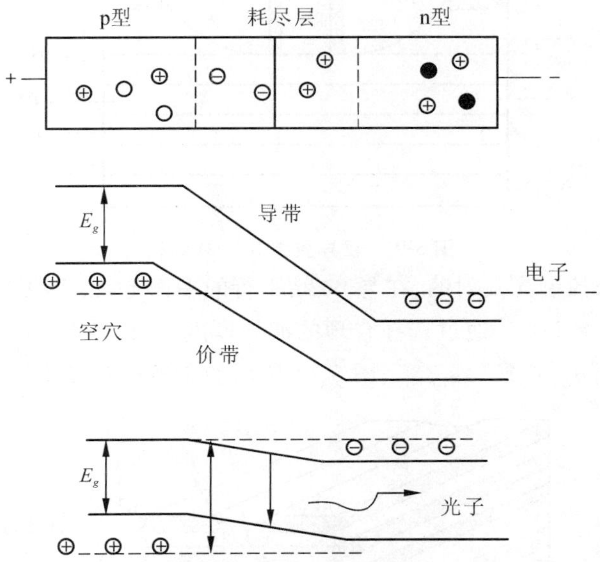

图 5-8　LED 的发光原理

为了获得高的光辐射强度，LED 通常采用双异质结的结构。按照光输出位置的不同，LED 可以具体分为面发光二极管和边发光二极管。

5.2.2.2　发光二极管类型

(1) 面发光二极管

面发光二极管(Surface Light Emitting Diode，S-LED)。所谓 S-LED 的含义是表示光是从与有源层垂直的平面发出的。为了获得高的辐射光强度，S-LED 的发光区被限制在器件中的径向尺寸与光纤芯径相当小的有源区。图 5-9 所示的是双异质结 S-LED 的结构。

在器件的底腐蚀了一个小孔，然后用环氧树脂材料固定插入小孔的光纤，以便提高辐射的光与光纤的耦合效率。S-LED 与光纤的耦合有：直接耦合、球透镜聚光耦合和光纤透镜耦合。耦合进入光纤的光功率与光纤数值孔径、光纤与发光面积之间的距离、对准、所用材料等有关。例如，在蚀刻的阱中注入环氧树脂既可以提高器件的外部量子效率，又可以减少折射率的不匹配问题。S-LED 价格便宜，可以在高温下可靠工作，它与光纤耦合对准容易；但是它的输出光功率较低，只适合于短距离传输使用。

(2) 边发光二极管

边发光二极管 (Edge Light Emitting Diode，E-LED)。顾名思义 E-LED 的输出光是从有源层边发出的。E-LED 是由一个有源区和两个导光层组成。有源区的折射率要比导光层的高，从而形成光波导通道，以便使自发辐射光方向朝向光纤的纤芯。E-LED 是通过在输出

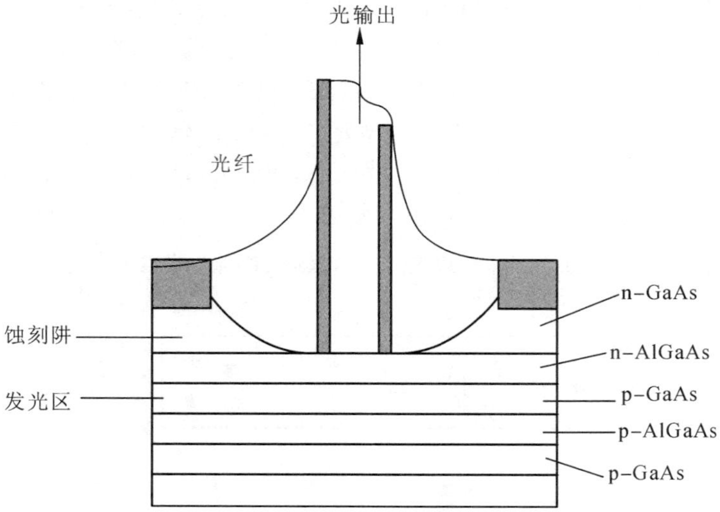

图 5-9 双异质结 S-LED 结构

面上沉积抗反射膜来控制光发射的。在与 pn 结平行的平面上，由于没有光波导作用，辐射光的半功率宽度为 $\theta_{/\!/} = 120°$，通过选择合理的波导厚度，可以使与 pn 结垂直面上的辐射光的半功率宽度降低到 $\theta_{\perp} = 25° \sim 35°$。图 5-10 所示的是条形双异质结 E-LED 结构。

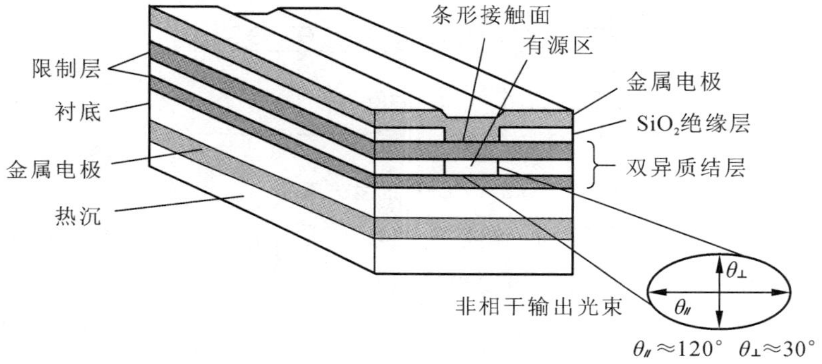

图 5-10 条形双异质结 E-LED 结构

与 S-LED 相比，E-LED 采用了一个透明波导层，50 ～ 100μm 非常薄的有源层，使有源层产生的光扩散进入透明波导层，以减小有源层的自吸收。这个透明波导层可以使光束发散角变窄。由图 5-11 可以看出，E-LED 输出光斑是椭圆状，使得 E-LED 光束的辐射角比较小，从而大大提高了其与光纤的耦合效率。

5.2.2.3 工作特性

(1) 输出光功率

LED 作为光纤传输系统的光源，用户最关心的 LED 性能是由器件结构决定的输出光功率、光谱性能和调制带宽等。LED 的输出光功率可以表示系统的传输距离。LED 的输出光功率直接取决于有源区的有效电子密度，而电子密度又是表面复合的速率、有源层厚度、载流子扩散长度以及有源层自身吸收率的函数。式(5-4) 为 LED 的输出光功率的计算公式。LED 的输出光功率是驱动电流和电子密度的函数。

$$P = \left(\frac{\eta hc}{e\lambda}\right) I \tag{5-4}$$

式中，I 是驱动电流，η 是量子效率，h 是普朗克常数，c 是光速，e 为电荷，λ 是光波长。其实 LED 是一个线性器件，其输出光功率与注入电流成正比。图 5-11 所示的是一个典型的 LED 的输出光功率（P）和注入电流（I）的 P-I 曲线。由式(5-4)得知，理想的 LED 的输出光功率 P 随着驱动电流 I 的增大而呈现出线性增加的趋势。

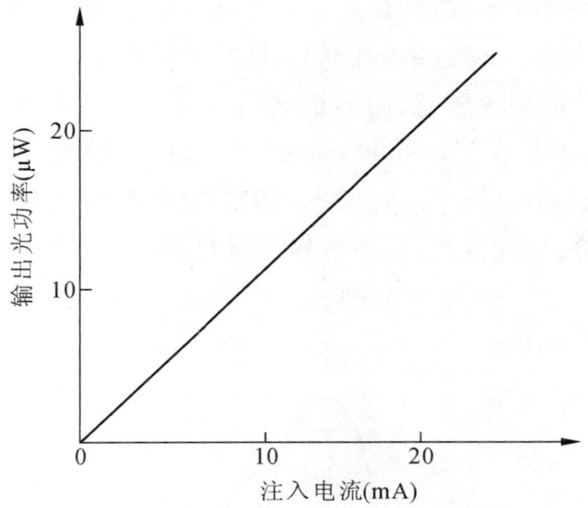

图 5-11　LED 的输出光功率和注入电流的曲线

为了便于读者比较不同结构的 LED 的输出光功率 P 与驱动电流 I 的关系，图 5-12 绘制出了 E-LED 和 S-LED 的 P-I 的曲线关系。在驱动电流较小时，它们的 P-I 的曲线基本是线性的。但是 S-LED 的复合发光的量子效率会随着电流的增大而降低，其输出光功率逐渐趋向饱和，使得 P-I 的曲线呈现准线性。E-LED 的 P-I 的曲线接近于线性，虽然其发光面积比 S-LED 小得多，但是在较大的驱动电流作用下，它仍然可以获得较大的输出光功率。S-LED 的 P-I 的曲线呈现出超线性关系。其输出光功率随驱动电流的增加而呈超线性地增大。S-LED 是利用高注入电流对自发辐射进行放大，故而它可以获得较大的输出光功率。

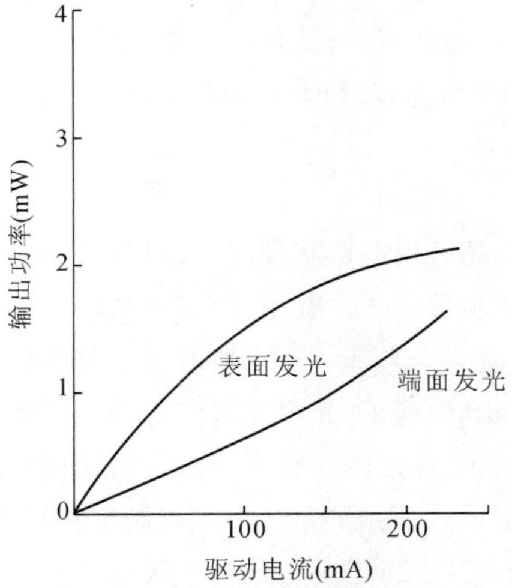

图 5-12　E-LED 和 S-LED 的 *P-I* 曲线

(2) 光谱特性

LED光谱特性主要是指发光强度、峰值发射波长、光谱带宽和光谱功率分布等。了解LED光谱特性的目的是，在设计通信系统时，能够针对不同的LED光谱特性，正确选择和使用LED。例如，LED的输出光谱线宽就是指LED所发射的光波长范围，是用光源的谱线宽度来表示的。LED发射光谱较宽，这是载流子的复合带隙存在一定的宽带范围所致。

LED的光谱与自发辐射速度有关。由于LED发光原理是自发发光，没有谐振腔实现波长选择，所以LED的光源的谱线较宽。LED的光谱线宽与半导体材料、基本结构和温度等因素有关。在室温下和工作波长在800～900nm时，LED的光谱线宽$\Delta\lambda$通常在25～40nm之间。对于那些工作波长选择在1100～1700nm的小带隙材料LED，它们的光谱线宽具有增加到50～160nm的趋势。研究发现，同一半导体材料(InGaAsP)，S-LED和E-LED的光谱特性不同，S-LED的$\Delta\lambda=75\text{nm}$，E-LED的$\Delta\lambda=125\text{nm}$。图5-13所示的是InGaAsP的表面发光和端面发光LED光谱特性。

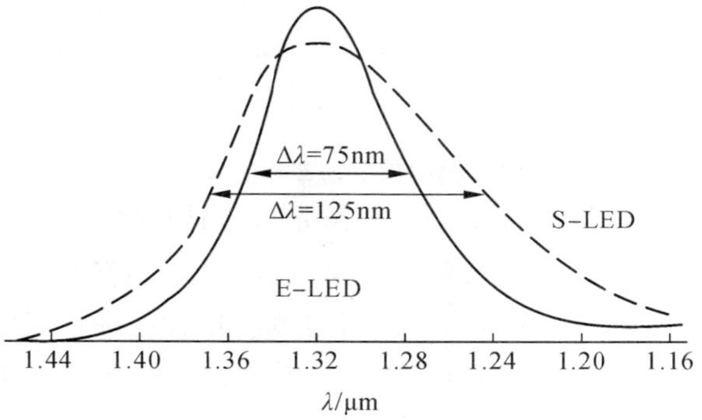

图5-13　InGaAsP的表面发光和端面发光LED光谱特性

LED的光谱线宽为50～60nm，在光纤通信系统中使用LED，光纤的色散会严重地限制传输容量(速率、距离的乘积)。因光纤的色散与光谱线宽成比例，故以LED为光源和以多模光纤为传输介质所构成的光纤通信系统，其传输速率仅为10～100Mbit/s，传输距离为几千米。因此，LED和多模光纤的组合是局域网(Local Area Network，LAN)中常用的最经济的数据传输技术方案。

(3) 调制带宽

在光纤通信中，调制带宽既可用电调制带宽，又可用光调制带宽。当将光纤通信系统中的电路一起考虑时，采用电调制带宽非常有用。通过调制部分电信号功率可以使光信号功率减小到其恒定值的1/2。这个光功率降低1/2点所对应的是电信号3dB点或者相对于输入电功率而言，输出电功率减小3dB的频率。光源在直流电平下工作，只考虑高频3dB点。调制带宽所指的就是从0dB到高频3dB点之间的频率范围。如果研究光调制带宽，获得的调制带宽数值要比电调制带宽的大。图5-14所示的是3dB光调制带宽和3dB电调制带宽之间的关系。

LED的调制带宽受限于以下三个机理：① 有源区掺杂程度；② 注入载流子缩短辐射寿命；③ 器件的寄生电容。在忽略寄生电容的条件下，对于采用直接电流调制的LED其速度主要受限于载流子的复合寿命τ，这个复合寿命包括发光的和不发光的载流子时间。因此，LED的调制带宽可以定义为式(5-5)。

$$\Delta f=1/(2\pi\tau) \tag{5-5}$$

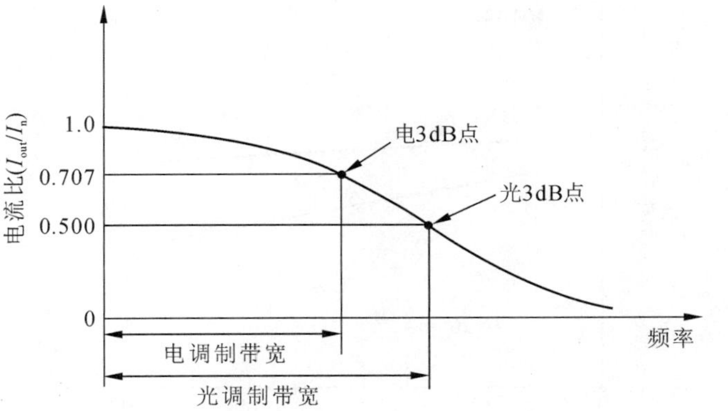

图 5-14　光调制带宽和电调制带宽之间的关系

载流子寿命与掺杂浓度、注入有源区的载流子数量、表面复合速度和有源层厚度有关。通过增加有源层的掺杂或者减小有源层的厚度，可以达到缩短载流子寿命的目的。LED 的调制带宽与输出光功率特性是最受人们关注的特性。实验已表明，LED 的调制带宽与其光输出功率成倒数关系，如式(5-6) 所示。

$$P \propto B^{-i} \tag{5-6}$$

式中，P 是输出光功率，B 是调制带宽，i 则是常数。当 $B < 100\text{MHz}$ 时，$i \approx 3/4$。例如，AlGaAs 的 E-LED，当光输出功率为 15mW 时，其 3dB 的调制带宽只有 17MHz；而当光输出功率小于 0.2mW 时，其最大调制带宽可以达到 1.2GHz。

LED 的调制带宽与掺杂浓度和有源层厚度有关。概括地讲，只有采用高的掺杂浓度和薄的有源层，才能使 LED 有大的调制带宽。目前，商用的 LED 调制带宽大约在 100 ～ 1000MHz。

(4) 温度特性

半导体对温度非常敏感，发光波长和发光强度都随温度升高的变化而变化。

LED 的温度特性可以用 LED 的输出光功率 P 随温度的变化来表示，如经验公式(5-7)所示。面发光 LED 的输出光功率 P 随温度升高变化缓慢，而且输出光功率略有下降。

$$P = P_0 \exp\left[\frac{-T}{T_1}\right] \tag{5-7}$$

式中，P_0 是 LED 的起始输出光功率，T 是绝对温度。对于 AlGaAs 的 S-LED，T_0 的变化范围是 300 ～ 350K；对于 InGaAsP 的 S-LED，T_0 的变化范围为 180 ～ 220K。对于 AlGaAs 的 E-LED，T_0 的变化范围是 100 ～ 120K；对于 InGaAsP 的 E-LED，T_0 的变化范围为 70 ～ 80K。

图 5-15 所示的是，不同结构的 LED，在 1300nm 波长的输出光功率随温度的变化关系。由图 5-15 得知，LED 对温度的变化不敏感，所以 LED 在实际应用当中，对温度的要求不是非常严格，可以不用复杂的温度控制电路。另外，E-LED 比 S-LED 对温度敏感，所以 S-LED 更适合应用于温度变化的场所。

现在，AlGaAs 的 S-LED 在室温下可以连续工作长达 10^6 ～ 10^7h(100 ～ 1000 年)，而 InGaAsP 的 S-LED 在发光波长为 1.1 ～ 1.7μm，在室温下可以连续工作长达 10^9h。

为了使读者能够真正掌握 LED 结构、原理和性能，表 5-2 对 S-LED 和 E-LED 的结构、材料和性能进行了比较。虽然 LED 具有结构简单、寿命长、可靠性高、价格便宜等优点，但是它

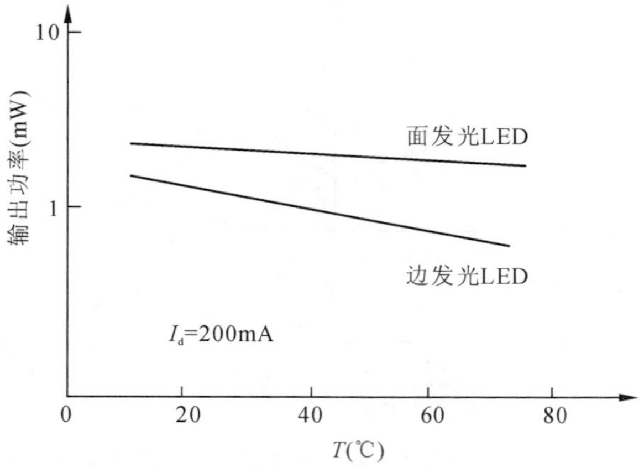

图 5-15　LED 的输出功率与温度的关系

受光谱线宽宽、调制频率窄、发光功率小等限制只能在短距离的光纤通信系统中使用。为实现大容量、高速率、长距离的光纤通信，人们又发明了半导体激光器。

表 5-2　S-LED 与 E-LED 的结构与性能的比较

有源区材料	结构类型	发射波长(nm)	光谱线宽(nm)	出纤功率(μW)	工作电流(mA)
GaAs	S-LED	660	20	190 ～ 1350	20
	E-LED	850	30 ～ 65	10 ～ 80	60 ～ 100
AlGaAs	S-LED	850	40	80 ～ 140	100
	E-LED	850	35	10 ～ 32	100
InGaAsP	S-LED	1300	110	10 ～ 50	100
	E-LED	1300	25	10 ～ 150	13 ～ 100
	E-LED	1550	40 ～ 70	1000 ～ 7050	200 ～ 500

5.2.2　激光二极管

5.2.2.1　激光二极管特点

在信息化社会中，高速信息流的传输、交换和处理成为技术的关键。半导体光电技术，特别是半导体发光二极管(Light-Emitting Diode，LED)和激光二极管(Laser Diode，LD)已经成为构建光纤通信系统的核心器件。LED 用作低速率(< 200Mbit/s)、短距离传输系统的光源。随着光纤传输系统的传输容量不断地提高，研究人员开发出了具有窄光谱线宽、高输出光功率等性能的 LD。具有低电流(小功率)、高电光转换效率、光速调制、体积小、便于集成、调制简单和高可靠性等特点的 LD，已经成为高速率、长距离、大容量光纤传输系统的光源。

LD 的研究经历了四条主线：① 工作波长。从短波长 850nm 向长波长 1310nm 和 1550nm，以便 LD 的工作波长与光纤低衰减工作波长 1310nm、1550nm 相吻合，确保光纤传输系统实现低成本、长距离传输。② 异质结构。从同质结、单异质结、双异质结到量子阱、量子线、量子点，提高载流子注入效率，降低阈值电流，改善 LD 的温度特性。③ 谐振腔。从法布里-珀罗谐振腔、分布反馈谐振腔、分布布拉格反射器谐振腔到垂直面谐振腔，确保 LD 获得的光谱线宽从多纵模到单纵模，以便光纤传输系统实现长距离传输。④ 条形结构。从宽接触到条形结构,使注入电流从条形部分流过,降低电流,减少发热,使 LD 在室温下连续工作。同时,条形结构形成波导结构,具备选模和导波作用,LD 能够获得稳定的单纵模工作。

5.2.2.2　激光激射条件

一个实用的 LD 必须在室温下能够实现高效、稳定和连续地输出激光。为此,LD 的研究内容是,根据发射波长选择合理的半导体材料、按照激光光谱要求设计 LD 合适的结构。无论何种类型激光器,产生激光必须满足三个基本条件:① 工作物质为直接带隙材料,内部为异质结构,为受激发射提供物质基础。② 泵浦激励通过在 pn 结的直接电流注入使工作物质产生粒子数反转。③ 光学谐振腔提供激光振荡,为受激发射光子提供模式选择和光放大条件。

(1) 工作物质

可选择直接带隙半导体材料和一些掺杂的间接带隙半导体材料作为 LED 的制造材料。LD 的制作只能使用直接带隙半导体材料。LD 使用的半导体材料主要集中在元素周期表的Ⅲ-Ⅴ 族的 AlGaAs、InGaAs 和 InGaAsP 等半导体材料。

AlGaAs 的 LD 发射波长为 760 ～ 900nm,InGaAs 的 LD 发射波长为 760 ～ 900nm,InGaAsP 的 LD 的发射波长为 1310nm、1550nm。通信光纤的零色散波长在 1310nm,在低衰减波长 1550nm 的最低衰减系数是 0.20dB/km。为了构建发射波长为 1310nm 或 1550nm 的长距离的光纤通信传输系统,应该选择 InGaAsP 半导体材料来制造 LD。

(2) 泵浦激励

通过电流注入,使激光工作物质中的粒子从低能态泵浦至高能态,并且高能态中的粒子数远大于该温度下平衡态时的粒子数,从而实现粒子数反转。粒子数反转为激光工作物质的受激发射提供产生光子的能量。

(3) 有源区的典型结构

LD 是一个电光转换器件,其复合发光区被称为有源区。有源区是产生粒子数反转的工作物质。有源区一般是由一个或多个垂直方向的 pn 结组成。根据构成 pn 结的半导体材料和结构的不同,有源区可以分为同质结、单异质结、双异质结和单量子阱、多量子阱等结构。为了提高增益效率,减小阈值电流,改善光谱特性,商用的 LD 的有源区主要采用双异质结和量子阱结构。图 5-16 所示的是采用同质结或双异质结的 LD 的能量、折射率和光强的比较。

图 5-16(a) 所示的是同质结的 LD 的能量、折射率和光强。所谓同质结的意思是,构成 pn 结的 p 型和 n 型半导体为同一种材料(GaAs)。通过在 GaAs 中掺杂不同元素,就可以形成 n-GaAs 和 p-GaAs 半导体材料。在同质结 LD 中,由于电子和空穴的扩散作用,复合区分布在 pn 结两边较大的范围内,难以实现稳定控制。因此,同质结 LD 存在阈值电流密度大,工作时发热严重等问题。为了降低同质结 LD 阈值电流,改善器件的工作温度,提高输出光功率,人们研制出了双异质结 LD。

图 5-16(b) 所示的是双异质结的 LD。在 p 型 GaAs 有源区域的上下分别是 p 型和 n 型 AlGaAs。利用不同种类的半导体材料的带隙差异形成的势垒,折射率差形成的波导结构,使载流子复合和光子传播被限制在一个狭窄的波导中,通过缩小有源区的范围,大幅度减少光波的传输损耗,减小器件的阈值电流,提高 LD 的发光效率。异质结包括单异质结和双异质结。双异质结的结构能够实现对有源区的全面控制,达到有效降低阈值电流的目的。图 5-16(b) 所示的是双异质结的 LD 的能量、折射率和光强。

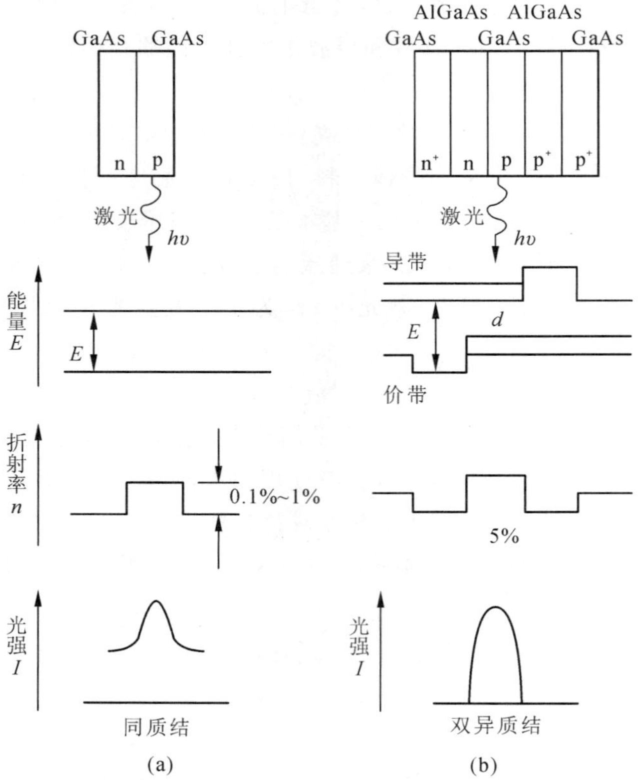

图 5-16　同质结或双异质结的 LD 的能量、折射率和光强的比较

(a) 同质结 LD;(b) 双异质结 LD

双异质结有源区的最佳厚度大约为 0.15μm。如果将有源区的厚度减小到与电子的德布罗意波长(5 ～ 20nm) 相当或更小,由于电子的态密度分布由原来的抛物线变为类阶梯形,半导体呈现量子特性,导带和价带内产生宽度永远小于深度的量子阱(势阱) 结构。

量子阱结构可以分为单量子阱结构和多量子阱结构。实际应用的主要是多量子阱结构。多量子阱结构中各个相邻的势阱宽度非常窄,一个势阱的电子会穿过势阱,隧穿进入另一个势阱。两个势阱中的电子相互作用,产生量子化能级的劈裂的能带特性。量子阱激光二极管(Quantum Well-Laser Diode,QW-LD) 具有极小的激射阈值电流,高的输出光功率,窄的光谱线宽和好的温度稳定性等性能。因此,工作波长为 850 ～ 1625nm 的 LD 的有源区几乎全部采用多量子阱结构。

图 5-17 所示的是多量子阱激光器的结构和组成分布图。图 5-17(a) 是 AlGaAs/GaAs 多量子阱激光器结构示意图。图 5-17(b) 是各层对应的 AlAs 组成分布图。激光器在垂直方向的波导采用梯度折射率分布结构。其中,载流子限制(仅在量子阱区) 和光场限制(包含这个波导区,即有源层加其两侧的 AlGaAs) 不在同一空间进行。激光器的条宽仅 1 ～ 2μm,条区外采用质子轰击形成电隔离。

(4) 谐振腔

与 LED 的主要区别是,LD 具有光学谐振腔。光学谐振腔的作用是确保光波在其中来回反射,从而提供光能的正反馈,选择频率一定、方向一致的光最优先放大而对其他频率和方向的光加以抑制,控制输出激光束的光谱特性。按照谐振腔的基本结构和工作原理不同,谐

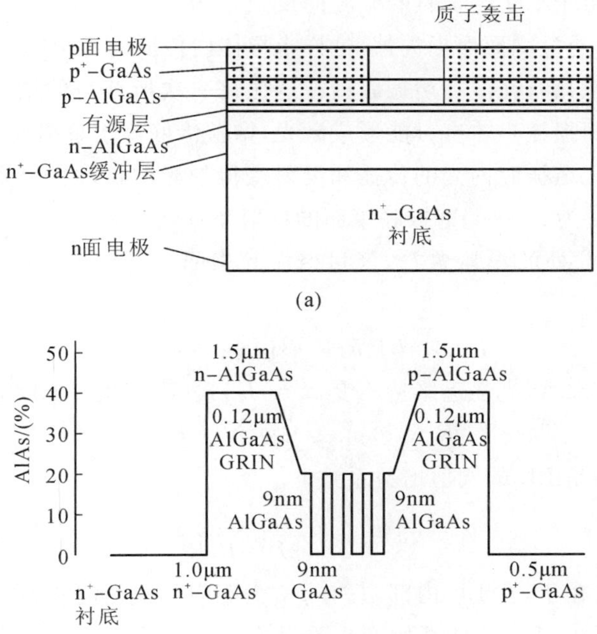

图 5-17　多量子阱激光器的结构图和组成分布图

(a) 结构图;(b) 组成分布图

振腔可以分为:法布里 - 珀罗谐振腔、布拉格反射器谐振腔和多层介质膜反射器谐振腔。

① 法布里 - 珀罗谐振腔

法布里 - 珀罗谐振腔常被简称为 F-P 腔。F 和 P 是两个发明人法布里(Fabry) 和珀罗(Perot) 名字的第一个字母。F-P 腔是一种由一对平行放置的反射镜(半导体材料的天然解理面)组成的最简单的光学反馈装置。图 5-18 所示的是 F-P 腔 LD 的工作原理。F-P 腔结构决定了输出光的传播方向,能够建立稳定振荡的光波是与两侧镜面垂直、在腔内往返反射传输的光,那些不能被反射镜面截获的、方向杂乱的光将会逸出腔外而被消耗掉。

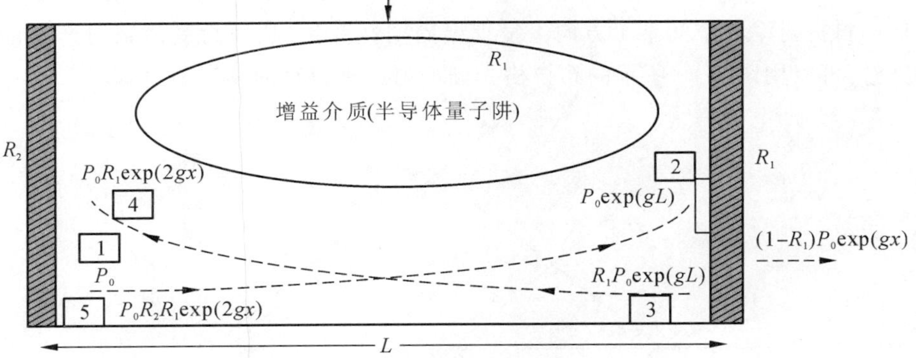

图 5-18　F-P 腔 LD 的工作原理

在 LD 中,注入的载流子会复合产生光子,使得光子获得增益。与此同时,LD 固体内的杂质、缺陷等会引起载流子的散射,内部的自由载流子也可能吸收光子的能量跃迁至更高的能级引起吸收损耗。由于 LD 端面的谐振腔的反射率 R 通常小于 1。除了被反射的部分光外，还有 $1-R$ 的光会透过端面而损失掉。这样半导体内传播的光子同时经历了增益、内部吸收和端面透射等过程。只有光波在谐振腔内往返振荡一次所获得的增益大于器件的总损耗（包括内部损耗和端面损耗），才有可能形成激光。增益恰好等于总损耗的条件就是 LD 实现受激发射的阈值条件。谐振腔内光的传播和反射获得的光增益过程分别如图 5-18 中的从 1 到 5 所示。谐振腔长度为 L，两端谐振腔镜面的反射率分别为 R_1 和 R_2。光在谐振腔 L 方向来回反射。谐振腔内部 L 处的光强为 I_0，经过谐振腔来回反射后再回到 L 处的光强，可用式(5-8) 表示。

$$I(L) = I_0 R_1 R_2 \exp[(g-\alpha)2L] \tag{5-8}$$

如果来回反射一次后，光强还维持不变，$I = I_0$，式(5-9) 就是 LD 的阈值条件。

$$R_1 R_2 \exp[(g-\alpha)2L] = 1 \tag{5-9}$$

式(5-10) 所示的是 LD 的阈值增益系数 g_{th}。

$$g_{\mathrm{th}} = \alpha + \frac{1}{2L}\ln\frac{1}{R_1 R_2} \tag{5-10}$$

式(5-10) 的物理意义在于，在 LD 内部，只有 g_{th} 大于内部损耗（公式右边第一项）和端面损耗（公式右边第二项）时，LD 才能开始产生受激发射。LD 实现受激发射的必要条件是阈值条件。

研究发现，光波发生谐振时的腔长为谐振的一半的整数倍。式(5-11) 给出了通过谐振腔的谐振（选频）作用，没有谐振的光波被抑制了。

$$L = m\frac{\lambda}{2} = \frac{\lambda_0}{2n}m \tag{5-11}$$

式中，L 为 LD 谐振腔长度，m 是正整数，λ_0 为空气中的波长，n 是增益介质（有源区）的折射率。式(5-11) 反映出满足相位条件的纵模模式可以有无穷多个，分布于一系列离散位置的波长上，由于有源区只在一定波长范围内存在增益，从而限制了允许激射振荡的模式数量。F-P 腔原理简单、容易实现，但是其阈值电流大、输出多纵模，使用范围受到限制。为了能够获得波长稳定的单纵模，人们研制出基于布拉格波纹光栅的光学谐振腔。

② 布拉格光栅谐振腔

布拉格光栅是一种基于波纹光栅光学谐振腔。波纹光栅是一组具有周期性的空间结构，其特点是材料折射率在空间某个方向上呈现出周期性变化，从而为受激辐射产生的光子提供周期反射。可以用图 5-19 所示的布拉格光栅反射原理解释周期反射过程。

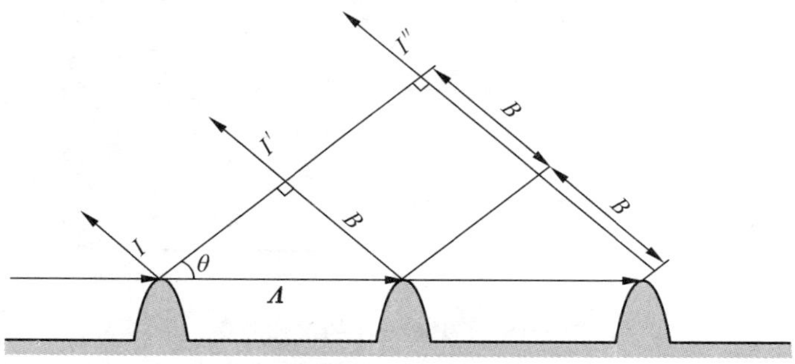

图 5-19　布拉格光栅反射原理

在一定条件下，如果所有的反射光同相相加将形成该方向光的主极强。图 5-18 中的 I、I'、I'' 等表示某一方向上的反射，它们满足式(5-12) 所示的同相相加的条件。

$$\Lambda + B = m\lambda / n \tag{5-12}$$

式中，Λ 为波纹光栅的周期，也称为栅距；m 是正整数；n 为材料等效折射率；λ 是波长。由图 5-18 中所示的 B、Λ、θ 的几何关系，式(5-12) 可以表示成式(5-13) 的形式。

$$n\Lambda(1 + \sin\theta) = m\lambda \tag{5-13}$$

式(5-13) 为布拉格光栅反射条件，即对应特定的 Λ、θ，有一个对应的 λ，使各个反射波为相长干涉。当满足 $\theta = \pi/2$ 时，有源区域的光在栅条之间来回振荡，此时的布拉格光栅条件可以简化为式(5-14) 形式。

$$2n\Lambda = m\lambda \tag{5-14}$$

与 F-P 谐振腔相比，布拉格光栅谐振腔具有反射光谱主要由光栅周期 Λ 决定，选模非常精确，容易实现单纵模；光栅的作用有助于使发射波长锁定在谐振波长上，从而改善了波长的稳定性；光栅直接与有源区域融合为一体，激光波长不受温度等因素影响等优点。布拉格光栅不仅可以实现光反馈，并且提供了精细的频率选择功能。因此，在分布反馈激光器(DFB-LD) 和分布布拉格反射器激光器(DBR-LD) 中扮演着十分重要的作用。

③ 多层介质膜谐振腔

垂直腔面发射激光器(Vertical Cavity Surface Emitting Laser，VCSEL) 是一种电流和光束发射方向都与芯片表面垂直的激光器。图 5-20 所示的是 VCSEL 的多层介质膜谐振腔。VCSEL 的结构利用多层半导体材料形成布拉格反射镜，有源层被夹在 P-DBR 反射镜和 N-DBR 反射镜之间。布拉格反射镜(DBR) 是由高折射率材料和低折射率材料交替组成。VCSEL 的发光方向与有源层垂直，故其被称为表面发光激光器。

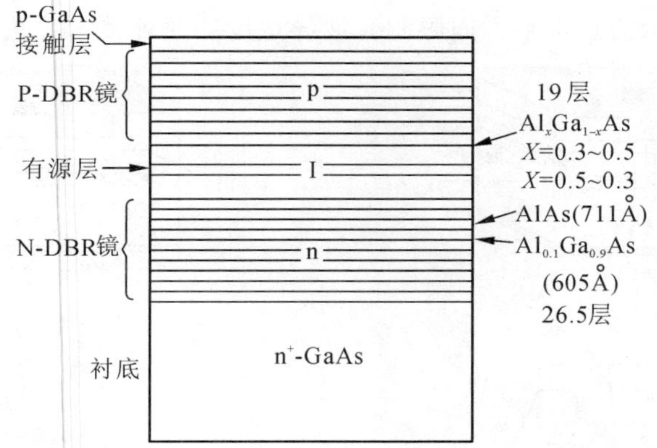

图 5-20　VCSEL 的多层介质膜谐振腔

在 VCSEL 中，既无法解理形成谐振腔，也不能在很薄的芯片的侧面刻蚀光栅，而是由折射率介质交替沉积成多层介质膜构成的布拉格光栅，从而形成非常有效的光学谐振腔。如果两种介质膜的(高、低) 折射率和厚度满足式(5-15) 的条件，则介质膜在界面处对所选择波长 λ 的光波进行反射。

$$n_1 d_1 + n_2 d_2 = \frac{1}{2}\lambda \tag{5-15}$$

式中，n_1、d_1 和 n_2、d_2 分别为两种介质膜的折射率和厚度。几何光学有关知识告诉我们，在折

射率为 n_s 的衬底上，交替沉积折射率分别为 n_1 和 n_2，厚度平均为 $\lambda/4$ 的多层介质膜，如果一共沉积了 $2m$ 层，即 m 对介质膜的反射率，如式(5-16)所示。

$$R = \frac{n_1^m n_s - n_2^m n_0}{n_1^m + n_2^m n_s n_0} \tag{5-16}$$

如果沉积 $2m+1$ 层，介质膜的反射率，如式(5-17)所示。

$$R = \frac{n_1^m n_s - n_2^m n_0}{n_1^m n_s + n_2^m n_0} \tag{5-17}$$

式中，n_0 为空气的折射率。通过选择合适的介质材料，即选择合适的 n_1 和 n_2，再选择合适的层数，有效地控制介质层厚度，可以制作出满足激光器反射率要求的谐振腔。多层介质膜的折射率周期变化，实质上构成了布拉格光栅反射器，从而形成了非常有效的谐振腔。

VCSEL 的有源区可以是异质结构的材料，也可以是量子阱结构。多层介质膜构成谐振腔很短的短腔激光器。因此，VCSEL 的两大特点是短的谐振腔和大的发光面。VCSEL 表现出小的阈值电流、高的发光效率、波长选择性、动态单纵模输出、温度稳定性好和工作寿命长等优点，成为非常实用的一种半导体激光器。

(5) 光波导的实现

为了将注入的电流严格限制在 LD 长度方向的窄条内，形成一个条形结构。条形结构是 LD 的设计和制造中的关键。条形结构直接决定了 LD 的阈值电流、光谱模式和制造方法。通过电流注入或异质结构形成波导，以达到限制 LD 的横模的数量、获得稳定的横模增益和降低阈值电流的目的。

在半导体双异质结 LD 中，在垂直于结平面的方向上，采用双异质结构和光分离限制异质结构等不同的异质结构。通过有源区与其上下的限制层之间的带隙差和折射率差来实现载流子和光限制。在平行于结平面上，通过折射率的阶跃变化或折射率梯度变化来实现折射率光波导。图 5-21 所示的是水平方向限制光波导宽度的两种技术方法。

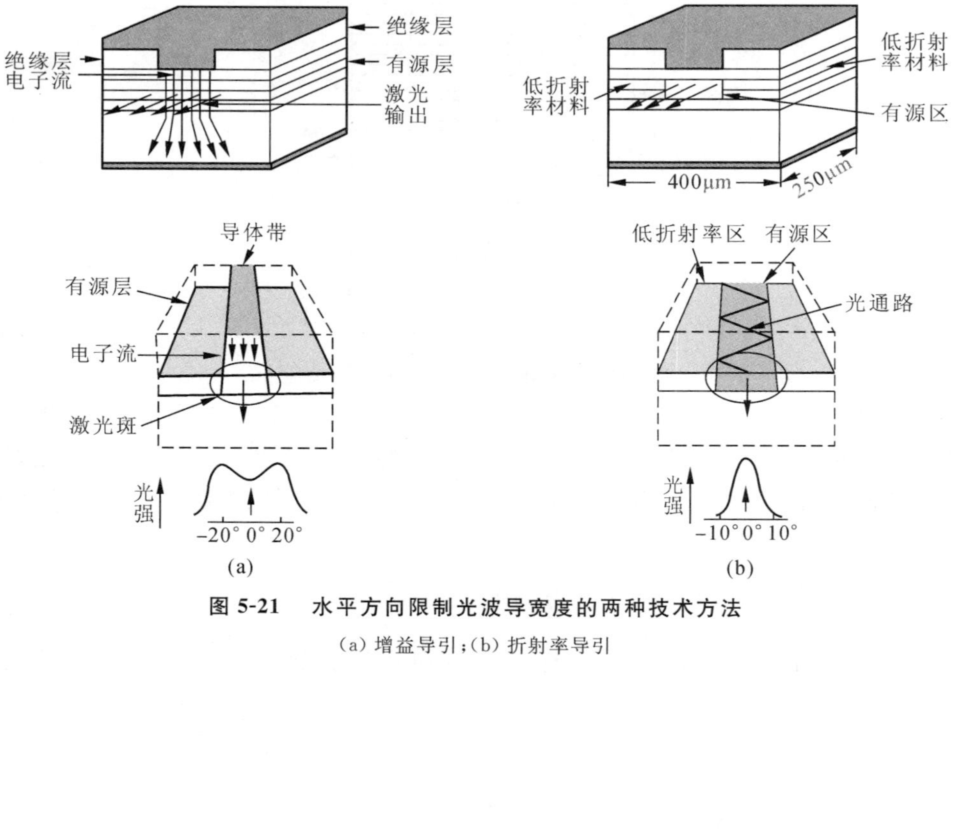

图 5-21 水平方向限制光波导宽度的两种技术方法

(a) 增益导引；(b) 折射率导引

图 5-21(a) 所示的是增益引(波) 导方法。利用绝缘材料沿激光器长度方向形成一个窄的注入电极，尽量限制注入电流只在条形区域内流过，使得电流相对集中，易于实现受激发射。利用注入电极中的电流会改变位于电极下有源层材料的折射率，产生一个弱的复杂波导，实现对光的横向限制。这种 LD 被称为增益引(波) 导 LD。增益引(波) 导 LD 存在阈值电流较高、激光模式散光(双峰)、工作不稳定的问题，于是人们又开发出折射率引(波) 导 LD。

图 5-21(b) 所示的是折射率引(波) 导方法。采用低折射率材料在有源区四周形成一个矩形波导。通过不同材料的折射率变化来形成 LD 的横向波导结构，因此被称为折射率引(波) 导 LD。合理选择折射率的差异和高折射率区的宽度，可以制作出仅支持基横模 $\theta_{/\!/}$ 和基纵模 $\theta_{\perp}$ 的 LD。折射率引(波) 导 LD 具有发射单模和准直性很好的光束(光强呈现高斯分布) 特点。为了获得模式稳定的激光振荡，LD 的波导最好选择折射率引(波) 导。

5.2.2.3　激光二极管类型

光纤通信中，常用的 LD 有边沿发光激光器：法布里 - 珀罗激光器(Fabry-Perot Laser Diode，F-P LD)、分布反馈激光器(Distributed Feedback Laser Diode，DFB LD)、多量子阱激光器(Multi Quantum Well Laser Diode，MQW LD) 和垂直面发光的垂直腔面发射激光器(Vertical Cavity Surface Emitting Laser Diode，VCSEL)。下面简单地叙述这些激光器的基本结构、工作原理和工作特性构特点。

(1) 法布里 - 珀罗激光器

F-P LD 是指采用法布里 - 珀罗谐振腔作为反馈装置的 LD。图 5-22 所示的是 F-P LD 的工作结构。F-P LD 是由有源区、谐振腔和光波导等组成。F-P LD 一般沿着垂直 pn 结方向构成双异质结，有源区薄层被夹在 p 限制层和 n 限制层之间。按照平行于 pn 结方向面积上流过的电流宽窄，有源区可以分为宽面结构和条形结构。在各种条形结构实现方案中，经常使用折射率导引结构。

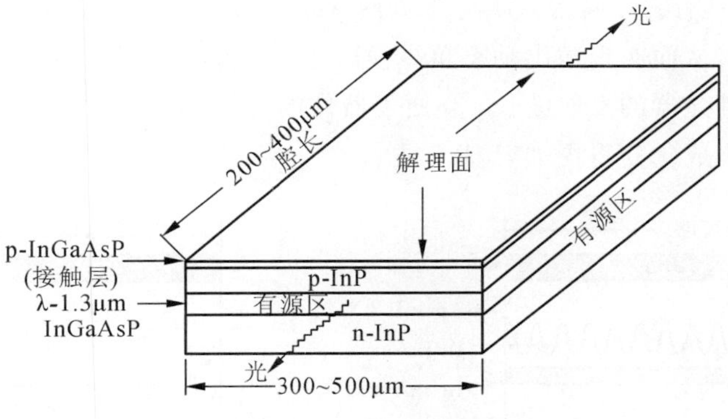

图 5-22　F-P LD 的基本结构

工作电流通过电极注入有源层，实现粒子数反转分布和电子空穴复合发光。只有 pn 结中部与解理面垂直的条形面积上有电流通过称为条形结构。条形结构可以显著地降低阈值电流，是 F-P LD 采用的基本结构。有源层同时起到光波导作用，利用两端晶体的天然解理面作为反射镜，构成矩形介质波导谐振腔，使光在谐振腔内保持自激振荡和往复传输，最后激光光束以边发射方式，从谐振腔的两端或者一端输出。

F-P LD 工作过程中，微小的温度和电流变化都能导致波长的漂移，从而限制了其只能使用在传输速率 $<$ 622Mbit/s 的光纤通信系统。F-P LD 是较早商用化的半导体激光器之

一。其结构简单、制造容易和价格便宜，在传统的光纤传输系统中使用广泛。F-P LD 基本为多纵模工作，进行直接调制时，动态光谱线展宽明显，每个模式线宽大约为 0.001 ～ 0.005nm，多个模式的总光谱宽度为 1 ～ 8nm，不适合高速率、大容量、远距离光纤传输和波分复用系统使用。

(2) 分布反馈激光器

DFB LD 是在靠近有源区的波导层上沿长度方向制作布拉格衍射光栅提供周期性的折射率改变，并因此得名为分布反馈激光器。图 5-23 所示是 DFB LD 的基本结构。该结构具有两个显著的特点：① 充分发挥了布拉格光栅优秀的选频功能，使激射光束具有非常好的单色性；② 放弃晶体解理面作为反射镜，有利于实现器件的集成化。

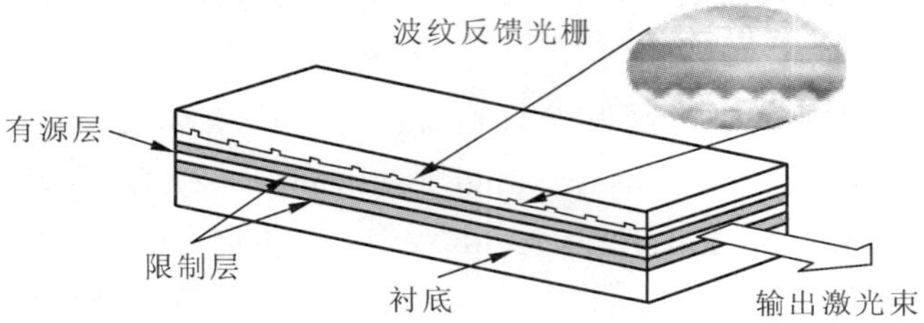

图 5-23 DFB LD 的基本结构

按照布拉格光栅在激光器中的安装位置不同，激光器可以分为 DFB LD 和 DBR LD。图 5-24 所示的是 DFB LD 和 DBR LD 的基本结构。在图 5-24(a) 所示的 DFB LD 结构中，有源区介质表面上使用全息光刻等工艺制成周期性的波纹形状(布拉格光栅)。注入电流激励介质，使其满足增益条件，借助光栅实现光波选频，在有源区两端输出单纵模激光。通常，在有源区一端增加高反射涂层，在另一端增加抗反射涂层，这样可以有效地实现激光的单方向输出。

DFB LD 结构具有三个特点：① 实现动态单纵模。光栅仅能反射一定波长的光波，其他波长的光受到抑制，从而实现输出动态单纵模激光；② 控制选择发射波长。通过改变光栅周期，可以控制选择激光器的发射波长；③ 便于器件的集成。由于避免使用晶体解理面作为反射镜，使得器件的集成化变得更加容易。

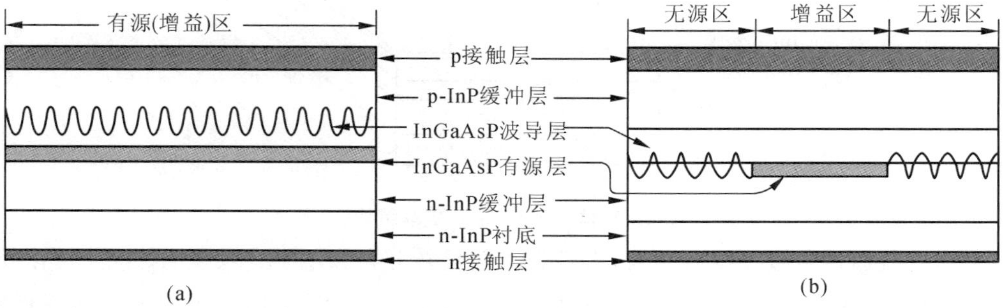

图 5-24 DFB LD 和 DBR LD 基本结构

(a)DFB LD；(b)DBR LD

在图 5-24(b) 所示的结构中，DBR LD 波导功能是分区设计的，光栅放在有源区外侧的无源波导上，从而避免了光栅制作过程中可能造成的晶格损伤。有源波导的增益和无源波导的周期布拉格反射选频相结合，从而获得波长稳定的动态单纵模的激光。DBR 结构经常用于制作三区可调谐 LD。

DBR LD 结构具有三个特点：① 可以改变波长。如果在光栅区安装分隔的电极，通过电极注入载流子引起折射率变化，调整布拉格频率，可达到改变光波长的目的。② 增益与选频分区完成。在有源区完成光波的增益，而利用在无源区的布拉格光栅完成光波的选频。③ 器件制造成品率高。由于布拉格光栅安放在无源区，避免了光栅制造过程中容易产生的晶格损伤，从而提高了器件制造的成品率。

因为光栅具有良好的波长选择性，使得 DFB LD 只有一个主模能够正常工作，其他模都受到抑制，从而实现激光器的动态单（纵）模工作。DFB LD 光谱线宽窄一般在 0.05 ～ 0.08nm，波长稳定性好，其温度漂移约为 0.08nm/℃。5-3 给出了 DFB LD 与 F-P LD 和 VCSEL 的主要性能参数比较，仅供读者阅读时参考。

表 5-3　三种不同激光器的主要性能参数比较

参数	F-P LD	DFB LD	VCSEL
光谱线宽(nm)	2 ～ 5	0.1	0.1
阈值电流(mA)	2 ～ 5	10 ～ 15	1 ～ 5
输出功率(mW)	较高	较高	较低
调制速率(Gbit/s)	10	10	≥ 20
发散角	30°	30°	10°
发射图形	椭圆形	椭圆形	圆形

DFB LD 和 DBR LD 是伴随着光纤传输系统向着高速率、光电子器件朝着集成化方向发展而出现的。它们具有利用有源区获得增益，借助光栅选频实现单模输出，易于光电子集成等优点，在光电子集成领域具有非常好的应用前景。例如，在单片衬底上可以集成多路不同光栅周期的 DFB LD 和耦合波导，构成 DFB/DBR 激光器阵列、DFB/DBR 激光器与电吸收调制器组合构成电吸收调制光源。目前，DFB/DBR 激光器阵列可以提供 80 个波长的调谐范围，大大减少系统备件数量和成本。

(3) 多量子阱激光器

为了减小有源层厚度，提高激光器的输出光功率，研究人员开发出量子阱激光器。量子阱激光器（Quantum Well Laser Diode，QW LD）是指有源区采用量子阱结构的半导体激光器。在双异质结半导体激光器中，有源区厚度一般为 1μm 左右，有源区导带中的电子和价带中的空穴都可以看成是自由的。QW LD 中的双异质结有源区厚度非常薄，只有 0.1μm，限制载流子（电子和空穴）垂直于阱的方向运动。

按照量子阱的数量和生长的形状，QW LD 可以进一步细分为：单量子阱激光器、多量子阱激光器和应变多量子阱激光器。在量子阱中半导体能带结构、电子和空穴的运动呈现量子特性。通过的电子能级状态变为分立状态，赋予半导体激光器更小的阈值电流、更大的调制带宽和更窄的动态光谱。图 5-25 所示的是应变 QW LD 的基本结构。在有源区外的覆盖层生长了数层带隙不同的材料，距离有源区越远，带隙越大。在导带底和价带顶形成梯度结构。应变量子阱成为改善 QW LD 性能的主要手段。

QW LD 采用的量子阱的宽度很窄，势阱宽度小于电子和空穴的扩散长度，使得电子和空穴还没有来得及扩散就被势垒限制在势阱之中，产生很高的注入效率，容易实现粒子数反

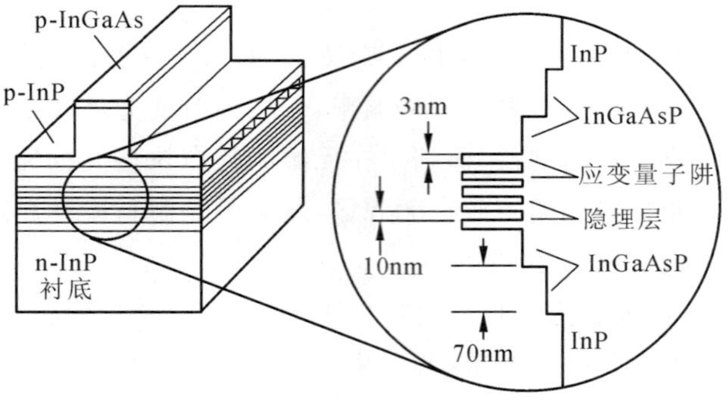

图 5-25　应变 QW LD 的基本结构

转。量子阱能够使增益提高 1 ～ 2 个数量级，这正是 QW LD 的优势所在。

激光器的有源区采用量子阱结构，使得 LD 性能得到了很大的改善，同时赋予 QW LD 一系列的优越特性：① 高的增益。阈值电流密度随腔长增加而加剧下降，QW LD 腔长较短，在非常小的注入电流下就可以获得很大的增益。例如，QW LD 的阈值电流仅为 DFB LD 的 1/2，而其输出的光功率可以超过 100mW。② 窄的光谱线宽。QW LD 中，辐射复合发生在量子阱的子能带之间，这是两个能级之间的电子和空穴的复合，不同于导带底附近的电子和价带顶附近的空穴参与的辐射复合。因此，多量子阱激光器(Multi Quantum Well Laser Diode，MQW LD) 可以获得窄的光谱线宽。MQW LD 的光谱线宽比 F-P LD 的窄 1/2，其受色散影响更小，更适合于高速光纤通信系统使用。③ 波长可调谐。MQW LD 发光波长由材料能带结构和势阱的物理尺寸共同决定。改变层的厚度就可以灵活地改变工作波长。例如，对于 InGaAs/InP 材料而言，通过改变量子阱的宽度就可以使工作波长由 1300nm 变化到 1550nm。④ 高的调制速率。量子阱结构能够提高器件的微分振荡过程的谐振频率，从而有助于改善调制时的频率响应特性，使得 MQW LD 更适合高速光纤传输系统的应用。⑤ 好的温度稳定性。在 MQW LD 中，由于子能带之间存在带隙，当温度在一定范围内变化时，不会引起载流子的分布扩展，从而大大地提高了激光器的工作的温度稳定性。

鉴于量子阱结构的上述诸多优点，目前，DFB LD 和 DBR LD 的有源区都是采用多量子阱结构。再在多量子阱有源层上制作布拉格光栅，从而构成多量子阱分布反馈激光器(MQW-DFB LD)。MQW-DFB LD 同时兼有 DFB LD 和 MQW LD 的优点，即在高速调制下，仍然能够保持单频、窄线宽、小啁啾等优异性能。目前，10Gbit/s 高速光纤传输系统中，大多使用 MQW-DFB LD。除了量子阱激光器之外，研究人员已经研究出了量子线激光器和量子点激光器。

(4) 垂直腔面发射激光器

边发射激光器都是光发射方向与 pn 结的结平面平行。边发射激光器发射的光束呈椭圆形(高宽比为 1 : 3)，与光纤圆对称剖面不匹配，使得激光器与光纤之间的耦合变得比较困难。为此，人们又研制出了输出为圆形光束的垂直腔面发射激光器(Vertical Cavity Surface Emitting Laser，VCSEL)。

VCSEL 是一种发射光束方向与芯片表面垂直的激光器。图 5-26 所示的是 VCSEL 基本结构。采用多层介质材料形成布拉格反射镜结构，提高腔面的反射率，构成谐振腔(p-DBR 和 n-DBR)。DBR 通常由多层薄膜构成，即用高、低折射率材料相间排列，逐层生长而成，每层厚度皆为 1/4 波长，层数足够多时即可得到高的反射系数。VCSEL 的有源区位于 p-DBR 和 n-DBR 之间。在垂直 pn 结方向形成激光振荡，因而称为垂直腔。垂直腔的腔长约为 1 ～ 2μm，腔体呈圆柱形，直径约为 10μm，VCSEL 中的有源层既可以采用双异质结，也可以采用量子阱结构，通常是采用量子阱结构。

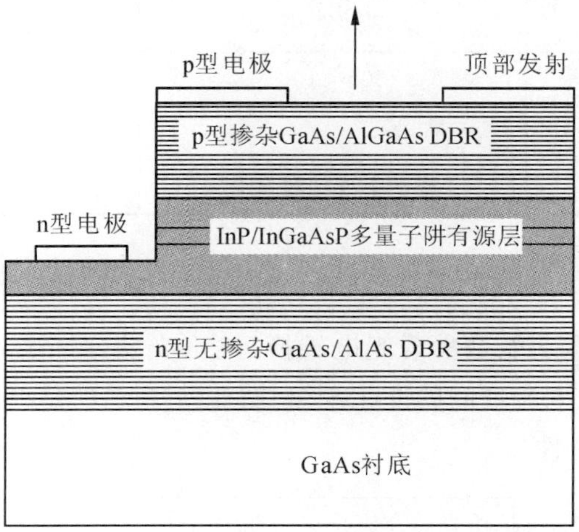

图 5-26　VCSEL 的基本结构

VCSEL 结构具有两大特点：① 短的谐振腔，由非常薄的有源区构成；② 大的发光面积，圆发光面的半径可以达到几微米至几十微米。短的谐振腔和大的发光面积赋予 VCSEL 一系列独特的性能。

VCSEL 的短谐振腔结构，只有微米量级，使得反射光谱的模式间隔为 100nm 量级，增益光谱下只容许一个模式振荡，非常容易实现单纵模工作。短谐振腔使得有源区体积非常小，VCSEL 的阈值电流只有 mA 量级，注入很小的电流就可以获得足够的增益而发射激光。圆形发光面既大又对称，发射的激光的发散角很小，仅仅只有几度，是非常对称的圆形光斑，与单模光纤、多模光纤的耦合十分容易。VCSEL 是在一个衬底上利用外延生长制成的，其结构非常紧凑，可以在一个衬底上同时集成多个 VCSEL，制成具有多功能的 VCSEL 阵列。当 VCSEL 与光电二极管和其他光器件（如光调制器和光滤波器）集成为一体时，可以构成多功能的光器件，如空间光开关。

综上所述，VCSEL 是具有低的阈值电流、高的发光效率、动态单模工作、Gbit/s 级调制速度、体积小、制造工艺简单、价格便宜、光谱性能好、使用寿命长和集成简单等优点的高性能激光光源。在光纤通信系统、高速数据传输、并行光互连等方面具有良好的应用前景。表 5-4 列出了 VCSEL 与边发射激光器的主要性能对比。

表 5-4　VCSEL 与边发射激光器的主要性能对比

特　征	垂直腔面发射激光器	传统的边发射激光器
输出光方向	垂直于衬底	平行于衬底
光束质量	径向对称光束	不对称光束，具有发散现象
光束发射角	$< 10°$	$\theta_{\perp} \approx 20°$　$\theta_{/\!/} \approx 40°$
与光纤的直接耦合效率(%)	≈ 100	≈ 50

续表 5-4

特　征	垂直腔面发射激光器	传统的边发射激光器
等效谐振腔长度(μm)	≈ 0.3	≈ 300
腔面反射率(%)	> 98	> 30
增益区体积(μm^3)	⩾ 2 × 2 × 0.3	⩾ 300 × 2 × 0.2
纵模间距(nm)	50 ~ 100	< 1
横模间距(nm)	< 1	几个纳米
集成化	易于实现二维阵列	仅一维阵列

5.2.2.4　基本性能

(1) 功率 - 电流特性

半导体激光器的基本功能是实现光电转换。输出光功率 - 注入电流(P-I) 特性阐述了 LD 的输出光功率与注入电流之间的变化规律。图 5-27 表示的是典型的 LD 的 P-I 曲线。P-I 特性是 LD 的最重要的特性。

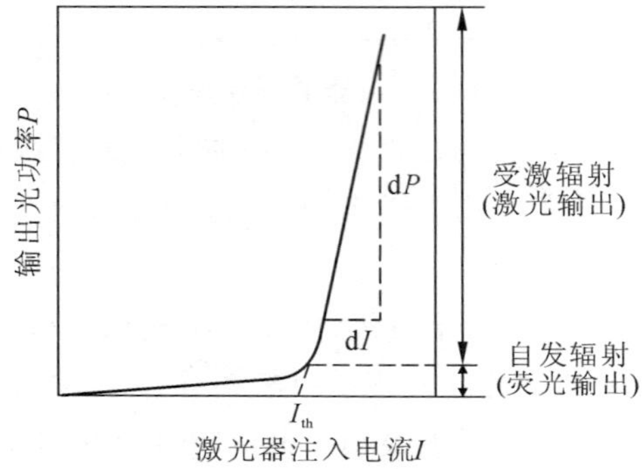

图 5-27　典型的 LD 的 P-I 曲线

由 P-I 曲线可以获悉，LD 是阈值器件。随注入电流的不同，LD 发射经历三种不同的发光状态。当注入电流较小时，有源区里不能实现粒子数反转，自发辐射占主导地位，LD 发射普通的荧光。荧光的光谱很宽，LD 的工作状态类似于 LED。随着注入电流的增加，有源区里实现粒子数反转分布，受激辐射开始占据主导地位，但是当注入电流仍然小于阈值电流时，LD 发射的是较强的荧光，LD 处在“超辐射状态”。当注入电流达到阈值电流以后，LD 才能发射光谱尖锐、模式明确的激光，光谱突然变窄并出现单峰(或多峰)。

(2) 阈值特性

在 P-I 曲线中，LD 从自发辐射到开始受激辐射时注入电流被称为阈值电流 I_{th}。I_{th} 是一个正向电流值，测量 I_{th} 的主要方法有：P-I 关系法、远场法和光谱法。在 P-I 曲线中将光功率对电流求二阶导数(dP^2/dI^2)，导数波峰所对应的电流值就是 I_{th}。P-I 关系法最为简单，测量精度较高。远场法和光谱法的测量原理是，利用 LD 在阈值前后发射的光束的性能的不同，通过观察远场图和光谱图的变化，判断 I_{th} 的位置。

除了 I_{th} 之外，LD 还有一个反映阈值特性的参数是阈值电流密度 J_{th}。J_{th} 等于 I_{th} 和芯片的电流面积之比，其物理意义为达到阀值电流时单位面积上所流过的电流值。J_{th} 是直接衡量器件材料质量好坏的参数之一。J_{th} 的大小与器件有源区的结构有关。例如，异质结和量子阱结构可以降低 LD 的 J_{th}。通常 LD 的 J_{th} 越小越好。

(3) 效率特性

LD 是一个将电能转换为光能的换能器件。通常，采用功率效率和量子效率来表示 LD 换能效率。功率效率 η_p 的定义，如式(5-18) 所示。

$$\eta_p = \frac{\text{激光器输出的光功率}}{\text{激光器消耗的电功率}} = \frac{P_{out}}{V_j I + I^2 R_s} \tag{5-18}$$

式中，P_{out} 是激光器输出的光功率，V_j 为激光器 pn 结的正向压降，R_s 是激光器串联电阻(包括激光器的体积电阻和电极接触电阻)，I 为注入电流。

量子效率可以分为内量子效率、外量子效率和外微分量子效率。内量子效率表示激光器有源区复合发出的光子数同单位时间内有源区注入的电子与空穴对数目之比。内量子效率 η_i 的定义，如式(5-19) 所示。

$$\eta_i = \frac{\text{有源区每秒产生的光子数}}{\text{有源区每秒注入的电子与空穴对数}} = \frac{R_r}{R_{nr} + R_r} \tag{5-19}$$

式中，R_r 和 R_{nr} 分别表示在有源区发生的辐射复合速率和非辐射复合速率。如式(5-19) 所示，提高激光器的内量子效率的途径是采用直接带隙材料，使复合过程属于辐射复合。半导体激光器的 η_i 可以达到 70% 左右，是所有激光器中最高的。

LD 的电光转换效率用外量子效率 η_{out} 表示。由于 $h\upsilon \approx E_g \approx e_0 V$，那么外量子效率 η_{out} 的定义，如式(5-20) 所示。

$$\eta_{out} = \frac{\text{激光器每秒发射的光子数}}{\text{激光器每秒注入的电子与空穴对数}} = \frac{P_{out}}{IV} \tag{5-20}$$

式中，I 是激光器的注入电流，V 为 pn 结上的外加电压。外量子效率不仅取决于内量子效率的高低，而且与载流子对有源区的注入效率、光子在谐振腔内的运输效率，以及谐振腔端面的取光效率有关。

由于激光器是阈值型器件，当驱动电流 $I < I_{th}$ 时，激光器的发射光功率几乎为零；当 $I > I_{th}$ 时，激光器的发射光功率随着 I 电流线性增加。由于激光器输出光功率 $P_{ex} \gg P_{th}$，外量子效率 η_{out} 的定义，如式(5-21) 所示。

$$\eta_{out} = \frac{P_{ex}/h\upsilon}{(I - I_{th})/e_0} \tag{5-21}$$

外量子效率不随着注入电流变化，它对应图 5-27 中的 LD 输出光功率与驱动曲线阈值以上线性部分的斜率，在实际中得到广泛的应用。

(4) 光谱特性

光谱特性是 LD 的另一个重要性质。光谱特性描述的是 LD 的纯光学性质，即输出光功率随波长的分布规律。LD 稳定工作时光谱由几部分共同决定：发射波长范围取决于激光器的自发辐射谱，精细的光谱线宽取决于谐振荡腔的纵模分布，波长分量的强弱与激射的各个模式的增益条件密切相关。

a. 峰值波长

在规定输出光功率时，光谱内强度最大的光波长被定义为峰值波长。DFB LD 和 DBR LD 的峰值波长是显而易见的。

b. 中心波长

在光源发射光谱中，中心波长是最大幅度数值线段的中点所对应的波长。

c. 谱宽与线宽

包括所有振荡模在内的发射光谱的总宽度称为激光器的谱宽。某个单独的模式的宽度称为线宽。光谱特性是光源的重要参数。在国际电信联盟标准化部门的 ITU-T G.957 中建议规范了以下三个参数：

① 最大均方根

常用均方根宽度 σ 度量光脉冲能量集中程度。光能量比较分散的光源，如多纵模 FP LD 和 LED 采用 σ 表示它们的光谱宽度是合适的。式(5-22) 定义的是两种光源的光谱宽度。

$$\sigma^2 = \frac{\int_{\lambda_1}^{\lambda_2} (\lambda - \lambda_0) P(\lambda) \mathrm{d}\lambda}{\int_{\lambda_1}^{\lambda_2} P(\lambda) \mathrm{d}\lambda} \tag{5-22}$$

式中，$P(\lambda)$ 是实测的光源光谱包络分布，λ_1 和 λ_2 是相对高峰数值降落规定的分贝数的波长，λ_0 是中心波长。图 5-28 所示的是 F-P LD 和 LED 的典型光谱特性。

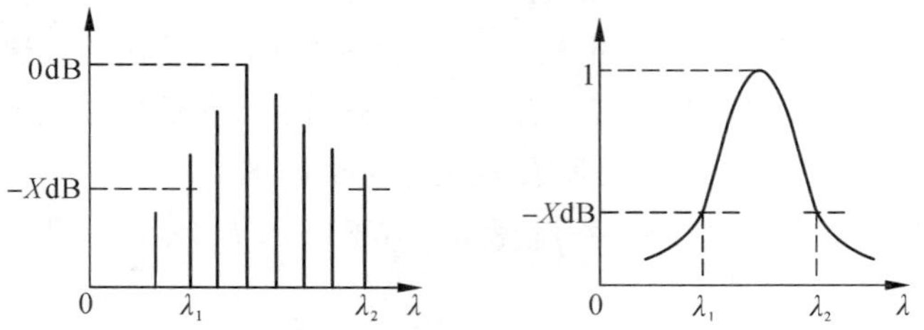

图 5-28　多纵模激光器的光谱特性

(a)F-P LD 的光谱特性；(b)LED 的光谱特性

② 最大 -20dB 宽度

图 5-29 所示的是单纵模 LD(如 DFB LD) 的光谱特性。光谱能量主要集中在主模中。光谱宽度定义的是按主模中心波长的最大高峰数值功率降低到 -20dB 时最大全宽。光谱宽度的概念是针对直接调制光源。目前，高速光纤传输系统主要采用外调制器，光源的光谱特性则采用反映 LD 动态单模工作特性的频率啁啾系数来表示。

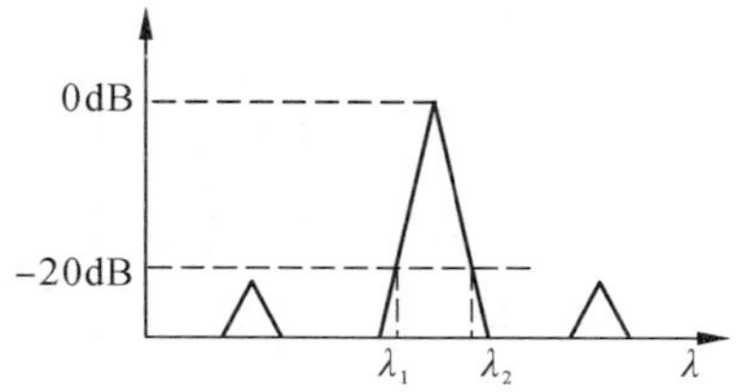

图 5-29　单纵模激光器的光谱特性

③ 最小边模抑制比

单纵模激光器在动态调制时会出现多个纵模，只是边模的功率比主模功率小得多。为了控制单纵模的模分配噪声，必须确保单纵模具有足够大的边模抑制比，否则会引起系统误码基底现象。最小边模抑制比定义为，在全调制条件下，主纵模的峰值光强与次高光谱峰值光强之比。图 5-30 所示的是单纵模激光器(如 DFB LD) 的边模抑制比示意图。

光源的光谱线宽和光纤的色散共同决定着光纤传输系统的传输速率、传输距离、传输容量和传输质量。LD 的结构决定了 LD 的输出光谱特性。人们对 LD 的光谱线宽的重要性认识经历了三个阶段：宽松的单信道、精确和稳定的密集波分复用、宽阔合理的稀疏波分复用。

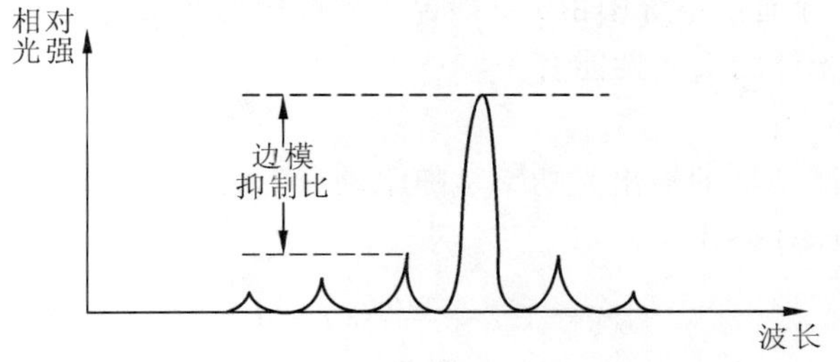

图 5-30　单纵模激光器的边模抑制比示意图

因此，光纤通信系统设计人员应该根据所设计各个网络的传输速率、传输容量和传输距离特点选择不同结构的 LD(合理谱线宽度的光源）来满足不同网络传输性能的要求。例如，对于短距离、低速率、小容量的光纤通信系统，应该选择谱线宽度为 30 ～ 50nm 的 LED；对于中距离、中速率、中容量的光纤通信系统，可以选用谱线宽度为 1 ～ 3nm 的 LD，如粗波分复用系统就可以采用多纵模激光器（如 F-P LD)；而对于长距离、高速率、大容量的光纤通信系统，需要选择谱线宽度小于 1nm 的单频模激光器或者称为单纵模激光器（如 DFB LD)，只有这样才能满足密集波分复用系统的高传输质量、低色散和小信道间隔的要求。为了便于读者比较，图 5-31 给出了 LED、LD 和单频激光器光谱特性。

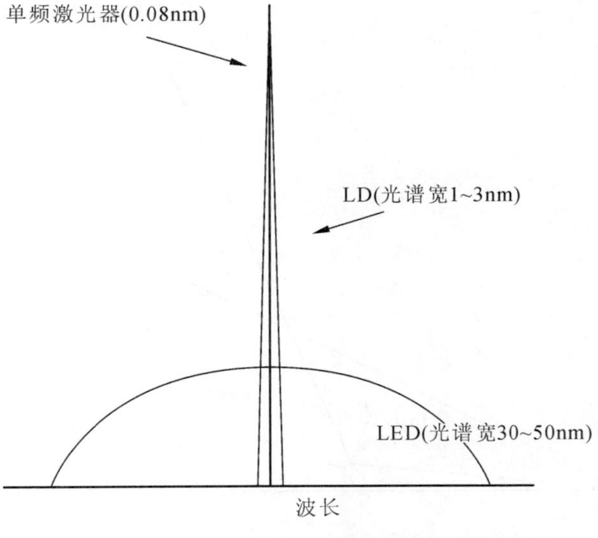

图 5-31　LED、LD 和单频激光器光谱特性

(5) 光束空间分布

在光纤通信中，可以用 LD 发射出的光束的空间分布来间接地表示光源的输出功率和光耦合程度。LD 光束的空间分布用近场分布和远场分布来描述。所谓的近场分布是指 LD 输出反射镜面上的光强分布，而远场分布则指的是离开反射镜面一定距离的光强分布。

由此可知，光强分布是由 LD 谐振腔横向尺寸，即平行于 pn 结平面的宽度和垂直于 pn 结平面的厚度所决定。LD 谐振腔横向尺寸被称为激光器的横模。只要平行于 pn 结平面的宽度和垂直于 pn 结平面的厚度两个方向的尺寸变小，LD 发射出的光束其光强分布呈现单横模。LD 整个光束空间分布的横截面呈椭圆形。

在 LD 发射出的椭圆形光束上，光束的分布是不均匀的。光强的分布将随着离开光束中心而逐渐减小。众所周知，典型的 LD 发出的光将会扩展 5° ～ 20°，而 LED 发出的光的扩展角度要更大。这样，在光纤通信系统中由 LD 耦合至光纤中的光功率与 LD 的发光面积、发光角度、LD 和光纤对准、光纤的聚光性能有关。

（6）输出光功率

LD 是阈值型器件。LD 的输出光功率是随驱动（注入）电流而变化。式(5-23)所示的是 LD 的输出光功率的计算公式。

$$P = P_{\text{th}} + \frac{\eta_{\text{d}} hf}{e}(I - I_{\text{th}}) \tag{5-23}$$

式中，P 和 I 分别为 LD 的输出光功率和注入电流，P_{th} 和 I_{th} 分别是输出光功率阈值和注入电流阈值，η_{d} 为激光器外微分量子效率，hf 和 e 则是光子能量和电子电荷。

LD 的输出光功率通常用 P-I 曲线表示，图 5-32 是 LED 和 LD 的注入电流与输出光功率曲线。当向 LD 施加正向偏置电流时，LD 就会发光，当 $I < I_{\text{th}}$ 时，有源区不能发生粒子数反转，LD 只是自发辐射发光（光谱很宽的荧光），其工作状态类似于 LED；当 $I > I_{\text{th}}$ 时，有源区实现粒子数反转，才能发射谱线尖锐、模式明确的激光，光谱突然变窄并出现多峰或单峰，输出光功率急剧上升。

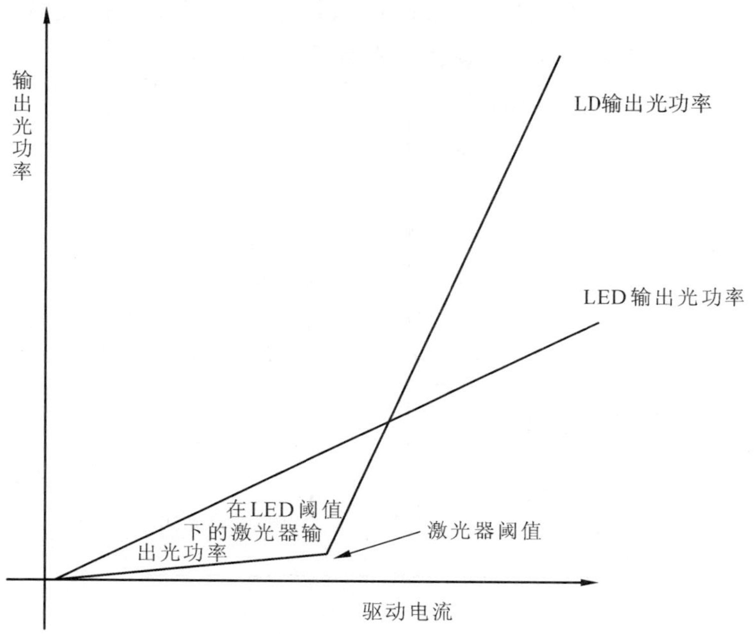

图 5-32　LED 和 LD 的注入电流与输出光功率曲线

（7）温度特性

半导体器件都是对温度敏感的。温度对半导体激光器的影响主要表现在阈值电流、光输出功率、工作稳定性和使用寿命。LD 的输出光功率随着温度而变化，究其原因是：① 激光器的阈值电流 I_{th} 随温度升高而增大；② 光 / 电转换效率随温度升高而减小。温度升高，I_{th} 增大，η_{d} 减小，输出光功率明显下降。温度升高超过一定数值时，LD 就不产生激射。阈值电流密度 J_{th} 与温度的关系，如式(5-24)所示。

$$J_{\text{th}} \propto \mathrm{e}^{T/T_0} \tag{5-24}$$

式中，T 是器件的绝对温度，T_0 为特性温度。特性温度因材料而异，AlGaAs 复合半导体的 T_0 是 120 ～ 190K，InGaAsP 复合半导体的 T_0 为 40 ～ 75K。又如，AlGaAs 激光器每单位温度的波长变化是0.2nm/℃，而 InGaAsP 激光器是 0.4 ～ 0.5nm/℃。由此可见，InGaAsP 激光器的温度影响较大。

图 5-33 所示的是一个典型激光器的 P-I 特性随温度变化的曲线簇，即激光器的温度特性。随温度的升高，器件的阈值电流增大，而且输出的峰值波长向长波长方向漂移。这种波长的变化是由于导带和价带能量差 ΔE 随温度变化而引起的。在波分复用系统中，可能导致串扰和解调的困难。因此，在实际使用中，通常总是需要用热电制冷器对激光器进行冷却和温度控制。

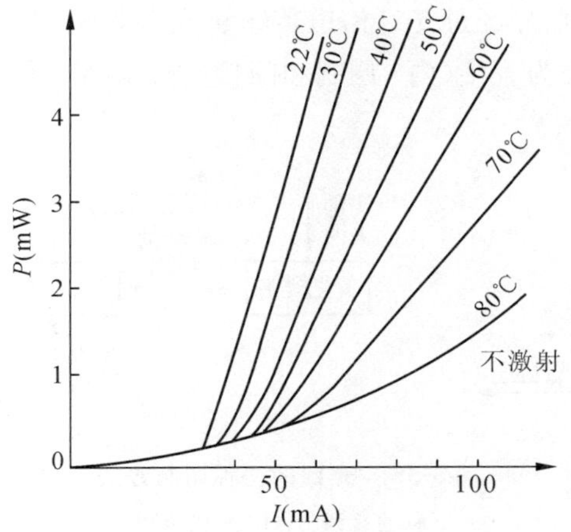

图 5-33　一个典型激光器的温度特性

5.3　光发射模块

5.3.1　光发射模块组成

在光纤传输系统中，光发射机的作用是，将电端机传送来的电信号转变为光信号，即进行光 - 电转换，然后将光信号注入光纤线路进行光信号的传输。光纤传输系统的光收发器件的应用历程经历一个单管分离器件，光收模块、光发模块到光收发一体化模块的三个发展阶段。一体化模块具有使用方便、系统设计简单、完备的功能、优异的性能、紧凑的体积，深受青睐。

光发射模块是指在一个紧凑的结构中，除了 LD 芯片以外，还包括驱动电路、控制电路和其他光学元件集成在一个管壳内形成光发射的模块。电信号经过均衡、码型变换、扰码以及编码等过程后，通过内部的驱动芯片处理，驱动 LD 发射出相应速率的调制光信号，实现对光的稳定性控制。图 5-34 所示的是光发射模块的功能框图。

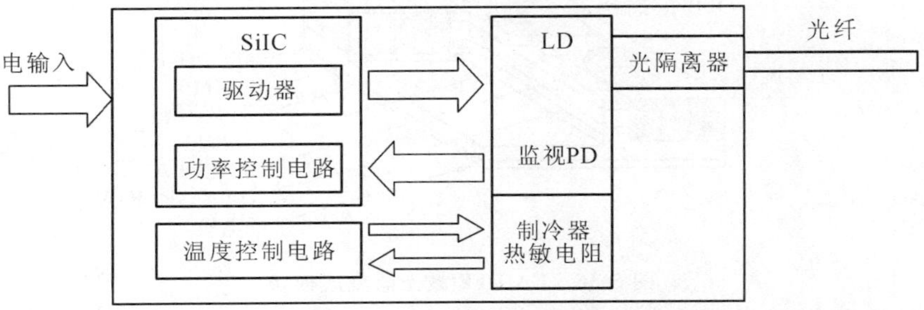

图 5-34　光发射模块的功能框图

5.3.2　调制与驱动

5.3.2.1　调制方法

在光纤传输系统中，调制和解调具有非常重要的作用。为了实现光纤通信，首先需要在光发射机端解决电信号如何加载到光源的输出光束上，即需要进行光调制。光调制是用待发送的电信号控制光载波的某个参量（如强度等），使光载波携带发送信息的过程（完成电-光转换的过程）。调制后的光信号经过光纤信道传输至光接收机端。根据发射光与调制过程的关系不同，光源调制可以分为直接（内）调制和间接（外）调制。图 5-35 所示的是光源的两种调制方法。

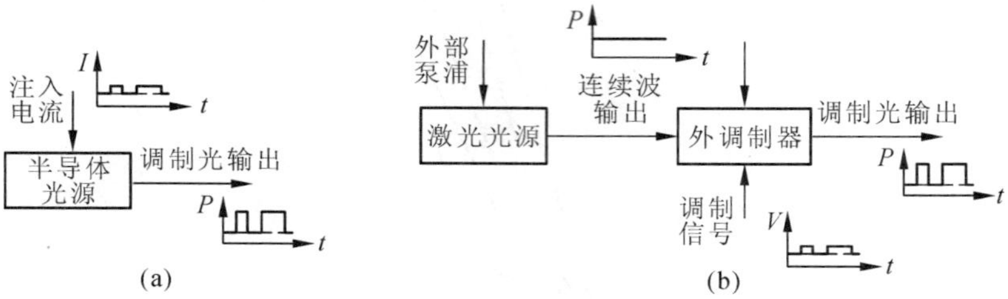

图 5-35　光源的两种调制方法

(a) 直接调制；(b) 间接调制

图 5-35(a) 所示的是直接调制的调制原理。直接调制方法是将要传递的信息转变为驱动电流控制光源的发光过程，从而获得输出光功率的变化，以实现调制响应。直接调制后的光波电场振幅的平方正比于调制信号，是一种光强度调制方法。根据等待发送的电信号的不同，直接调制可以分为数字信号调制和模拟信号调制。直接调制适用于电流注入型的半导体光源（LD 和 LED）。直接调制方法的优点是简单、经济、易行、应用广泛，但是其缺点在于激光器调制瞬间变化引起动态谱线展宽，调制啁啾加剧了光纤链路色散作用，限制了系统实现高速率和长距离传输。

图 5-35(b) 所示的是间接调制的调制原理。间接调制是利用晶体的光电效应、磁光效应、声光效应和电吸收效应来实现辐射激光的调制。间接调制适用于各种类型的激光光源。间接调制与直接调制的本质区别是，光源的发光与调制是分别进行的，即在激光形成以后再加载调制信号。调制器放置在谐振腔外的光路上，在调制器上加载调制电压，引起调制器的某些物理特性发生相应改变，从而实现激光的调制。间接调制的调制器啁啾系数非常小，大大地减小了光纤链路色散作用，确保光纤传输系统能够实现高速率和长距离传输。

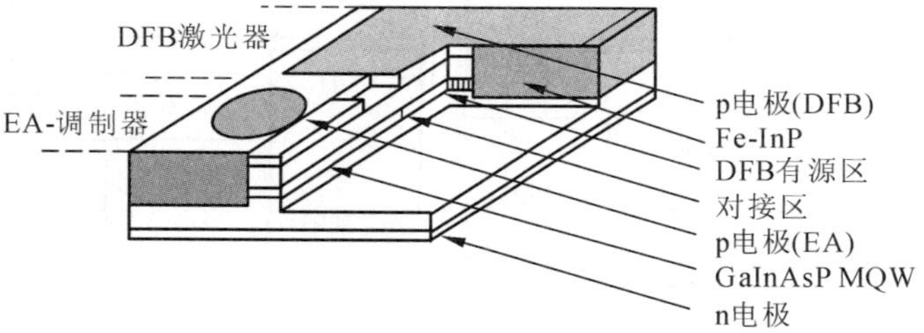

图 5-36　EA-DFB 激光器集成模块

现在，间接调制都是在由激光器和调制器集成的光电模块上完成的。用电信号控制调制器的物理性质，从而改变激光器输出特性，以实现激光的调制。图 5-36 所示的是电吸收调制器(Electronic Absorption,EA) 与分布反馈(Distributed Feed Back,DFB) 激光器集成模块。

5.3.2.2　直接调制原理

LD 输出的光功率与注入电流成正比,电流的变化转换为光频调制也呈现线性,所以可以通过改变注入电流实现光信号的强度调制(Intensity Modulation,IM)。

在光纤传输系统中,数字调制主要是指脉冲编码调制(Pulse Code Modulation,PCM)。编码调制是先将连续的模拟信号通过取样、量化和编码,转换为二进制脉冲代码,用矩形脉冲的有、无("1" 码和"0" 码) 表示信号。图 5-37 所示的是 LD 的数字调制原理。

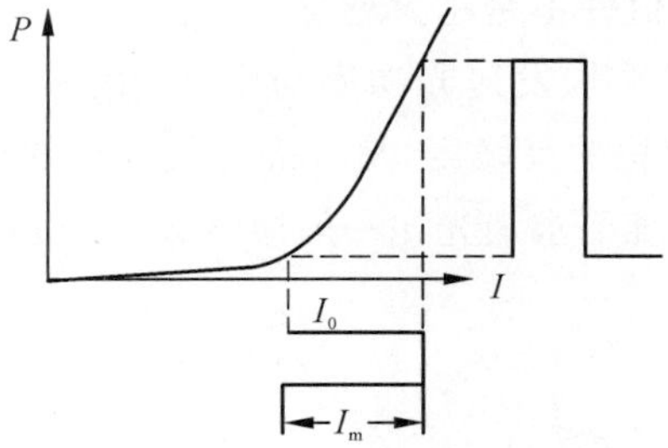

图 5-37　LD 的数字调制原理

由于 LD 是阈值器件,必须在 LD 上注入偏置电流 I_b 和调制电流 I_m 才能发射激光。偏置电流的大小直接影响 LD 的高速调制性质。偏置电流的数值一般为$(0.7 \sim 1.0)I_{th}$。调制电流幅度的选择,应根据 LD 的功率 - 电流特性曲线来定,既要保证输出光脉冲的幅度,还要考虑选择光源的线性区域。数字调制电路应该是电流开关电路。最常用的是差分电流开关。目前,直接强度调制速率可以达到 20Gbit/s。

5.3.3　控制电路

LD 的性能对温度非常敏感,长时间连续发光会导致器件的逐渐老化。温度变化和器件老化可能会影响系统的稳定工作。稳定 LD 的输出光信号功率是光发射机必须解决的实际问题。控制电路的作用就是解决温度变化和器件老化带来的影响,为 LD 提供稳定的工作环境,以便获得稳定输出光信号。目前,主要采用控制电路来获得稳定输出光信号。常用的稳定方法有:自动温度控制和自动功率控制。

5.3.3.1　自动温度控制

温度控制由微型半导体制冷器、热敏电阻和控制电路组成。热敏电阻检测出 LD 的结区温度,与设定的基准温度比较,然后经过放大后,驱动制冷器的控制电路,改变制冷电流,从而保证 LD 在恒定的温度下工作。目前,微型制冷器常用的是半导体制冷器。

为了提高制冷效率和控制精度,LD 的温度控制常用内制冷的方式,即将制冷器和热敏电阻封装在 LD 的管壳内部,热敏电阻直接检测 LD 的结区温度,制冷器则直接和 LD 的热沉接触。温度控制只能控制温度变化引起的输出光功率变化,而自动功率控制可以解决器件老化产生的光功率变化。

5.3.3.2　自动功率控制

精确控制 LD 的输出光功率的两个有效思路:① 控制 LD 的偏置电流,使其自动跟踪偏置变化,从而使 LD 的偏置电流始终处在最佳工作状态;② 控制 LD 调制脉冲电流幅度,使其自动跟踪外微分量子效率变化，以便保持输出光脉冲信号幅度恒定。为了降低成本，简化控制电路，可以通过只检测 LD 发射平均功率，以平均功率作为反馈信号控制偏置电流，以便维持输出光功率的恒定。在国内外广泛采用的是平均光功率控制方法。

5.3.4 光发射模块性能

评价光发射模块的主要性能指标有：平均发送光功率、消光比、光谱特性和中心波长等。

光发射模块的平均发送光功率是，在正常条件下，光发射模块发送光源尾纤输出的平均光功率。平均发送光功率指标的确定应该根据整个系统的经济性、稳定性、维护性和光纤线路长短等因素全面考虑，其数值并不是越大越好。

消光比的定义为全“1”码平均发送光功率与全“0”码平均发送光功率之比，其单位是dB。消光比直接影响光接收模块的灵敏度，从提高光接收模块灵敏度的角度看，消光比应该尽可能的大。根据光纤传输系统要求消光比一般应该大于 10dB。

5.4 光电二极管

5.4.1 光电二极管要求

在光纤传输系统中，光的发射和检测是两个极其重要的相反过程。半导体发光器件实现将电能、电信号转变为光能、光信号的功能，半导体检测器（光电二极管）则是通过pn结的受激吸收完成光信号、光能转变为电信号、电能的功能。光电二极管吸收光子能量，产生电子-空穴对，形成光电流。根据光生电流原理，人们设计出光电二极管。当光子能量大于带隙宽度时，半导体发生本征吸收；当光子能量小于带隙宽度时，半导体发生复杂吸收、自由载流子吸收。本征吸收是构建光电二极管的基本原理。

在光电二极管的吸收区引进异质结构，可以利用异质结的不同带隙和不同折射率提供载流子限制和光学限制。按照光电二极管的结构和内部是否有增益，光电二极管可以分为光电二极管（Photo Diode，PD）、PIN 光电二极管（Positive Intrinsic Negative Photodiode）和雪崩光电管（Avalanche Photo Diodes，APD）。由于从光纤中传输到光电二极管的是非常微弱且产生畸变的光信号，所以光纤通信中对光电二极管的主要性能要求是：① 高响应度，在光源波长范围内具有高的响应度；② 小的附加噪声，产生的噪声尽可能小；③ 响应速度快，对光速光脉冲信号具有足够快的响应速度；④ 工作稳定，对温度变化不敏感等。光纤通信中，常用的光电二极管是 PIN 光电二极管和 APD。它们各具特色，性能各异。

5.4.2 光电转换

5.4.2.1 半导体材料

半导体发光器件使用的半导体材料必须使用直接带隙半导体材料，而半导体光电二极管使用的半导体材料可以是直接带隙半导体材料，也可以是间接带隙半导体材料。光电二极管的检测波长由所使用的材料来决定。半导体光电二极管使用的半导体材料选择范围更为宽阔。例如，InGaAs 光电二极管的检测波长在 1250 ～ 1700nm，与石英玻璃光纤的低衰减波长一致。

现在，半导体光电二极管常用的半导体材料是以 InP 为基础的化合物。例如，InGaAs(P) 和 In(Al)GaAs 与 InP 晶格匹配，可以检测出在 1310nm 零色散和 1550nm 最小衰减波长的光。$In_{0.53}Ga_{0.47}As$ 与 InP 晶格匹配，可以检测出与 InP 晶格匹配的 InGaAs(P) 和 In(Al)GaAs 材料发射出的所有波长的光。$In_{0.53}Ga_{0.47}As$ 材料具有很好的光吸收性能，可以制造出高性能的检测器，成为 1310nm 和 1550nm 长波长光纤传输系统中广泛使用的光电二极管光吸收材料。异质结结构能够提供高的光电转换效率或量子效率、透明的窗口、很强的光学限制和优异的光波导性能。因此，光电二极管普遍采用异质结结构。

5.4.2.2　光吸收系数

光接收模块中使用的光电二极管必须具有工作可靠、有效的光电转换效率、能够接收系统传输的数据。光电检测的工作机理是光吸收。光吸收可以用光吸收系数表示。光吸收系数的定义如下：当一束光功率为 P_{io} 的光入射到一吸收介质表面时，光从吸收介质表面穿透到吸收介质中距离 x 处的光功率 $P_i(x)$ 可以用式(5-25) 表示。

$$P_i(x) = P_{io} e^{-\alpha x} \tag{5-25}$$

式中，α 是光吸收系数。式(5-27) 表明，光穿透到吸收介质中的光功率随距离的增加而呈现指数律衰减。在光穿透深度 d，即在 $x = d = 1/\alpha$ 处，吸收的光功率 $P_i(x)$ 降低到入射光功率 P_{io} 的 $1/e$。光吸收系数 α 的物理意义是，波长为 λ 的光波，在某种材料中传输时，其光吸收系数 α 就是该光波在该材料中的穿透深度 d 的倒数。

5.4.2.3　光电效应

如图 5-38 所示，当有光子入射且光子的能量大于半导体材料的带隙 E_g 时，价带上的电子发生受激吸收，从价带跃迁到导带，产生光生电子 - 空穴对。为了收集产生的电子，光电检测器需要对 pn 结外加反向偏压，使电子从 n 区引出，外加反向偏压和自建电场的方向一致。这些电子 - 空穴对在自建电场和外加反向偏压的作用下，电子向 n 区漂移，空穴向 p 区漂移，形成漂移电流。另外，在耗尽区两侧是没有电场的中性区，由于热运动，部分光生电子和空穴通过扩散运动进入耗尽层，然后在电场作用下，形成与漂移电流相同方向的扩散电流。漂移电流和扩散电流的总和就是光生电流。

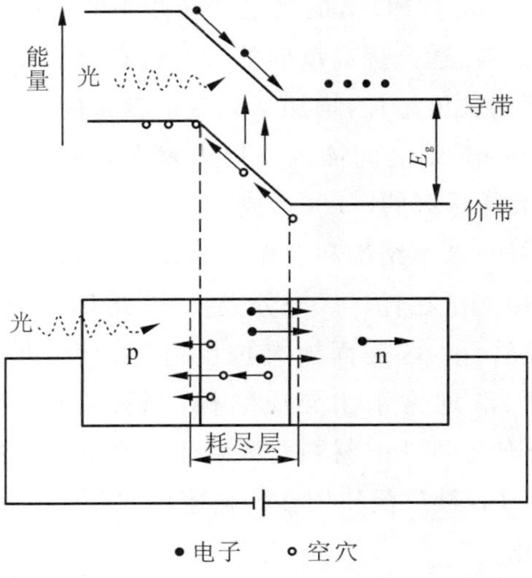

图 5-38　加反向偏压后 PD 能带结构与工作原理

在入射光作用下，由于受激吸收过程产生的电子-空穴对的运动，在闭合电路中形成光生电流的器件，就是简单的光电二极管。

5.4.3 光电二极管类型

5.4.3.1 光电二极管

在光纤传输系统中，使用光电二极管(PD)实现将光信号高效且快速地转换为电信号。光电二极管的结构演进经历了一个从PD、PID到APD的过程。图5-39所示的是PD的器件结构和工作原理。PD是由n型衬底和p^+型衬底组成。p^+型层非常薄，一般小于1μm。

当入射光子能量大于半导体材料的带隙时，价带上的电子发生受激吸收，从价带跃迁到导带，产生光生电子-空穴对，形成自由载流子。在pn结上外加反向偏置电压的作用下，电子向n区漂移，空穴向p区漂移，在耗尽区中形成漂移电流。在耗尽区外，电子和空穴分别做扩散运动，形成与漂移电流相同方向的扩散电流。漂移电流和扩散电流在闭合电路形成的总和就是光生电流。这就是PD检测光信号的工作原理。PD的优点是结构简单，其缺点是光电转换效率低、响应速度慢等。

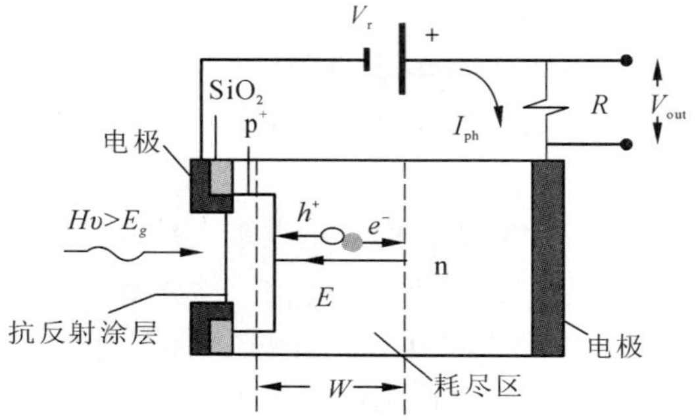

图 5-39 PD的器件结构和工作原理

5.4.3.2 PID光电二极管

pn结耗尽区厚度只有几微米，从pn结两侧入射的光子大部分在耗尽区外被吸收了，在耗尽区很难收集到载流子，造成了PD低的光电转换效率和慢的响应速度。提高PD的光电转换效率和响应速度的方法有：适当提高反向偏置电压和增加耗尽区的厚度。过多地提高反向偏置电压，会使得耗尽区的长度增加，增加了载流子渡越耗尽区的时间，降低响应速度。增加耗尽区的厚度的方法是在pn结之间插入一层未掺杂(或轻微掺杂)的本征半导体材料(Intrinsic material)，以扩大耗尽区的厚度，形成p-i-n结构。

图5-40所示的是PIN-PD基本结构和工作原理。p^+区和n^+区很薄，而i区很厚，耗尽区几乎占据了整个pn结，确保光子在耗尽区充分吸收，因此PIN-PD是由一个p^+层、i层和n^+层一起构成的半导体二极管。p^+区表面镀有抗反射膜，使入射光能够充分地吸收。对于InGaAs制作的PIN-PD而言，通常采用异质结构，只要选择厚度为4～5μm的耗尽层InGaAs夹在宽带隙材料InP之间，InP材料对入射光几乎是透明的，量子效率几乎可以达到100%。InGaAs材料的PIN-PD被广泛使用在传输速率622Mbit/s及其以下的1.3～1.6μm长波长光纤通信光接收机中。

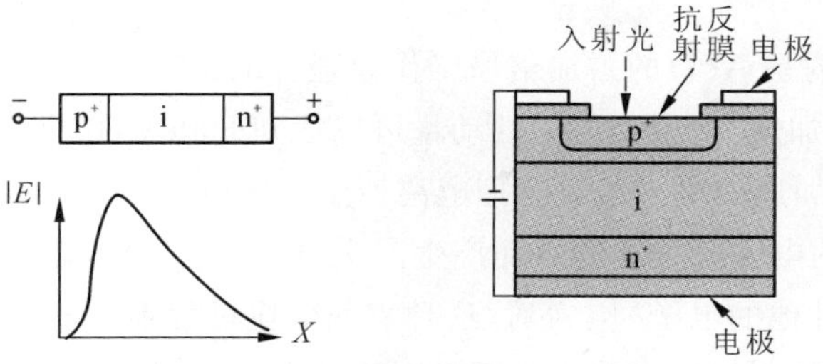

图 5-40　PIN-PD 基本结构和工作原理

在光纤通信中，评价 PIN-PD 的性能好坏的参数有：响应光谱、量子效率、响应时间、暗电流、最小可检测功率等。不同材料的半导体对波长的响应范围是不同的。这是由材料的能带结构决定的。只有波长小于截止波长的光才会响应。这时光被吸收，并引起电子跃迁，从而改变半导体材料的电导率。由此，可以看出，光纤通信中不同材料的 PIN－PD 的响应光谱范围不同，即光电管的响应 PD 范围以及响应大小随波长而变化。量子效率表示入射到 PD 上的一个光子产生的光生载流子数目。最小可检测功率是描述光电管灵敏度的基本参数。响应时间表示光电管对瞬时变化光信号的响应能力。对于 PIN-PD，暗电流是主要噪声来源。表 5-5 列出了常用的不同材料 PIN-PD 的工作特性。

表 5-5　常用的不同材料 PIN-PD 的工作特性

特性	单位	Si	Ga	InGaAs
波长	μm	0.4 ～ 1.1	0.8 ～ 1.8	1.0 ～ 1.7
响应度	A/W	0.4 ～ 0.6	0.5 ～ 0.7	0.6 ～ 0.9
量子效率	%	75 ～ 90	50 ～ 55	60 ～ 70
暗电流	mA	1 ～ 10	50 ～ 500	1 ～ 20
上升时间	ns	0.5 ～ 1	0.1 ～ 0.5	0.02 ～ 0.5
带宽	GHz	0.3 ～ 0.6	0.5 ～ 3	1 ～ 10
偏置电压	V	50 ～ 100	6 ～ 10	5 ～ 6

PIN-PD 在响应速度上有很好的表现，但是没有内部增益功能，它仅能够产生数 mA 的光生电流，故它检测这么微弱的信号电流，常常力不从心。为此，人们研究出了具有内部增益和高灵敏度的雪崩光电二极管(Avalanche Photo Diodes，APD)。APD 本质上就是一个光电二极管和一个电信号放大器的集成器件。

5.4.3.3　雪崩光电二极管

在 10Gbit/s、40Gbit/s 的高速率、长距离、大容量的波分复用系统中，作为满足系统传输性能要求的关键器件，InP/InGaAs 雪崩光电二极管(APD) 扮演着非常重要的作用，InP 具有高的带隙能量、小的本征载流子浓度、小的暗电流和高的电离速度。InGaAs 是一种与 InP 晶格匹配的材料，它具有适合 1550nm 光吸收的窄的带隙能量。

图 5-41(a) 和图 5-41(b) 分别所示的是 APD 的基本结构和工作原理。APD 的基本结构是由 p-n-i-n 组成的，其中 p-n 的功能是雪崩(倍增) 区，i 的功能是本征(耗尽) 区。如果 pn 结的厚度 $b = 10\mu m$，在 pn 结施加的反向偏置电压为 300V 以上，那么 pn 结的电场强度 $E = V/b = 300kV/cm$，pn 结区的高场强之后，仍然是具有较高的场强的本征区，电子可以以漂

移的方式快速渡越。

图 5-41(c) 所示的是 APD 的雪崩倍增工作原理。pn 结吸收入射光后产生电子-空穴对，每个电子都被强电场加速。理论上电子的动量可以达到 300eV，这个动量远远大于带隙能量（小于 1eV）。因此，被加速的电子通过碰撞电离产生二次电子-空穴对。每次电离其能量只减小大约 1eV，新产生的电子又被加速进而产生三次电子-空穴对，新的电子也受到加速而碰撞其他电子，再产生其他的电子-空穴对。这种雪崩效应过程不断地发生直到电子达到 pn 结区的边界。这就是 APD 利用雪崩效应实现光电流获得倍增，从而获得高灵敏度的原因所在。

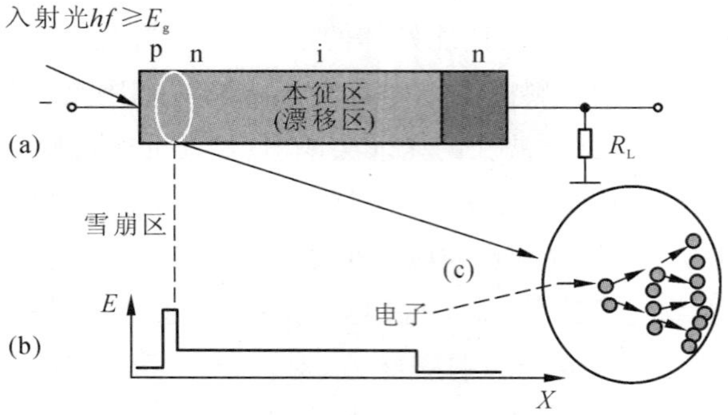

图 5-41　APD 基本结构和工作原理

雪崩式倍增过程是一个复杂的随机过程。一次光生电子-空穴对发生位置、产生多少二次电子-空穴对都是随机的。一般用平均倍增因子 G 表示 APD 的倍增的大小。APD 的平均倍增因子 G 的定义，如式(5-26) 所示。

$$G = \frac{I_M}{I_P} \tag{5-26}$$

式中，I_M 是雪崩式倍增后输出电流的平均值，I_0 为未雪崩倍增时的初始光生电流。由此可见，APD 的响应度比 PIN 增加了 G 倍，一般 InGaAs 材料的 APD 的倍增系数为 20 ～ 60。

APD 结构研究经历了保护环(Guard Ring，GR)-APD 到吸收区和倍增区分开的结构(Separated Absorption and Multiplication region，SAM)-APD。APD 之所以采用 GR 结构的原因是，利用在 n 区沉积一个深的圆形保护环，以防止在高的反向偏置电压下 pn 结边缘的雪崩击穿。图 5-42 所示的是 GR-APD 结构。GR-APD 具有稳定电场、长期可靠性和高的生产效率。

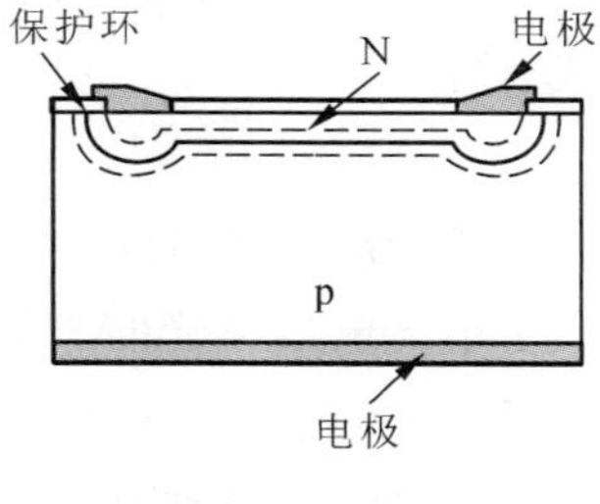

图 5-42　GR-APD 结构

SAM-APD 是为了解决 InP 和 InGaAs 材料存在的带隙相差太大容易造成光生空穴的陷落，从而影响器件性能的问题，在 InP 和 InGaAs 材料之间插入一层掺杂不同的 InGaAsP 材料，构成带隙渐变的 SAM 结构。图 5-43 所示的是 SAM-APD 结构。InP 是衬底，InGaAs 是光吸收区，InGaAsP 是薄的中间区(带隙渐变区)，n^--InP 是倍增区。在 InP 中形成 pn 结。在

pn 结上施加反向偏置电压作用下，n^+ -InP、n^- -InGaAsP 和 n^- -InGaAs 层共同完成耗尽功能。SAM-APD 具有高增益、低噪声等优点，它被广泛应用在高速率、长距离的光纤传输系统中。

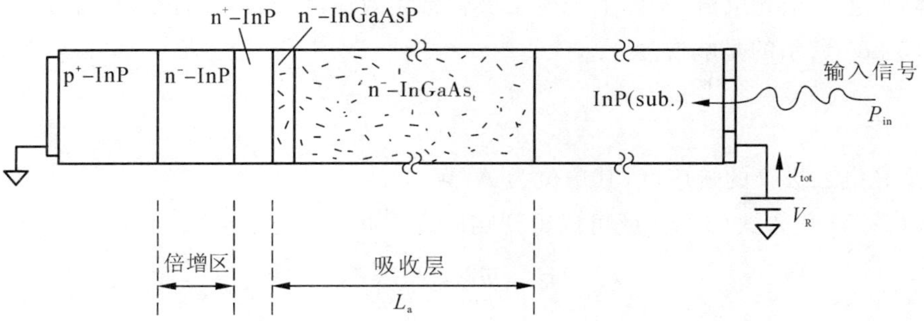

图 5-43　SAM-APD 结构

与 PIN-PD 相比，APD 的优点是高灵敏度和工作速率。APD 的光电流倍增提高了光接收模块的灵敏度。APD 的缺点是工作电压高、附加噪声大和动态范围小。表 5-6 列出了 PIN-PD 和 APD 的主要性能比较。

表 5-6　PIN-PD 和 APD 的主要性能比较

性能参数	InGaAs-PIN-PD	InGaAs-APD
工作波长(μm)	1.31	1.55
雪崩增益	—	40
灵敏度(dB)	差	比 PIN-PD 高 3 ～ 8dB
动态范围	15 ～ 25dB	25 ～ 35dB
偏置电压(V)	5	30
检测带宽(GHz)	2.0	3.0
暗电流(nA)	0.1	20
温度敏感	小	大
制造工艺	简单	复杂
成本	低	高
适用范围	中低速、中短距离	中高速、中长距离

5.4.4　性能

5.4.4.1　量子效率

半导体光电二极管的光检测过程的工作机理是受激光吸收。光电二极管常用响应度、量子效率、暗电流、噪声、信噪比和频率带宽等评价光电二极管的性能优劣。

量子效率的定义是在半导体内部，入射光子与产生的电子 - 空穴对数的比值。式(5-27)所示的是量子效率的计算公式。

$$\eta = \frac{\text{生成电子 - 空穴对数}}{\text{入射光子数}} = \frac{I_p/e}{P_{in}/(h\upsilon)} \tag{5-27}$$

式中，I_p 为光电流，P_{in} 为入射光到半导体内表面处的光功率，$h\upsilon$ 是入射光子的能量。

5.4.4.2　响应度

由激光原理的能级跃迁内容得知，如果入射的光子能量 $h\upsilon$ 超过带隙能量，半导体每吸收一个光子就会产生一个电子 - 空穴对。在施加电压所建立的电场作用下，电子和空穴对穿透半导体，产生一个光电流。实际上光电二极管常用效应度 R 表示单位入射光功率产生的光电流。式(5-28) 所示的是响应度。

$$R = \frac{I_{\mathrm{p}}}{P_{\mathrm{in}}} = \frac{e\eta}{h\upsilon} = \frac{e\eta}{hc}\lambda \tag{5-28}$$

式中，R 是光电二极管的响应度，其单位为 A/W。

将式(5-27) 代入式(5-28) 就可以得到响应度 R 的计算公式(5-29)。

$$R = \frac{\eta e}{h\upsilon} \approx \frac{\eta\lambda}{1.24} \tag{5-29}$$

式中，$\lambda = c/\upsilon$，其单位用微米来表示。在光纤通信工程中，人们一般喜欢使用响应度 R。R 比较直观且可以反映量子效率。光电二极管的量子效率 η 的取值范围为 30% ～ 95%。η 的数值越大，量子效率越高。一般量子效率还与 pn 结掺杂材料和耗尽层的宽度有关。表 5-7 列出了一些不同材料和不同结构的光电二极管的主要性能的数值。

表 5-7　不同材料与不同结构的光电二极管的主要性能数值

材料与结构	波长(nm)	响应度(A/W)	增益	暗电流(nA)
Ge-PN	700 ～ 1800	0.4 ～ 0.7	＜1	100 ～ 1000
Ge-APD	700 ～ 1700	4 ～ 14	10 ～ 20	1000 ～ 10000
InGaAs-PIN-PD	800 ～ 1700	0.7 ～ 0.9	＜1	0.1 ～ 10
InGaAs-APD	800 ～ 1700	7 ～ 18	10 ～ 20	10 ～ 100

由式(5-29) 可以清晰地看出，随着量子效率的提高，响应度也会提高，从而使光电转换效率也得到提高。同时，光电二极管的响应度 R 与波长 λ 成简单的正比关系，即 R 的数值随波长的增加而增大。其理由是，在相同的光功率下，在长波长会产生更多的光子。然而，我们不希望 R 随着波长 λ 增加而增大的线性关系无限地持续，因为最终光子能量会变得太小，以致不能产生电子。在半导体中，发生这种情况的条件是，光子能量 $h\upsilon$ 小于带隙能量。这时量子效率 η 就会降为 0。

5.4.4.3　倍增因子

倍增因子是指 APD 通过雪崩效应，获得光电流放大倍数。式(5-30) 所示的是 APD 的响应度。

$$R_{\mathrm{APD}} = \frac{\eta e}{h\upsilon}G \approx R_0 G \tag{5-30}$$

式中，R_0 是倍增因子为 1 时的响应度。由式(5-29) 得知，响应度与波长成正比。波长越长，光吸收效率越高，光注入半导体内部的深度越深。注入同样的光功率，产生的电子 - 空穴对越多，雪崩效应更为明显，倍增因子就越大。

5.4.4.4　信噪比

光电二极管在检测光信号产生光电流的同时，也会因各种原因产生噪声信号。PIN-PD 的主要噪声包括半导体材料中的暗电流噪声、量子噪声和表面漏电流噪声。光电二极管的光检测功能和电子电路的放大功能共同组成光接收模块，使得光接收模块实现接收入射光、输出电信号的功能。式(5-31) 表示的是光接收模块的信噪比。

$$\frac{S}{N}=\frac{\text{光电流产生的信号功率}}{\text{光电二极管的噪声功率}+\text{放大器的噪声功率}} \tag{5-31}$$

光电二极管的灵敏度越高，信号功率就越强，检测器的噪声越小，光接收模块的信噪比就越高。提高光接收模块的信噪比的具体措施是，提高光电二极管的灵敏度，降低光电二极管的噪声。

5.4.4.5　暗电流

在无光照时，由于热电子发射等原因，在光电二极管中产生的自由载流子形成的电流称为暗电流。暗电流是一种噪声信号，其越小越好。光电二极管中是由本体暗电流和表面暗电流两部分组成。前者是 pn 结中热生成的电子和空穴所引起的，后者与表面缺陷、偏置电压等有关。

APD 中，因热释放出的载流子同样受到 pn 结处高电场的加速，因而也有倍增作用。式(5-32) 所示的是 APD 本体暗电流的均方值。

$$\langle i_{DB}^2\rangle = 2eI_pG^2F(G)B \tag{5-32}$$

式中，$F(G)$ 是与雪崩过程有关的噪声系数，B 为系统的工作带宽。I_p 是没有倍增的本体暗电流，式(5-33) 所示的是表面暗电流的均方值。

$$\langle i_{DF}^2\rangle = 2eI_LB \tag{5-33}$$

式中，I_L 是表面漏电流。雪崩倍增是一个体效应。因此表面漏电流不受雪崩倍增的影响。减小表面漏电流的一个有效方法是采用保护环结构，使表面漏电流分流，不流经外电路的负载电阻，从而不形成附加的噪声。

5.4.4.6　响应时间

响应时间是由入射光转变为光电流所需的时间。影响光电二极管响应时间的主要因素有耗尽层中光生载流子的漂移时间、耗尽层外光生载流子的扩散时间以及负载电阻和分布电容引起的信号延迟所需的时间(RC)。可由式(5-34) 求出耗尽层中载流子的漂移时间。

$$T_d=\frac{w}{v_d} \tag{5-34}$$

式中，w 和 v_d 分别是耗尽层厚度和载流子的漂移速度。T_d 在决定光电二极管的响应速度中起到主导作用。扩散速度比漂移速度慢得多。为了获得高的量子效率，耗尽层的带宽必须比穿透深度(吸收系数的倒数 $1/\alpha$) 大得多，以便吸收大部分光。

5.4.4.7　带宽

光电二极管的带宽是由与入射光功率变化相对应的速度所决定的。上升时间 T_r 定义为光电流从开始的 10% 上升到最终的 90% 所需的时间。下降时间定义为输出信号从高峰数值 90% 下降到 10% 所需的时间。图 5-44 所示的是上升时间和下降时间的示意图。

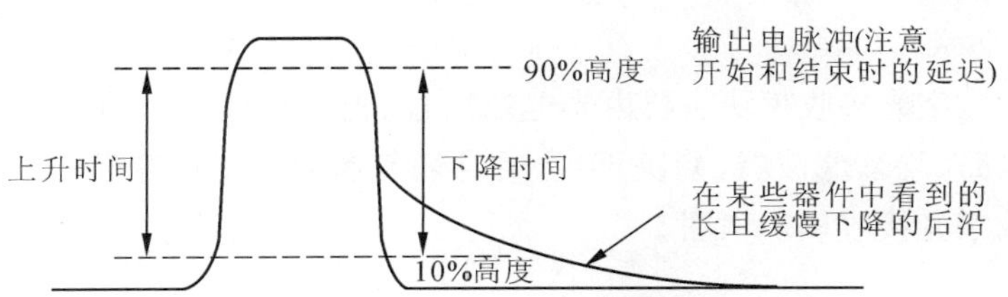

图 5-44　上升时间和下降时间的示意图

上升时间和下降时间是光电二极管带宽的度量。带宽是指光电二极管可以再生信号的频率范围。光电二极管带宽 B 的通常定义为输出信号下降到低频功率 3dB(50%)处的频率。这意味着在高频处只有一半的信号通过光电二极管，高于带宽上限的频率衰减更为严重。如果上升时间和下降时间相等，在已知上升时间的条件下，可用式(5-35)估算出 3dB 带宽 B。

$$B = \frac{0.35}{\text{上升时间}} \tag{5-35}$$

上升时间为10ps的光电二极管的3dB带宽为35GHz。器件结构、材料成分、偏置电压等因素共同决定了带宽和上升时间。减小等效电容(RC)、载流子漂移和扩散所需的时间，可以通过响应速度计算。

5.5 光接收模块

5.5.1 光接收模块分类

5.5.1.1 作用

光接收模块的功能是接收经过光纤传输的微弱光信号，并将光信号转换为电信号，然后再作放大、再生成原始发射的电信号。光接收模块可以是一个独立的封装的模块，也可以是光发射模块和光接收模块集成在一起，二者共同构成一个光收发模块。

5.5.1.2 分类

按照检测的信号不同，光接收模块可以分为模拟光接收模块和数字光接收模块。模拟光接收模块用于接收模拟信号，如光纤传输的有线电视信号。光纤通信中主要采用数字信号，光纤通信中主要使用的是数字光接收模块。

按照检测方式不同，光接收模块可以分为直接检测接收模块和相干检测接收模块。直接检测接收模块是通过光电二极管直接将接收的光信号恢复成基带调制信号。直接检测的优点是原理简单、实现容易，成本低廉，是单信道传输速率为 40Gbit/s 以下系统应用的主要检测方式。

针对直接检测和强度调制的系统存在频谱效率低的缺点，人们开发出了相位调制(相移键控 Phase Shift Keying，PSK)和强度 - 相位调制(正交幅度调制 Quadrature Amplitude Modulation，QAM)等新型调制，为了检测这些调制信号，需要采用相干检测方式。由新型调制和相干检测构成的相干检测光接收模块具有频谱效率高、灵敏度高、中继距离长等优点，是单信道传输速率大于 100Gbit/s 系统应用的主要检测方式。

5.5.2 光接收模块组成

5.5.2.1 组成

直接检测的数字光接收模块主要由光电二极管(光电转换器)、前置放大器、主放大器、自动增益控制电路、均衡滤波器、判决再生、时钟恢复和输出接口等部分组成。图 5-45 所示的是直接检测数字光接收模块框图。

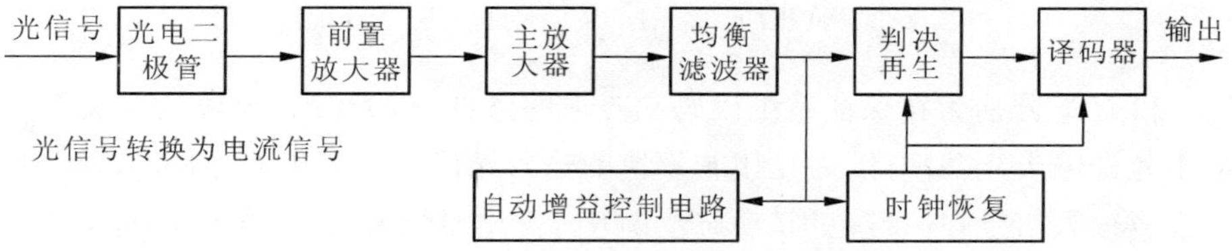

图 5-45　直接检测数字光接收模块框图

5.5.2.2　功能

(1) 光电二极管。负责光信号到电流信号的转换，对光进行解调。光电二极管主要使用 PIN 和 APD。

(2) 前置放大器。负责对光电二极管产生的微弱电流信号进行放大。由于前端的噪声对整个放大器的输出噪声影响比较大，前置放大器必须使用低噪声和高带宽的放大器。

(3) 主放大器。为了能够提供足够的增益，主放大器一般采用多级放大器，以便使放大的输出信号满足判决电路的要求。

(4) 自动增益控制电路。当输入光接收模块的光功率起伏时，光电二极管的输出信号也出现起伏。通过自动增益控制电路可以控制主放大器的增益，使得输出信号的幅度在一定的范围内不受输入信号幅度的影响。

(5) 均衡滤波器。对经过光纤线路传输，已经发生畸变和严重的码间干扰的信号进行均衡，使其变为码间干扰尽可能小的信号，以利于判决再生电路的工作。

(6) 判决再生和时钟恢复。负责将放大器输出信号恢复成数字信号。这个再生任务是由判决再生电路和时钟恢复电路共同完成的。为了精确确定"判决时刻"，需要从信号码流中提取准确的时钟信息作为标定，以保证与发送端的一致，以便恢复出原始传输的数字信号。

5.5.3　光接收模块性能

光接收模块的作用是实现微弱光信号到电流信号的转换。光纤传输系统中存在各种噪声和干扰。这些噪声和干扰使得光接收模块出现错误码，从而降低信号的传输质量。为了确保光纤传输系统的信号传输质量，光纤传输系统要求的误码率范围在 $10^{-9} \sim 10^{-12}$ 之间。评判光接收模块的主要性能指标是光接收模块的灵敏度和动态范围。

5.5.3.1　灵敏度

光接收模块的灵敏度的定义为：在满足系统误码率要求条件下，光接收模块所需的最小平均接收光功率。在工程上常用 dBm 表示。式(5-36) 所示的是光接收机模块敏度 S_r 的计算公式。

$$S_r = 10\lg\left(\frac{P_{min}}{1mW}\right) \tag{5-36}$$

式中，P_{min} 为光接收模块的最小平均接收光功率。影响光接收模块灵敏度的主要因素是光电二极管的噪声和放大器的噪声等。光接收模块灵敏度是系统性能的综合反映。

5.5.3.2　动态范围

光接收模块的动态范围是指在保证系统误码率要求的条件下，光接收模块的最大允许输入光功率与最小允许输出光功率之差。式(5-37) 所示的是光接收模块动态范围的计算公式。在工程上动态范围常用 dBm 表示。

$$D = 10\lg\left(\frac{P_{max}}{P_{min}}\right) \tag{5-37}$$

式中，P_{max} 和 P_{min} 分别为在保证系统误码率要求的条件下，光接收模块的最大允许输入光功率和最小允许输出光功率。因为光接收模块的输入光信号是变化的，所以光接收模块必须具有一个适应输入信号在一定范围(动态范围) 内变化的能力。好的光接收模块应该具有较宽的动态范围。

5.6 小结

光与物质作用的三个基本过程奠定有源光器件的工作原理理论基础。利用光源、光纤和光电二极管三个基本光器件就可以构建最简单的光纤通信系统。随着通信业务品种的日益增长，用户对带宽的需求也在与日俱增，推动了通信系统不断扩容升级。光纤通信系统的扩容升级是建立在光器件品种的更新和性能的改善的基础上的技术进步。

光源是光纤通信系统的核心器件。光源的研究经历了由发光管、FP-LD 到 DFB-LD、MQW DFB-LD 发展过程。LED 的工作原理是自发辐射，而 LD 的工作原理则是受激辐射放大。LD 利用光反馈装置、选频元件和变化有源结构来改善 LD 的光谱线宽、阈值电流、温度稳定性能等。同时，人们利用间接调制技术获得了高质量的输出光信号。

光发射模块完成电信号到光信号的转换功能。光发射模块主要由光源、调制电路、控制电路等部分组成。平均发送功率、消光比和光谱特性是光发射模块的三个主要的性能指标。

光电二极管是将光信号还原成电信号的器件。PIN-PD 的工作原理是受激吸收。APD 则是使光电流获得雪崩式的倍增。光电二极管主要使用在低速率、短距离通信系统，而 APD 具有高增益、低噪声的特点，保证其在高速率、长距离通信系统中使用。

光接收模块完成光信号到电流信号的转换功能。光接收模块主要由光电二极管、前置放大器、主放大器、自动增益控制电路、均衡滤波器、判决再生和时钟恢复等部分组成。灵敏度和动态范围是光接收模块的两个主要的性能指标。

小知识

半导体激光器趣闻

1962 年 7 月，在固体器件国际会议上，美国麻省理工学院林肯实验室的学者 Keyes 和 Quist 报道了砷化镓(GaAs) 半导体的发光现象。这个发光现象立刻引起了美国通用电气公司研究所实验室工程师 Hall 的浓厚兴趣。他在返回自己工作的实验室后，立刻制定了研制半导体激光器的工作计划，他与同事经过数周的研究，成功地开发出了砷化镓半导体激光器。

半导体激光器是以半导体材料的 pn 结为基础，利用受激辐射光放大原理，产生激光的光器件。半导体激光器具有体积小、耗能少等特点，而且其外观与晶体管相似，故其被称为激光二极管(Laser Diodes，LD) 或发光二极管(Laser Emitting Diodes，LED)。

半导体激光器的研究重点定位在所用的半导体材料和采取的激光器结构。半导体材料假定了激光器的工作波长。例如，光纤通信中所用的激光器常用半导体材料是砷化镓(GaAs) 和铝砷化镓(AlGaAs) 等。这些激光器的工作波长与石英玻璃光纤的低衰减波长 650 ～ 1675nm 完全一致。激光器的结构决定着其工作特性，如阈值电流、输出光功率、光谱线宽等。确切地讲，激光器性能改进和品种递增其实就是其结构的演进。半导体激光器结构经历了由单异质结、多异质结、分布反馈、单量子阱、多量子阱、垂直面发光到可调谐半导体激光器的发展历程。

1978 年，半导体激光器开始应用于光纤通信系统中。由于半导体激光器具有超小型、质量轻、使用寿命长、制造简单、价格便宜，而且可以高效率和高速工作等特点，所以其与光纤通信和数字通信技术相结合，在光通信领域中的光传输、光交换、光波分复用、光互连等光信号处理中得到广泛应用。

现在，随着光网络由静态的光传输网向着动态的传输和交换全光网发展，半导体激光器的研究朝着高速度宽带激光器、大功率激光器、量子点激光器、中红外激光器的方向发展。

习　题

5-1　举例说明有源光器件在光网络中的重要作用。

5-2　阐述光与物质作用的三种基本过程及其各自的特点。

5-3　什么是粒子数反转分布？

5-4　如何实现光放大？

5-5　简述构建激光器必须具备的基本功能部件及其功能。

5-6　说明光学谐振腔与激光器类型的关系。

5-7　激光器激辐射的条件是什么？

5-8　给出异质结激光器降低阈值电流的原因。

5-9　比较 F-P LD、DFB LD、MQW LD、VCSEL 的工作原理及其特点。

5-10　用阈值电流解释半导体激光器的发光的区别。

5-11　说明光发射机设置自动温度控制和自动功率控制的原因。

5-12　叙述 PIN 光电二极管的工作原理。

5-13　解释雪崩光电二极管的工作原理。

5-14　阐述光发射模块的组成、各部分功能及主要性能。

5-15　叙述光接收模块的组成、各部分功能及主要性能。

第 6 章　光纤通信系统

【学习目标】

1. 理解传送网的功能与分层结构。
2. 理解准同步数字体系与同步数字体系的本质区别。
3. 掌握同步数字体系技术体系的精髓复用与映射、强大网管、自愈功能等。
4. 理解同步数字传输系统性能的本质所在。
5. 学会同步数字体系传输系统的设计方法。
6. 掌握多业务传送平台产生背景、技术原理与应用。

【知识框图】

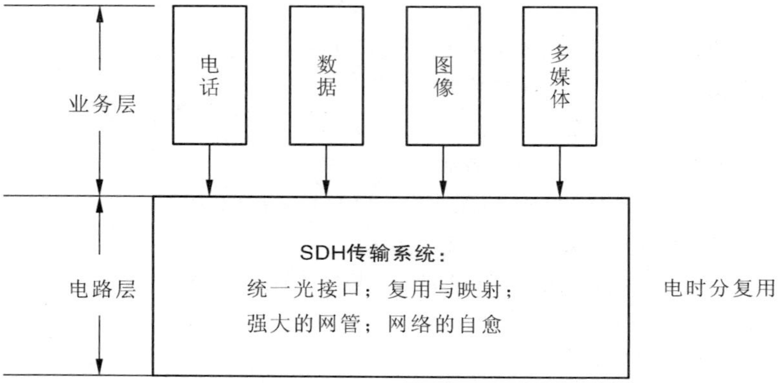

6.1　传送网

6.1.1　功能

电信网的两大基本功能是传送功能和控制功能。传送功能是实现信息从任意点到另一（多）点的传递。控制功能是实现辅助业务和操作维护功能。所谓传送网就是具有信息传送和控制功能的网络。

6.1.2　分层结构

为了便于设计和管理，传送网被分为 3 个子层：电路层、通道层和传输媒质层。电路层和通道层合在一起称为传送层。传输媒质层可以细分为段层和物理层。图 6-1 所示的是传送网的分层结构。

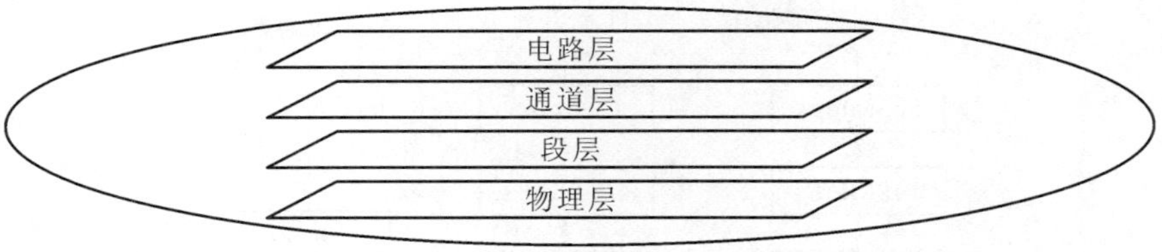

图 6-1　传送网的分层结构

电路层和通道层的关系是客户和服务者的关系。通道是透明的，通道层向电路层提供自己的资源，即通道。通道层和传输媒质层的关系也是客户和服务者的关系。通道是向物理媒质提供的全部传输能力（容量）的一部分，传输媒质层向通道层提供相关的线路段资源或无线段资源。传送网的传送层是面向电路层所有业务，是提供传送资源的下层平台。在电路层看，传送网提供各种业务传送。例如，电话网中的 64kbit/s、2Mbit/s 业务传送。传输媒质层是包含传递信息的所有物理手段，即传输设备和连接设备的媒体，如复用设备、光缆等。

为了电路层和传输媒质层灵活配置，需要引入中介层 —— 通道层的概念。在通道层中许多电路形成一个通道，作为一个整体在网络中传输和选路，并且能够实现监测和恢复功能。目前，电信网的通道层中有准同步数字体系（Plesiochronous Digital Hierarchy，PDH）通道、同步数字体系（Synchronous Digital Hierarchy，SDH）通道等。

6.2　PDH 系统

6.2.1　系统分类

按照对光源调制的信号是模拟信号还是数字信号，光纤通信系统可以分为模拟光纤通信系统和数字光纤通信系统。模拟光纤通信系统主要应用在有线电视模拟传输中。数字光纤通信系统则广泛应用在语音、数据、图像的数字传输中。

在数字光纤通信系统中，传送的信号都是数字化的脉冲序列。按照数字信号流是否同步，数字传输体系可以分为准同步数字体系和同步数字体系。数字传输技术的发展经历了 PDH、SDH、波分复用到数字相干传输等几个阶段。

6.2.2　PDH 系统问题

截止到 20 世纪 90 年代初，PDH 发展经历了一个完整的过程，实现了 2Mbit/s、8Mbit/s、34/45Mbit/s、140Mbit/s、565Mbit/s 等产品的全序列化，并在电信网中得到相当规模的应用。PDH 业务是面向语音，采用时分复用技术实现多路语音信号的传送。PDH 技术在当时在带宽提供方面是个很大的飞跃，随着电信网向着速率高速化、业务综合化、管理智能化的方向发展，PDH 陆续暴露出了其自身存在的一些缺陷。

（1）没有统一的接口标准

PDH 存在三大地区系列标准：欧洲（中国）、日本和北美，没有统一的世界标准。图 6-2 给出了三大地区标准的速率和复用方式。三大系列标准共同存在，互不兼容，严重地阻碍了全球通信网的互连互通。

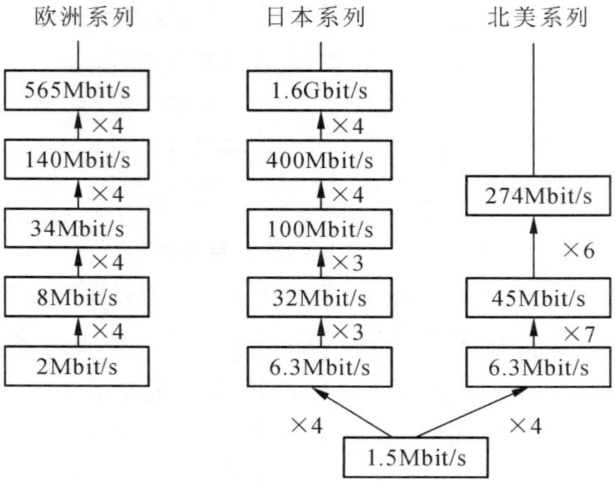

图 6-2 PDH 的三大地区系列标准

(2) 复用结构复杂

PDH 采用异步复用方式,各速率等级帧长不同,当低速信号复用到高速信号时,使得其在高速信号的帧结构中的位置没有规律和固定性。PDH 低速信号分 / 插到高速信号要通过逐级复用和解复用过程。图 6-3 绘制出了从 140Mbit/s 信号需要经过三次解复用过程才能获得 2Mbit/s 信号。这个解复用过程既复杂又会使传输信号劣化。PDH 复用结构复杂,缺乏灵活性,硬件数量大,上下业务费用高。

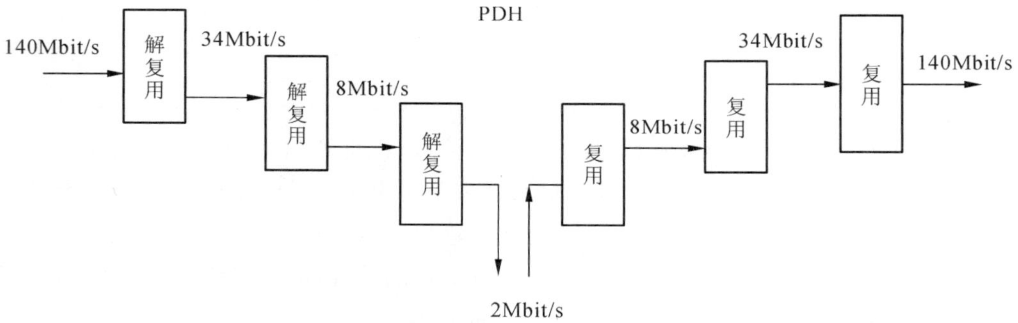

图 6-3 140Mbit/s 信号分 / 插出 2Mbit/s 过程

(3) 网络拓扑简单

由 PDH 传输系统组网主要方式是点到点,使网络拓扑缺乏灵活性。不能提供最佳的路由选择,数字通道设备利用率低,无法适应不断出现的新业务发展需求。

(4) 缺乏网络管理

PDH 帧结构中安排网络运行、维护和管理的开销字节很少。网络的运行、维护和管理主要靠人工的数字交叉连接和停止业务检测,完全不能适应电信网不断变化的发展要求。

针对 PDH 存在的上述诸多缺陷,无法满足通信网络向着互联互通、灵活组网、强大管理能力发展的需要。

6.3 SDH 系统

6.3.1 产生

1984 年，美国贝尔通信研究所的美籍华裔科学家金耀周等提出了同步光网络(Synchronous Optical Network，SONET)的概念及相应的帧结构、复用与映射方法等标准。SONET 的基本思想是采用一整套分级的标准数字传送结构组成同步网络，可以在光纤上传送经过适配处理的电信业务。1985 年，美国标准协会提出建立同步数字传输网的构想。1988 年，国际电报电话咨询委员会(CCITT)经过充分讨论协商，在接受了 SONET 的概念的同时，对其进行了必要的修订后重新命名为同步数字体系(Synchronous Digital Hierarchy，SDH)。

SDH 采用一整套标准化的信息结构等级，称为同步传送模块(STM-N，$N=1,4,16,64,256$)。同步传送模块采用一种块状帧结构，在安排了净荷的基础上，配置了丰富的开销实现网络管理。SDH 采用一套灵活的复用与反映辐射结构，允许将不同等级的 PDH、SDH、ATM 和 IP 等信号经过处理后放入不同的虚容器中，以便实现多种业务传输。SDH 传送网是由四类基本网元组成，以同步信息传输、复用、分插和交叉连接的标准化数字信号形式，通过光纤、微波和卫星传送到目的地。

6.3.2 技术特点

6.3.2.1 速率等级

SDH 具有五个称为同步传送模块(Synchronous Transfer Mode，STM)的传送信号等级。最基本的同步传送模块是 STM-1，其对应的传输速率是 155.52Mbit/s，更高等级的 STM-N 信号是将基本模块信号 STM-1 经过同步复用，经过字节间插处理后所得出的标准速率，其中 N 是 4 的整数次幂。每个速率等级之差是 4 倍。目前，商用的 N 值为 1、4、16、64 和 256。表 6-1 列出了 SDH 体系的速率等级。高速率等级可以容纳更多的用户业务，是由低速率信号复用而成。

表 6-1　SDH 体系的速率等级

速率等级	同步传输模块	标准速率(Mbit/s)	等效话路数(路)
1	STM-1	155.52	1920
4	STM-4	622.08	7696
16	STM-16	2488.32	30720
64	STM-64	9953.28	122880
256	STM-256	39813.12	491520

SDH 允许 PDH、SDH、ATM、IP 和以太网等客户层数据被映射到其帧结构中。正是 SDH 对各种业务具有的强大的适应性，使得其能够得到如此广泛应用。通过大量采用软件进行网络配置和控制，SDH 传送网正在继续向着有效承载多业务、提高传输速率、扩大传输容量、延长传输距离，以及使得网络进一步智能化的方向演进。

6.3.2.2　特点

作为一种同步数字传送网体制，SDH具有的主要特点可以概括如下：

(1) 统一的光接口。SDH具有全世界统一的网络节点接口，对各个网络单元的光接口有严格的规范要求，即在STM-1至STM-256各个等级上获得统一，使得任何网络单元在光路上实现互通，体现了横向兼容，即允许不同厂家的设备在光路上互通，既打破垄断又赋予组网应用的灵活性。

(2) 同步复用。利用软件即可在高速信号一次直接分插出低速支路信号，不仅简化了信号的复接和分接，而且也可在线实现数字交叉连接。例如，利用软件可以在SDH分插复用器的155Mbit/s码流中，直接一次分出2Mbit/s的支路信号。

(3) 强大的网管能力。SDH在帧结构中安排了丰富的开销比特，约占了整个信号的5%，大大增强了网络的自动化监控和维护功能。同时规范了统一的向上网管接口，为在全网范围内提供统一的监控和管理功能提供了条件，不仅降低了网络维护管理的费用，而且提高了网络的效率和灵活性。

(4) 高可靠性。在SDH网络中，利用软件可以控制网络中所有复用设备和交叉连接设备，迅速、灵活地实现多方向的交叉连接及性能监测功能。在需要改变路由时，通过软件控制可以在几秒钟实现网络路由配置的重组。特别是SDH的自愈环，在某条链路出现故障时，可以迅速地改变路由，从而大大提高了网络的可靠性和生存性。

(5) 支持多种业务。SDH网既能与现有PDH的各种速率兼容，使SDH可以支持已经建起来的PDH、ATM、IP信号和光纤分布式数据接口等其他体制的信号。SDH的支持多种业务的特点，使其成为带宽综合业务数字网的基础传送网络。

6.3.3　SDH帧结构

6.3.3.1　SDH的帧结构

光传送技术主要用于实现数字信息的有效和可靠的传送。无论是语音、图像或其他数据业务，它们的数字化信号传送方式必须能够实现传送、监控和保护。为了避免每种不同类型的信号传输需要不同的传输设备，所有类型的数字信息通过适配放入标准容器(Container，C)，在相同的设备上实现传送。

SDH的帧结构的功能是实现SDH网络信息存放、网络管理等功能的基础。帧结构的功能要求是要能够对支路信号进行同步、数字复用和交叉连接。同时也希望支路信号在一帧内呈现均匀和规律分布，以便于接入和取出。图6-4所示的是SDH采用的矩形块状帧结构。

SDH帧是以字节(8bit)为基础，由纵向9行，横向$270 \times N$列字节组成。在SDH帧中，字节的传输顺序是按照从左到右、由上到下依次传输。传输一帧的时间为$125\mu s$，每秒共传8000帧。因此，STM-1的传输速率为：$8 \times 9 \times 270 \times 800 = 155.520$Mbit/s。

STM-N的帧结构主要由净荷(Payload)、段开销(Section OverHead, SOH)和管理单元指针(Administrative Unit Pointer，AU-PTR)组成。

SOH是为保证信息正常、灵活、有效地传送所必需的附加的字节。SOH用于网络的运行、维护、管理和指配。SOH可以分为再生段开销(Regenerator Section OverHead，RSOH)和复用段开销(Multiplex Section OverHead，MSOH)。STM-N帧结构中的净荷区域是存放各种通信信息的地方。同时该区域也存放了少量通道维护管理开销(Path OverHead，POH)

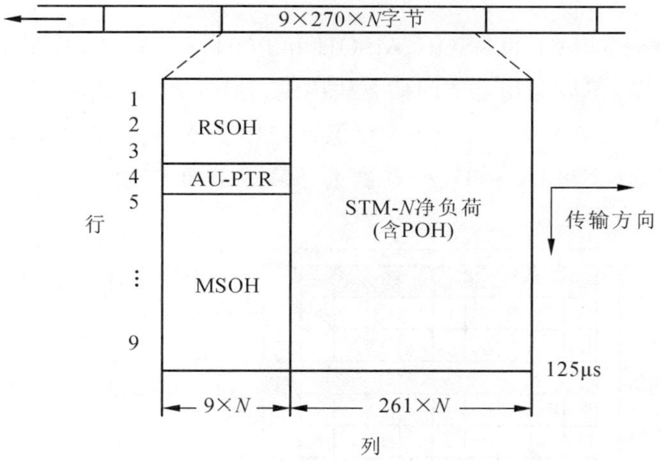

图 6-4　STM-N 的帧结构

的字节。

AU-PTR 用来指示信息净荷的第一个字节在 STM-N 内的准确位置,以便接收端正确地分解。STM-N 采用矩形块状帧结构既可以承载大量的业务净荷,又具有丰富的开销比特,便于安排用于网络运行维护管理的信息。

6.3.3.2　段开销功能

(1) 分层管理

段开销被分成三层通道(Path,P)、再生段(Regenerator Section,RS)和复用段(Multiplex Section,MS)。图 6-5 给出了 SDH 的分层管理与 P、RS 和 MS 的相对位置。PTE 为通路终端设备,MSTE 是复用段终端设备。SDH 传送网中有:终端复用器(Termination Multiplexer,TM)、分插复用器(Add-Drop Multiplexer,ADM)、再生中继器(Regenerative Repeater, REG)和数字交叉连接设备(Digital Cross Connect,DXC)四种组网设备。可以根据实际工程需要,充分利用各个设备的主要功能,组成不同拓扑结构的网络。

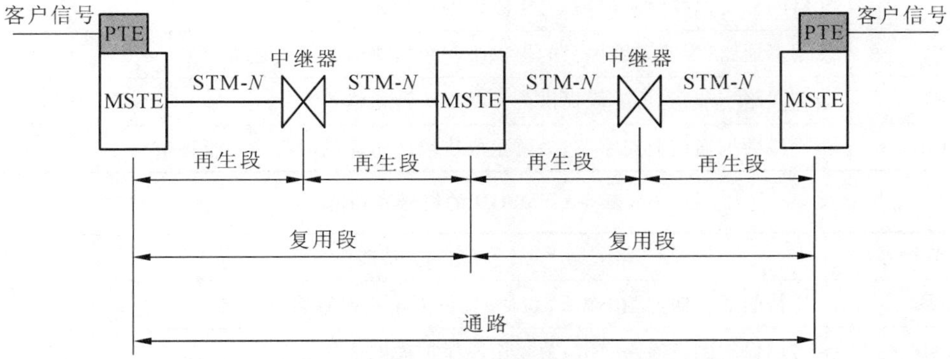

图 6-5　SDH 分层管理

在 SDH 分层的概念中,通常 P 定义为 TM 之间的全部物理实体。MS 定义为 TM 与 ADM/DXC 之间的全部物理实体。RS 定义为 TM 与 REG 之间、ADM/DXC 与 REG 之间的全部物理实体。各种开销对应于相应的管理对象。SDH 采用分层管理为实现电信网管理奠定了良好的基础。

(2) 字节安排

图 6-6 所示的是 STM-1 的 RSOH、MSOH 和 POH 字节安排。STM-N($N>1$，$N=4$，16，…) 的 SOH 字节，可以利用字节间插方式构成，具体的安排规则如下：第 1 个 STM-1 的 SOH 被完整保留，其余 $N-1$ 个 SOH 中仅保留定帧字节 A1，A2 和 BIP-N(B2)，其他字节(B1、E1、E2、F1、K1、K2 和 D1 ～ D12) 均省去，M1 字节要专门定义位置。

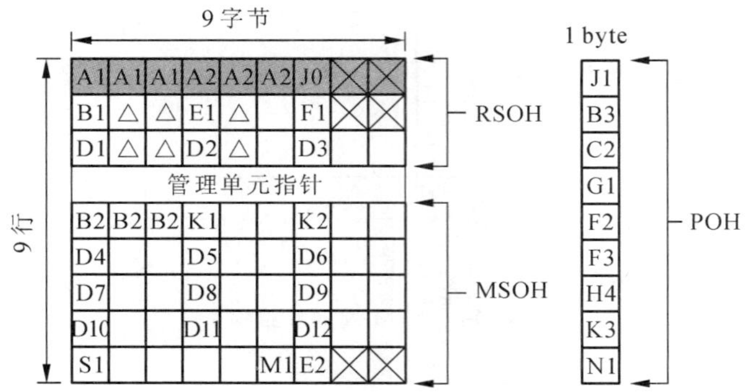

图 6-6　STM-1 的 RSOH、MSOH 和 POH

(3) 字节定义

为了能够在 SDH 传送网上实现先进的网络管理，人们通过在帧结构中安排一些字节的方法来解决 SDH 网络的管理问题。这些开销字节可以解决的网络管理问题如下：① 同步问题。包括帧定位和同步状态。② 通信问题。涉及音频和数据通信。③ 监控问题。如国际与地区分区问题等。表 6-2、表 6-3 和表 6-4 分别给出了 RSOH、MSOH 和 PON 字节的符号和功能。

表 6-2　RSOH 的符号和功能

字节符号	功能
A1 和 A2	定帧字节：帧对准字节指示帧起始位置，以区分各帧
J0	再生段踪迹字节：接入点识别符用来确保和指出连接状态
B1	比特间插奇偶校验 8 位码：再生段误码监测
F1	使用者通路：为特定维护目的提供临时数据或语音通路连接
E1	公务联络字节：为再生段提供公务联络语音通路
D1，D2，D3	再生段数据通信通路字节：为再生段终端之间提供运行维护管理信息

表 6-3　MSOH 的符号和功能

字节符号	功能
B2	比特间插奇偶校验 NX 24 位码：提供复用段误码监测功能
K1，K2(b1 ～ b5)	自动保护倒换通路字节：为复用段保护提供信令通路
K2(b6 ～ b8)	复用段远端缺陷指示字节：向发射端回送一个指示，表示接收端已经检测到上游端缺陷或复用段告警指示
D4 ～ D12	复用段数据通信通路字节：为 STM-N 提供数据通信通路
S1(b6 ～ b8)	同步状态字节：用于传送同步状态信息
M1	复用段远端差错字节：传送复用段远端差错指示
E2	公务联络字节：为复用段提供公务联络语音通路

表 6-4　POH 的符号和功能

字节符号	功能
J1	通路踪迹字节：虚容器中的第 1 个字节，通路接入点标识符
B3	比特间插奇偶校验 8 位码字节：通路误码监测
C2	信标识字节：分配字节标识表示 VC4-Xc/VC4/VC3 装载情况
G1	通路状态字节：传送通路状态和性能
F2，F3	通路用户信道字节：通路单元之间通信联络
H4	位置指示字节：VC4/VC3 级联指示
K3(b7 ～ b8)	自动保护倒换通路字节：VC4/VC3 通路保护倒换信令
K3(b5 ～ b6)	数据链路字节：高阶通路数据链路保护
N1	网络运营商字节：提供串联连接监控功能

图 6-6 中的△字节用于与传输媒质相关的特殊应用，如用单根光纤做双向传输时，可用此字节来实现辨明信号方向的功能。又例如微波 SDH 中的保护倒换的早期告警、自动发送功率控制、快速无损伤倒换控制以及传播监视等。以上介绍了 SDH 帧结构中所具有的完整 SOH 定义、功能和应用。在某些场合(如站内接口)，可以采用简化功能，即只选择其中的部分开销字节。

6.3.4　映射与复用

6.3.4.1　*复用原理*

现代电信传输技术发展方向是高速率、长距离、大容量、低成本。提高传输容量的方法之一是数字复用。所谓数字复用是采用时分复用技术，即在时域上将多路低速信号复用成一路高速信号，再通过高速传输信道实现高速数字信号传输。

SDH 的复用方式要求既能满足异步复用(例如，将 PDH 信号复用进 STM-*N*)，又能满足同步复用(例如，STM-1、STM-4……)，而且能方便地由高速 STM-*N* 信号分 / 插出低速信号。因此，SDH 采用了一套由一些基本复用单元组成的有若干中间复用步骤的复用结构，各种业务信号通过映射、定位和复用三个步骤复用进入 STM-*N* 帧。

SDH 映射、定位和复用的基本工作原理为：首先根据传输业务的速率选用一个合适的标准容器(Container，C-*n*)，完成适配功能(速率调整)，放入虚容器 (Virtual Container，VC-*n*)，加入通道开销(POH)。VC 在 SDH 网中传输时可以作为一个独立的实体。VC 在通道中任意位置取出或插入，以便进行同步复用和交叉连接处理。附上了指针(Pointer，PTR) 的 VC 就构成支路单元(Tributary Unit，TU)，*N* 个相同的 TU 构成支路单元组(Tributary Unit Group，TUG)，增加传送网络的灵活性。VC 附上管理单元指针构成管理单元(Administrative Unit，AU)，*N* 个相同的 AU 构成管理单元组(Administrative Unit Group，AUG)，*N* 个 AUG 构成同步传送模块(STM-*N*)，STM-*N* 可以实现数字信号高速率、大容量、高效率、高可靠性的传输。

图 6-7 所示的是 ITU-T G. 707-2000《SDH 光节单接口》规定的一套完整的 SDH 的复用映射结构。图 6-7 清晰地给出了映射、定位、复用的过程，同时也揭示了各个复用单元之间的关系。除此之外，从图 6-7 中可知，有效净荷复用映射到 STM-*N* 具有多个可选途径。为了简

化设备，节约复用映射时间，可以节省去某些接口和复用映射支路，使每种净荷只有唯一的复用映射途径到达 STM-N。

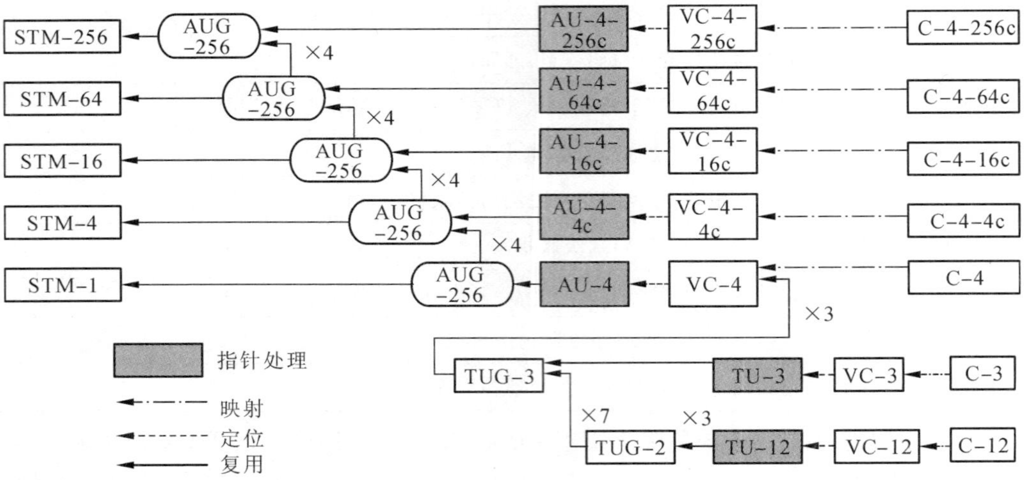

图 6-7　完整的 SDH 复用映射结构

6.3.4.2　基本复用单元

PDH 的标准速率信号、ATM 信元及其他新业务信号可以被复用成符合 SDH 帧结构的标准信号。图 6-7 中复用映射结构包括了一些基本复用单元：容器 C、虚容器 VC、支路单元 TU、支路单元组 TUG、管理单元 AU、管理单元组 AUG 和同步传送模块 STM。下面简单介绍各个基本复用单元的信息结构、具体组成和基本功能。

(1) 容器

容器(Container，C-n)是一种用来装载各种速率业务信号的信息结构。ITU-T G.709 针对 PDH 的速率系列，规范了 C-11、C-12、C-2、C-3 和 C-4 五种标准容器。SDH 容器用 C-n(n = 11，12，2，3，4)表示。n 的第一位数表示按 G.702 定义的 PDH 传输系列等级，第二位数 1 或 2 分别表示同等级内较低和较高的速率。我国仅涉及 C-12、C-3 和 C-4 容器，它们对应的标称速率分别是 2.048Mbit/s，34.368Mbit/s 和 139.264Mbit/s。

容器的基本功能是完成适配(码速调整)，即各种速率的业务信号复用成 SDH 帧结构都应首先通过码速调整等适配技术，装进一个恰当的标准容器，已装载的标准容器又作为虚容器的信息净荷。

(2) 虚容器

虚容器(Virtual Container，VC-n)是用来支持 SDH 的通道层连接的信息结构。它是 SDH 通道的信息终端，由已装载的标准容器和管理这些 VC 的通道开销组成，如式(6-1)所示。

$$\text{VC-}n = \text{C-}n + \text{VC-}n\ \text{POH} \tag{6-1}$$

VC 是 SDH 中最重要的一种信息结构。VC 的输出将作为其后接基本单元(TU 或 AU)的信息净负荷。VC 帧起点的定位由相应的指针值提供。在 SDH 网中，VC 传输时总是保持完整不变，可作为一个独立实体十分方便和灵活地在通道中任一点插入或取出，以便进行同步复用和交叉连接处理。VC 是 SDH 中可以用来传输、交换、处理的最小信息单元。

VC 可分为低阶虚容器和高阶虚容器两类。VC-1、VC-2 及 AU-4 中的 VC-3 为低阶虚容器;VC-4 和 AU-3 中的 VC-3 为高阶虚容器。按照管理虚容器的不同,通道开销可以细分为低阶通道开销和高阶通道开销。

(3) 支路单元

支路单元(Tributary Unit,TU) 是一种提供低阶通道层和高阶通道层之间适配的信息结构。TU-n 是由一个低阶 VC-n 和一个相应的支路单元指针(TU-n PTR) 组成,如式(6-2)所示。

$$\text{TU-}n = \text{VC-}n + \text{TU-}n\ \text{PTR} \tag{6-2}$$

式中,TU-n PTR 用来指示 VC-n 净荷起点相对于高阶 VC 帧起点间的偏移量。

(4) 支路单元组

支路单元组(Tributary Unit Group,TUG) 是由一个或多个在高阶 VC 净荷中占有固定、准确位置的 TUG 组成。TUG 可以简称为 TU 的集合。一些不同规格的 TU 被复用成一个 TUG 的信息净负荷,可增加传送网络的灵活性。支路单元组有 TUG-2 和 TUG-3 两种,其中 1 个 TUG-2 由 1 个 TU-2 或 3 个 TU-12 或 4 个 TU-11 按字节交错间插复用而成;1 个 TUG-3 由 1 个 TU-3 或 7 个 TUG-12 按字节交错间插复用而成。如图 6-8 所示,一个 VC-4 可以容纳 3 个 TUG-3;一个 VC-3 可以容纳 7 个 TUG-2。

(5) 管理单元

管理单元(Administrative Unit,AU) 是提供高阶通道层和复用段层之间适配的信息结构。管理单元可以表示成 AU-n 形式($n = 3,4$)。AU-n 是由一个高阶 VC-n 和一个相应的管理单元指针(AU-n PTR) 组成,如式(6-3) 所示。

$$\text{AU-}n = \text{VC-}n + \text{AU-}n\ \text{PTR} \tag{6-3}$$

AU-n PTR 用来指示 VC-n 净负荷起点相对于复用段帧起点间的偏移量。AU 指针相对于 STM-N 帧的位置总是固定的。

(6) 管理单元组

管理单元组(Administrative Unit Group,AUG) 是由一个或多个在 STM-N 的净荷中占有固定、准确位置的管理单元组成。1 个 AUG 由 1 个 AU-4 或 3 个 AUG-3 按字节交错间插复用而成。

(7) 同步传送模块

同步传送模块是用以支持 SDH 内段层连接的一种信息结构。同步传送模块(Synchronous Transfer Mode,STM) 帧结构,如图 6-4 所示。STM-1 是基本模块,其传输的信号速率为 155.520Mbit/s,高阶的 STM-N 模块($N = 4,16,64,256$) 是由 N 个 STM-1 信号同步复用而成的。除了以上介绍的各个基本单元之外,SDH 还可以通过采用灵活的级联方式来解决传输非标准的 PDH 等级信号。

6.3.4.3　复用与映射实例

在 SDH 传送网中,映射是业务信号成帧的形式放入容器的处理过程。定位是通过附加管理单元指针或支路单元指针实现速率匹配、净荷定位,形成 AU-n 或 TU-n 的过程。复用是完成多个单元组合成单元组或 STM-N 的过程。图 6-8 给出了一个 2Mbit/s 信号经过复用、定位、映射形成 STM-1 的具体过程的实例。

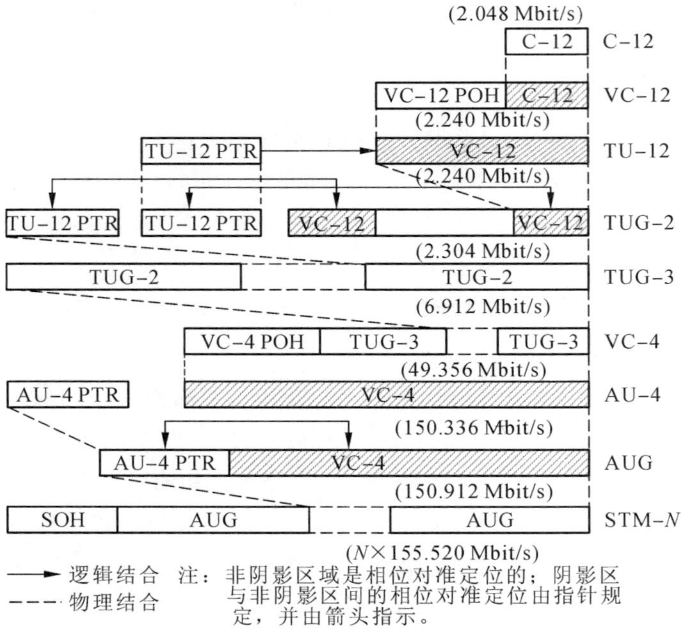

图 6-8 2Mbit/s 信号至 STM-1 的形成过程

6.3.5 网络自愈

6.3.5.1 保护与恢复

电信网络的安全性、可靠性是保障全世界每天信息海量交换的必要条件。电信网络一旦出现故障，严重时甚至会导致网络瘫痪，造成严重的社会影响，使用户蒙受巨大的经济损失。因此，网络的保护和恢复始终是网络运营商和用户最为关注的问题。

保护是一种能够提供快速恢复的特定拓扑技术，它是利用网元设备具有的保护机制，通过快速检测到故障，在故障发生前就在节点之间预先配置好保护容量，以极快的速度恢复业务。

恢复的实质是在网络中寻找失效路由的替代路由。网络恢复主要依靠网元产生的告警消息触发，需要网络管理系统介入，所以花费的时间较长。因此，大型电信网络采用分割和分域恢复解决方案。

在现代电信网络中，保护是最基本和最重要的防护措施。恢复则是辅助的防护措施。保护机制通常作为第一道防线，对付诸如光缆断裂之类的公共失效故障。恢复机制作为第二道防线，可以解决网络范围的故障和失效。

6.3.5.2 网络保护方法

在现代电信网络中，由于历史原因，一般在网络的 IP 层、ATM 层、SDH 层和光传送网(Optical Transport Network，OTN) 层已经开发出独立的保护恢复机制。根据网络功能结构和网络物理拓扑不同，表 6-5 仅列出了 SDH 网络保护方法及其特点。有关其他光网络的保护方法和特点，请读者阅读有关光网络保护与恢复文献。

表 6-5　SDH 保护和恢复分类方法和特点

分类	机制意义	特点
专用线性保护	路径（复用段）保护	工作路径被保护路径替代
	子网连接保护	工作子网连接由保护子网连接替代
共享环形保护	复用段共享保护环	自愈 - 自动故障恢复

6.3.5.3　自愈网

（1）自愈网

自愈概念就是指通信网发生故障时，通过自动倒换实现故障线路的自愈功能。自愈无须人为干预，可在极短的时间内从失效故障中自动恢复所携带的业务，使用户感觉不到网络已出了故障。

自愈原理是使网络具备发现故障并能寻找到替代传送路由，在一定时间内重新建立通信的能力。自愈是生存性网络最突出的特点。自愈网则是指具有自动故障恢复能力的网络。自愈网只涉及重新建立通信，而不管具体失效元部件的修复和更换，后者仍需人工干预才能完成。因此，通信网络的自愈实质是业务的自动恢复。

（2）自愈网保护方式

按照网络备用的资源的使用方法和节点控制逻辑的复杂性的不同，可以采用不同技术手段来实现自愈网。自愈网建立都需要考虑一些共同的因素：如初始成本、要求恢复的业务量的比例、恢复任务所需的额外容量、业务恢复速度、升级或增加节点的灵活性、易于操作运行和维护等。自愈网的实现形式可以分为线路保护倒换和自愈环保护两种基本形式。

① 线路保护倒换

a. 工作原理

最简单的自愈网形式是点到点的线路自动保护倒换。线路自动保护倒换系统包含：主用、备用两套光纤线路。线路保护倒换的工作原理是，当工作光纤的业务传输中断或系统性能劣化到一定程度后，系统倒换设备将主信号自动转至备用光纤线路传输，即工作通道倒换到保护通道，保证业务能够继续传送，使接收端仍然能够接收到正常的信号，而用户根本感觉不到网络已经出现了故障。线路保护倒换的优点是，业务恢复时间极快（$<$ 50ms）。

b. 保护方式

按照业务通路和保护通路的利用情况，路由备用线路保护方式可以细分为 1＋1 保护方式、1∶1 保护方式或者更为通用的 1∶N 保护方式。

1＋1 保护方式，如图 6-9 所示。1＋1 保护方式采用并发选收保护。所谓并发选收的含义是业务信号同时在两个独立的光纤线路中传输。我们称其中一条为工作光纤（通路），另一条

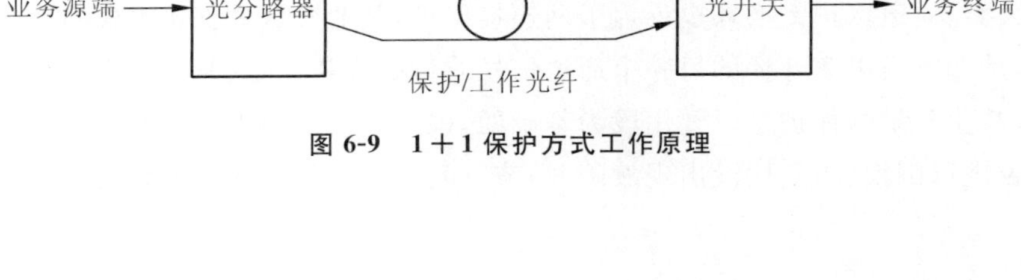

图 6-9　1＋1 保护方式工作原理

为保护光纤。业务终端光接收机的节点从工作光纤和保护光纤中择优选收业务信号，即当工作通路发生故障时，节点自动切换到保护通路接收业务信号，确保可以持续地接收到业务信号。这种保护方式的特点是，速度非常快且两端不需要自动保护倒换协议。

1∶1保护方式，如图6-10所示。在1∶1保护方式中，业务从源端到终端仍然有两条独立的光纤线路。然而，两条光纤线路中只有一条光纤（工作光纤）承载业务。如果工作光纤断裂，源端到终端同时倒换至保护光纤。在单向通信系统中，业务只在光纤中单向传送，光纤的断裂只能在终端测得，源端无法得知。因此，终端必须通知源端将工作光纤倒换至保护光纤。这样，需要一个通知协议，即自动保护倒换协议（Automatic Protection Switching，APS），完成自动保护倒换。APS协议的详细内容，请读者阅读相关参考文献。在双向通信系统中，业务在光纤上双向传输，光纤断裂可以在源端和终端测得，故不需要APS。

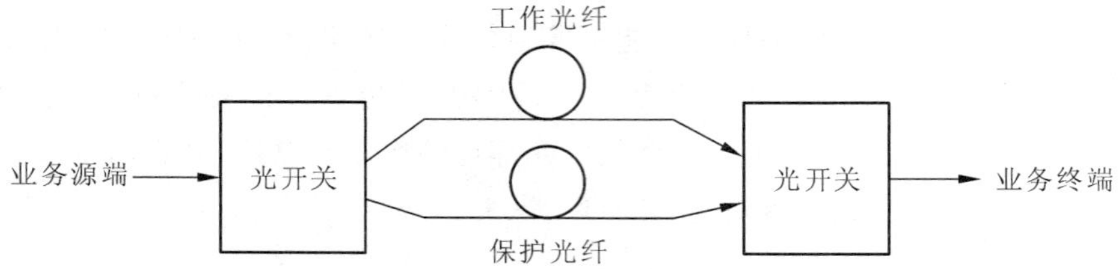

图6-10　1∶1保护方式工作原理

在单向通信系统中，因为1∶1保护方式中附加了额外开销，所以1∶1保护方式业务传输速度没有1+1那么快。1∶1保护方式具有两个优点：① 在正常工作时，保护光纤并没有使用。因此，保护光纤可以用来传送低优先级业务。在工作光纤断裂后，将保护光纤承载的低优先级业务丢弃。② 多条工作光纤可以共享一条保护光纤，进而构成1∶*N*保护方式。

1∶*N*保护方式，如图6-11所示。所谓1∶*N*保护方式顾名思义是*N*条工作光纤共享1条保护光纤，*N*的取值范围是1～14。1∶*N*保护方式是指正常情况下，业务信号只接在工作光纤上，在保护光纤上可以传输额外的业务信号；当工作光纤发生故障时，节点将保护光纤上的额外业务舍弃，切换为传输业务信号，实现业务信号的保护。

在1∶*N*保护方式中，当发生故障时，必须使用APS才能在收发两端建立可靠连接。收发两端同时完成倒换功能是通过SDH帧结构的段开销中使用了两个自动倒换字节K1（请求倒换信道）和K2（确认桥接到保护信道的信号）实现APS的。1+1保护方式和1∶*N*保护方式之间的关系是1+1保护方式为1∶*N*保护方式特例。

② 自愈环保护

a. 工作原理

网络节点被连成一个环形通过保护倒换可以改善网络的生存性和成本。自愈环网就是具有自愈能力的环形网络。自愈环网的网络节点可以是DXC，也可以是ADM，通常都采用ADM，利用ADM的智能分插能力构成的自愈网是SDH的特色之一。

根据自愈环业务保护的基础不同，自愈环网可以划分为通道保护倒换环和复用段保护倒换环两大类。通道保护倒换环也称为子网连接保护，其业务量的保护是以每个通道（光纤）为基础的，是否倒换以离开环的每一个通道信号质量的优劣而定。复用段保护倒换环也称为路径保护，其业务量的保护是以复用段为基础的，根据每一对节点间的复用段信号质量的优劣决定是否进行倒换。当复用段出现故障时，节点间的所有复用段业务信号都倒换到保护回

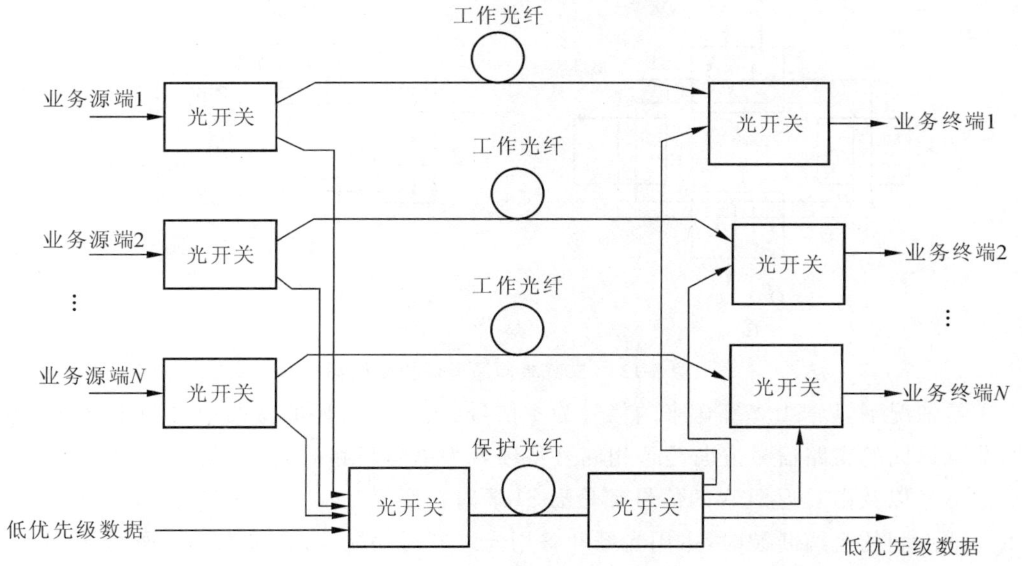

图 6-11　1∶N 保护方式工作原理

路。选择自愈环的种类时应该考虑建设成本、恢复业务速度、扩展灵活性和是否易于操作等因素。表 6-6 所示的是通道保护倒换环与复用段保护倒换环的比较。

表 6-6　自愈环结构与比较

类别	通道倒换环	复用段倒换环
功能比较	子网络连接保护	路径保护
保护类型	专用保护 正常情况下保护段也在传输业务信号，保护时间隙为整个环专用	公用保护 正常情况下保护段是空闲的，保护时间隙为每对节点共享
分路节点返回支路信号方向	单向环和双向环	
一对节点间所用的光纤最少数	二纤环和四纤环	
目前典型应用	二纤单向通道保护倒换环	二纤单向复用段保护倒换环

b. 保护方式

Ⅰ. 二纤单向通道保护倒换环

图 6-12 所示的是二纤单向通道保护倒换环。单向环是通过两根光纤来实现的，其中一根是用于传输业务信号的 S 光纤，另一根是用于保护的 P 光纤。二纤单向通道保护倒换环的保护方式为通道 1+1 保护，也是基于“并发选收”的原则，以通道告警指示信号(Path Alarm Indication Signal，PATH-AIS) 为倒换的判据，不需要 APS 协议。

单向通道保护倒换环采用“首端桥接，末端倒换”的结构，即在 A 和 C 节点中，进入环的信号同时接入 S 光纤和 P 光纤，而分路节点的信号是靠倒换来获得的。如图 6-12(a) 所示，在节点 A，进入环的以节点 C 为目的地的支路信号 AC 同时馈入发送方向光纤 S1 和 P1，其中 S1 光纤按顺时针方向将业务信号送至分路节点 C，而 P1 光纤则按逆时针方向将同样的支路信号送至分路节点 C。接收端分路节点 C 同时接到两个方向来的支路信号，按照分路通道信号的优劣决定选哪一路信号为分路信号。

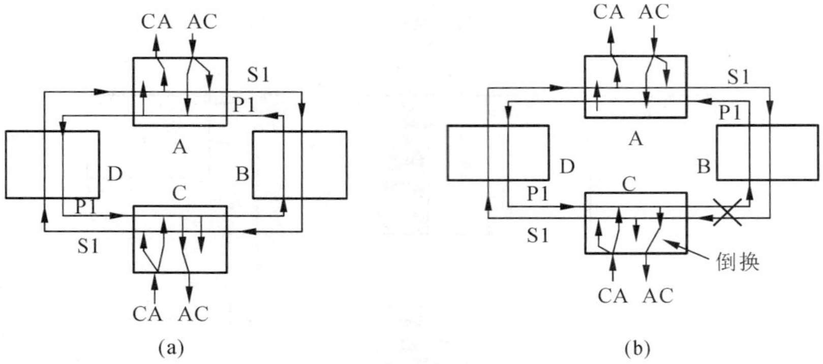

图 6-12　二纤单向通道保护倒换环

正常情况下，以 S1 光纤送来的信号为主信号。按照进入环的支路信号与由该支路信号分路节点返回的支路信号方向是否相同可将环分为单向环和双向环。在图 6-12(a) 中，由 A 到 C 的信号以及由 C 返回 A 的信号都是沿 S1 顺时针及 P1 逆时针，所以它是一个单向环。当 B 和 C 节点间的光缆断裂时，主用光纤和备用光纤同时切断，如图 6-12(b) 所示，在节点 C，由于从 A 经 S1 来的 AC 信号丢失，按并发选收原则，倒换开关将由 S1 转向 P1，接收由 A 节点经 P1 而来的 AC 信号作为分路信号，从而使 AC 间的业务信号得以维持，不会丢失。故障排除后，开关返回原来位置。

Ⅱ. 二纤单向复用段保护倒换环

二纤单向复用段保护倒换环，如图 6-13(a) 所示。这种环形结构中节点在支路信号分插入功能前的每一高速线路上都有一保护倒换开关。正常情况下，低速支路信号仅仅从 S1 光纤进行分插，P1 光纤是空闲的。由 A 到 C 以及由 C 返回 A 的信号都是沿 S1 光纤顺时针方向传送的，所以它是一个单向环。

当 B 和 C 节点间的光缆发生断裂时，主用光纤和备用光纤同时被切断，与光缆切断点相邻的节点 B 和 C 的保护倒换开关利用自动保护倒换协议执行环回功能，如图 6-13(b) 所示。在 B 节点，S1 光纤上的 AC 高速线路信号经倒换开关从光纤 P1 返回，沿逆时针方向经过 A 和 D 节点到达 C 节点，并经过 C 节点的倒换开关环回到光纤 S1 并落地分路。这种环回倒换功能能保证在故障状况下仍维持环的连续性，使低速支路上的业务信号不会中断，故障排除后，倒换开关返回原来位置。

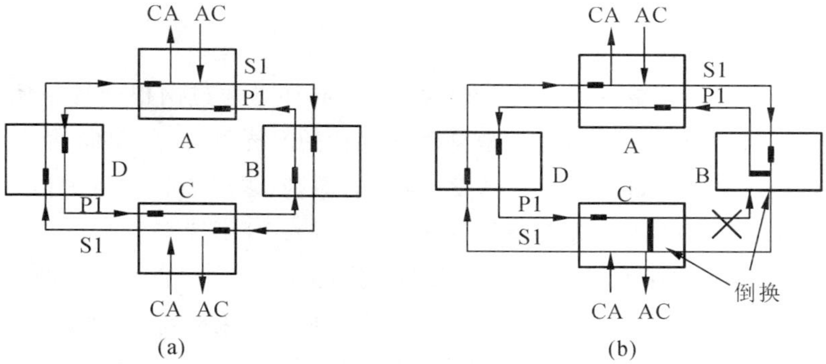

图 6-13　二纤单向复用段保护倒换环

6.4　光纤传输系统的总体设计

6.4.1　总体考虑

光纤传输系统 / 网络的总体设计必须从实际需求出发，在充分考虑综合业务容量的发展需求、用户地理位置、用户对业务服务质量的要求等因素的基础上，遵循国际相关设计规范和中国有关设计标准进行系统 / 网络设计。系统 / 网络的设计内容包括：确定系统 / 网络容量、网络拓扑结构和线路路由，完成光纤、传输设备选型，进行最大中继距离计算等。

（1）网络拓扑

根据系统 / 网络在通信光网络中的位置、功能、作用、业务服务质量和网络生存性要求等选择合适的网络拓扑结构。对于网络生存性要求高的长途干线光网络，一般采用网状网拓扑结构；对于网络生存性要求较高的城域光网络，通常选择用环形拓扑结构；对于要求成本尽量低且生存性要求不高的接入光网络，一般采用星形和树形拓扑结构。

（2）系统 / 网络容量

系统 / 网络容量设计工作的内容是，根据用户业务需求、未来发展需要，正确选择传输技术、光纤类型和传输设备，以达到技术先进、经济合理和安全可靠的设计目的。通信网络是承载业务的基础设施。运营商非常认可的是网络好服务就好！网络拓扑结构、光纤类型、传输技术、传输设备和控制方法是决定网络是否能够安全运行的重要因素。通信网络的生存性由网络拓扑结构决定。系统 / 网络容量则受制于所选用的传输技术、光纤类型、传输设备。系统 / 网络容量设计应该立足于用户现在的需求，同时也要考虑地区经济发展状况，以及未来扩容升级方便等。

例如，经济发达的长三角、珠三角地区的长途干线光网络建设时，应该尽量选择单波长速率的 40Gbit/s、100Gbit/s 的 SDH 系统设备或波分复用系统设备，以适应经济快速发展的需要；而西部欠发达的地区，为了节约建设投资，可以选择传输速率为 2.5Gbit/s、10Gbit/s 的 SDH 系统设备。

（3）传输技术

系统 / 网络容量直接取决于网络设计时所选用的光纤 / 光缆选型、传输技术和传输设备等。业界人士十分清楚，在光纤通信中，可以供选择的传输技术、光纤类型和传输设备已经十分成熟。

就传输技术而言，长途干线光网络主要采用光传送网（Optical Transport Network，OTN）、密集波分复用技术及其设备，城域光网络选用密集波分复用、稀疏波分复用、多业务传送平台、SDH 技术及其设备，接入光网络采用以太网 - 无源光网络、吉比特 - 无源光网络、波分复用 - 无源光网络技术及其设备。

6.4.2　光接口

6.4.2.1　分类代码

SDH 的特点之一是具有统一规范的光接口。光接口的标准化确保了不同网元可以经光通路直接相联，避免了信号的光 / 电转换带来的损耗，节约了网络运营成本。

按照应用场所的传输距离不同，ITU-T G.691 建议《单信道 STM-64 和其他带有光纤放大器 SDH 系统的光接口》(957 建议的扩展) 光接口代码的应用类型有 5 种：I(Intraoffice) 局内、S(Short-Haul) 短距离、L(Long-Haul) 长距离、V(Very Long-Haul) 甚长距离、U(Ultra Long-Haul) 超长距离。表 6-7 所示的是光接口代码与传输距离、工作波长、光纤类型的对应关系。

表 6-7　接口代码与传输距离的对应关系

传输距离	工作波长	光纤类型	光源类型	分类代码
≤ 2km	850nm	多模光纤	发光二极管(LED)	I
15km	1310nm	多 / 单模光纤	LED/ 多纵模激光器	S
40km	1310/1550nm	单模光纤	多 / 单纵模激光器	L
80km	1550nm	单模光纤	单纵模激光器	L
120km	1550nm	单模光纤	单纵模激光器	V
160km	1550nm	单模光纤	单纵模激光器	U

6.4.2.2　参数规范

为了确保不同制造商生产的 SDH 设备之间的互联互通，SDH 标准提出了详细的特性，例如，传输距离、工作波长、光源类型、光发射机(模块) 输出光功率、光纤类型、光接收机(模块) 灵敏度等。传输距离是选择光纤的类型的重要依据之一。例如，传输距离代码为 L、V、U 对应的单模光纤可以是 G.652 光纤、G.654 光纤、G.655 光纤。常用的光源类型有：发光二极管、激光二极管(LD)。LD 又有多纵模(Multi-Longitudinal Mode，MLM) 激光器和单纵模(Single-Longitudinal Mode，SLM) 激光器。高速率、长距离传输系统应该选用 SLM 激光器，大光发射机(模块) 输出光功率、高光接收机(模块) 灵敏度，反之亦然。表 6-8 给出了不同传输速率、传输距离所对应的光输出功率、光接收机(模块) 灵敏度。

表 6-8　不同传输速率、传输距离所对应的光输出功率、光接收机(模块) 灵敏度

传输距离(km)	传输速率	光输出功率范围(dBm)	光接收机(模块) 灵敏度(dBm)
≤ 15	STM-1	−15 ～ −8	−23
	STM-4	−15 ～ −8	−23
	STM-16	−10 ～ −3	−18
≤ 40	STM-1	−15 ～ −8	−28
	STM-4	−15 ～ −8	−28
	STM-16	−5 ～ 0	−18
≤ 80	STM-1	−5 ～ 0	−34
	STM-4	−3 ～ 2	−28
	STM-16	−2 ～ 3	−27

例如，对于一个传输速率为 622Mbit/s，选用 G.652 光纤，传输距离是 40km 的通信系统，可以选择的光接口代码为 L-4.2。L-4.2 所表达的具体内容为：L 表示长距离，4 表示 STM-4，2 表示工作波长 1550nm，所用光纤是 G.652 光纤。

光接口参数可以分为三大类：① 光发射机(模块) 光参数(S)；② 光通道光参数(S ～ R)；

③ 光接收机(模块) 光参数(R)。S、S ～ R、R 三大类光接口参数在 SDH 传输系统的具体位置，如图 6-14 所示。因为光纤通信系统是由这三大部分组成，所以我们非常关心与它们有关的光接口参数，一般采用最坏值设计方法，即在 SDH 传输系统再生段距离中，所有的参数均取最坏值的方法。SDH 传输系统系统设计目标是，根据实际应用情况，通过合理地选择光发射机(模块)、光纤和光接收机(模块)，确保在最坏情况下，光通道的衰减和色散仍然能够满足每个再生段的误码率 $<1\times10^{-10}$ 的要求。为了便于读者理解，表 6-9 给出了两个光接口代码及其规范的参数。

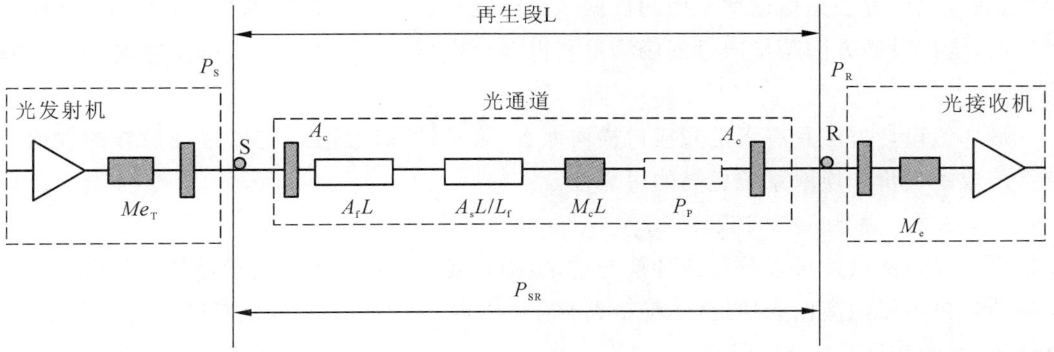

图 6-14　光通道光损耗组成

表 6-9　两个光接口代码及其规范的参数

应用代码		V-16.2	L-64.1
光源波长(nm)		1530 ～ 1565	1290 ～ 1320
光纤类型		G.652	G.652
目标距离(km)		120	80
光发射机	平均光功率(dBm) 最大 最小	 13 10	 +7 +4
	光谱特性 －20dB 带宽(nm)	—	
	消光比(dB)	8.2	
光通道	衰减范围(dB) 最大 最小	 33 22	 22 17
	色散范围(ps/nm) 最大 最小	 2400 —	 130 —
光接收机	接收机最差灵敏度(dBm)	－25	－19
	接收机最小过载功率(dBm)	－9	－10

6.4.3 光再生段距离设计

6.4.3.1 设计方法

SDH 投入商用已经有 30 多年的历史，在设计 SDH 网络时，SDH 系统的光再生段距离设计一般有三种设计方法，即最坏值设计方法、联合设计方法和统计设计方法。

最坏值设计方法是设计所用的数据全部选取最坏情况下的数据，以确保设计系统能够在寿命终止时设备富余度用完且处在极端高温或极端低温下仍然能够 100% 地保证系统性要求。联合设计方法是指设计采用的数据是由建设单位与设备制造商协商确定的一套增强型数据。统计设计方法是指通过现场测量获得统计数据。联合设计方法可靠性高，但是操纵困难。

最坏值设计方法具有满足光接口横向兼容、可靠性高的优点，它以选择最坏的数值，牺牲系统成本代价来换取系统更高的可靠性。

6.4.3.2 再生段距离设计

再生段距离设计可以分为两种情况讨论：损耗受限系统和色散受限系统。损耗受限系统所指的是再生段距离由光通道（光缆链路）损耗决定。色散受限系统则意味着再生段距离由光通道（光缆链路）总色散限定。

（1）损耗受限系统设计

① 设计思想

损耗受限系统是指由光通道（光缆链路）中的光纤损耗、光纤接头损耗等因素限制再生段距离的系统。按照光传输设计模型，损耗受限系统再生段距离计算的本质是，即使是在设备寿命终止时的最坏情况下，要确保由光发射机光功率、光接收机光功率和光通道代价的三个光功率大于光通道光损耗。可以利用式(6-4)计算出位于光发射点 S 到光接收点 R 之间允许的光通道光损耗 P_{SR}。

$$P_{SR} = P_S - P_R - P_P \tag{6-4}$$

式中，P_S 和 P_R 分别为光发射机的光功率和光接收机的灵敏度，P_P 为光通道的功率代价，即由整个光缆线路各个组成部分引起的总的光损耗。

② 再生段组成

图 6-14 形象地描述了整个光通道（再生段）光损耗的构成。构成光通道（光缆链路）光损耗的各个部分分别是：a. 活动光接头损耗（$2A_c$，一般一条光缆线路有两个终端活动接头）；b. 光纤损耗（光纤长度 $L\times$ 光纤衰减系数 A_f）；c. 光纤熔融接头损耗（$A_s/L_f\times L$）；d. 光缆富余量（$M_c\times L$）；5. 光通道代价（P_P）。

③ 再生段距离计算

将式(6-4) 变换为式(6-5) 的形式。可由式(6-5) 计算出由光发射点 S 到光接收点 R 之间的实际允许的光通道光损耗 P_{SR}。

$$P_{SR} = A_f L + \frac{A_s}{L_f} L + M_c L + 2A_c \tag{6-5}$$

式中，A_f 为再生段平均光纤衰减系数，A_s 是再生段平均接头损耗，L_f 为单盘光缆盘长，M_c 是光缆富余量，A_c 为活动光接头损耗。

由光纤传输设计模型得知，光再生段距离受限于整个光通道光损耗。换言之，SDH 系统的最大中继距离设计是根据图 6-14 所示的发射点 S 与接收点 R 之间所有光功率损耗和光缆富余度来确定总的光通道损耗值，再利用光通道损耗值在 ITU-T G.691 建议中选择合适的系统分类代码及其一整套的光参数。如果光通道损耗值落在不同应用场合光接口之间的重叠区时（40km 和 80km），这说明 40km 和 80km 两个光接口都是适用的。最经济的设计是应该选择对应较小衰减范围 40km 的光接口。表 6-10 给出了一个 ITU-T G.691 建议所规范的 STM-1 至 STM-64 的光接口要求。

表 6-10　STM-1 至 STM-64 的光接口要求

应用场合	局间通信				
	短距离		长距离		
标称波长(nm)	1310	1550	1550	1550	1550
光纤类型	G.652	G.652	G.652	G.652,G.654	G.653
目标距离(km)	15		40	80	
STM-1	S-1.1	S-1.2	L-1.1	L-1.2	L-1.3
STM-4	S-4.1	S-4.2	L-4.1	L-4.2	L-4.3
STM-16	S-16.1	S-16.2	L-16.1	L-16.2	L-16.3
STM-64	S-64.1	S-64.2	L-64.1	L-64.2	L-64.3

现在，将式(6-4) 代入式(6-5) 并整理，可以得到由损耗受限计算的最长再生段距离公式(6-6)。

$$L_1 = \frac{P_S - P_R - P_P - 2A_c - M_e}{A_f + A_s/L_f + M_c} \tag{6-6}$$

其中，$A_f = \sum_{i=1}^{n} \alpha f_i / n$，$A_s = \sum_{i=1}^{n-1} \alpha_{si} / (n-1)$。

式中，P_S 是光发射机在 S 点最小平均发射光功率(dBm)。P_R 为光接收机在 R 点最差灵敏度($BER \leqslant 10^{-12}$ 时)(dBm)。P_P 是最大光通道代价(dB)，它是由反射功率代价和色散功率代价组成，色散功率代价是色散、模分配噪声和激光器频率啁啾而引起的总劣化，光通道代价不超过 1dB。A_c 为光纤活动连接器损耗(dB)，通常一个中继段两端各有 1 个活动连接器，每个活动连接器损耗取 0.5dB。M_e 为设备富余度(dB)；A_f 为再生段平均光纤衰减(dB/km)，城域光网络用 G.652 光纤的衰减系数可以分为两个等级：一级光纤 1310nm 时，衰减系数 $\alpha \leqslant 0.36$dB/km，1550nm 时，衰减系数 $\alpha \leqslant 0.22$dB/km；二级光纤 1310nm 时，衰减系数 $\alpha \leqslant 0.40$dB/km，1550nm 时，衰减系数 $\alpha \leqslant 0.25$dB/km；αf_i 为单盘光缆的光纤衰减系数(dB/km)；n 是再生段内的光缆盘数。A_s 是再生段内平均熔融接头损耗(dB/个)，光纤熔融接头损耗是由光纤类型、几何尺寸的制造精度和熔接操作水平共同决定的，现在普遍采用全自动熔接机，故其数值一般控制在 0.04dB 左右。L_f 为单盘光缆的长度(km)，我国的光缆标准段长度采用的是 2km。M_c 为光缆线路富余度(dB/km)，为光缆线路运行变动（维护时附加接头和光缆长度增加），外界环境因素引起的光缆性能劣化，设计时所预留的余量，在一个中继段内光缆富余量取 3dB，如果光缆线路在 100km 以上，每个中继段的富余量可以取 5dB。

如果设备富余度选取数值为 3dB，采用最坏值设计时，最长再生段距离的计算公式(6-6) 可以改写成式(6-7) 的形式。

$$L_1 = \frac{P_S - P_R - 2A_c - P_P}{A_f + A_s/L_f + M_c} \tag{6-7}$$

如果光缆富余度 M_c 按照由 S 与 R 之间构成的整个段总量预留，则式(6-7) 又可以变换为式(6-8) 的形式。

$$L_1 = \frac{P_S - P_R - 2A_c - P_P}{A_f + A_s/L_f} \tag{6-8}$$

通过上述的损耗受限再生段距离计算公式的推导过程，读者会发现光纤的衰减系数是影响再生段距离的主要限制因素，其次是由活动连接器和熔融接续产生的光纤接头损耗。如果计算得到的再生段距离不能满足实际的传输距离需要，可以进行设备的重新配置，甚至于采用光放大器。光放大器就是延长中继距离的必要手段。

(2) 色散受限系统设计

① 设计思想

色散受限系统是指由光纤和光源而产生的光脉冲展宽而限制再生段距离的系统。色散是通过光脉冲展宽来限制高速通信系统容量(速率 × 距离) 的主要因素。由于构成光纤通信系统的基本组件是光源和光纤等其他光器件，所以决定色散受限再生段距离的作用因素是，在系统工作波长处的光纤色散系数和光源的光谱特性。因此，色散受限再生段距离的基本设计思想是，通过正确地选择光纤和光源，以确保色散受限系统的再生段距离满足标准光接口的色散要求。

② 光纤色散受限计算

光纤色散受限系统是指由光纤色散使光脉冲展宽限制再生段距离的系统。光纤色散是光通过光纤时由群速度与波长作用而产生光脉冲展宽。光纤由多模光纤演进为单模光纤，降低了模间色散对系统传输容量的限制。单模光纤品种不断更新，即不同色散系数、色散斜率的单模光纤，可以满足不同的传输速率、传输距离的光纤通信系统的使用需要。

对 SDH 系统的光纤色散受限再生段距离的计算而言，设计人员应该按照系统的传输要求，确定所设计系统的再生段的总色散，再根据这个总色散选择适用的系统分类代码规定的光接口及其相应的一整套光参数。最经济的设计应该选择最大色散值大于实际系统设计色散值的分类代码系统。表 6-11 给出了 ITU-T G. 691 所规范的 STM-1、STM-4、STM-16 和 STM-64 中的不同分类代码允许的色散数值。在查阅到系统的色散容限后，再将选用的光纤色散系数代入式(6-9) 就可以计算出系统的色散受限光再生段距离。

$$L_d = \frac{D_{SR}}{|D_f|} \tag{6-9}$$

式中，D_{SR} 是 STM-N 中光接口规范的发射点 S 和接收点 R 之间光通道允许的最大色散值；D_f 是在允许的工作波长范围内所选用光纤的最大光纤色散系数值。在查阅 STM-N 中光接口规范的 S ~ R 光通道允许的最大色散值后，再将所用光纤的色散系数值代入式(6-9) 计算出光纤色散受限再生段距离。计算得到的再生段距离应该小于 S ~ R 光通道允许的最大色散值，否则应该调整线路的配置或采用色散补偿措施。

表 6-11　STM-*N* 系统中光接口规范允许的色散数值

STM-*N*			STM-1	STM-4	STM-16	STM-64
分类代码		单位	L-1.3	L-4.1	L-16.2	L-64.3
标称速率		Mbit/s	155	622	2500	10000
工作波长		nm	1534 ～ 1566	1300 ～ 1325	1500 ～ 1580	1530 ～ 1565
光源			多纵模	多纵模	单纵模	单纵模
SR 光通道	衰减范围	dB	10 ～ 28	10 ～ 24	10 ～ 24	16 ～ 22
	最大色散	ps/nm	246	92	1200 ～ 1600	260

表 6-12 给出了在工作波长为 1550nm 处不同的单模光纤色散系数的差异。例如，G.652 光纤的色散系数为 17ps/(nm · km)，正色散 G.655 光纤的色散系数为 0.1 ～ 10 ps/(nm · km)，负色散 G.655 光纤的色散系数为 －10 ～－1ps/(nm · km)，色散补偿光纤的色散系数为 －100 ps/(nm · km)。由这些光纤的色散系数的变化，读者可以得到启示，G.655 光纤的小色散系数使它更适合于高速率、远距离通信使用。

表 6-12　各种不同单模光纤的色散参数

光纤类型	色散系数 [ps/(nm · km)]	色散斜率 [ps/(nm² · km)]	相对色散斜率 (nm^{-1})	光纤有效面积 (μm^2)
G.652 光纤	17	0.056	0.003	80
G.655 光纤	0.1 ～ 10	0.045 ～ 0.085	0.006 ～ 0.01	50 ～ 70
G.655 光纤	－10 ～－1	0.04 ～ 0.1	－0.006 ～－0.01	50 ～ 70
色散补偿光纤	－100	－0.2	变化	

对于符合标准光接口规范的系统而言，可以使用简单的公式(6-9) 计算它的色散受限系统的再生段距离。但是，对于非标准光接口的系统，例如光源光谱与标准规范数值相差较大时，需要考虑光源类型、光源谱宽、传输速率等因素。

③ 光源色散受限计算

光源受限系统是由光源的频率啁啾，导致光脉冲展宽而限制再生段距离的系统。光谱是由一系列的频谱组成的。光源的调制的频率啁啾，光谱在光纤中传输受光纤的影响都会使光源光谱展宽，同时系统再生段距离与传输速率的平方成倒数关系。因此，光源类型和传输速率对系统的再生段距离的影响是非常大的。

a. 多纵模激光器色散受限

低速率、短距离的系统所用的光源是光谱较宽的多纵模 LD 激光器或发光二极管。多纵模 LD 引起的频率啁啾对系统的传输距离影响非常小，所以使用多纵模 LD 的系统，其光缆线路的光通路代价是由模式分配噪声功率代价和码间干扰的功率代价组成的。相对展宽因子 ε 与上述的两个功率代价有关。ε 表示码元光脉冲经过信道后光脉冲的相对展宽值，它可以用式(6-10) 求得。

$$\varepsilon = \frac{\delta}{T} = B \times D_f \times L_d \times \sigma \times 10^{-6} \tag{6-10}$$

式中，δ 为码元脉冲均方根展宽数值，T 是码元宽度，σ 为激光器的均方根宽度(nm)，D_f 是光纤的最大色散系数[ps/(nm·km)]，B 为系统的传输速率(Mbit/s)，L 是光纤长度(km)。如果我们将表 6-13 所列出的不同类型的激光器和色散功率代价所对应的 ε 数值代入式(6-11)就可以计算出多纵模 LD 色散受限的最大再生段距离。

$$L_d = \frac{\varepsilon \times 10^6}{D_f \times B \times \sigma} \tag{6-11}$$

表 6-13 不同光源的 ε 与色散功率代价的关系

光源类型	色散功率代价	ε 参数值
多纵模 LD	1	0.115
单纵模 LD	0.5	0.203
单纵模 LD	1	0.305
单纵模 LD	2	0.491

b. 单纵模激光器色散受限

高速率、远距离的系统所用的光源是光谱较窄的单纵模 LD。单纵模 LD 是通过其频率啁啾影响光脉冲的展宽。频率啁啾与 ε 存在一定的关系。它们的定量关系确定起来比较复杂。在实际工程应用中，采用单纵模 LD 的系统可以采用下列简单的计算方法。

假设光脉冲呈现高斯形分布，允许的光脉冲展宽不应超过发射光脉冲宽度的 10%。在 1dB 光功率代价下，可以用式(6-12) 计算出单纵模 LD 色散受限的再生段距离。

$$L_d = \frac{71400}{\beta \times D_f \times \lambda^2 \times B^2} \tag{6-12}$$

式中，β 为光源的频率啁啾系数，D_f 是光纤的最大色散系数[ps/(nm·km)]，λ 为单纵模 LD 的中心波长(nm)，B 是系统的传输速率(Tbit/s)。尽管这个公式计算结果比实际测量结果偏保守，但是作为最坏值设计的计算公式，式(6-12) 可以获得既简单又可靠的计算结果。β 的数值与激光器、光调制器类型和调制方法有关。例如，普通量子阱激光器 $\beta = 2 \sim 3$、应变量子阱激光器 $\beta = 1 \sim 2$，电吸收调制器 $\beta = 0.5$。

通过上述的损耗受限计算式(6-8) 和色散受限计算式(6-11) 或式(6-12) 可以计算出不同受限机理作用下的系统再生段距离。一般，利用两个作用机理计算得到的结果是不同的。最后应该选择其中较短的再生段距离作为传输系统的最大再生段距离。然而，长期研究发现一个规律，2.5Gbit/s 以下低速率的系统的再生段距离是由损耗受限；而 10Gbit/s 高速率系统的再生段距离则由色散受限；而 10Gbit/s 以上甚至于 40Gbit/s 超高速度系统的再生段距离必须计算偏振模色散造成的传输限制。

④ 设计实例

【例 6-1】 光纤色散受限再生段距离的计算实例。

2.5Gbit/s SDH 系统采用的长距离光接口模块 L-16.2(40 ～ 80km)，最小发射光功率 $P_S \leqslant -2$dBm，最差光接收机灵敏度 $P_R \leqslant -28$dBm，使用的 G.652 光纤，它在工作波长 1550nm 色散系数 D_f 为 17ps/(nm·km)，光纤的衰减系数 A_f 是 0.23dB/km，光纤活动连接损耗 A_c 为 0.2dB，光纤熔融接头损耗 A_s 是 0.04dB/km，光缆线路富余度 M_c 为0.05dB/km。在不考虑的光通道代价($P_P = 0$) 的情况下，按照光纤损耗受限和系统色散容限的受限公式计算出系统的最大再生段距离。

解：(1) 光纤损耗受限再生段距离：

$$L_l = \frac{P_S - P_R - 2A_c - P_P}{A_f + A_s/L_f + M_c} = \frac{-2-(-28)-2\times 0.2}{0.23+0.04+0.05} = 80\text{km}$$

(2) 系统色散容限的再生段距离：

首先由表 6-11 查得 STM-16 中的 L-16.2 光接口 S、R 之间的允许的最大色散值为 1200ps/nm，然后应用式(6-9) 计算系统色散容限的再生段距离：

$$L_d = \frac{D_{SR}}{|D_f|} = \frac{1200}{17} = 70.6\text{km}$$

按照最坏值设计方法，这个系统的最大再生段距离为 70.6km。因此，这个系统的再生段距离是由系统色散容限所限制的。

【例 6-2】 光源色散受限再生段距离的计算实例。

一个传输速率为 622Mbit/s 的 SDH 传输系统，系统的工作波长为 1310nm，光发射机的平均光功率 $P_S > 1$dBm，光源采用的是多纵模激光器，其光谱宽度 σ 为 1.2nm。所用的是单模光纤衰减系数 $\leqslant 0.30$dB/km，而其色散系数 $\leqslant 3.0$ps/(nm · km)，光缆富余量取值为 3dB。光接收机使用的是雪崩光电二极管，其灵敏度 $P_R \leqslant -30$dBm，光缆线路富余度 M_c 为 0.05dB/km。请计算在不考虑光功率代价 $P_P = 1$dB 情况下，这个 SDH 传输系统的最长光再生段距离。

解：(1) 光纤损耗受限再生段距离：

$$L_l = \frac{P_S - P_R - 2A_c - P_P}{A_f + A_s/L_f + M_c} = \frac{1-(-30)-2\times 0.2-1}{0.3+0.04+0.05} = 85.79\text{km}$$

(2) 光源色散受限再生段距离：

因为所用的光源是多纵模激光器，它在光功率代价为 1dB 时，由表 6-13 可以取 $\varepsilon = 0.115$，可以利用式(6-11) 计算光源色散受限再生段距离。

$$L_d = \frac{\varepsilon \times 10^6}{D_f \times B \times \sigma} = \frac{0.115\times 10^6}{1.2\times 3.0\times 622} = 51\text{km}$$

按照最坏值设计方法，这个系统的最大再生段距离为 51km。因此，这个系统的再生段距离是由光源色散所限制的。

由上述的两个计算实例，可以清晰地看出，光纤损耗和激光器光谱展宽都会影响系统的再生段距离。对光纤传输系统的再生段距离的设计，其实质是合理的选择光纤品种和激光器类型。例如，在设计高速率、长距离的光纤通信系统设计时，应该考虑选择小色散系数的 G.655 光纤和无啁啾的多纵模激光器(DML-LD)。

表 6-14 所示的是在不同的传输速率,在工作波长为 1550nm 的 G.652 光纤[色散系数为 17ps/(nm · km)]、G.655 光纤[色散系数是 7ps/(nm · km)]与单纵模 - 分布反馈(SLM-DFB)激光二极管搭配方案的受限再生段距离。

表 6-14 不同光纤品种和激光器组合方案的受限再生段距离

传输速率(Gbit/s)	G.652 光纤 + 啁啾 SLM-DFB 受限距离(km)	G.655 光纤 + 啁啾 SLM-DFB 受限距离(km)	G.655 光纤 + 无啁啾 SLM-DFB 受限距离(km)
2.5	103	250	2688
10	6	15	168
40	0.4	1	10.5
100	0.06	0.16	1.7

解决系统色散受限,可以提高系统的容量(速度 × 距离)。为此,首先应该从光纤品种和激光器类型入手;其次是光源的调制方法等。光纤通信技术进步,即速率的提高,距离的延长就是在解决色散限制问题。现在,业已研究出的解决色散受限制问题的具体方法是:① 减小光纤色散系数、色散斜率;② 缩小光源的谱宽;③ 采用外调制器;④ 采用色散补偿模块。前三种方法是内在的解决方法。而色散补偿则属于强制性措施。

6.5 组网设计基础

6.5.1 网络结构

网络节点是建立网络的基础。简单网络节点只有复用功能,而复杂的节点除了具有复用功能之外,还有交叉连接、交换和终结功能。SDH 传送网就是利用不同设备与网络节点组成的统一电信网络基础设施。

SDH 传送网是由四类基本网元设备与光缆线路连接而成,以便完成信号传输、再生、上下、交叉连接功能。SDH 组网的基本网元(设备)有:终端复用器(Termination Multiplexer, TM)、再生中继器(Regenerative Repeater, REG)、分插复用器(Add-Drop Multiplexer, ADM)和数字交叉连接器(Digital Cross Connecter,DXC)。下面简单阐述这些基本网元的功能。

6.5.1.1 终端复用器

图 6-15 所示的是 TM 的示意图。TM 的功能是可以提供从 ITU-T G.703 接口(系列数字接口)到 STM-1 输出的简单复用功能。例如,TM 可以将 63 个 2Mbit/s 信号复用形成一个 STM-1,同时根据所传送的复用结构的不同,在组合信号中,每个支路的信号保持固定的相对位置。这样就可以利用计算机软件进行信号的插入与分离工作。

6.5.1.2 再生中继器

图 6-16 所示的是 REG 的示意图。REG 是一个不具备复用功能的简单再生设备。它的功能是对经过长距离光纤传输的弱光信号进行放大、整形处理。到达光接收机的光功率过小,便会引起误码,影响系统的传输质量。

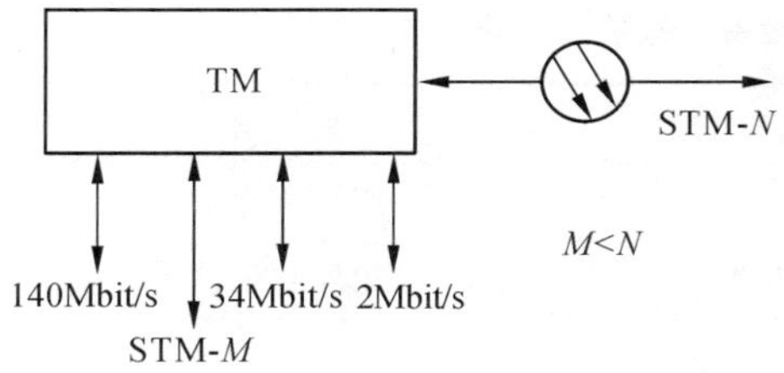

图6-15　终端复用器

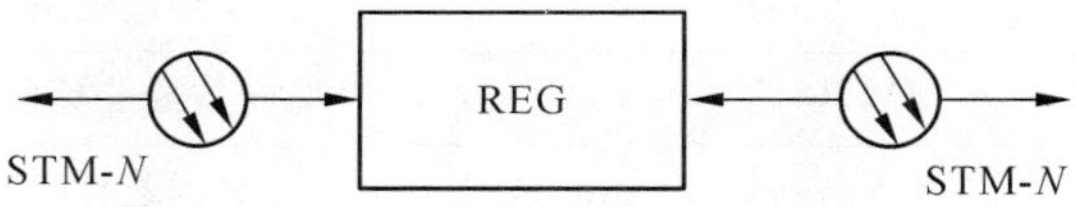

图6-16　再生中继器

6.5.1.3　分插复用器

图 6-17 所示的是 ADM 的示意图。ADM 的功能是实现信号的分插复用。ADM 的工作原理是利用时隙交换实现带宽管理，允许两个 STM-N 信号之间的不同 VC 实现互联，并且具有无须分接和终结整体信号，可以将各种 G.703 规定的接口信号(PDH) 或 STM-N 信号(SDH) 接入 STM-M($M > N$) 内作任何支路的能力。因此，ADM 被称为分插复用器。ADM 设备具有灵活地插入和分接电路的功能，它在 SDH 网络中占有重要地位，尤其是在环形网中应用时，以其具有的自愈能力而倍受青睐。

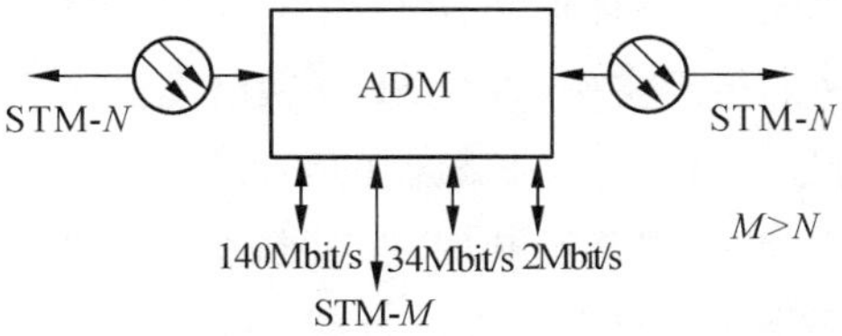

图6-17　分插复用器

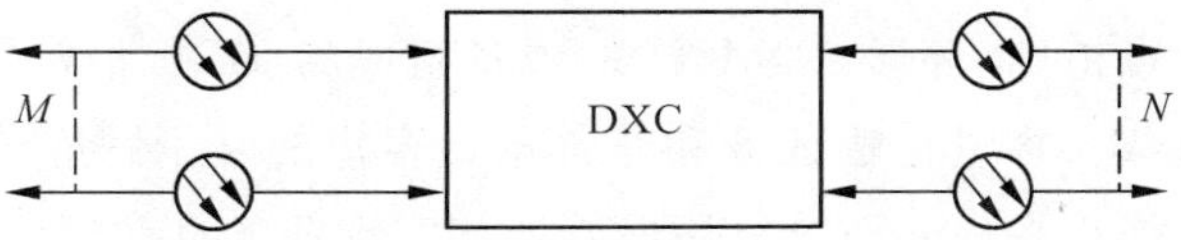

图6-18　数字交叉连接设备

6.5.1.4　数字交叉连接设备

图 6-18 所示的是 DXC 的示意图。DXC 是一种具有一个或多个准同步数字体系(G.702)或同步数字体系(G.707) 信号端口并可以在任何端口信号速率之间进行可控连接和再连接的设备。DXC 设备是一种智能化的传输节点设备。DXC 具有以下五个主要功能：

① 分离业务：分离本地交换业务与非本地交换业务，为本地交换业务提供可用路由；

② 业务配置：为临时性重要事件迅速提供电路；

③ 故障配置：网络出现故障时，迅速为网络提供重新配置；

④ 网络优化：按照业务容量的季节变化，使网络实现最佳化；

⑤ 网络网关：网络运营商可以在网络中自由地使用不同的数字体系(PDH 和 SDH)，作为 PDH 和 SDH 的网络网关使用。总之，DXC 是一种具有复用、自动配线、保护 / 恢复、监控和网络管理的多功能设备。

综上所述，基本网元设备，特别是 ADM 和 DXC 设备为 SDH 传送网提供了控制简单、组网灵活、生存性强等突出优点。

6.5.2　基本拓扑结构

SDH 传送网拓扑结构就是由光缆线路在网络节点(基本网元) 之间构成的几何形状。光网络拓扑结构的演进顺序是：点到点、链路、环形和网状网。这个拓扑结构的演进过程意味着网络的可靠性得到逐步提高。表 6-15 为对常用的光网络拓扑结构所用复用设备和网络的保护机制的比较。

表 6-15　常用的拓扑结构、复用设备和保护机制的比较

拓扑结构	复用设备	保护机制
点到点	终端设备	备用线路保护
链路	终端设备或分插复用设备	备用线路保护
环形	分插复用设备	环形保护机制
网状网	交叉连接设备	恢复机制

SDH 传送网设计时，应该根据业务容量、服务质量和未来发展需要选择合理的网络拓扑结构。实际上，多种网络拓扑混合并用，通过彼此取长补短，获得最佳的组网方案。在 SDH 传送网中，常用 ADM 设备构建环形网。当网络发生故障时，环形网可以提供高等级的有效保护。ADM 环形网具有复用和解复用能力，处理故障的保护机制。

6.5.3　组网设计实例

在 SDH 组网设计中，ADM 可以采用三种组网方式 —— 环形 ADM、线性 ADM、终端 ADM 中的任意一种。图 6-19 给出了一个 SDH 传送网的组网实例。这个 SDH 网络是由点到点链路、环形 ADM、DXC 设备组成的。SDH 最常用的是具有环形保护机制的环形网。对于承载大容量传输任务和非常重要客户的骨干网应该采用具有恢复机制的网状网。现在，光网络正在由光波分复用向着能够实现业务自动配置和网络故障自动恢复的自动交换光网络发展，其目的是光网络的安全可靠。

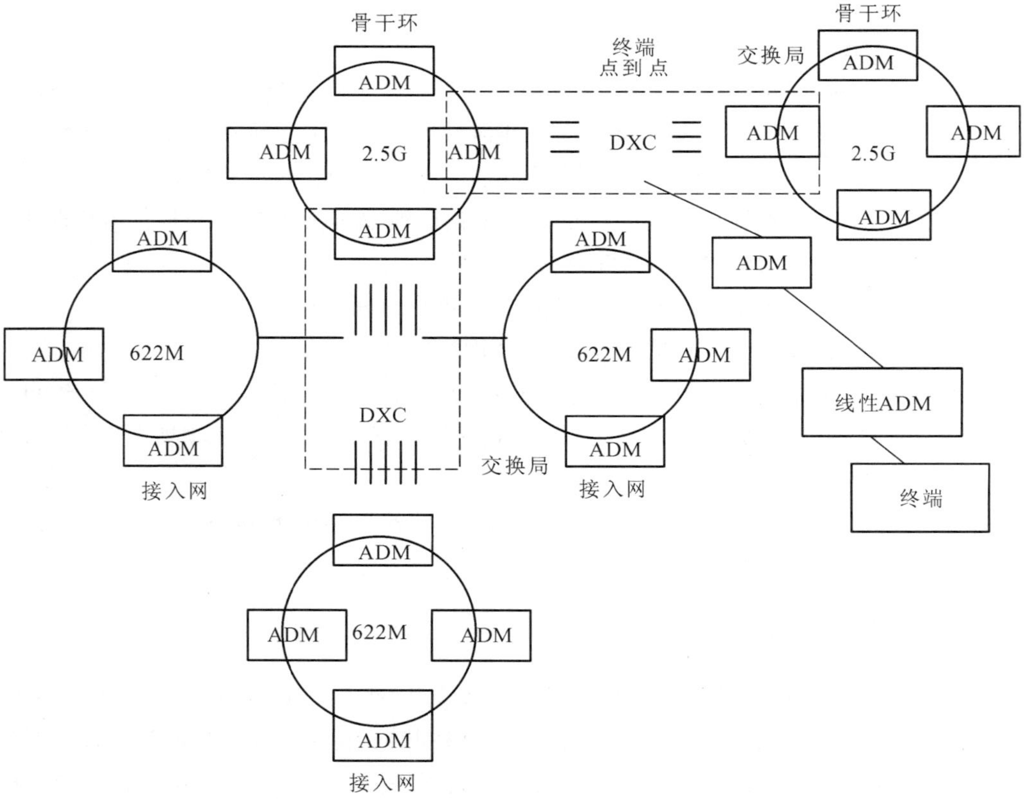

图 6-19　一个 SDH 传送网的组网实例

6.6　多业务传送平台

6.6.1　产生

SDH 是为语音业务传输所研究、设计、制造的时分复用的产品。自 20 世纪 90 年代至今，随着互联网数据业务迅速增长，SDH 存在的有限虚容器等级、面向连接的固定带宽指配、单一的业务质量保证等，使得它承载突发性数据业务效率较低、缺乏区分多业务服务质量的保证机制。为了适应业务层的多样化，光传送网中引入多业务传送的概念，以便满足不同用户日益增长的高带宽、多业务的需求。为此，在 SDH 基础上开发出了多业务传送平台（Multi-Service Transport Platform，MSTP）。

MSTP 是在 SDH 基础上发展演变而来的多业务传送平台。MSTP 是基于 SDH 平台实现时分复用模式（Time Division Multiplexing，TDM）、异步转移模式（Asynchronous Transfer Mode，ATM）和以太网等多业务的接收、处理和传送，提供统一网络管理功能。MSTP 设备适合作为网络边缘的融合节点支持混合型业务，特别是 TDM 业务为主的混合业务。

6.6.2　多业务功能特点

6.6.2.1　技术原理

MSTP 是一种能够针对多种业务特点进行处理的传送网节点设备，是 SDH 为适应数据业务交换而进行扩展的一项技术。通过灵活的业务适配将不同颗粒的多种业务、多种协议映射到 SDH 帧结构中，通过 SDH 的传送，在一个多业务平台上，有效地支持数据、语音和图像业务。MSTP 整合多种业务 PDH、SDH、ATM、IP 于单一网络设备，故 MSTP 更为贴切地被称为多业务传送平台。图 6-20 所示的是 MSTP 功能模型。

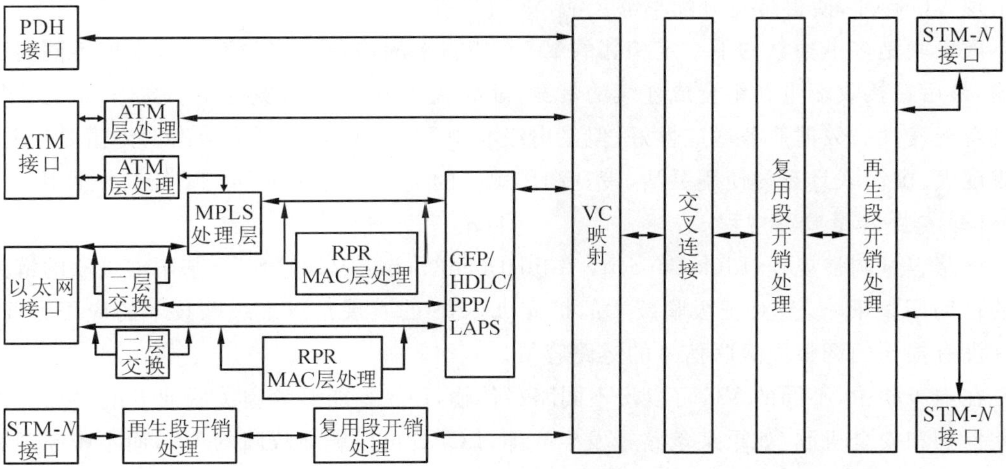

GFP：通用成帧规程　PPP：点到点协议　HDLC：高级数据链路协议
LAPS：链路接入规程　RPR：弹性分组环　MPLS：多协议标记交换

图 6-20　MSTP 功能模型

MSTP 除了具有标准的 SDH 处理功能外，MSTP 还增加了 ATM 处理模块和以太网处理模块，但是其核心仍然是基于 SDH 的虚容器通路。各类业务信号首先映射进入 SDH 的虚容器 VC 中，然后以 VC 为单位实现交叉连接等功能。

6.6.2.2　关键技术

MSTP 通过引入封装协议、虚级联技术、链路容量调整规程等关键技术，使得 MSTP 能够有效地承载时分复用业务、数据业务等多种业务，同时可以支持点到多点连接，具有可扩展性，支持用户隔离和带宽共享，支持以太网服务质量、阻塞控制、公平接入和业务层环网保护。

从体系结构上来看，MSTP 的关键技术包括：封装协议、虚级联和链路容量调整规程。下面简单地介绍这些关键技术的作用：

（1）封装协议

利用 MSTP 传送数据业务，特别是以太网业务时，首先要完成以太网数据帧到 SDH 帧的转换和映射。从图 6-20 可以看出，在映射进入 VC 之前，MSTP 采用三种数据封装方式来适配以太网业务和 ATM 业务。一是 IP over SDH(POS) 即通过 PPP 协议将数据分组转换成 HDLC 帧结构，然后映射到 SDH 虚容器 VC 中。二是将数据分组转换成链路接入规程(Link Access Procedure-SDH，LAPS) 结构，然后映射到 SDH 虚容器 VC 中。三是将数据分组通过通用成帧规程(General Frame Process，GFP) 的方式，映射到 SDH 虚容器 VC 中。

（2）虚级联

为了增强对业务的接入和梳理能力，MSTP 引入了级联技术。级联的本质是组合多个小的虚容器形成一个大的容量容器。按照级联方式不同，级联可以分为连续级联（相邻级联）和虚级联（非相邻级联）。

连续级联是将一 STM-N 数据帧中相邻的 VC 级联作为一个整体在网络中传送。连续级联所包含的所有 VC 都经过相同的传输路径。因此各个 VC 之间不存在时延差，降低了接收侧信号处理的复杂度，提高了信号传输质量；但是 VC 相邻这一信道要求难以满足，而且容易出现 VC 碎片，使得带宽分配不够灵活，资源利用率不高。

虚级联是多个独立的不一定相邻的 VC 在逻辑上的连接。各个 VC 可以沿着不同的路径传输，最后在接收端重新组合成连续的带宽。虚级联使用灵活，带宽利用率高，对于统计复用和具有突发性的数据业务适应性好；但是虚级联中不同 VC 之间可能会出现传输时延差，实现难度大。虚级联具有的使用灵活、带宽利用率高的优点使得其在 MSTP 中广泛使用。

（3）链路容量调整规程

链路容量调整规程(Link Capacity Adjustment Scheme，LCAS) 是基于虚级联的链路容量的自动调整策略，是对虚级联技术的扩充。LCAS 的实现是以虚级联技术的应用为前提，允许没有损伤的调整虚级联信号的链路容量。

在虚级联中，不同的 VC 可以沿不同路径传输，LCAS 能够为虚级联业务的多径传输提供软保护和安全机制。如果某条路径发生故障，LCAS 可以删除故障的 VC，而不中断现有业务，待故障排除后再添加该 VC。通过改变虚级联的链路容量，可以提高业务的健壮性。

6.6.2.3　技术特点

MSTP 技术是在 SDH 平台的基础上增加了 ATM、以太网、IP 业务处理模块，构成多业务传送平台。因此，MSTP 具有以下一些技术特点：

(1) 多种业务

MSTP 同时实现 TDM、ATM、以太网、IP 等业务的接入处理和传送，提供服务质量保障，是提供统一网络管理的多业务平台。

(2) 带宽管理

MSTP 通过引入虚级联和链路容量调整规程增强带宽分配的灵活性，提高带宽的利用率。通过链路容量调整，删除故障 VC，实现故障保护。

(3) 技术兼容

MSTP 技术实现了 IP 光互联网技术和 SDH 技术的光网络兼容。因此，MSTP 是本地网 / 城域网转型期较为理想的过渡性技术。

(4) 多种拓扑

MSTP 支持线形、星形、环形和网状网等多种网络拓扑结构。MSTP 能够应用在本地网 / 城域网的核心层、汇聚层和接入层，支持多种业务类型和高层应用。

(5) 统一网管

MSTP 设备使用统一网络管理系统，减少了业务开通的时间，提高了网络监测能力和服务质量。MSTP 网元类型的减少，提高了网络设备之间的协同工作能力。

MSTP 既能从承载业务、设备成本、维护费用方面彰显出非常好的经济效益，又能够满足本地网 / 城域网的多业务、高带宽、高可靠性的建设需求。因此，MSTP 已经成为当前电信网运营商建设本地网 / 城域网选择的主流传输技术。

6.7　小结

PDH 是为传输电话业务而研究和设计的产品，随着传输容量和传输网络不断地增大，PDH 暴露出了其自身设计中所存在的没有统一的世界标准，难以实现国际性互联互通；缺乏统一的标准接口规范，阻碍电信开放竞争的发展；没有安排管理、运营、维护等缺点。为此，人们开发出了 SDH。

SDH 技术特点体现在，在信息结构上的统一，形成数字传输体制上的世界标准。SDH 帧结构由净荷、开销、管理单元指针三大部分组成。净荷功能承载业务信息、段开销用于实现网络智能化管理。管理单元指针是 SDH 的重要创新，它可以在准同步环境中完成复用同步和 STM-N 信号的帧定位，以便于消除准同步系统滑动缓存器引起的时延和性能损伤。

SDH 是利用复用、映射、定位技术，采用各个等级信息结构，通过字节间插或字节块间插，使低阶信号和高阶信号复用与解复用一次到位，大大地简化了设备处理过程，改善了网络的业务透明性。SDH 通过自愈环保护方式，提高了保护和恢复能力，赋予网络更高的生存性和可靠性。

损耗、色散、误码率、抖动、可靠度，它们从不同角度描述传输系统性能。传输系统设计采用的方法是最坏值设计方法。根据光接口规范要求计算出损耗受限光再生距离和色散受限光再生距离。在两个计算结果中选择其中较短的光再生距离，确保系统和网络最差的情况下能够满足业务传输要求。

SDH 具有终端复用器、再生中继器、数字分插复用器(ADM)、数字交叉连接器(DXC)等基本(网元)设备形式，因此具有灵活的组网能力。特别是 ADM 和 DXC 可以构建 SDH 环形网和网状网，通过网络自愈功能，大大地提高了网络的服务质量，使得网络更加安全可靠。

对于电话网而言，SDH 可以说非常完美。数据业务增长迅速，推动 SDH 暴露其不适应传输数据业务的问题，例如承载突发性数据业务效率低、缺乏区分多业务的服务质量保证机制等。为此，人们又研制出了 MSTP。MSTP 通过引入虚级联、链路容量调整规程、通用成帧规程，以使 SDH 变成一个能够承载 PDH、SDH、ATM 和以太网等多种业务的传送平台，从而赋予更新、更强的生命力。

小知识

美国贝尔实验室

伟大的发明家贝尔

1925 年 1 月 1 日，由美国电报电话公司和西部电子公司的工程开发部合并而组建了贝尔实验室。贝尔实验室是以伟大的发明家贝尔(Bell Alexander Graham，1847—1922) 命名的实验室。贝尔实验室是全球通信界享有极高创新能力的高级研究开发机构。该实验室在全球拥有 1 万多名科学家和工程师。贝尔实验室的通信研究部门的工作宗旨是，通过提供最先进的技术来创建世界上最新的通信系统。

自 1925 年以来，贝尔实验室取得的重大发明有：晶体管、通信数学理论、蜂窝移动电话、激光器、数字传输和交换、卫星通信、按键音频电话、UNIX 操作系统、C/C++ 语言和数字计算机。这些重大发明改变了世界，使人类进入信息社会，从而大大地推动了科学技术、经济发展和社会文明进程。通过具体的研究过程，贝尔实验室造就了一大批优秀的科学家，有 7 人荣获诺贝尔奖，7 人荣获美国国家科学奖，7 人荣获美国国家技术奖。正是贝尔实验室所取得的科学研究成果，使得它成为世界上最具有权威性的研究机构之一。

晶体管的发明，使人们进入了电子时代，为电子计算机等小型、节能的电子设备的诞生奠定了基础。蜂窝移动电话为用户之间实现了便捷的移动通信。激光器开创了一个崭新的科学领域。激光器被应用于通信、医学和电子设备领域，彻底地改变了人类的工作和生活方式。数字传输和交换技术，以语音信号的数字复用传输体系形式，不仅使语音业务处理更经济、更可靠和更灵活，而且为数据通信、有线电视、多媒体等业务的通信网络奠定了基础。卫星通信可以利用空中的卫星接收和放大信号，然后将信号传送到地球的任何地方，以实现跨越洲际的广域通信。

过去，贝尔实验室在光纤通信领域取得的重大技术发明成果体现在：① 激光器；② 光纤制造方法；③ 拉曼光纤放大器；④ 波分复用技术；⑤4000km 的超长距离海底光缆传输系统；⑥ 低水峰光纤；⑦ 光孤子传输等。现在，为了实现全光网的发展需要，贝尔实验室的研究人员正在进行光路由器、光子器件、超高速度和宽带集成光电子器件及其子系统的研究。

习　题

6-1　PDH 存在哪些缺点？

6-2　叙述 SDH 的主要技术特点。

6-3　阐述 SDH 帧结构组成及其各个部分的作用。

6-4　解释 SDH 中 SOH 各个字节的功能。

6-5　介绍 SDH 中 POH 各个字节的功能。

6-6　阐述 2.048Mbit/s 信号映射入 STM-N 的过程。

6-7　说明 SDH 常用的拓扑结构及其特点。

6-8　解释自愈网的概念。

6-9　阐述线路保护倒换工作原理。

6-10　一个 SDH 系统的再生段的光接口的参数如下：(1) 所用的光源是多纵模激光器，其发射功率的最坏值为 －3dBm，光谱均方根宽度是 2nm；(2) 光纤衰减系数为 0.33dB/km，光纤活动连接器的损耗是 0.2dB/个，光纤熔融接头损耗为 0.1dB/个，光缆的平均敷设长度是 2km，光纤的色散系数是 2.2ps/(nm·km)；(3) 光接收机最坏的灵敏度为 －28dBm。如果光缆的富余度选取的数值是 0.05dB/km，请计算该 SDH 系统的再生段的最长传输距离。

6-11　阐述 SDH 常用的组网拓扑结构。

6-12　描述 SDH 的分插复用器的功能。

6-13　阐述 MSTP 的工作原理。

6-14　说明 MSTP 的关键技术。

6-15　MSTP 是如何支持以太网接入的？

第7章　光网络组网关键光器件

【学习目标】

1. 理解关键光器件在光网络组网中的重要作用。
2. 掌握光放大器的作用、分类、原理、性能与应用。
3. 掌握波分复用器的作用、分类、原理、性能与应用。
4. 掌握色散补偿器的作用、分类、原理、性能与应用。
5. 掌握光开关的作用、分类、原理、性能与应用。
6. 掌握光分插复用器的作用、原理与应用。
7. 掌握光交叉连接器的作用、原理与应用。

【知识框图】

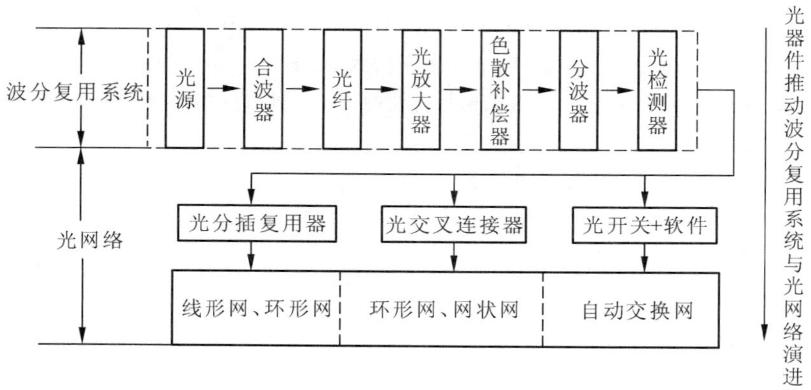

7.1　光放大器

7.1.1　作用

光纤损耗限制了光纤传输系统的传输距离。光纤本身具有一定的损耗，光信号在其中只能传输一固定距离。为了延长系统传输距离，传统的做法是使用光-电-光中继器，其工作原理是，先将接收到的微弱光信号经光电检测器转变为电信号，然后对该电信号进行放大、均衡、判决等处理使信号再生，最后再通过激光二极管完成电光转换形成光信号，光信号再注入光纤中进行继续传输。对于波分复用系统而言，光-电-光中继器变得十分复杂且非常昂贵。

光放大器(Optical Amplifier，OA)是一个替代传统光-电-光中继器，延长中继距离的方法。OA是直接放大光信号(补偿光纤损耗)，无须进行光-电转换过程，比光-电-光再生器要简单得多。图7-1所示的是光-电-光再生器和光放大器的比较。

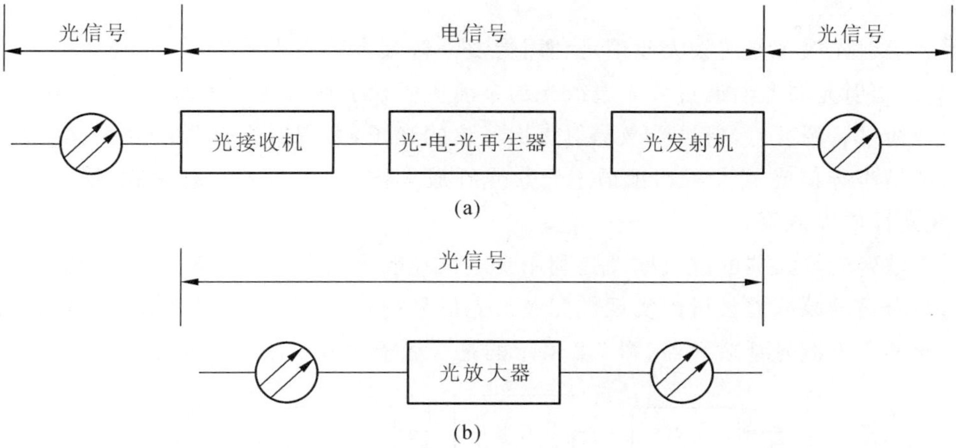

图 7-1　光 - 电 - 光再生器和光放大器的比较

(a) 光 - 电 - 光再生器;(b) 光放大器

OA 的研究内容主要是宽带宽、高增益和低噪声。为此,研究人员先后开发出掺铒光纤放大器(Erbium Doped Fiber Amplifier,EDFA)、半导体光放大器(Semiconductor Optical Amplifier,SOA)和拉曼光纤放大器(Raman Fiber Amplifier,RFA)等。

SOA 的研究与半导体激光二极管的研究几乎是同时进行的。SOA 可实现 O 波带和 C 波带的光信号的放大。SOA 具有集成度高、体积小、增益光谱宽等优点,但是其存在饱和输出功率低、非线性效应显著等缺点。SOA 不能作为光纤传输系统中的光放大器使用,但是它可以用作光信号处理器件,如光波长转换器、光门型开关、光再生器等。

1987 年,David N. Payne 和 E. Desurvire 发明了 EDFA。EDFA 引起了光纤通信的一场革命。EDFA 是一种纯光学器件,它能够实现高增益、大功率和低噪声。EDFA 不需要复杂的电子电路,对传输的数据速率和数据格式是透明的,可大幅度地降低系统成本。最重要的是 EDFA 可以同时放大一根光纤中的所有光信号,为波分复用(Wavelength Division Multiplexing,WDM)技术的应用创造了必要的条件。1995 年,EDFA 进入实验应用。今天,光放大器和 WDM 技术已经成为满足传输容量、网络功能和组网灵活日益增长需要的最为经济的技术方案。

20 世纪 90 年代末,大功率水泵浦激光器的问世和波分复用系统超长距离传输的需要,加快了 RFA 的研究进程。RFA 具有低噪声、高带宽、小的非线性等优点,它逐渐被应用于波分复用超长距离传输系统中。

目前,在光纤通信中常用的是 EDFA。EDFA 以技术成熟、性能稳定可靠而广泛应用在提高光信号发射功率、补偿光纤传输损耗、提高光接收机灵敏度的场所。RFA 具有放大带宽宽、噪声低等优点,它主要应用在长距离、超长距离光纤传输系统中。2012 年,武汉邮电科学研究院利用集 EDFA 技术成熟、性能稳定和 RFA 的带宽放大和低噪声优点于一体的混合光放大器在 G. 652 光纤上成功进行了传输速率为 1. 031Tbit/s,传输距离为 12160km 的超长距离的传输实验。

7. 1. 2　分类

按照光放大原理的不同,OA 可以分为受激辐射光放大器、受激散射光放大器和参量光放大器三大类型。

受激辐射光放大器的放大原理是利用受激辐射效应完成光子倍增，实现光信号的直接放大。受激辐射光放大器通过外界电或光的泵浦形成粒子数反转分布的有源区(增益介质)，当光信号通过有源区时，通过受激辐射作用释放的光子，实现对光信号的放大。受激辐射光放大器包括半导体光放大器和掺稀土元素光纤放大器，如掺铒光纤放大器、掺镨光纤放大器、掺铥光纤放大器等。

受激散射光放大器的放大原理是利用受激拉曼散射和受激布里渊散射，即原子的振动，通过选择合适的泵浦波长可以实现任意波长光信号的放大。受激散射光放大器包括拉曼光纤放大器和布里渊光纤放大器。图 7-2 所示的是受激辐射和受激散射光放大器的通用结构。

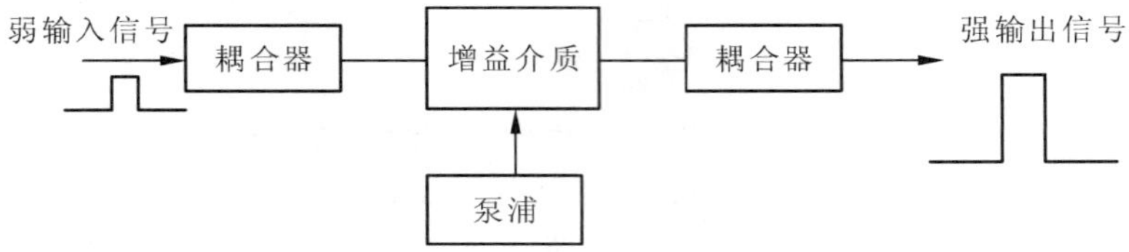

图 7-2　受激辐射和受激散射光放大器的通用结构

参量光放大器的放大原理是利用介质中的三阶非线性效应 —— 四波混频实现光信号的放大。两个泵浦光的光子能量转移到信号光上，同时产生一个闲频光。参量光放大需要满足相位匹配条件。在光纤通信中，通过控制水泵浦光的开关来控制闲频光，实现闲频光的全光开关功能。因此，参量光放大器可以作为光开关使用。

掺铒光纤放大器具有高增益、高饱和输出功率等优点，其放大带宽依赖于掺稀土元素的能级结构，增益带宽固定而有限。拉曼光纤放大器的放大波长由泵浦波长决定，选择合适的泵浦波长，可以实现任意波长光信号的放大。拉曼光纤放大器可以进行分布格式光放大，从而降低系统放大噪声和传输光纤的非线性扰动。因此，光纤通信中，广泛使用的是掺铒光纤放大器和拉曼光纤放大器。

7.1.3　放大带宽

自 1998 年，由美国朗讯公司发明了低水峰光纤，其低衰减工作波长为 1260 ～ 1675nm，从而为光纤传输系统提供了 415nm 的巨大可用带宽资源。既然光纤可以提供 415nm 的工作波长，那么光放大器的光放大波长范围应该与其相匹配。简言之，OA 应该在具有高增益的同时，还能够实现宽带光放大功能，以求充分挖掘和使用光纤的潜在的巨大可用波段。表 7-1 列出了国际电信联盟规范的光放大器的 6 个波段名称、工作波长范围及其可以采用的各种光放大技术的对应关系。

表 7-1　光放大器的放大波段名称、工作波长范围和放大技术

波段名称	含义波段	工作波长范围(nm)	光放大技术
O 波段	原始波段	1260 ～ 1360	掺镨光纤放大、半导体放大、拉曼放大
E 波段	扩展波段	1360 ～ 1460	拉曼放大
S 波段	短波段	1460 ～ 1530	掺铥光纤放大
C 波段	常用波段	1530 ～ 1565	掺铒光纤放大、半导体放大、拉曼放大
L 波段	长波段	1565 ～ 1625	掺铒光纤放大
U 波段	超长波段	1625 ～ 1675	拉曼放大

研究发现，与 LD 相同，OA 增益大小、光放大波长范围取决于其所用的增益介质、放大机理和泵浦光源等。掺稀土元素的光纤放大器只能实现特定波长的光信号放大，如掺镨光纤放大器（Praseodymium Doped Fiber Amplifier，PDFA）放大 1310～1360nm 波长的光信号、掺钕光纤放大器（Neodymium Doped Fiber Amplifier，NdDFA）放大 1320～1450nm 波长的光信号、掺铥光纤放大器（Thulium Doped Fiber Amplifier，ThDFA）放大 1460～1530nm 波长的光信号、掺铒 - 镱光纤放大器（Erbium-Ytterbium Doped Fiber Amplifier，EYDFA）放大 1520～1600nm 波长的光信号和掺铒光纤放大器（Erbium Doped Fiber Amplifier，EDFA）放大 1550～1650nm 波长的光信号。

RFA 只要选择合适的波长泵浦光源，就可以实现对任意波长的光信号进行放大。仅就放大波长而言，光纤放大器研究任重道远。鉴于 EDFA 放大的波长与石英玻璃光纤最低衰减波长一致，RFA 宽阔的放大波长范围、无需增益介质、小噪声等特点，在大容量、长距离传输的波分复用系统中主要采用 EDFA 和 RFA。图 7-3 所示的是各种光纤放大器放大波长范围和饱和输出功率。EDFA 和 RFA 在 1550nm 具有低衰减和高的饱和输出功率，为此在光纤通信中常用的光放大器是 EDFA 和 RFA。本章仅讨论 EDFA 和 RFA 的基本结构、工作原理和工作特性。

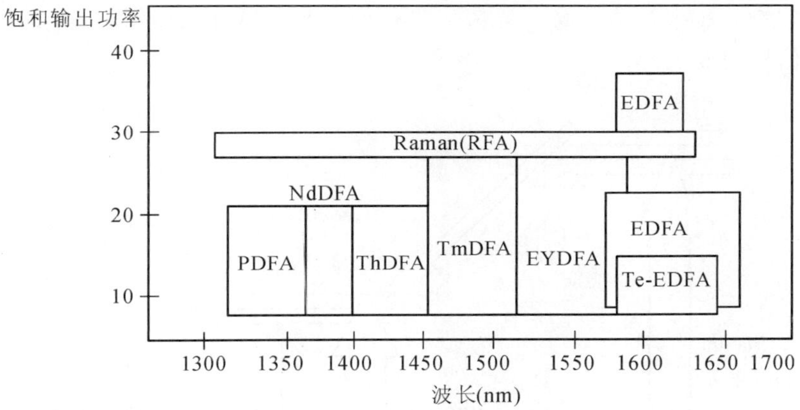

图 7-3　各种光放大器的放大波长范围和饱和输出功率

7.1.4　掺铒光纤放大器

7.1.4.1　基本结构

EDFA 顾名思义是以在基体石英玻璃纤芯中掺杂有源 Er^{3+} 离子的掺铒光纤为增益介质的光放大器。掺铒光纤的泵浦光源常用的是工作波长为 980nm 或 1480nm 的半导体激光器。

EDFA 是由 1 个耦合器（输入光信号和泵浦光源）、一段几米长的掺铒光纤、2 个隔离器（一个输出，一个输入）和泵浦光源共同构成。EDFA 的核心部分是增益介质掺铒光纤[纤芯中掺有铒（Er）的特种光纤]。耦合器组合微弱光信号和泵浦源光功率进入掺铒光纤。泵浦光可以与光信号相同方向传输，也可以与光信号反向传输。掺铒光纤承载经耦合器连接的光信号并利用 Er^{3+} 离子的受激辐射原理实现光信号放大，位于弱光信号输入端隔离器可以抑制反射光进入输入光纤的光线。位于 EDFA 输出端的隔离器能够抑制输出光纤的反射光进入 EDFA 产生振荡和附加噪声。图 7-4 所示的是 EDFA 的基本结构。

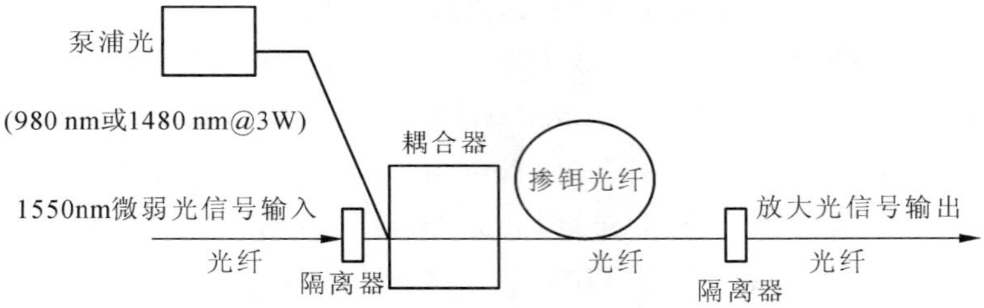

图 7-4 EDFA 的基本结构

7.1.4.2 工作原理

EDFA的工作波长在1550nm附近，与光纤的低衰减工作波长完全一致，是性能最佳、技术成熟、应用广泛的光纤放大器。铒(Er)是一种稀土元素，原子序数是68，相对原子质量是167.3。图7-5所示的是Er^{3+}离子的能级图。在EDFA中的Er^{3+}离子存在三种能级状态：激发态($^4I_{11/2}$)、亚稳态($^4I_{13/2}$)和基态($^4I_{15/2}$)。

EDFA的工作原理是，利用980nm或1480nm泵浦光，使掺铒光纤中的Er^{3+}离子激发到激发态(寿命为1μs左右)，然后从激发态返回到亚稳态(寿命为10ms左右)，最后从亚稳态再返回到基态，即通过泵浦光使Er^{3+}离子受激辐射，实现光纤中传输工作波长为1520～1570nm光信号的放大。光信号放大是泵浦光使Er^{3+}离子跃迁到激发态，通过受激辐射释放光子实现光信号的放大。

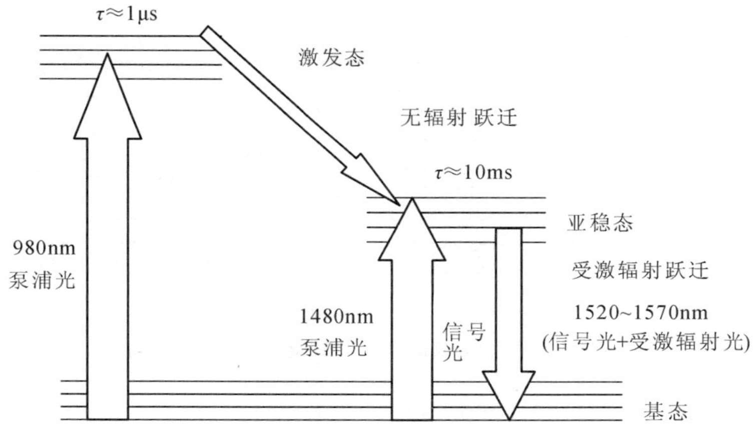

图 7-5 Er^{3+} 离子的能级图

采用980nm泵浦光源时，可以用三个能级模型来解释能级的粒子数反转。采用1480nm泵浦光源时，可以用两个能级模型来解释能级的粒子数反转。980nm泵浦可以使Er^{3+}离子获得几乎是完全的粒子数反转，而1480nm泵浦通常获得较低的粒子数反转。粒子数反转程度越高，从自发辐射过程获得的噪声越小。980nm泵浦的EDFA具有泵浦效率高、噪声低、增益平坦性好等优点，它在光纤通信中主要作为预放大器使用。由于1480nm泵浦紧挨着信号能级和泵浦能级，1480nm泵浦的EDFA具有更高的量子效率。亚稳态($^4I_{13/2}$)能级的自发辐射寿命仅为10ms，比传输信号的速率低得多，有利于减小EDFA的码间畸变和信道串扰。

7.1.4.3 工作特性

EDFA在高速率、长距离、大容量的波分复用光纤传输系统中扮演着非常专业的作用。在波分复用光纤传输系统中，人们非常关注EDFA的增益带宽、工作波长、噪声系数和放大器间距等主要工作特性。

(1) 增益

增益是 EDFA 基本性能之一。式(7-1) 为增益的定义 $G(\lambda)$，即输出功率与输入功率之比。

$$G(\lambda) = \frac{P_{\text{out}}}{P_{\text{in}}} = \exp\left(\int_0^L g(\lambda, z)\,\mathrm{d}z\right) \tag{7-1}$$

式中，$g(\lambda, z)$ 是增益系数在长度为 L 的掺铒光纤长度上所获得的光放大倍数。

EDFA 的增益是增益系数在长度为 L 的掺铒光纤上的积分。

EDFA 有三种工作模式：① 小信号放大或线性工作区；② 饱和区；③ 深度饱和区。当输入信号功率小于 1μW 数量级时，EDFA 工作在线性区。EDFA 的增益在 25 ～ 35dB 之间。图 7-6 所示的是 EDFA 的增益与泵浦功率的关系。

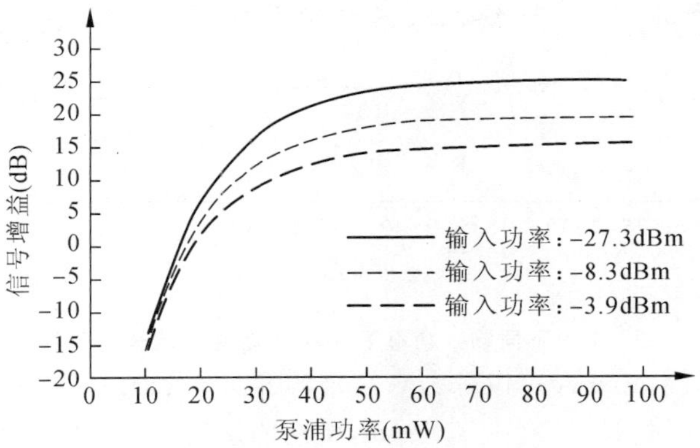

图 7-6　EDFA 的增益与泵浦功率的关系

当输入的泵浦功率较小时，放大器的增益较大。当输入的泵浦功率较大时，放大器的增益出现饱和。这是因为放大器开始消耗掉通过受激辐射放大信号的受激铒离子。这就意味着放大器的增益随着输入泵浦功率的增加而减小。输出功率随着输入功率的增加而连续增加，但是在高的功率下，输出功率增加的数量比在低的功率下要小得多。EDFA 的输出功率等于输入功率加增益，如式(7-2) 所示。

$$P_{\text{out}} = P_{\text{in}} + \text{增益} \tag{7-2}$$

EDFA 的最大输出功率受泵浦功率和放大器结构限制。EDFA 的典型最大饱和输出功率是 10 ～ 24dBm。对于一个单波长系统，它是一个光信道上传输的功率。对于一个波分复用系统，它是被放大的所有光信道上的功率之和。这就意味着，随着信道数的增加，每个光信道的功率将会相应地减少。如果最大输出功率是 100mW，在一个光信道上放大器可以传输 100mW。在 8 个光信道的每个光信道上放大器可以传输 12.5mW，在 40 个光信道的每个光信道上放大器可以传输 2.5mW。

(2) 工作波长

与低水峰光纤工作波长 1260 ～ 1675nm 相比，EDFA 的放大工作波长仅仅只有 1530 ～ 1565nm。因此，EDFA 研究的重点之一是想方设法研制宽阔的放大工作波长。

图 7-7 给出了在不同输入功率下，EDFA 增益与波长的关系。实际上，EDFA 的放大工作波长范围应该位于发生受激辐射得到增益最大的波长。对于几米长的短掺铒光纤，最大增益的波长位于 1530 ～ 1535nm。只有小的输入功率才可能获得最大的增益。由该图知，在小的

输入功率下，增益随波长呈现明显的变化，即从在 1530 ～ 1535nm 之间的增益峰值到 1540 ～ 1560nm 曲线的平稳段的增益变化量为 10dB。然而，对于高输入功率，增益饱和之处，增益在那个波长范围更加均匀。

尽管在 1565 ～ 1622nm 的长波长处，EDFA 的增益会更小，但是在这些波长受激辐射仍然比吸收要大得多。当光沿着掺铒光纤传输时，就产生了一个净增益。因此，光功率是沿着光纤长度而增加的。虽然增益并不大，但是它可以累计。这样，借助足够长的掺铒光纤可以实现光信号的放大。

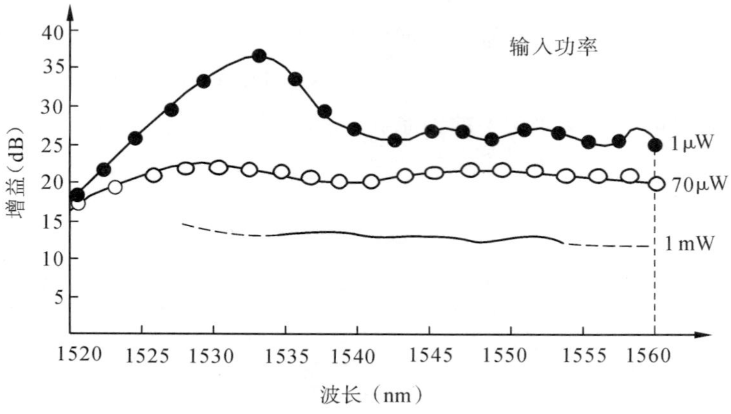

图 7-7 不同输入功率下，EDFA 增益与波长的关系

按照工作波长不同，EDFA 可以分为 C 波带的 EDFA 和 L 波带的 EDFA。C 波带放大器通常覆盖的波长范围大约是 1530 ～ 1565nm，所用的掺铒光纤长度仅为几米。L 波带放大器采用的是铒-铝共掺光纤，使 EDFA 的工作波长范围扩展到 1570 ～ 1610nm。现在，C 波带和 L 波带的 EDFA 都已经进入工程应用。为了获得宽阔的放大波长，可以采用 C 波带放大器和 L 波带放大器并联方案。图 7-8 所示的是并联使用 C/L 波带的 EDFA。一般应该在 C 波带和 L 波带之间保留 5nm 的间隔，以便于并联放大器分路和传输使用。

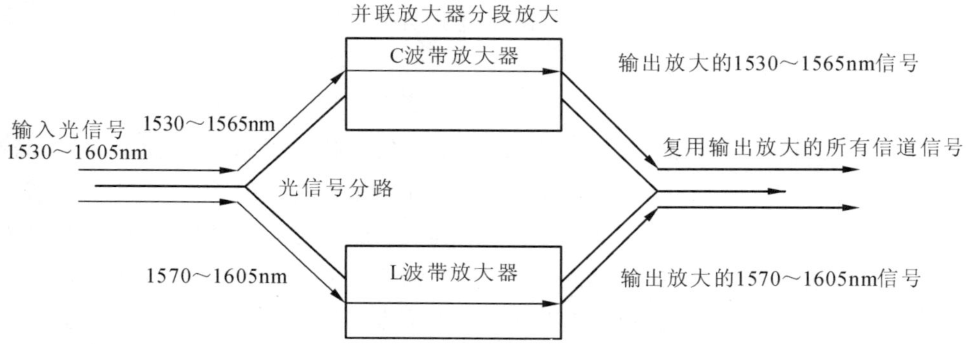

图 7-8 并联使用 C/L 波带的 EDFA

（3）增益均衡

在波分复用传输系统中，所有光信道都是从同一个光源获得它们的功率。泵浦激光器激励纤芯的 Er^{3+} 离子可放大位于 EDFA 波段内任何波长的光。如果信号只包含一个波长，所有的 Er^{3+} 离子都用来放大那个波长。如果 EDFA 放大更多波长的光，那么 EDFA 的光功率必须被均匀地分配到所有的波长。这样，当一个 EDFA 在一个波长上传输的功率为 100mW 时，那么该 EDFA 在 40 个波长的每个波长上所传输的功率仅为 2.5mW。

实际上，如图 7-9 所示，EDFA 在其整个工作波长范围的增益是不均衡(平坦)的。这就意味着，EDFA 在 C 波带的增益平坦范围只有十几个 nm，而 L 波带仅为 20nm。例如，在一个没有采用增益均衡技术的波分复用传输系统中，光信号传输了 30 个级联的 EDFA 后，不同波长的信号功率相差可以达到 30dB。

为了使 EDFA 能够得到宽范围的增益平坦，需要采用增益均衡技术。现在，常用的解决增益不均衡的方法有：① 以光滤波器来减小最强光谱线的功率。② 利用不同类型的放大器，如拉曼光纤放大器(RFA) 来均衡 EDFA 的增益。由图 7-9 可以清晰地看到，RFA 强增益的位置恰巧对应于 EDFA 弱增益的位置。因此，利用两种放大器共同放大 —— 混合放大技术可以使EDFA增益光谱得到均衡，即增益光谱变得更宽且更均匀。两种增益均衡方法既可以同时使用，也可以单独使用。

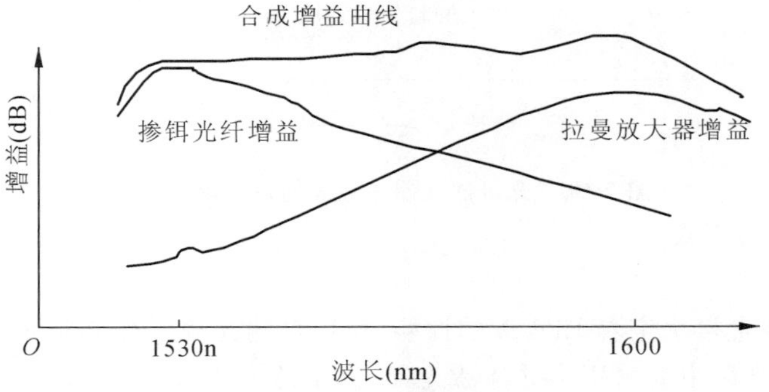

图 7-9　以 RFA 均衡 EDFA 增益光谱

(4) 噪声系数

由 OA 工作原理得知，OA 既放大光信号又向光信号中引入 ASE 等噪声。EDFA 产生的光噪声来自于自发辐射过程。受激铒离子的自发衰变辐射产生的辐射光耦合进入光纤波导中，产生自发辐射。在增益介质中，自发辐射以增益 G 而放大。在放大器的输出端，总的放大的自发辐射噪声功率，如式(7-3) 所示。

$$P_{ASE} = 2n_{sp}(G-1)h\upsilon B \tag{7-3}$$

式中，系数 2 表示光纤中传输了两个偏振模；B 为光噪声带宽；n_{sp}是自发辐射系数。

式(7-4) 所示的是 n_{sp}。

$$n_{sp} = \sigma_e N_2/(\sigma_e N_2 - \sigma_a N_1) \tag{7-4}$$

式中，σ_e 和 σ_a 分别是频率为 υ 时，两能级系统的发射和吸收剖面面积；N_1 和 N_2 分别是有源 Er^{3+} 离子的高能级和低能级的反转粒子数。

n_{sp} 表示自发辐射和受激辐射相对强度。当所有的 Er^{3+} 离子处在激发态时，n_{sp} 趋近于最小值 1。自发辐射功率 PASE 与放大器的噪声系数(Noise F，*NF*) 有关。EDFA 的 *NF* 是由放大器的自发辐射噪声引起的光信号劣化的度量，定义为输入端由散粒噪声产生的信噪比与输出端信噪比的比值。

式(7-5) 表示的是 EDFA 的 *NF*。EDFA 的噪声性能常用 *NF* 表示。

$$NF = SNR_{in}/SNR_{out} \tag{7-5}$$

高能级反转产生低噪声，低能级反转产生高的泵浦光子到光信号的转换效率。通过采用两级或多级增益，可以同时获得低噪声系数和高的转换效率。在输入级保持高能级反转，在输出级保持低能级反转。当采用两级或多级光放大器时，系统的总噪声主要由高增益的输入级决定。输出功率主要由强的饱和输出级决定。当无源光器件放在中间级时，它们对噪声系数和输出功率几乎没有影响。

在长距离传输中，采用多级放大器的自发辐射噪声积累非常严重，从而大大地限制了总的传输距离。为了实现长距离传输，必须尽量减小放大器的自发辐射噪声。放大的自发辐射会沿着光纤放大器的整个工作范围扩宽。图 7-10 所示为光纤放大器中放大的自发辐射噪声。放大的自发辐射功率要比放大的 8 个信号峰值信号功率小得多。

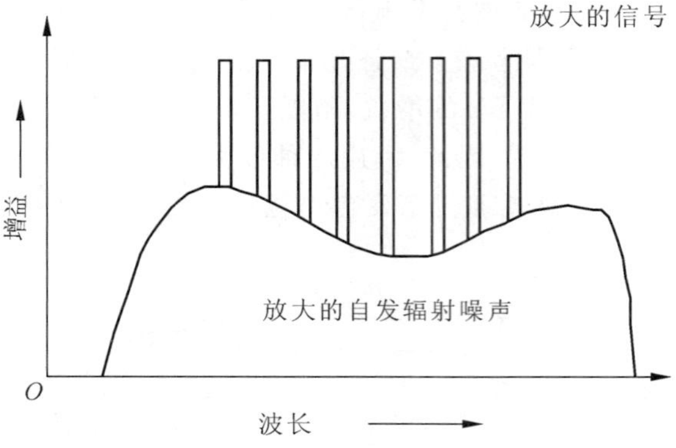

图 7-10　光纤放大器中放大的自发辐射噪声

7.1.4.4　应用形式

(1) 泵浦方式

由于泵浦光源直接决定着 EDFA 的性能，所以泵浦光源工作必须稳定可靠、寿命长。这样，EDFA 的泵浦光源主要采用半导体激光器，其泵浦波长有：820nm、980nm 和 1480nm。鉴于 980nm 和 1480nm 激光器具有噪声低、泵浦效率高、驱动电流小、增益平坦等优点，它们在商品 EDFA 中广泛使用。

根据 EDFA 的泵浦光源发出的泵浦光与信号光的方向是否相同，EDFA 的泵浦方式可以分为：前向(同向)泵浦式 EDFA、反向(后向)泵浦式 EDFA 和双向泵浦式 EDFA。图 7-11 是 EDFA 的三种泵浦方式。

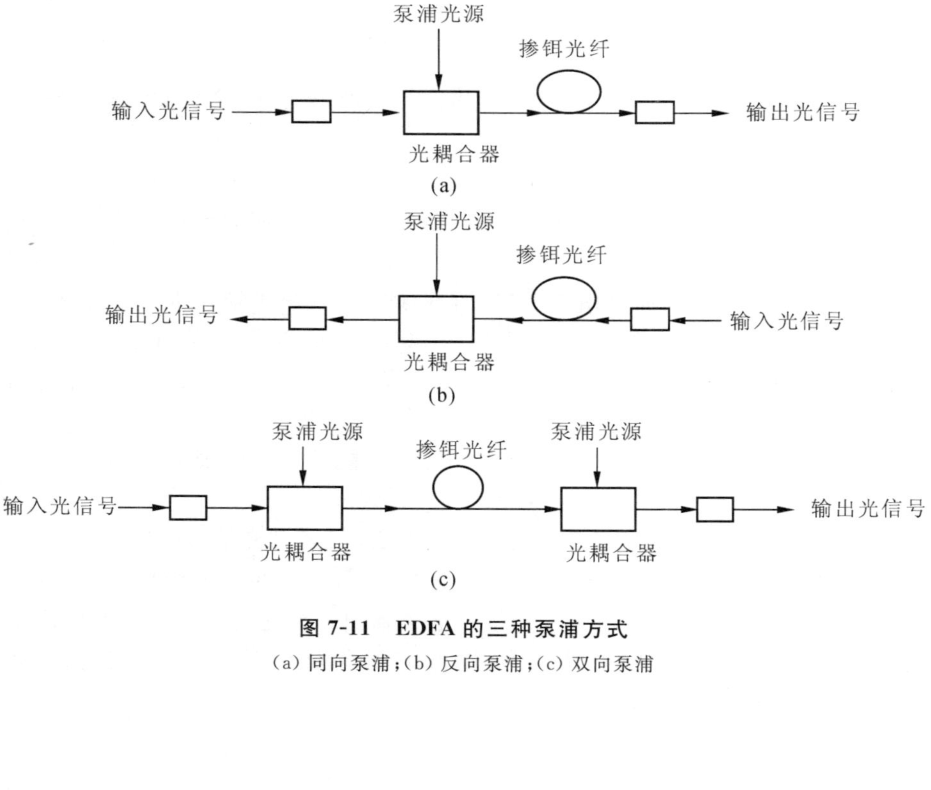

图 7-11　EDFA 的三种泵浦方式

(a) 同向泵浦；(b) 反向泵浦；(c) 双向泵浦

三种泵浦结构的 EDFA 在性能上略有差异。同向泵浦噪声低，但放大增益不高。反向泵浦放大增益高，但噪声也大。双向泵浦放大增益高，噪声也不大，但需要两个泵浦源激光器，而增加一个泵浦光源，EDFA 的成本会增加很多。表 7-2 给出了 EDFA 的三种泵浦方式特点比较。三种泵浦方式各有不同特点，应按实际工程使用需要进行具体选择。

表 7-2　EDFA 的三种泵浦方式的特点比较

泵浦方式	信号增益	噪声系数	输出功率	成本
同向泵浦	可	优	可	低
反向泵浦	优	劣	优	低
双向泵浦	优	优	优	高

根据泵浦光源数量不同，亦可分为单泵浦光源、双泵浦光源和三泵浦光源。一般说来，泵浦光源数量越多，EDFA 增益越大。当前实际工程应用中以单泵浦光源（如前置放大）和双泵浦光源（长距离线路光中继）为多。

泵浦光源可以选择的工作波长有：980nm 和 1480nm。选用 1480nm 波长泵浦光源时，泵浦效率高，可以获得较大的输出功率。采用 980nm 波长泵浦光源时，虽然泵浦效率较低，但它引入的噪声小，可以得到好的噪声系数。980nm 和 1480nm 同时使用，即双泵浦光源运用，980nm 的泵浦光源工作在放大器的前端，用以优化噪声系数性能；1480nm 泵浦光源工作在放大器的后端，以便获得最大的功率转换效率，既可以获得高的输出功率，又能得到较好的噪声系数。

（2）基本应用

通常，光放大器（Optical Amplifier，OA）应用在波分复用传输系统中是通过对传输的光信号的直接放大，以达到延长传输距离、改善传输质量、降低系统成本等多重目的。图 7-12 绘制出了 OA 在 N 个波长的波分复用传输系统中的基本应用：后置放大器、在线放大器和前置放大器。

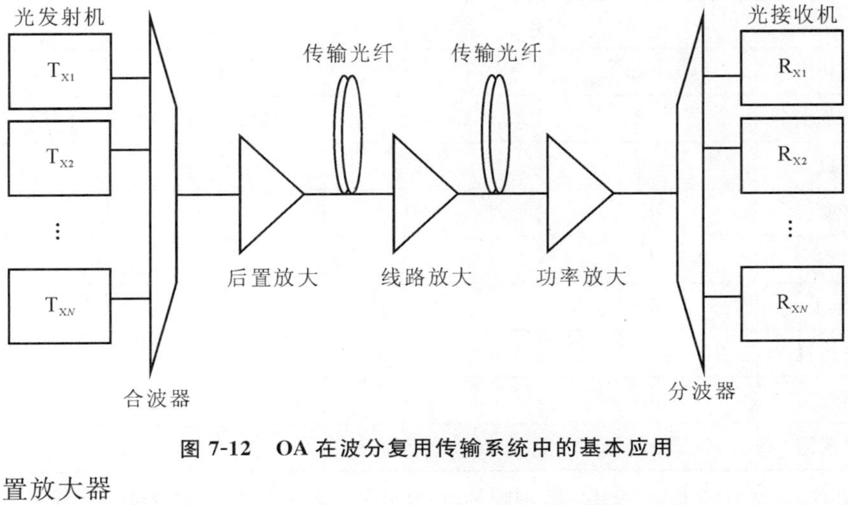

图 7-12　OA 在波分复用传输系统中的基本应用

① 后置放大器

后置放大器，顾名思义是指放大器放置在光发射机之后，其作用是提供最大的输出功率。光信号通过后置放大器，信号可以放大到 10dBm 以上。后置放大器主要完成光信号的线性放大作用。后置放大器似乎很容易增强光发射机输出功率，但其会劣化输出信号质量。小功率发射机输出信号的外部放大会产生一个更清晰的信号。后置放大器也能产生大功率信号。如果一个发射机需要分配信号到许多个点，后置放大器产生的大功率信号可以到达许多个输出端口。

② 在线放大器

在线放大器，顾名思义是指放大器插入传输光缆线路之中，其作用是补偿光信号经长距离传输后，由光纤本身所引起的光损耗。在线放大器的工作目的是放大一个弱的光信号到足够大，以发送放大的光信号到下一个光纤跨距段。在线放大器也可以用在具有许多分支的有线电视分配网络中。在线放大器的主要特点是，在整个工作波长范围的增益波动应该在± 0.5dB 以内。

③ 前置放大器

前置放大器，顾名思义是指放大器安置在光接收机之前，其作用是放大经过光纤长距离传输后，即将进入光接收机之前的弱光信号，以求达到有效地提高光接收机的灵敏度的目的。采用这种应用形式，放大器应该具有的主要特点是低噪声、高增益和高灵敏度。

EDFA 用作后置放大器、在线放大器和前置放大器时，它们的特性略有不同。例如，当 EDFA 被用作后置放大器和在线放大器时，它们可以同时放大几十个不同波长的信道。当 EDFA 被用作前置放大器时，它只能放大一个信道，究其原因是，每个光接收机只接收一个光信道的信号。表 7-3 列出了一个实际的 40 个波长的波分复用系统的 C 波带的 EDFA 的主要技术性能指标。

目前，实用 EDFA 正在向多级化复合结构发展。通过在 EDFA 中插入合适的光学器件可以平坦放大器的增益、抑制反向自发辐射噪声和瑞利散射，还可以实现增益控制，充分利用泵浦光功率等。商用 EDFA 性能指标已经达到小信号增益大于 30dB、噪声系数小于 7dB、最大饱和输出功率为 19dBm。

表 7-3　40 个波长的波分复用系统的 C 波带的 EDFA 的主要技术性能指标

性能	单位	后置放大	在线放大	前置放大
典型输入功率	dBm	− 19 ～ 3	− 24 ～ 8	− 21 ～ 5
典型输出功率	dBm	20	12	17
工作波长范围	nm	1529 ～ 1562	1529 ～ 1560	1529 ～ 1560
噪声系数	dB	< 4.6	< 4.5	< 4.5
光隔离度	dB	≥ 30	≥ 30	≥ 30
典型增益	dB	25	25	25
增益平坦度	dB	< 1	< 1	< 1
偏振相关损耗	dB	< 0.5	< 0.5	< 0.5
回波损耗	dB	> 45	> 45	> 45
输出泵浦泄漏	dBm	< − 30	< − 30	< − 30

EDFA 存在放大波长范围小、累积噪声大等缺点。随着复用信道数的增加和复用带宽的拓展，宽带宽、低噪声光放大器的研究已提上日程。为此，人们又研制出了拉曼光纤放大器(Raman Fiber Amplifier，RFA)。通过适当改变泵浦激光器的工作波长，RFA 可以实现任意波长的宽带宽、低噪声的放大，甚至可以在 1300 ～ 1650nm 全波段进行光放大。

7.1.5　拉曼光纤放大器

7.1.5.1　基本结构

按照工作方式不同，RFA 可以分为分立式 RFA 和分布式 RFA。分立式 RFA 是指光纤拉曼放大器与传输线路分开。分布式 RFA 是以传输光纤作为增益介质。所谓分布式 RFA 是因数百毫瓦强泵浦光功率被分布在数公里长的光纤得名。在光纤通信中，最常用的 RFA 是分布式 RFA。

分布式 RFA 由 2 个耦合器(输出光信号和泵浦光源)、2 个隔离器(一个输出，一个输入)和泵浦光源共同构成。图 7-13 所示的是分布式 RFA 的基本结构。RFA 的核心部分是泵浦光源。耦合器组合微弱光信号和泵浦源光功率进入传输光纤。大功率泵浦光源产生的受激拉曼散射实现微弱光信号的放大，位于弱光信号输入端的隔离器可以抑制反射进入输入光纤的光线。位于输出端的隔离器能够抑制输出光纤的反射光线进入输出光纤。

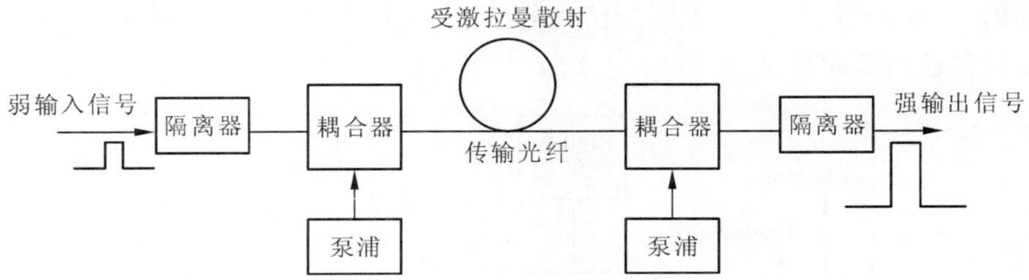

图 7-13　RFA 基本结构

7.1.5.2　工作原理

1928 年，印度科学家拉曼(C. V. Raman) 发现了自发拉曼效应。1972 年，Stolen 等在光纤中观察到拉曼散射。1985 年，研究人员报道在光纤中获得了大的受激拉曼增益。光纤中的受激拉曼散射是光纤的三阶非线性效应。利用不同波长的大功率泵浦激光器使传输光纤产生受激拉曼散射效应，可以制造出任意波长、低噪声的光放大器。与 EDFA 放大原理不同，RFA 使用传输光纤作为增益介质，利用光纤中产生的非线性拉曼散射机理产生光信号增益。

RFA 的光放大原理是，只要强的泵浦光子和弱信号光同时在光纤中传输，弱信号光的波长落在泵浦光的拉曼增益带宽内，就可以实现弱信号光的放大。当大功率泵浦激光器产生的强光通过传输光纤产生非线性拉曼散射效应，引起光纤材料中的分子振动，一部分光会被分子振动(声子) 散射，某些散射光的频率上移到一个恰好等于分子振动频率分量，其中高频率(短波长) 的能量转移到低频率(长波长)，在长波长实现光放大(增益)。换言之，只要一个弱信号光和一个强泵浦光同时在光纤中传输时，弱信号光的波长落在泵浦光的拉曼增益带宽内，泵浦光的光子能量就会转移到信号光波长上生成新的光子，实现信号光的拉曼放大(增益)。RFA 的增益主要取决于泵浦波长、泵浦功率和信号频移。通过选择合适的泵浦波长，可以实现任意波长的光放大。图 7-14 给出了拉曼散射效应的能级跃迁图。拉曼散射效应在基态上具有宽阔的振动态，可以提供宽阔的增益。

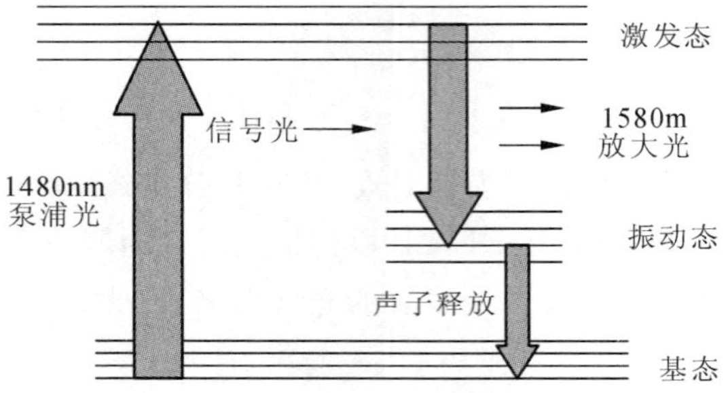

图 7-14　拉曼散射效应的能级跃迁图

图 7-15 绘制出了以 1450nm 强泵浦光来放大 1550nm 窗口的信号光的 RFA 的工作原理。工作波长为 1550nm 的弱信号光和工作波长为 1450nm 的强泵浦光通过一个耦合器由左端注入传输光纤，当两束光在光纤中传输时，来自强泵浦光束通过受激拉曼散射作用，将泵浦光束的能量连续地转换给传输光纤中的信号光束，这样从右端输出的是 1550nm 强光信号和减弱的 1450nm 泵浦光。在光纤通信实际应用中，为了减小系统的噪声，泵浦光和信号光常用反向传输的后向泵浦。

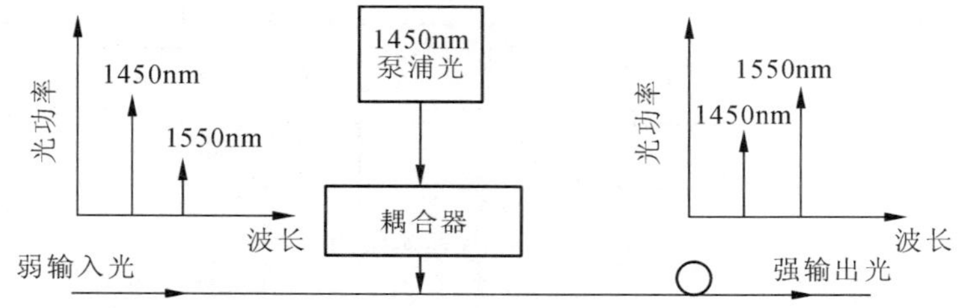

图 7-15　RFA 的光放大原理

人们之所以对 RFA 产生浓厚兴趣的原因是，EDFA 的放大波长范围仅为 35nm(1530～1565nm)，RFA 可以在 1270～1670nm 宽阔的波长范围实现光放大。实现宽波长范围光放大的具体做法是，通过选择合适的泵浦激光波长，选用 RFA 就可以实现任意波段的宽带光放大。任意波段的宽带光放大对于进一步挖掘光纤本身具有的巨大潜在可用带宽，波分复用系统扩容升级，降低成本和增加业务等具有十分重要的技术经济价值。

7.1.5.3　工作特性

与 EDFA 相比，RFA 具有一些显著的优点：① 增益介质为传输光纤，确保其与光纤的良好兼容性。② 放大光信号波长由泵浦光源波长决定，理论上讲，RFA 只要能够选择到合适的泵浦光源，就可以实现任意波长的光信号放大。③RFA 同时具有增益高、噪声系数小、放大波长范围宽等优点。与 EDFA 大致相同，评价 RFA 的主要性能指标是增益、增益平坦和噪声系数。

(1) 增益

由于分布式 RFA 是利用传输光纤作为增益介质，所以其增益介质大小与光纤传输性能(光纤类型)、光纤有效面积和拉曼增益系数等有关。与 EDFA 相同，RFA 的放大能力用增益表示。拉曼增益是通过测试泵浦源接通时的信号输出功率 $P_{\text{s-in}}$(P_p = 闭合) 与泵浦源断开时信号输出功率 $P_{\text{s-out}}$(P_p = 断开) 之比而得到的。式(7-6) 表示的是 RFA 增益。

$$G_R = \frac{P_{\text{s-in}}}{P_{\text{s-out}}} = \exp\left(\frac{g_R}{\lambda_s A_{\text{eff}}} P_p L_{\text{eff}}\right) \tag{7-6}$$

式中，g_R 是拉曼增益系数；λ_s 为泵浦吸收系数；A_{eff} 是光纤有效面积；P_p 为泵浦光功率；L_{eff} 是有效作用长度。

由式(7-9)得知，RFA 的增益与光纤有效面积成反比，传输光纤的有效面积越小，衰减越小，产生的非线性受激拉曼效应越大。例如，色散补偿光纤的有效面积比传输光纤的小得多，色散补偿光纤产生的拉曼增益比传输光纤要大得多。除此之外，RFA 的增益与泵浦光功率成正比。通常，将非线性影响控制在一定水平下，增大泵浦光功率有利于提高拉曼增益。

不同类型光纤的有效面积不同，g_R/A_{eff} 拉曼增益系数，可以作为增益效率的度量。图 7-16 给出了色散补偿光纤(Dispersion Compensation Fiber，DCF)、色散位移光纤(Dispersion Shifted Fiber，DSF)和标准单模光纤(Standard Single Mode Fiber，SMF)的拉曼增益谱。图 7-16(a)是不同光纤的拉曼增益效率与频移的关系。DCF 的模场直径最小，其非线性效应最大，拉曼增益效率的峰值最高。表 7-4 给出了 SMF 和 DSF 的拉曼增益效率的峰值。图 7-16(b)是 DCF、SMF 和 DSF 的归一化拉曼增益与频移的关系。归一化拉曼增益谱的差别是由光纤中的 GeO_2 引起的。三种光纤的拉曼增益频率几乎相同，光纤增益主峰值在大约为 13.2THz 频移处。如果定义增益带宽为主峰值的半最大全宽，那么增益带宽为 6THz。

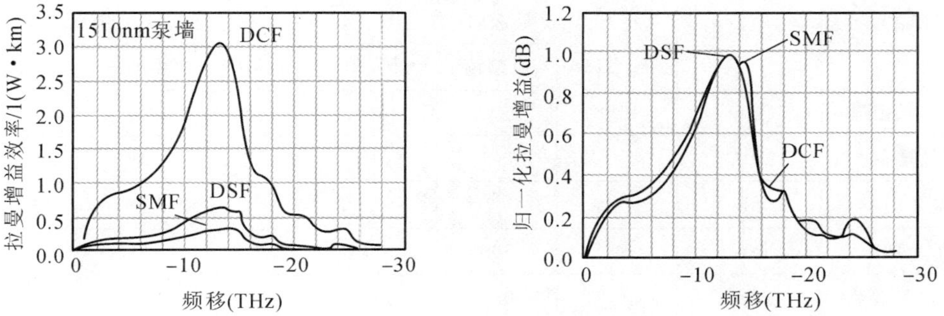

图 7-16　DCF、DSF 和 SMF 的拉曼增益谱

(a) 不同光纤的拉曼增益效率与频移；(b) 不同光纤的归一化拉曼增益与频移

表 7-4　SMF 和 DSF 的拉曼增益效率的峰值

泵浦波长(μm)	1.420	1.510
SMF	0.43	0.35
DSF	0.76	0.62

RFA 的宽阔的放大带宽是光纤通信系统最为青睐的。目前，通过采用 5 个不同波长的泵浦光源及其相关技术，已经在 RFA 上获得宽度为 110nm 的宽增益谱。特别是 RFA 可以实现为 1270～1670nm 整个波段提供光放大，对于超大容量、超高速率、超长距离的波分复用系统的发展起到了巨大的推动作用。

(2) 噪声

RFA 的噪声主要是自发拉曼散射噪声、双瑞利背向散射噪声和串扰噪声等。自发拉曼散射噪声是由自发拉曼散射经泵浦光的拉曼散射效应而产生的覆盖整个拉曼增益谱的背景噪声。因此，泵浦光功率越大，自发拉曼散射噪声就越大；光接收机端的光滤波器带宽越窄，自发拉曼散射噪声功率越小。

NF 是由放大器对输入信噪比的劣化度量。式(7-7)表示的是 RFA 的 *NF*。

$$NF = SNR_{in}/SNR_{out} \tag{7-7}$$

分布式放大器中包含了传输光纤的损耗。等效噪声系数定义为分布式放大器等效为传统的光纤＋分立式放大器结构，具有相同输出光信噪比的分立式放大器所应具有的噪声系数。因此，RFA 的噪声系数可以反映出分立式放大器和光纤＋分立式放大器的噪声方面的优劣。式(7-8) 给出了分布式放大器的噪声系数 NF_1 和分立式放大器的噪声系数 NF_2 的关系。

$$NF_2 = NF_1\exp(-\alpha L) \tag{7-8}$$

RFA 的分立式放大器的等效噪声系数是 NF_1 乘以光纤损耗 $\exp(-\alpha L)$。这说明分布式 RFA 与传输光纤＋分立式放大器相比，两者要达到同样的噪声水平，要求分立式放大器具有低于量子极限的 NF，这是不可能的，所以分布式 RFA 的噪声性能要比分立式 RFA 的更好。已报道的分布式 RFA 可以使系统的光信噪比数值提高 3.7 ～ 7.4dB。这说明分布式 RFA 在信噪比性能方面的确优于分立式 RFA。这是由于在分布式 RFA 中光纤对噪声的衰减作用。表 7-5 列出了 RFA 在 C 波带、C＋L 波带的主要技术性能指标。

表 7-5　RFA 在 C 波带、L 波带、C＋L 波带的主要技术性能指标

性能	单位	指标					
		C 波带			C＋L 波带		
		最小值	典型值	最大值	最小值	典型值	最大值
信号波长范围	nm	1528		1565	1528		1604
拉曼增益	dB	10		20		10	
增益平坦度	dB			1			1.2
泵浦光功率	mW		500			700	
偏振相关增益	dB		0.3				0.3
等效噪声系数	dB		0				0
电压	V		5				5
功率消耗	W			55			55

如上所述，降低泵浦－信号之间的串扰噪声的实质就是想方设法稳定泵浦。具体采用的解决措施是：① 通过反馈技术来稳定泵浦；② 采用后向泵浦也可以稳定增益。减小泵浦介入信号串扰噪声作用就是要保证使泵浦功率均匀分布到各个信道。由于后向泵浦具有使泵浦功率平均的作用，所以在采用 RFA 的波分复用系统中，为了降低泵浦介入信号串扰噪声，应该尽量采用后向泵浦。

7.1.5.4　*应用形式*

(1) 泵浦方式

RFA 需要大泵浦功率。目前泵浦主要有两种类型：大功率半导体激光器和光纤激光器泵浦模块。波长为 1400 ～ 1500nm 的大功率半导体激光器可以实现 1500 ～ 1600nm 的拉曼光放大。多模激光泵浦双包层掺镱光纤激光器＋拉曼频移光纤激光器泵浦模块，可以同时提供多个大功率泵浦波长，从而实现宽带放大。RFA 具有不需要增益介质、宽带放大、低噪声、增益平坦等优势，主要使用在大容量、超长距离的波分复用系统中。

RFA 泵浦光源的工作波长和数量决定着 RFA 是否可以实现宽带放大和传输系统的光

信号质量。根据RFA的泵浦光源发出的泵浦光与信号光的方向是否相同,RFA的泵浦方式可以分为:反向(后向)泵浦式RFA和双向泵浦式RFA。后向泵浦可以降低注入传输光纤的泵浦光功率,避免了非线性限制,提高了光信噪比,具有可以使光信号传输距离大于2000km等特点,后向泵浦式RFA可以作为低噪声前置放大器,以减少整个级联噪声的累计。双向泵浦(后向泵浦＋前向泵浦)可以扩大放大波长范围,以级联形式抑制瑞利散射,获得增益平坦和小的噪声系数。

(2) 基本应用

① 独立使用

RFA的独立使用,采用多波长泵浦,为构建宽带放大波分复用传输系统奠定了必要的基础。图7-17给出了独立的RFA构建宽带光放大的技术方案。在这个技术方案中,利用三个工作波长分别为1420nm、1450nm、1480nm的独立RFA,可以构筑覆盖S波段(1475～1510nm)、C波段(1525～1565nm)、L波段(1570～1616nm)三个波段宽带放大的波分复用传输系统。这个波分复用传输系统可以实现放大宽带高达114nm。如果选择的各个信道频率间隔100GHz或波长间隔0.8nm,那么这个波分复用传输系统可以同时实现140个波长的光信号放大。由此可见,RFA的突出优点是,它赋予波分复用传输系统实现宽带光放大能力。

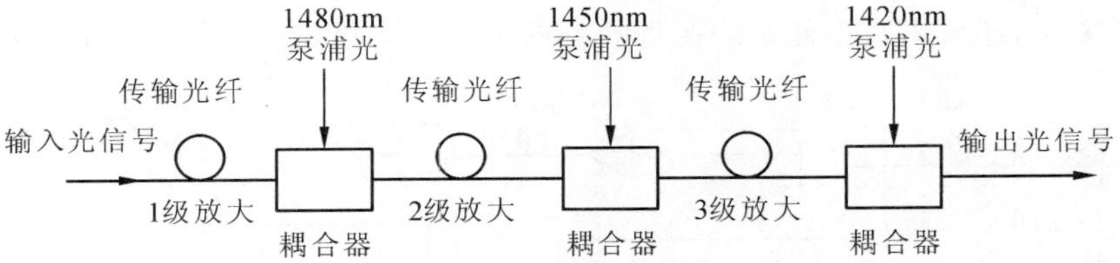

图 7-17　三个独立的 RFA 构建宽带光放大的技术方案

② 混合使用

RFA是通过多泵浦光源复用实现宽带、增益均衡光放大的。光放大宽带与泵浦光源数成正比,泵浦光源数越多,光放大宽带越宽、增益越平坦。然而,泵浦光源的增加不仅提高了系统成本,使泵浦光源复用变得更加复杂,同时使得增益均衡的难度加大。

RFA具有宽带放大、低噪声等优点,但是其增益有限、泵浦效率低;而EDFA具有泵浦效率高、增益大的优点。RFA＋EDFA两者结合构成混合放大器。混合放大器通过各自优势互补,实现高增益、低噪声、增益谱互补的宽带放大。RFA＋EDFA技术方案的设计思想立足于,EDFA的技术成熟、高增益,可以实现C波段(1530～1565nm)光放大;RFA的低噪声、全波段放大,可以实现L波段(1570～1616nm)光放大。

图7-18给出了一个EDFA＋RFA的混合放大的技术方案。这个混合放大技术方案的配置是由一个EDFA和两个双向泵浦独立的RFA组成。EDFA完成C波段的光放大,RFA实现L波段的光放大。三个光放大器级联,以抑制瑞利散射,利用均衡器实现增益平坦。这个方案获得的具体技术参数是,混合放大实现平坦增益放大带宽为80nm,增益高达30dB,而噪声系数小于6dB。由此可见,EDFA＋RFA混合放大可以取得非常好的放大效果。现在,EDFA＋RFA的混合放大已经成为波分复用系统实现放大80～100nm宽带光放大、5000km超长距离传输的最佳技术方案。

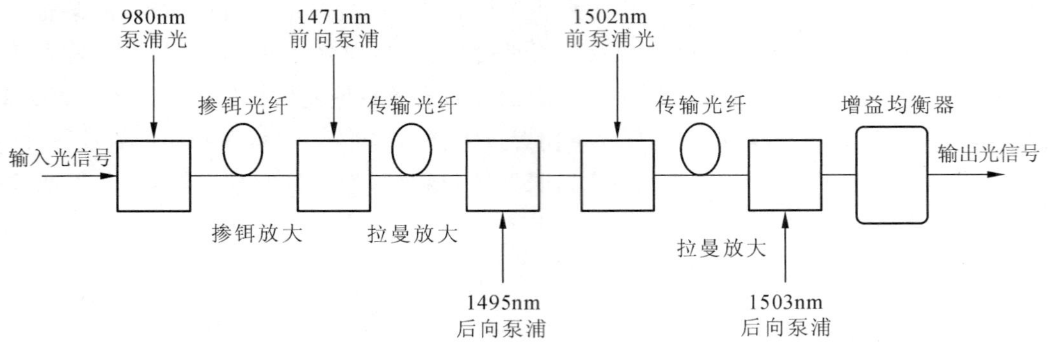

图 7-18　EDFA＋RFA 混合放大技术方案

理论分析发现，在最佳配置条件下，EDFA＋RFA 的混合放大方案所获得的系统性能比单独采用 EDFA 或 RFA 要好得多。在相同的非线性损伤条件下，混合放大可以传输更长的距离或光纤跨距段更长。单独使用 EDFA 的最长光纤跨距段是 80km，而使用最佳配置的 EDFA＋RFA 的混合放大，光纤跨距段可以延长到 140km。利用 RFA 与 EDFA 在波分复用系统中的混合放大，加入 RFA 后信号光功率得到提高，从而改善了波分复用系统的传输质量。图 7-19 所示的是混合放大提高超长距离系统的传输质量。除此之外，利用 RFA＋EDFA 的增益互补关系，还可以在不使用均衡滤波器的情况下构建增益平坦的光放大器。

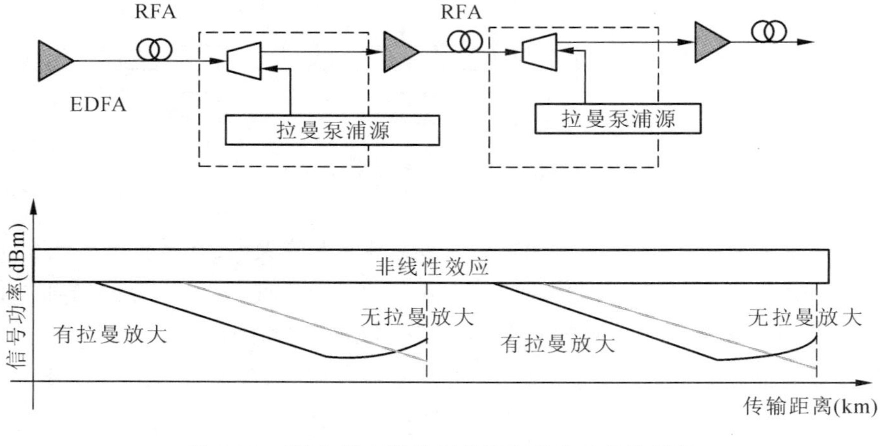

图 7-19　混合放大提高超长距离系统的传输质量

7.2　波分复用器

7.2.1　作用

20 世纪 90 年代，语音、数据、图像和多媒体等电信业务快速发展，使得用户对带宽的需求与日俱增，推动了光纤传输系统向着高速率、大容量、长距离的发展。光纤具有巨大带宽资源，为提高系统传输容量奠定了必要的基础。EDFA、RFA 的问世，为延长无电中继距离创造了条件。提高系统传输速率受到了电子器件响应速度极限小于 40Gbit/s 的限制。为了充分利用光纤中蕴藏的巨大带宽资源，20 世纪 90 年代，人们开发出了一种波分复用技术(Wavelength Division Multiplexing，WDM)。WDM 技术是利用波分复用器实现在一根光纤中同时传输几十乃至数百个光波长的技术。

图 7-20 所示是利用波分复用(合 / 分波) 器构成的波分复用系统组成。N 个输入光(信号) 波长经合波器耦合后，注入光纤传输，再由光放大器补偿光信号传输损耗，进行长距离传输到达输出端的分波器，然后分解为 N 个输入光(信号) 波长，送入各个通信终端设备。

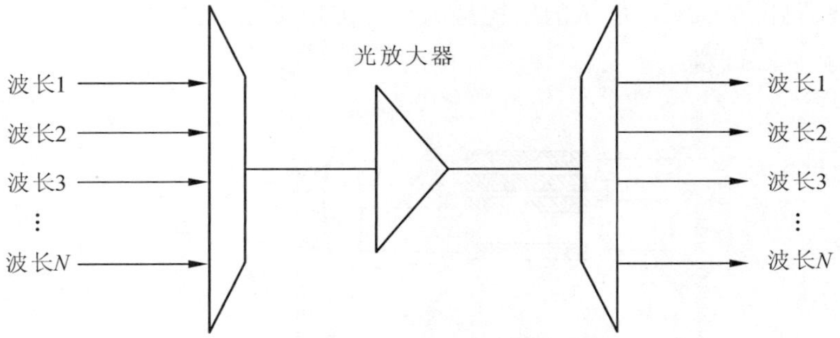

图 7-20　波分复用系统组成

WDM 技术具有的主要特点是：① 在不增加光纤数量的情况下，大幅度提高现有光纤传输容量；② 规避了高速光器件的限制；③ 可以同时提供多种业务；④ 节约大量的线路投资；⑤ 增加网络组网的灵活性和可靠性。因此，在光纤通信中，WDM 技术是继 EDFA 之后的又一重大技术革命。WDM + EDFA + 波分复用器三位一体成为构建大容量、长距离的光纤传输系统主要技术。

在 WDM 系统中，光纤中同时传输的多个不同波长的光信号，借助波分复用器的合波 / 分波功能可以实现不同的波长光信号的传输路径的选择。波分复用器是实现光波长选择功能的光器件。波分复用(合 / 分波) 器是实现 WDM 技术的关键，是 WDM 系统的重要组成部分，是关系 WDM 系统性能的关键器件。图 7-21 给出了波分复用器分类方法和具体品种。每种波分复用器都具有其显著的性能特性和不同的应用场所。目前，在密集 WDM 系统中常用的波分复用器主要有光栅型、干涉膜滤波器型和阵列波导型。

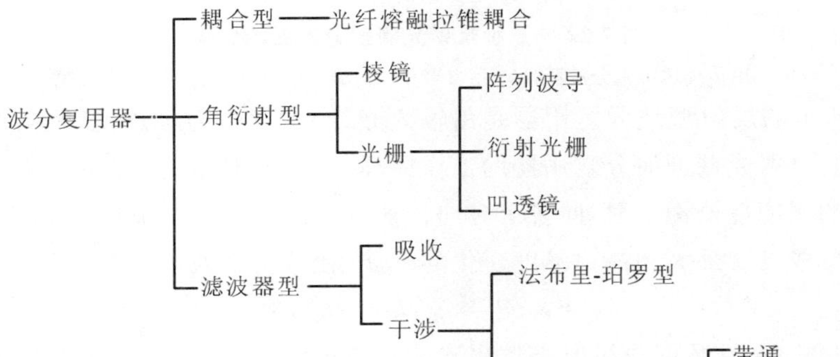

图 7-21　波分复用器的分类

7.2.2　工作原理

7.2.2.1　反射光栅型波分复用器

在 WDM 系统中，常用的光栅型波分复用器可以分为透射光栅型、反射光栅型和体光栅型三种类型。图 7-22 所示的是三种反射光栅型分波器的结构。图 7-22(a) 所示的结构是用传统透镜做分波器。图 7-22(b) 所示的结构是用自聚焦透镜做分波器。图 7-22(c) 所示的结构是用体光栅构成的分波器。

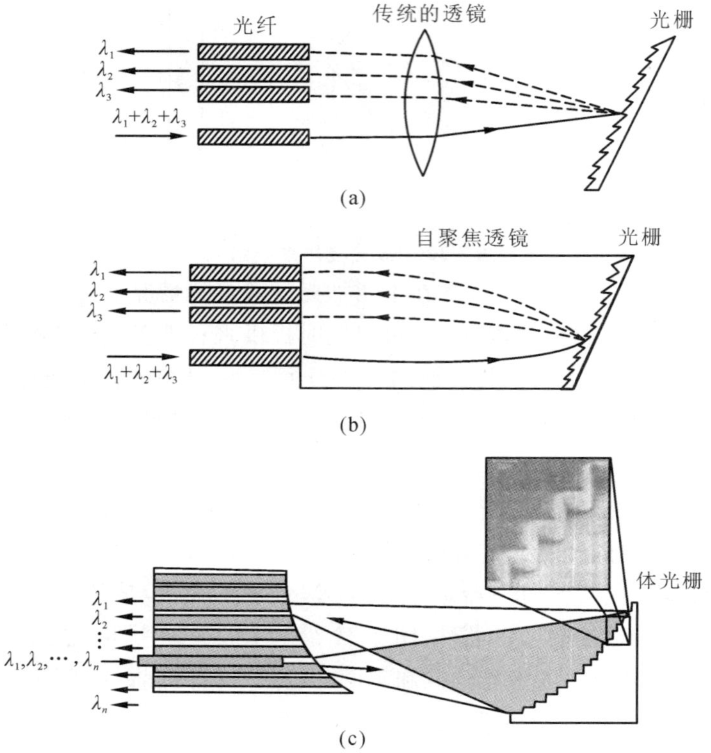

图 7-22　三种反射光栅型分波器的结构

(a) 用传统透镜做分波器；(b) 用自聚焦透镜做分波器；(c) 体光栅型分波器

图 7-23 所示的反射型波分复用器是由输入光纤、梯度折射率透镜、反射光栅和输出光纤共同组成的。反射光栅型波分复用器的工作原理是：当入射光被准直成平行光后照射到光栅上，被光栅的周期性槽沟衍射，向各个方向传播，在成像平面上，来自各个槽沟的同波长光干涉叠加，以形成具有最大和最小强度变化的干涉条纹，主最大强度的方向如式(7-9)所示。

$$\Lambda = \sin\theta = k\lambda, k = 1,2,3,\cdots \tag{7-9}$$

式中，Λ 是光栅常数，其数值与衍射级数和波长 λ_i 成正比，如果 $k = 1$，对于波长 λ_i，可以得到计算公式(7-10)。

$$\sin\theta_i = \lambda_i/\Lambda \tag{7-10}$$

式(7-10)说明，各个波长在一个确定的角度上有它的主最大，当由不同波长复用的光信号入射到反射光栅上后，由于不同波长的主最大相互分开一个角度，实现了反射光栅分波功能，分波后的光信号，以方向略有不同的角度出射，注入不同的输出光纤，从而实现了对不同波长的光信号的选择分波（解复用）功能，反之实现光信号的合波（复用）功能。

图 7-23 所示的是一个三波长的反射光栅型分波器的工作原理。来自输入光纤的三个波长 λ_1、λ_2 和 λ_3 的输入光束通过梯度折射率透镜准直，准直后的光束进入反射光栅。通过反射光栅的衍射可以使不同波长的输入光束呈现出不同的空间角度。在通过梯度折射率透镜后，三个波长衍射光束被聚集到三个合适的空间位置，再由三个耦合器注入三根不同的输出光纤，从而实现了三个波长光信号的分波。

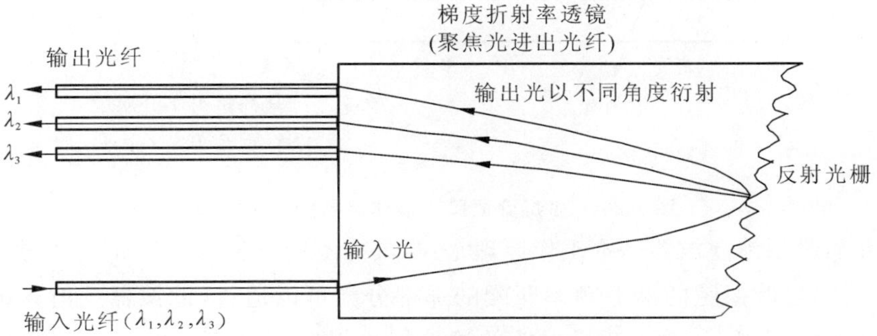

图 7-23　三波长反射光栅型分波器的工作原理

反射光栅型波分复用器是一种平行器件，它可以同时分开多路不同波长的光信号，使各路的插入损耗相同，具有分波路数多、分辨率高(＜ 1nm)、结构更加紧凑、稳定性更好等优点。目前，在波分复用系统中反射光栅型波分复用器主要用作分波器。表 7-6 所示的是 18 个波长的反射光栅型波分复用器的典型性能指标。

表 7-6　18 个波长的反射光栅型波分复用器的典型性能指标

性能	单位	指标
信道数量	个	18
波长范围	nm	1527 ～ 1561
波长间隔	nm	2
插入损耗(分波器)	dB	2 ～ 3(单模光纤入，多模光纤出)
插入损耗(合 / 分波器)	dB	3 ～ 6(单模光纤入，单模光纤出)
隔离度	dB	－ 40 ～ － 30
半高通带宽度(分波器)	nm	0.7(单模光纤入，多模光纤出)
半高通带宽度(合 / 分波器)	nm	0.3(单模光纤入，单模光纤出)
温度漂移	nm/℃	＜ 0.001

7.2.2.2　介质膜干涉滤波器型波分复用器

窄带通介质膜干涉滤波器是具有不同分布的多层镜的法布里 - 珀罗(Fabry-Perot)干涉仪。图 7-24 所示的是多层介质膜干涉滤波器的基本结构。单谐振腔多层介质膜滤波器是由多层介质薄膜组成的。每层介质薄膜的厚度为 1/4 波长，一层高折射率材料(H)，一层低折射率材料(L)，交替重叠而成。常用的低折射率材料是 SiO_2，常用的高折射率材料是 TiO_2 和 Ta_2O_5。TiO_2 和 Ta_2O_5 在 1550nm 具有高折射率、低吸收和稳定性。谐振腔厚度决定了滤波器的中心波长。通过改变厚度为 1/4 波长的材料，可以决定反射性能。交替重叠层数的变化取决于滤波器的性能要求。单谐振腔的数量、薄膜层数越多，选择性能越好。

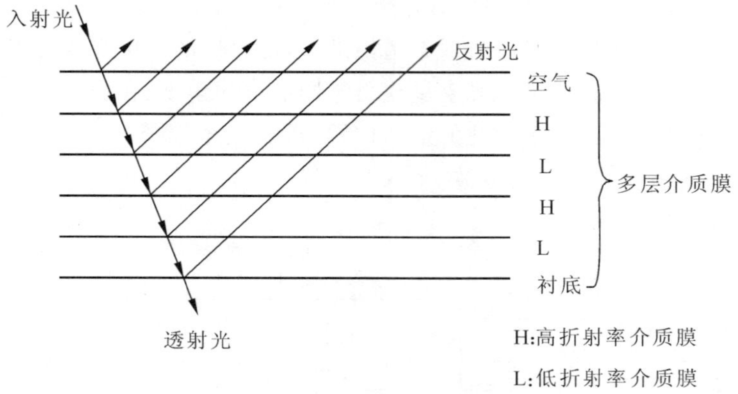

图 7-24　多层介质膜干涉滤波器的基本结构

多层介质膜干涉滤波器基本工作原理是：当具有不同波长（频率）的光束被注入滤波器时，光束中频率与谐振腔的谐振频率匹配的那部分光可以透过，滤波器反射光束中的其他光。利用具有特定波长（频率）选择功能的滤波器可以实现光束中的不同的波长分开或组合，从而构成了多层介质膜干涉滤波器型波分复用器。在波分复用系统中，通过采用级联多个谐振腔可以获得平坦的平方顶型带通性能。滤波器中的谐振腔越多，滤波性能越好。薄膜层数越多，选择性能越好。

使用多层介质膜干涉滤波器构建不同光波长的合 / 分波的波分复用器有三种方法：星型耦合器法、顺序级联多个 3 端口器件法和级联多个滤波器法。星型耦合器法是使用与波长无关的星型耦合器首先将输入的光功率均分为 N 个支路，然后将多层介质膜干涉滤波器放置在所需要的波长的每个支路上。这种波分复用器的特点是制造简单、插入损耗大。它只适用作小于 4 个波长的波分复用器。顺序级联多个 3 端口器件法是通过顺序级联多个 3 端口器件，实现不同波长的合 / 分波功能。这种波分复用器的特点是波长配置灵活、改善了插入损耗和扩容升级简单。级联多个滤波器法是通过级联多个滤波器，实现不同波长的合 / 分波功能。这种波分复用器的特点是插入损耗最小，但是滤波器和制造工艺要求极高，所有后续信道性能受到前面信道的影响。

多层介质膜干涉滤波器型波分复用器中的每个滤波器可以从输入的多个光波长中干涉滤出一个波，采用干涉滤波器级联的方式，就可以完成多波长的合 / 分波功能。在一个波分复用器中所需要级联的滤波器数与波分复用数相等。例如，一个 8 波长的波分复用器是由 8 个多层介质膜干涉滤波器级联而成。图 7-25 绘制出了一个 8 波长多层介质膜干涉滤波器型分波器的工作原理。一个由 8 个光信号组成的波长复用成的输入光束，经过一个 8 波长多层介质膜干涉滤波器型波分复用器的多次反射或透光，可以解复用成 8 个独立的输出光信号，完成分波功能。

多层介质膜干涉滤波器型波分复用器的主要优点是，制造技术成熟，结构尺寸紧凑，滤波器的结构尺寸非常小，以便于与 WDM 系统配合使用。它们具有良好的性能且能够封装在模块中，这样用户的系统一次可以扩容升级几个信道。目前，多层介质膜干涉滤波器型波分复用器是 32 波、40 波的波分复用器系统的首选的技术方案之一。多层介质膜干涉滤波器型波分复用器是纯无源器件，故它被广泛用于 10Gbit/s 以下的 WDM 系统中。例如，32 × 2.5Gbit/s 的 WDM 系统就首选多层介质膜干涉滤波器型波分复用器。表 7-7 给出了多层介

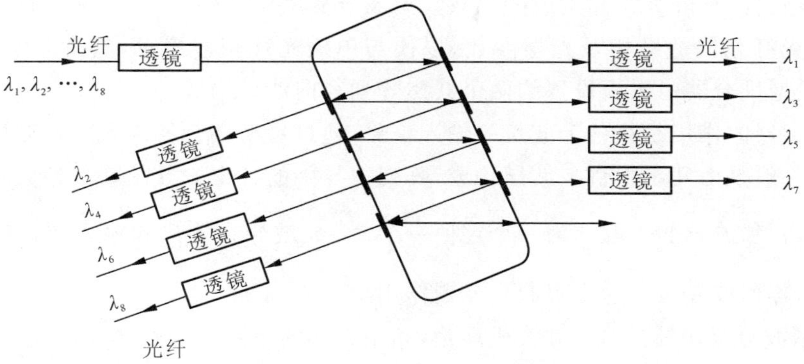

图 7-25　8 波长多层介质膜干涉滤波器型分波器的工作原理

质膜干涉滤波器型波分复用器的典型性能指标。

表 7-7　多层介质膜干涉滤波器型波分复用器的典型性能指标

性能	单位	指标			
信道数		2	4	8	16
中心波长	nm	ITU-T G.694.2			
0.5dB 带宽	nm	≥14			
通带宽度	dB	13			
通带平坦度	dB	≤0.5			
典型插入损耗	dB	1.4	1.6	1.8	4.3
最大插入损耗	dB	1.8	2.0	2.5	5.0
相邻信道隔离度	dB	≥30			
非相邻信道隔离度	dB	≥45			
波长热稳定度	nm/℃	≤0.002			
插入损耗热稳定度	dB/℃	≤0.005	≤0.005	≤0.007	≤0.008
回波损耗	dB	≥45			
偏振模色散	ps	≤0.10	≤0.10	≤0.10	≤0.15
偏振相关损耗	dB	≥55			
方向性	dB	−5～65			
工作温度	℃	−40～85			

如果想制造出信道间隔 100GHz 以下的器件，介质膜需要镀制数百层材料才能形成窄带滤波器。随着层数的增加，层厚的变化等因素都会导致器件成品率下降和价格升高。因此，人们又研制出了阵列波导光栅型波分复用器。

7.2.2.3　阵列波导光栅型波分复用器

阵列波导光栅（Array Waveguide Grating，AWG）型波分复用器是利用波导光栅的功能实现波分复用功能的高集成度的光器件。AWG 是利用微电子集成技术在单个芯片上制作的。

图 7-25 所示的平面波导型器件是由输入波导阵列、两个平面“自由空间”星型耦合器、

阵列波导和输出波导阵列共同构成的 AWG 型波分复用器。输入波导阵列、输出波导阵列制作成同单模光纤相同的结构及光学参数，以便与单模光纤相连接时，具有非常小的耦合损耗。两端的星型耦合器由平面设置的两个共焦阵列径向波导构成。

星型耦合器的作用是将各个波长的输入信号，通过星型耦合器进入阵列波导输入端，由于阵列波导一般是由几十上百条波导构成，阵列波导中的各个波导的基本参数相同，但是长度各不相等，相邻波导的光程差为一个定值$\frac{1}{2}\Delta L \times n$。波导在输出和输入端口处参数相同，等间隔排列，阵列波导对入射光束起到光栅作用。

AWG 型波分复用器的合／分波机理是，利用集成的不同长度的波导之间的干涉产生一个相位移 $\Delta\Phi$，相位移与波长 λ 有关，即输出光信号的传输方向取决于波长，从而实现分波。AWG 型波分复用器各波导的长度差导致其输出口的光波相位差，如式(7-11) 所示。

$$\Delta\Phi = (2\pi/\lambda)n \times \Delta L \tag{7-11}$$

式中，n 是波导的折射率；ΔL 为相邻波导的长度差。

波长不同的光信号从 AWG 型波分复用器不同输出端口输出，从而实现了对波分复用的光信号的分波。合波器的工作原理相同，不同的是输入端和输出端颠倒而已。

图 7-26 所示的是 AWG 型波分复用器的工作原理。多个波长由光纤进入平面波导，然后平面波导将输入的各个波长分别输入阵列波导光栅中，而每个阵列波导光栅会使同波长光信号产生光程差，造成每个相邻波导的同一波长光信号彼此在阵列波导的输出端形成固定大小的相位差。在输出平面波导，可以利用同相位光的干涉原理，在 AWG 输出端，按照波长长短顺序排列输出，并通过星型耦合器传输到相应的输出波导端口，以实现不同波长光信号的分波功能。

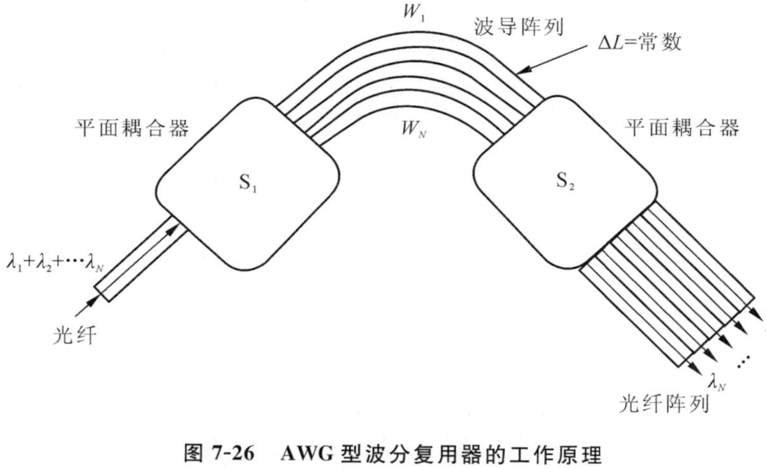

图 7-26　AWG 型波分复用器的工作原理

AWG 型波分复用器一次可以分／合出的光信道数量多。在信道间隔是 50GHz、100GHz、200GHz 的条件下，典型的输出信道数为 32 波、40 波、80 波。在各个信道之间的波长间隔仅为 0.2nm，它的信道密集程度高达 256 个。如果将几个设计合理的 AWG 型波分复用器组合在一起，在保持波长间隔 10GHz 情况下，可以使复用的信道数超过 1000 个，使得其特别适用于 10Gbit/s、40Gbit/s 及以上速率，32 波以上的 WDM 系统。对于需要分波数高达 80 波、160 波的 WDM 系统，选用 AWG 型波分复用器比采用其他类型的光分波器要简单得多，而且每个信道的成本要比采用许多单一的光波分复用器更便宜。因此，一般在超大容量的系统中，如 80 波、160 波的 WDM 系统，最常用的是 AWG 型波分复用器。表 7-8 和表 7-9 分别给出了 AWG 型波分复用分波器和合波器的典型性能指标。

表 7-8　AWG 1∶32 分波器的典型性能指标

性能	单位	指标
通路间隔	GHz	100
通带最大中心频率偏移	GHz	±5
插入损耗	dB	<10
光反射系数	dB	40
相邻通路隔离度	dB	>22
非相邻通路隔离度	dB	>25
极化相关损耗	dB	<0.5
−1dB 带宽	nm	≥0.2
−20dB 带宽	nm	<1.2
温度特性	nm/℃	0.005

表 7-9　AWG 32∶1 合波器的主要性能指标

性能	单位	32 通路指标
插入损耗	dB	<12/17*
光反射系数	dB	>40
工作波长范围	nm	1528.77～1560.61
相邻通道隔离度	dB	>22
非相邻通道隔离度	dB	>25
极化相关损耗	dB	<0.5
各通道插入损耗的最大差异	dB	<3

*：12 为波长敏感型器件指标，17 为波长不敏感型器件指标。

7.3　色散补偿器

7.3.1　作用

光纤通信正在向高速率、大容量、长距离的方向发展，当前实验室的波分复用系统的传输速率已经超过 100Tbit/s。在光放大器＋波分复用共同构建的单信道传输速率为 10Gbit/s、40Gbit/s 的高速光纤传输系统中，光放大器（EDFA、RFA）解决了光纤损耗限制传输距离的问题，光纤色散成为限制 WDM 传输系统的传输速率和传输距离的主要问题。

单模光纤中主要的色散是群速度色散、高阶色散和偏振模色散。这些光纤色散引起光脉冲的展宽，限制了系统的传输距离和传输速率。单模光纤的色散与光纤长度成正比。光纤线路的色散受限中继距离与传输速率的平方成反比。例如，在传输速率为 2.5Gbit/s 时，可以实现 500km 的传输；在传输速率为 10Gbit/s 时，传输距离减小到 80km。以此类推，当传输速率为 40Gbit/s 或 160Gbit/s 时传输距离就非常短。因此，只有解决了色散和偏振模色散限制问题，才能确保光纤传输系统实现高速率、长距离的传输。针对色散产生的机理不同，人们研究出了不同的色散补偿方法，如色散补偿光纤方法、啁啾光纤光栅法等。

7.3.2　单模色散

单模光纤中的群色度（波长）色散是由光纤的材料色散 $D_{材料}$ 和光纤的波导色散 $D_{波导}$ 组成。光纤色散可以用式(7-12) 表示。光纤色散随光纤长度的增加而线性增大，从而限制系统的传输距离和传输速率。

$$D = D_{材料} + D_{波导} \tag{7-12}$$

在波分复用系统的工作波长 1550nm（EDFA 的放大波长）处，G. 652 光纤和 G. 655 光纤的色散系数分别是 17 ps/(nm · km) 和(1 ～ 6)ps/(nm · km)。在光纤传输系统中，光源的光谱线宽和传输距离决定了群时延展宽。式(7-13) 表示的是群时延展宽。

$$\Delta\tau = DL\Delta\lambda \tag{7-13}$$

式中，D、L 和 $\Delta\lambda$ 分别是光纤色散系数、光纤长度和光源的光谱线宽。

7.3.3　传输速率限制

光纤通信系统常用的调制技术有：直接调制和间接调制。不同的调制方法对通信系统最大中继距离影响程度呈现不同的情况。例如，采用直接调制 DFB LD 时，可以利用式(7-14) 计算出由色散受限的最大再生段距离。

$$L_{\max} < \frac{1}{4B \mid D \mid \sigma_\lambda} \tag{7-14}$$

式中，B 是系统传输速率；D 为光纤色散系数；σ_λ 是脉冲的均方根频谱宽度，它是由初始的频率啁啾引起的，对于直接调制 DFB LD 的系统，其典型数值是 0. 15nm。

如果已知一个传输系统选用 G. 652 光纤[在 1550nm，17ps/(nm · km)]，系统的传输速率是 2. 5Gbit/s，那么利用式(7-14) 可以计算出这个系统的色散受限最大中继距离是 42km。

例如，当通信系统采用间接调制时，脉冲的初始频率啁啾几乎为零，这时可以利用式(7-15) 计算出系统由色散受限的最大中继距离。

$$L_{\max} < \frac{1}{16 \mid \beta \mid B^2} \tag{7-15}$$

式中，B 是系统传输速率；β 为光纤群速度色散。

如果已知一个传输系统选用 G. 652 光纤（β 典型数值是 $-20\text{ps}^2/\text{km}$），系统的传输速率是 2. 5Gbit/s，由式(7-15) 计算出的系统的色散受限最大中继距离是 500km。当传输速率提高到 10Gbit/s 时，最大再生段距离减小到 30km。因此，对于 10Gbit/s 及其以上的传输系统必须进行补偿才能实现长距离的传输。迄今为止，已经研发出的色散补偿方法有：色散补偿光纤、啁啾光纤光栅、预啁啾技术等方法。色散补偿光纤（负色散光纤）是对光纤线路中进行色散补偿的既简单又成熟的方法。

7.3.4　色散补偿光纤

色散补偿光纤是指具有大的负色散（效应）系数的光纤。色散补偿光纤可以抵消或者补偿其他传输单模光纤的色散和色散斜率。众所周知，在工作波长为 1550nm 时，在 G.652 光纤组成的长途光缆链路中传输速率大于或等于 10Gbit/s 以上的高速光信号时，色散受限距离比较短，必须采用色散补偿器才能实现高速率、长距离的传输。对于 40Gbit/s 的 DWDM 传输系统有时还需要进行色散斜率补偿。

在光纤通信工程中，现在常用的色散补偿的方法有：色散补偿光纤、啁啾光纤光栅、高阶模（LP_{02}）光纤法、虚像相位阵列和数字信号处理的电域补偿等。目前，常用的是色散补偿光纤（模块）和啁啾光纤光栅。在长途干线光纤线路上的色散补偿最常用的是色散补偿光纤。

色散补偿光纤（Dispersion Compensating Fibe，DCF）是通过在纤芯中掺杂大量的四氯化锗，包层掺杂氟化物，以小的纤芯直径和大的纤芯 - 包层折射率差来制造出具有大负色散的光纤。DCF 的性能特点是高的光损耗和小的纤芯直径。DCF 的性能常用品质因数（Figure of Merit，FOM）和相对色散斜率（Relative Dispersion Slope，RDS）表示。式（7-16）和式（7-17）分别表示 *FOM* 和 *RDS* 的计算公式。

$$FOM = D/\alpha(\lambda) \tag{7-16}$$

$$RDS = S_\lambda / D_\lambda \tag{7-17}$$

式中，D 是传输光纤或 DCF 的色散系数；$\alpha(\lambda)$ 为传输光纤或 DCF 的衰减系数，从色散补偿角度看，希望 DCF 的 *FOM* 数值大一些为好；S_λ 是波长为 λ 时的色散斜率；D_λ 为波长为 λ 时的衰减系数。

在色散全补偿（色散和色散斜率同时补偿）条件下，*RDS* 数值需要与被补偿的传输光纤的 *RDS* 数值完全匹配。

DCF 补偿是一种简单、易行、可靠的线性无源补偿方法，能够实现宽带色散补偿，对系统性能参数、光源波长和波长信道的配置都是透明的。DCF 适用于 G.652 光纤的 C 波段窄带补偿；宽带 DCF 适用于 G.652 光纤的全 C 波段或全 L 波段补偿；高色散斜率 DCF 适用于 G.655 光纤的全 L 波带补偿；特高色散斜率 DCF 适用于 G.655 光纤的全 C 波段或全 L 波段补偿。表 7-10 列出了 1、2 和 3 三种通用型的 DCF 的性能参数。由表 7-10 得知，不同品种的传输光纤的色散系数和色散斜率不同，需要采用不同的补偿光纤进行补偿。

表 7-10　一些典型的色散补偿光纤的性能指标

性能参数	单位	通用型	1	2	3
色散系数	ps/(nm · km)	−100	−100	−100	−156
色散斜率	ps/(nm^2 · km)	−0.33	−2.2	−0.65	−0.88
相对色散斜率	nm^{-1}	0.0033	0.0222	0.0065	0.0060
衰减系数	dB/km	～0.5	～0.5	～0.5	～0.71
品质因数	ps/(nm · dB)	200	—	—	206
有效面积	μm^2	19	11	15	20.1
非线性折射率	$10^{-20} m^2/W$	3	—	—	—
偏振模色散系数	$ps/km^{1/2}$	～0.25	—	—	—
适用光纤类型	—	G.652	G.655(LEAF)	G.655(TWRS)	G.656

注：以上各值均为 1550nm 波长下的值。

DCF 的工作原理是在光纤传输线路中交替使用正色散光纤（传输光纤）与负色散光纤

(补偿光纤),以达到减小整个光纤传输线路的总色散的目的。如果传输光纤的长度为 L_1,色散系数为 D_1,而补偿光纤的长度为 L_2,色散系数为 D_2,那么,整个光纤传输线路色散实现完全补偿,满足式(7-18) 的条件。

$$D_1L_1 + D_2L_2 = 0 \tag{7-18}$$

光纤线路色散补偿是一个色散管理问题而不是消除的问题。光纤线路色散管理常用的方法是在整个光纤线路上,通过正色散传输光纤和负色散补偿光纤交替连接,使光纤线路的终端总的累积色散为零,从而减小由色散产生的脉冲展宽。图 7-27 所示的是色散补偿光纤进行光纤线路的色散补偿工作原理。例如,一段 80km 的 G. 652 光纤(正色散光纤),其色散系数为 17ps/(nm · km),这段光纤的累计色散为 $17 \times 80 = 1360$ps/nm。如果采用一段长度为 13km、总色散为 -1360ps/nm 的色散补偿光纤(负色散光纤)对这段 80km 的 G. 652 光纤总色散进行补偿,这样的补偿方法就可以达到净色散为零的目的。

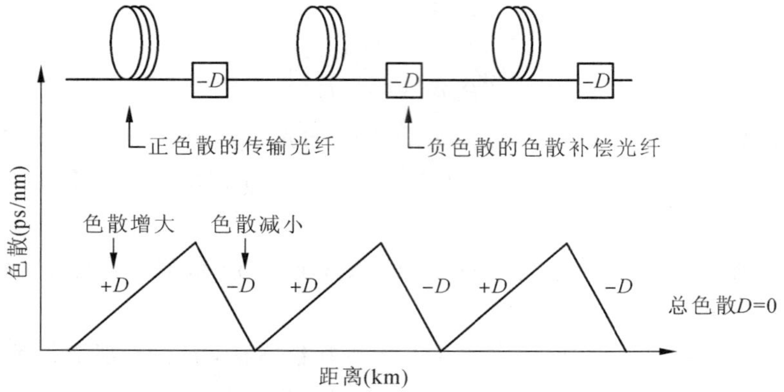

图 7-27 色散补偿光纤进行光纤线路的补偿工作原理

上述的色散补偿方法的优点是简单而易行,但是它存在两个问题:色散补偿的高损耗和补偿的光纤各个波长的残留色散不同,即色散斜率失配。图 7-28 所示的是色散补偿中出现的色散斜率失配。

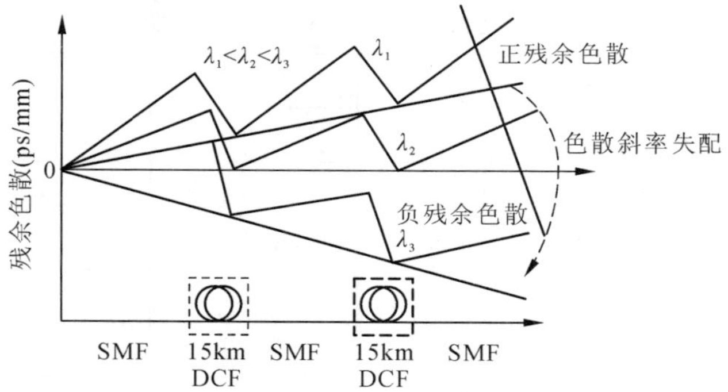

图 7-28 色散补偿中出现的色散斜率失配

为了确保 10Gbit/s 以上的波分复用系统各个波长的传输性能的一致,必须同时进行色散系数和色散斜率的补偿。在忽略高阶色散作用的前提下,要实现对波分复用系统的色散完全补偿。除了要满足式(7-18) 的色散系数的补偿条件之外,还需要满足式(7-19) 的色散斜率的补偿条件。

$$S_1L_1 + S_2L_2 = 0 \tag{7-19}$$

式中，S_1、L_1 分别表示传输光纤的长度和色散斜率；S_2、L_2 则分别表示补偿光纤的长度和色散斜率。

由表 7-11 给出了不同传输光纤和 DCF 的典型的色散系数、色散斜率、*FOM* 和 *RDS* 数值。

表 7-11　不同传输光纤和 DCF 的典型的色散系数、色散斜率、FOM 与 RDS 数值

光纤类型	1550nm 色散系数 [ps/(nm·km)]	1550nm 色散斜率 [ps/(nm²·km)]	*FOM* [ps/(nm·dB)]	*RDS* (nm⁻¹)
G.652 光纤	17	0.058	80	0.0034
G.655 光纤(RS)	4.4	0.045	21	0.010
G.655 光纤(LEA)	4.0	0.085	21	0.021
G.655 光纤(特锐)	8.0	0.052	38	0.0065
标准 DCF	−100	−0.22	200	0.0022
高斜率 DCF	−98	−0.63	195	0.0064
宽带 DCF	−95	−0.33	190	0.0035

7.3.5　啁啾光栅色散补偿

啁啾光纤光栅以体积小、补偿效率高等优点而成为色散补偿的光器件。光纤光栅是指利用紫外线通过特殊设计的周期变化相位模板直接照射光纤，通过光强引起的折射率变化，在光纤的纤芯中写入一系列的光栅。根据光纤光栅中的光栅周期的分布是否均匀，光纤光栅可以进一步细分为布拉格光纤光栅和啁啾布拉格光纤光栅。布拉格光纤光栅中的光栅周期呈现均匀分布。啁啾布拉格光纤光栅中的光栅周期则呈现不均匀的分布。图 7-29 所示的是布拉格光纤光栅和啁啾布拉格光纤光栅的比较。

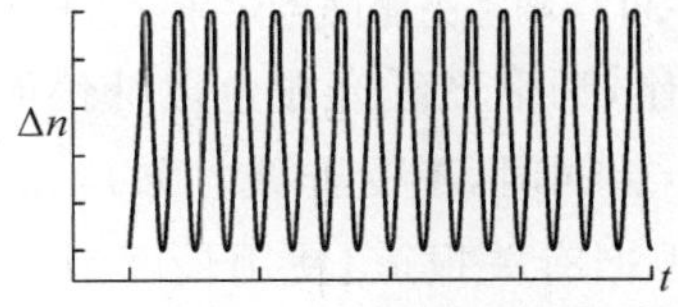

均匀分布：均匀布拉格光栅周期

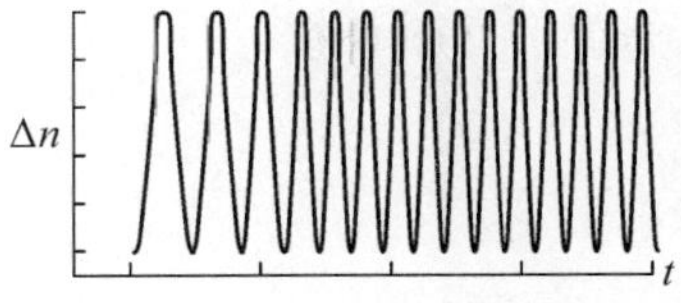

啁啾分布：不均匀布拉格光栅周期

图 7-29　均匀光栅和啁啾光栅的比较

啁啾布拉格光纤光栅可以用作色散补偿器。啁啾布拉格光纤光栅的色散补偿的原理是通过入射波长的反射来实现色散的补偿。波长的反射应该满足式(7-20) 定义的布拉格反射条件。

$$2\Lambda n_{\text{eff}} = \lambda_B \tag{7-20}$$

式中，Λ 为光栅间隔；n_{eff} 是有效折射率，λ_B 为布拉格中心波长。

如果入射的光波长 λ_B 满足布拉格反射条件，则以入射光的反射实现色散补偿。

啁啾光栅色散补偿器是由一个啁啾光纤光栅和一个光环形器组成。啁啾光纤光栅的作用是利用不同的入射波长在光栅的不同位置反射形成的相对时延差来进行色散补偿。光环形器主要完成光波长输入和输出光栅的任务。

图 7-30 所示的是啁啾光栅的色散补偿工作原理。输入光脉冲沿着传输光纤传播一段距离后会产生一定的色散，然后通过环形器导入啁啾光纤光栅中，当光脉冲通过一段周期由大到小、长度为 L_g 的啁啾光纤光栅时，其长波长分量和短波长分量分别在光栅的头、尾部反射。短波长分量比长波长分量多传播了 $2L_g$ 距离，两个波长分量产生的时延差，如式(7-21)所示。

$$\Delta\tau = \frac{2L_g}{v_g} \tag{7-21}$$

式中，v_g 为光信号在光栅中的传播速度。

这样，啁啾光栅减小了长波长的时延而增加了短波长的时延。啁啾光纤光栅中产生的时延与传输光纤中产生的时延恰好相反。因此，啁啾光纤光栅通过改变长波长分量和短波长分量的时延，压缩光脉冲来实现对传输光纤的脉冲色散展宽进行补偿。

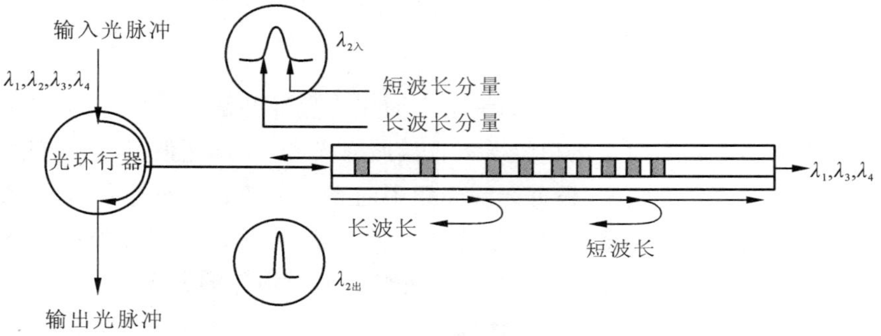

图 7-30　啁啾光栅的色散补偿工作原理

与 DCF 的补偿模块方案相比，啁啾光纤光栅色散补偿器具有器件体积小、补偿效率高，与光纤兼容性好、容易集成等优点。同时，不受非线性效应限制，允许大的光功率输入，支持 100% 色散和色散斜率的补偿。根据有关报道，使用长度为 5cm 的啁啾光纤光栅就可以补偿 50km 的 G.652 光纤所造成的色散。啁啾光纤光栅色散补偿器可以用于 40Gbit/s 及其以上的 DWDM 系统实行色散和色散斜率的同时补偿。

7.4　光开关

7.4.1　作用

在光网络中，光开关具有建立光路、保护倒换、分组交换和外调制等作用。不同的应用需要不同的开关时间和开关端口数。表 7-12 给出了光开关应用类型、开关时间和开关端口数的关系。光开关的一个应用是为光网络建立所需要的光通路。光开关构成光分插复用器和光交叉连接器的核心开关矩阵，灵活调配波长通路。光开关是实现光通路转换的功能器件，即它可以将任意输入端口的光信号转换到任意输出端口。同时，光开关是光网络灵活组网和保护恢复所必需的光器件。

表 7-12　光开关应用类型、开关时间和开关端口数的关系

应用类型	开关时间	开关端口数
建立光路	1 ～ 10ms	＞1000
保护倒换	1 ～ 10ms	2 ～ 1000
分组交换	1ns	＞100
外调制	10ps	1

光开关的另一个重要作用是保护开关使用。在主用光纤线路失效时，将业务从主用光纤线路倒换到备用光纤线路。保护倒换过程必须在几十毫秒内完成。这个几十毫秒包括故障发现时间、通知倒换时间和开关时间。因此，光开关的实际开关时间在几毫秒内。

光开关也是高速光分组交换网中的重要元件。在光分组交换网中，光开关被用作实现分组到分组的信号交换。在光分组交换应用中，光开关的开关时间必须比一个分组的持续时间小得多，而且需要大规模的开关。例如，以太网分组长度在 60 ～ 1500 个字节之间。在传输速率为 10Gbit/s 下，一个 60 个字节的分组的传输时间是 48ns。为了确保高速光分组交换网能够有效运行，光开关所需要的开关时间是几纳秒。

光开关还有一个用途是作为激光光源的外调制器。光开关放在激光光源前面，用以接通和断开数据信号。在用作外调制器时，光开关的开关时间必须是信号比特持续时间的一小部分。在传输速率为 10Gbit/s 时，信号比特持续时间为 100ps，作为外调制器的光开关的开关时间大约为 10ps。综上所述，光开关在光网络中的用途不同，它们需要的开关时间不同。

现在，商用的光开关品种繁多、结构各异，但是按照工作原理的不同，光开关可以分为机械光开关、固体波导光开关和其他原理光开关三大类型。在光网络的不同位置，应该选用不同的光开关。下面简单扼要地介绍一些常用的光开关工作原理和性能特点。

7.4.2　机械光开关

机械光开关是目前最常用的一种光开关。根据工作原理的不同，机械光开关工作可以分为移动光纤、移动套管、移动棱镜等多种类型。如图 7-31 所示，移动光纤光开关的工作原理是利用步进电动机带动和平移一组带有输入光信号的移动光纤，变换移动光纤与输出光信号的固定光纤的位置，完成输入光信号到输出光纤的光通路的接通和断开的作用。

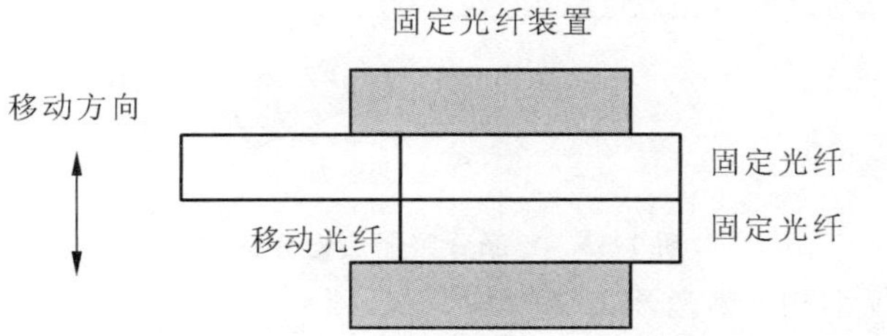

图 7-31　移动光纤光开关的工作原理

图 7-32 所示的是移动棱镜光开关的工作原理。通过精密的移动反射镜或棱镜或透镜，使输入的光信号聚焦到不同的输出光纤中。利用反射镜或棱镜或透镜光开关可以制作光交叉连接器，以完成光网络交叉节点的光通路的交叉连接。

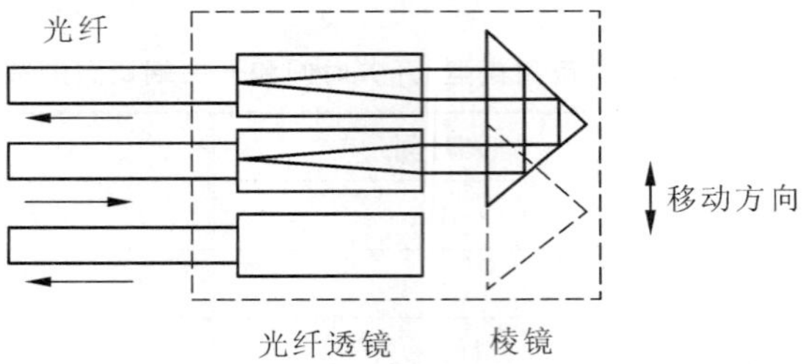

图 7-32 移动棱镜光开关的工作原理

机械光开关的优点是，插入损耗小(< 1dB)、隔离度高(> 45dB)、与波长和偏振无关、技术成熟等，其缺点是开关动作时间长(毫秒级)，体积笨重，不容易制成大型的光开关矩阵等。因此，机械光开关不适应高速率、大容量光网络的发展需求。

7.4.3 固体波导光开关

7.4.3.1 热光开关

热光开关是利用温度对热光材料的折射率的作用来实现光路开关的功能器件。热光开关是一种可以制成多端口的光开关。热光开关基本结构有 Y 形分路器结构和马赫 - 曾德尔(Mach-Zehnder Interferometer，MZI) 干涉仪结构。制作热光开关所用的热光材料既可以是 SiO_2 材料，也可以是聚合物材料。

(1) Y 形分路器热光开关

Y 形分路器热光开关结构如图 7-33 所示。通常，利用光刻方法或化学蚀刻法在 SiO_2 材料基底或聚合物材料基底上制作出 Y 形波导，在波导的旁边安放多个微型薄膜加热器。Y 形波导分支表面上沉积有由 Ti 或 Cr 组成的薄膜。

Y 形分路器光开关的工作原理是，通过热致波导材料折射率减小，改变光波的传输方向，实现光路的开关功能。当电功率加在 Y 形波导一分支上的加热器时，加热器下面的波导温度升高，折射率减小，阻止了光沿这个分支传输(处在"关" 状态)，光转换到另一个分支传输(处在"开" 状态)，从而实现了光路的开关。

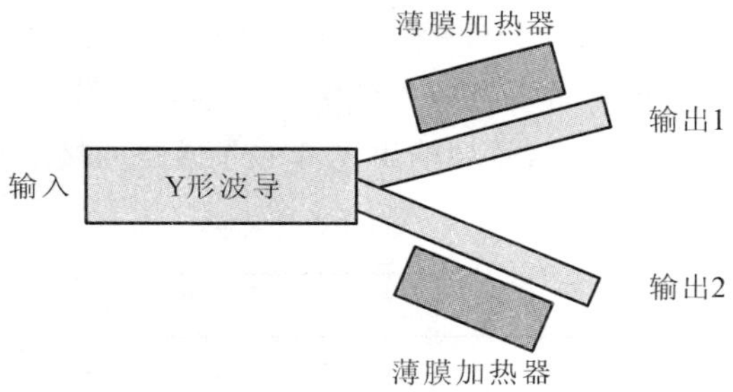

图 7-33 Y 形分路器热光开关结构

(2) MZI(干涉仪结构) 热光开关

图 7-34 所示的是 MZI(干涉仪结构) 热光开关结构。2 × 2 的 MZI 干涉仪结构热光开关是由 2 个 3dB 耦合器、1 个 MZI 平面波导和 2 个薄膜加热器组成。

MZI 热光开关的工作原理是，在热光开关中，以向加热器通电的方式，通过温度变化引起折射率变化($\Delta n = \mathrm{d}n/\mathrm{d}T$)，使光波产生相对相位移，实现光路的开关功能。

首先，入射的输入光信号在第一个 3dB 耦合器分成两路，各自沿着不同的光波导传输，然后经过第二个 3dB 耦合器汇合并再次分离至不同的输出端口。当薄膜加热器断开时，MZI 两个波导臂中的传播速度相同，在输出端同相结合，光信号由一个波导臂输出，光开关呈现通过状态；当薄膜加热器关闭时，MZI 两个波导臂由于受到加热作用而发生折射率变化，引起两个波导臂中的光波的传播速度差别，在输出端异相结合，光信号由另一个波导臂输出，光开关呈现断开状态，从而实现光信号的开关作用。

光信号由左侧输入，当薄膜加热器断开时，MZI 干涉仪的相位移为 0，考虑到 3dB 耦合器沿着耦合输出方向与沿着直通输出方向存在 $\pi/2$ 的相位延迟，在光信号输出端 1 处，来自输入端的两束光信号一路经过耦合器的两次耦合，另一路则经过耦合器的两次直通，累积相位差为 π，从而满足相干相消条件，输出光信号被大大削弱甚至断开；而光信号输出端 2 处，两束光信号分别经过 2 次直通，1 次耦合，总的相位保持同步，从而发生相干增强条件，使得输入光信号主要从光信号输出端 2 输出。

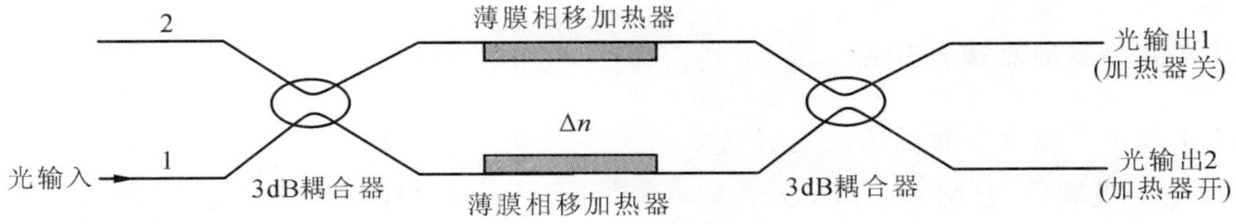

图 7-34　MZI 热光开关的结构

MZI 热光开关的特点是结构紧凑、功率消耗小于机械光开关，但是对光波长敏感，需要进行温度控制。因此，热光开关主要适用于中、小规模的光开关。

7.4.3.2　半导体放大器电光开关

半导体放大器(Semiconductor Optical Amplifier，SOA)是利用增益介质的受激幅度，以实现光信号放大的有源器件。由于在不同泵浦状态下，SOA 呈现对入射光的吸收(截止)或放大(导通)作用，所以利用 SOA 这个特性可以构建门型光开关。

SOA 光开关是由 SOA 门阵列和合 / 分波器(耦合器)共同组成的。SOA 光开关的工作原理是，当注入 SOA 的电流较小时，增益介质处于吸收(截止)状态，对入射光不透明，放大和实现光信号的开关。半导体光开关处在断开状态时，SOA 对入射光信号不透明，即门型光开关处于断开状态；当注入 SOA 的电流较大时，增益介质实现粒子数反转分布，入射光穿过 SOA，并同时获得增益，SOA 光开关处在闭合状态。

图 7-35 所示的是利用 4 个 SOA 构成的 2×2 光开关。4 个 SOA 通过波导连接，通过控制各路的 SOA 的开关状态，可以实现光信号由任意输入端到任意输出端的定向连接。

SOA 光开关是一种有源器件。泵浦增益补偿了光开关的损耗，在实现无插入损耗的同时可以获得大约 10dB 典型的光纤增益。同时 SOA 光开关具有大于 50dB 的消光比、偏振不敏感小于 1dB、开关时间小于 1ns、SOA 门阵列与 SiO_2 平面波导电路容易集成为大规模开关矩阵等特点。SOA 光开关作为一种光交换技术，在未来的高速分组光网络中会得到广泛使用。

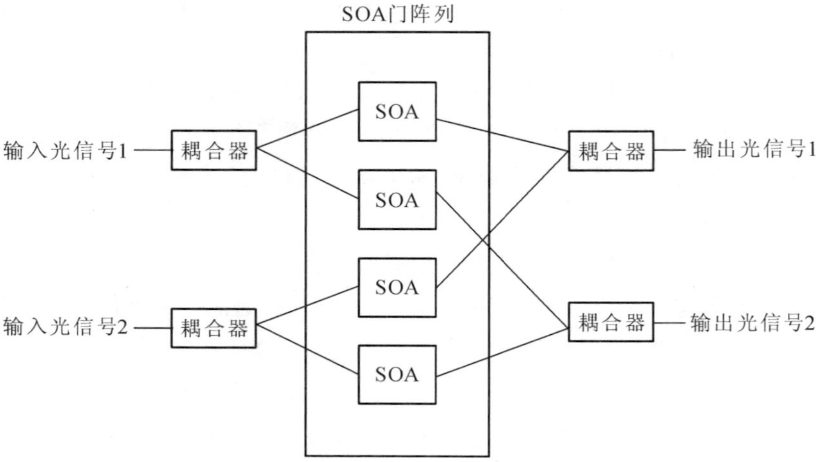

图 7-35 SOA 门阵列构成的 2×2 光开关

7.4.4 其他原理光开关

7.4.4.1 微电子机械系统光开关

微电子机械系统(Micro Electro Mechanical Systems,MEMS) 光开关是在半导体硅衬底上构建的光开关。MEMS 光开关是集微机械机构、光学器件和电子控制器件为一体的光开关。MEMS 光开关的工作原理是通过静电的作用,使微小反射镜发生上下、左右或旋转等细微移动实现光路的改变功能。按照开关光路的空间维数不同,MEMS 光开关可以分为二维结构和三维结构。

(1) 二维结构光开关

自由空间二维结构光开关又称为 $N \times N$ 结构光开关。二维结构光开关是由一种受静电控制的二维微镜面矩阵组成。输入光纤、自由旋转微透镜、输出光纤都集成在硅衬底上。图7-36 所示的是自由空间二维 MEMS 光开关的工作原理。被交换的光束首先通过输入光纤阵列,然后经过透镜变成平行光束射向阵列透镜,再通过透镜的上下折叠、左右移动或旋转方式等接通和断开。经过微透镜面反射的输出光束再经过输出微透镜聚焦在输出光纤阵列上的输出光纤。利用微驱动器旋转所选的微镜可以将光束引导到所希望的输出端口,实现光开关功能。

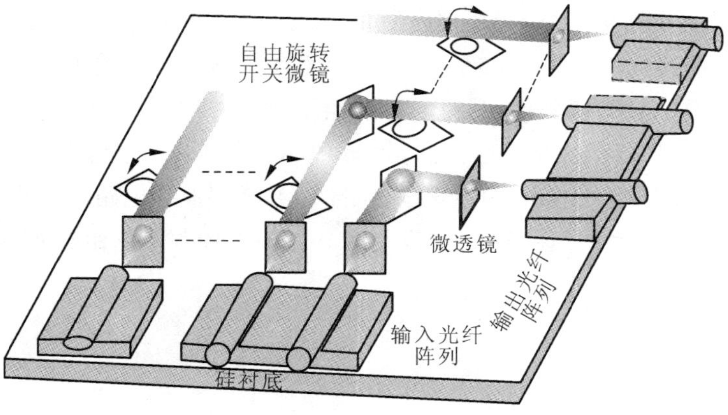

图 7-36 自由空间二维 MEMS 光开关的工作原理

二维 MEMS 光开关需要 $N \times N$ 个微镜来完成 $N \times N$ 个自由空间的光交叉连接。二维 MEMS 光开关具有控制电路简单、交换端口扩展容易、可以大规模生产等优点，但是端口数超过 32×32 时，光束传输空间距离按平方增加，造成传输损耗大、器件尺寸变大、成品率太低等问题。二维 MEMS 光开关主要应用在中小规模的光交叉连接。

(2) 三维结构光开关

图 7-37 所示的是三维 MEMS 光开关的工作原理。输入的光信号首先通过输入光纤阵列，经过微小透镜变换成平行光束射向可以移动的阵列微小反射镜，经过微小反射镜反射的输出光信号，再由输出透镜聚焦到输出光纤阵列上的输出光纤，完成光信号的路由选路。

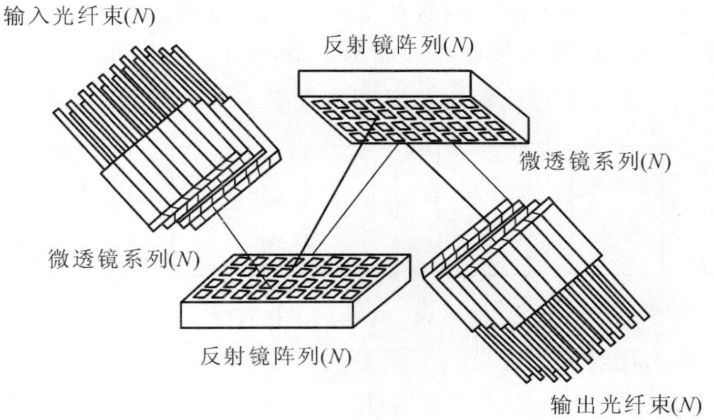

图 7-37　三维 MEMS 光开关的工作原理

在 2001 年世界光通信会议上，朗讯公司报道他们研制的 MEMS 光开关可以实现 1296×1296 端口的光交叉连接节点，其单纤端口传送容量为 1.6Tbit/s (单纤复用 40 个信道，40Gbit/ 信道)，总吞吐容量为 2.07Pbit/s。实验已证明，MEMS 的光纤与光纤之间的损耗仅为 1/10dB，开关的消光比为 60dB，开关消耗的功率是 2mW，开关时间仅为 5 ~ 10ms，开关工作次数可达亿次。同时，它还兼有结构紧凑、集成度高和性能优良等特点。正是因为 MEMS 光开关具有这些特点，所以它正在成为构成光网络的光交叉连接器的核心器件。MEMS 光开关是依靠微小反射镜面转动实现光路交换功能，所以任何机械摩擦或振动都会损伤光开关。这样，人们又研制出了结构紧凑、无旋转机构、功率消耗小的集成固体波导光开关。

7.4.4.2　波长选择光开关

波长选择光开关(Wavelength Selectable Switch，WSS) 在构建波长交叉连接器(Wavelength Cross Connecter，WXC) 和可重构分插复用器(Reconfigurable Optical Add Drop Mulitplexer，ROADM) 中扮演着非常重要的作用。WSS构成的 WXC 和 ROADM 可以降低其复杂程度并提高灵活性。WXC 可以实现不同光纤、不同波长上的光信号重新定向。

WSS 可以看成是由复用 / 解复用和光开关组成的子系统，它可以实现将输入的多波长中的任意波长或波长组输出到任意输出端口，通过光波长的交换，大大简化 WXC 和 ROADM 的结构。WSS 基本类型有 $1 \times N$、$N \times 1$ 两种类型。对于光路可逆的 WSS 结构，两种类型是等同的，可以互换使用。图 7-38 给出了 $1 \times N$ 的 WSS 实现波长选择功能。

WSS 本质上是一个带有交换引擎功能的光学分光计。这个引擎通过改变波长的光束的相位、偏振态、角度或位置，以实现输入的多波长中的任意波长或波长组输出到任意输出端

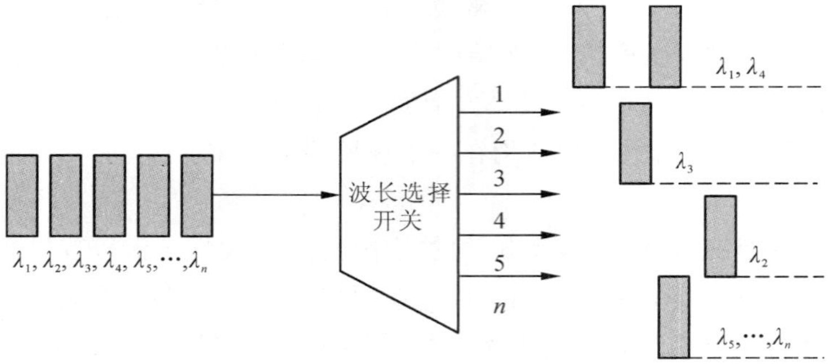

图 7-38　1×N 的 WSS 实现波长选择功能

口的光波长的交换控制。WSS 的工作原理如图 7-39 所示。图中的色散系统完成光束的分光和汇聚，光束整理和偏振分集可以根据情况调整在系统中的位置。

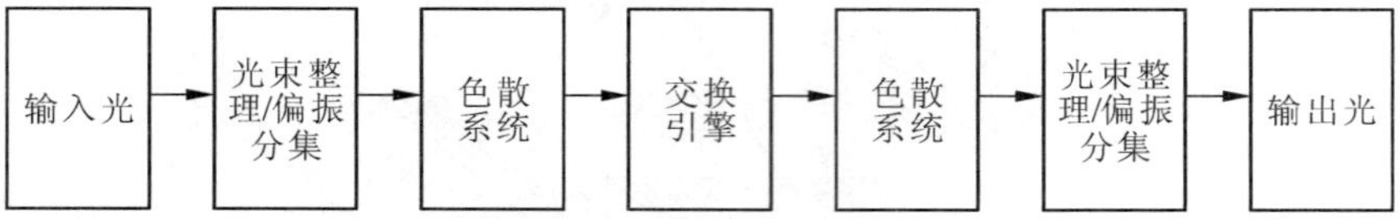

图 7-39　WSS 的工作原理

利用 WSS 可以构建较大的光波长交换结构。不同的 WSS 实现技术和连接方式都具有其各自的优 / 缺点。现在，用于实现 WSS 的技术方案有 MEMS 的 WSS 和液晶的 WSS 等。

(1)MEMS 的 WSS

微电机械系统(Micro Electronic Mechanical System，MEMS) 的 WSS 是由输入光纤、微透镜阵列、聚焦透镜、MEMS 微透镜阵列、校准透镜、衍射光栅、输出光纤共同组成。MEMS 的 WSS 的结构特点是利用 MEMS 微透镜阵列和衍射光栅组合，实现光波长在自由空间的选择交换。图 7-40 所示的是 MEMS 的 WSS 的工作原理。N 个波长的波分复用器光信号由输入光纤 A 点输入，经过微透镜阵列、聚焦透镜被放大成像在 B 点，其中一条波长信道从 B 点，成像在 D 点，然后通过使 D 点处的微透镜倾斜某个特定角度，将信号反射回 B 点，从而再透射到输出光纤 F 点输出。通过上述的过程，可以实现波分复用器信道中的某个光(路)信号交换到指定的输出光纤。

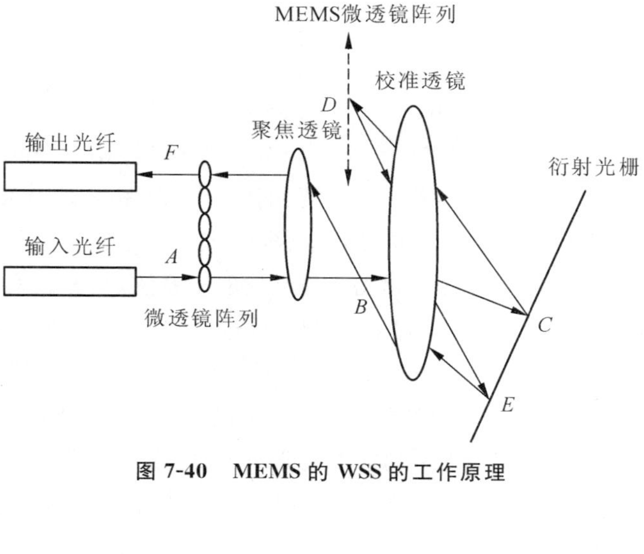

图 7-40　MEMS 的 WSS 的工作原理

MEMS 的 WSS 具有对传输速率透明，良好的光学性能，如插入损耗小、隔离度高。它可以用于 50GHz(0.4nm)或 100GHz (0.8nm)的波分复用光网络。MEMS 的 WSS 已有商用产品，但是生产工艺复杂，造成其价格较高。

(2) 液晶的 WSS

实现液晶硅基片(Liquid Crystal Optical Substrate，LCOS)的 WSS 的研究思路是，在一片硅基底上制作的液晶单元阵列，在每个液晶单元上制作透明电极，通过控制施加到这个单元的电压，可以控制这个液晶单元的反射光，以实现光波长的选择交换。

LCOS 的 WSS 是由衍射光栅、透镜组、输入光纤、输出光纤和 LCOS 共同组成。液晶硅基片的 WSS 的工作原理如图 7-41 所示。由输入光纤的输入端口输入的光信号，经过透镜组准直后，入射到衍射光栅上发生衍射作用，不同波长的光束，以不同的角度出射，它们被投射到 LCOS 的不同区域，通过控制施加在这些区域上的液晶单元的电压，可以独立控制不同波长反射光方向，然后再经过衍射光栅、透镜组，汇聚到任意特定的输出光纤端口。

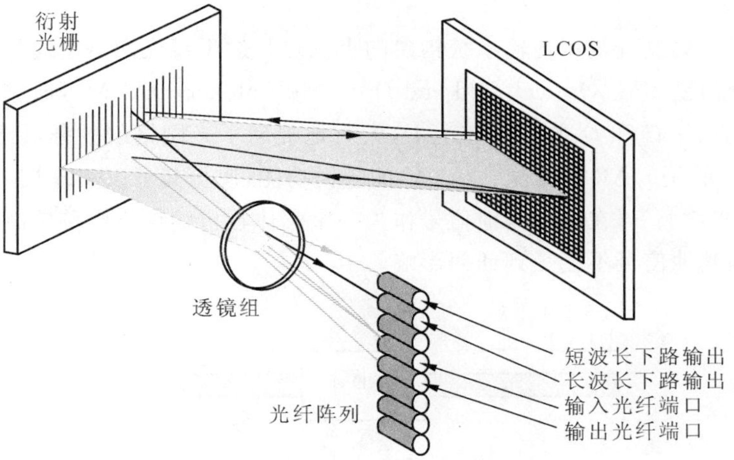

图 7-41　液晶硅基片的 WSS 的工作原理

LCOS 的 WSS 可以工作于 50GHz、100GHz 通道间隔，插入损耗小于 5dB。

7.4.5　各种光开关的比较

表 7-13 对实用化的各种光开关的主要优 / 缺点和应用做了简单的比较。从表 7-13 中可以看出，机械光开关可以用于小规模的网络保护、光分插复用等。热光开关和半导体光放大器光开关适用于中小规模的网络保护、光分插复用和光交叉连接。MEMS 光开关综合性能优秀、端口扩展性好，适合于构筑大规模光交叉连接应用。

表 7-13　各种光开关的性能比较

类型	优点	缺点	应用
机械光开关	插入损耗小	体积大，扩展性差	网络保护，光分插复用
热光开关	集成度高	耗能大，扩展性差	网络保护，光分插复用
半导体放大器光开关	高速开关，补偿能耗	噪声大，扩展性差	光分插复用，分组交换
MEMS 光开关	大规模	封装困难，稳定性差	光交叉连接
波长选择液晶光开关	波长选择，大规模	结构复杂	光分插复用，光交叉连接

7.5　光分插复用器

7.5.1　网络作用

光传送网络的基本思想是利用光分插复用节点和光交叉连接节点将点到点的波分复用系统连接起来。光分插复用和光交叉连接能够明显增加整个电信网的吞吐量、组网灵活性、业务透明性和网络的可靠性，是波分复用全光网的核心技术。全光网的发展经历了一个从点到点的波分复用链路过渡到可以分插复用的波长的总线网络，再升级到具有复杂光交叉连接功能的网状网。

在光传送网中，使用光分插复用可以减少信道上信息的处理和等待时间，减小节点设备的复杂性，还可以使光信号透明地传输和上下，特别是应用在光环网上，可以增加网络的生存性。

例如，在由密集波分复用传输系统构建的点到点长途干线光网络上，在沿途经过各个城市处，安装光分插复用器(Optical Add and Drop Multiplexer，OADM)，通过 OADM 可以实现光信号波长 A、B、C 和 D 的直通和上下，大大地提高了光网络的业务灵活上下的组网能力。图 7-42 所示的是 OADM 功能。OADM 的分插功能，使得其可以实现接入网、城域网、长途干线网的光波长上下，在保持其他信号作为一个整体在传输信道中传输时，可以上下一个或多个信道，而其他信号不会受到任何影响。

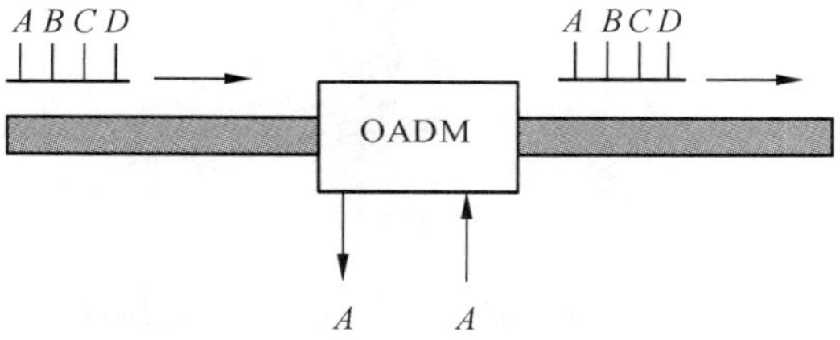

图 7-42　OADM 功能

按照是否具有重构功能，OADM 结构可分为：非重构(固定波长)型 OADM(简称 OADM)和可重构(可选波长)型 OADM(简称 Reconfigurable Optical Add /Drop Multiplexer，ROADM)两种类型。OADM 功能类似于波分复用器。两者之间的差异是，OADM 对相邻信道之间的串扰与取出波长信号残留在长途干线光网络中的信道内的串扰要求均要小于 -25dB。OADM 主要是采用光复用 / 解复用器以及固定的滤波器、光开关等无源器件组成，它主要完成在一个节点上下固定的一个或多个波长，其节点的路由固定。ROADM 通过波长选择元件实现波长的动态取出或直行。ROADM 主要采用光开关、可调谐滤波器等光器件构成，能动态调整 OADM 节点上下话路的波长，或者可变换波长，从而达到光网络动态互连的智能化功能，但是其付出的成本也相对增加了。

7.5.2　实现方案

7.5.2.1　OADM 结构

(1) 分波器 + 滤波器 + 合波器

图 7-43 所示的是由分波器＋滤波器＋合波器组成的 OADM 的结构方案。在这种方案中合波器及分波器可以是普通的复用 / 解复用波器，如多层介质膜或阵列波导光栅(AWG) 型等。

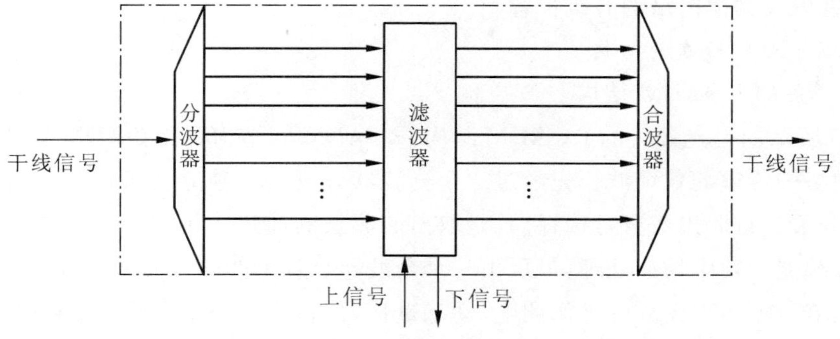

图 7-43　分波器＋滤波器＋合波器的 OADM 结构

这种 OADM 的方案的波分复用光信号的波长具体上 / 下路过程是，来自干线的复用光信号先通过解复用波器分解成单个波长，由滤波器选择出干线下路到本地的波长，本地上路到干线的波长也是通过滤波器选择出从本地上路到干线的波长，经过复用后再重新构成输出的干线光信号。该方案的优点在于结构简单、时延小、插入损耗低。采用滤波器，选择需要上下的波道，可直接上下固定的一个或多个波长，但不提供光交叉能力，为固定式上下波长的 OADM 系统。

(2) 分波器＋空间交换单元＋合波器

图 7-44 所示的是分波器＋空间交换单元＋合波器组成的 OADM 方案。这个 OADM 方案所采用的分波器可以是普通的合 / 分波器，如多层介质膜或阵列波导光栅型等；空间交换单元是简单的光开关或光开关阵列，使波长具有无阻塞交叉能力。由于采用了波长转发器，可以插入任何波长的业务，对于通过和插入方式的光信号不存在输入损耗问题。尽管这种 OADM 方案结构简单，对上下话路的控制比较方便；但是所用的器件本身损耗比较大，这样就使得 OADM 节点的损耗很大。除此之外，光开关的响应速率较慢，其时延会造成实时数据的丢失。

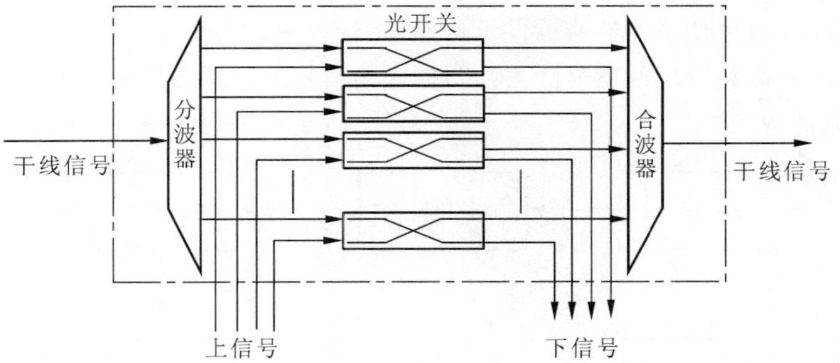

图 7-44　带光开关的 OADM 结构

OADM 是在波分复用器基础上实现全光网的核心器件之一。OADM 对全光网的传输能力、组网方式、性能监控、网络传输特性等具有重要的影响。OADM 具有对业务的透明性，它可以处理任何格式和速率的信号，从而使整个光网络的灵活性大为提高。例如，OADM 应用在线性光网络中，可方便、透明地解决链路沿途的信息上下路的问题。OADM 经常应用在自愈环形的光网络中，一旦光网络发生故障，可以在50ms的时间内完成保护倒换，赋予光网络高的可靠性。OADM 可以用于 C 波分复用器的光环路中的上下话路的分插复用，光交叉系统、有线电视以及其他网络的升级扩容。

7.5.2.2 ROADM 的结构

(1) 光开关的 ROADM 结构

图 7-45 所示的是光开关的 ROADM 结构。ROADM 的结构要比 OADM 复杂得多。在长途干线光网络中传输的各个波长先经过一个分波器分成各个独立波长信号，它们可以经过 2×2 的光开关进行取出或直行选择。凡是取出的波长的通道才可以插入上传信号，然后再经过可调衰减器做功率均衡处理，最后由一个合波器将各个波长合而为一输出。ROADM 可以在一个光节点上实现波长的灵活调度、动态重构，使得光网络业务配置、组网拓扑结构更加灵活，网络生存性更高。

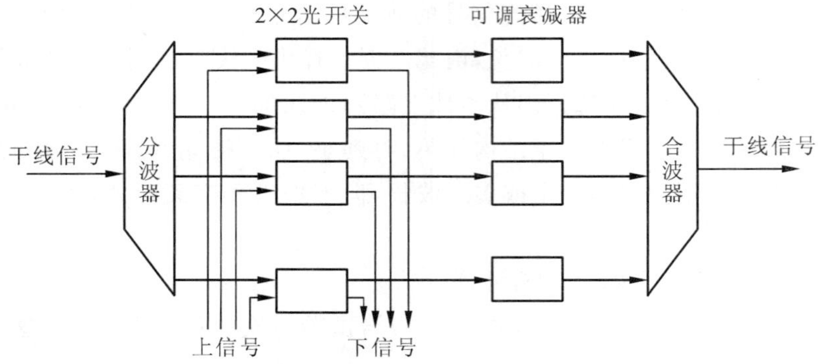

图 7-45 光开关的 ROADM 结构

(2) 可调谐滤波器的 ROADM 结构

ROADM 具有快速选择上下波长，可以根据网络需求动态建立和取消光通道的能力。这允许光网络升级而不中断传输，显著地减少升级和维护服务的次数，有助于降低操作费用。目前，ROADM 的实现方式有广播 - 选择和解复用 - 交叉 - 复用两种。

图 7-46 所示的是广播 - 选择 ROADM 结构。输入信号从左侧进入，经过分波器分为两路（广播），取出一路经过可调滤波器或器件组选择，将选择的信号分出。直通的信号经过波长阻隔器选择过滤（一般将分出的信号除去），与插入的信号经过耦合后输出。进入的信号通常是通过波长可调的激光。

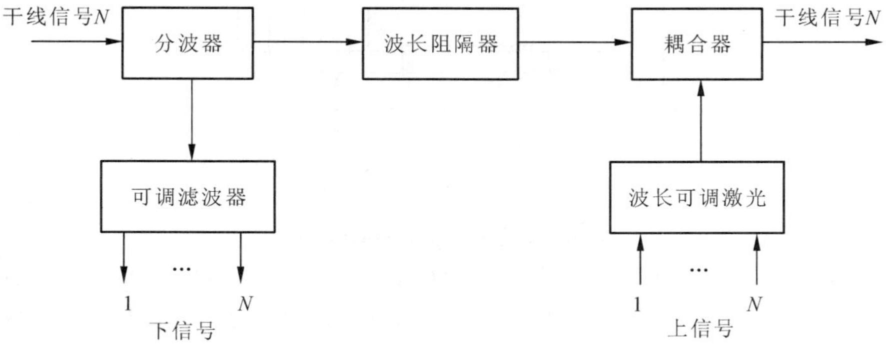

图 7-46 广播 - 选择 ROADM 结构

现在，ROADM 可以完成的主要功能包括：① 支持链形、环形、多环、网状网的拓扑结构。② 支持任意波长组合的插入 / 分出，即任意方向和任意波长的组合的插入 / 分出。③ 可以通过网络管理实现远程配置。④ 具有业务自动配置功能。⑤ 支持功率自动管理。由此可见，由 ROADM 构成的光网络节点相对由传统的 D 波分复用器设备，在功能方面有了很大的提升，ROADM 可以看作是 D 波分复用器网络迈向一个真正智能化光网络的基础。

7.6　光交叉连接器

7.6.1　网络作用

光交叉连接器(Optical Cross Connector，OXC) 是通过对光信号进行交叉连接，实现灵活有效地管理光传送网，也是实现可靠的网络保护和业务管理的重要手段。OXC 主要是由交叉连接矩阵、输入端口、输出端口、管理控制单元等模块组成。图 7-47 所示的是 OXC 的功能。OXC 好像两条高速公路的交汇的立交桥，两个骨干网络的所有传输波长通道都可以互相交换。简言之，OXC 可以通过一个光开关矩阵模块使输入端的 A、B、C、D 和 E、F、G、H 任一波长光信号连接到输出端的任一光纤，实现光波长的交叉连接、本地上下路功能、连接和带宽管理功能。

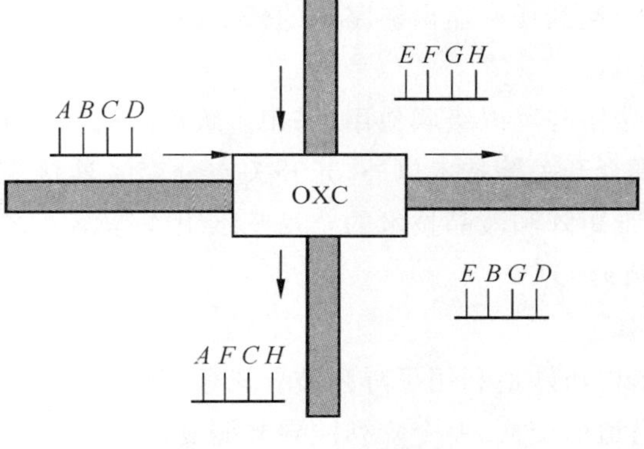

图 7-47　OXC 的功能

OXC 是光网络中最重要的基本网元设备。OXC 的主要功能是光通路的交叉连接、本地上下路功能、连接和带宽管理功能。除此之外，OXC 还应该满足光网络不断地升级和发展的需要。OXC 结构正在向多颗粒的方向发展，它可以实现的交换颗粒大小顺序依次是，光纤束(多根光纤)、光纤、波带、波长、时分的交叉连接，完成网络的动态重构。实现光交叉连接矩阵的方案包括传统机械光开关、热光开关、微电子机械系统光开关、半导体光放大器光开关等。

7.6.2　实现方案

7.6.2.1　空间光开关矩阵结构

(1) 空间光开关矩阵 OXC

图 7-48 所示的是一种支持不同链路中同波长信号进行交叉连接的空间光开关矩阵 OXC 结构。空间光开关矩阵的交换容量是 $N \times N$。空间光开关矩阵与波分复用的合 / 分波器

结合的 OXC 的具体工作过程是：首先分波器将链路中的波分复用信号在空间上分开，其次在空间光开关矩阵中完成空间交换，由于没有使用波长变换器，完成交换后的各个波长信号直接经过合波器复用输出到传输链路中。因此，它只支持波长通道，同时，还可在输出端增加波长转换器，可支持波长变换。

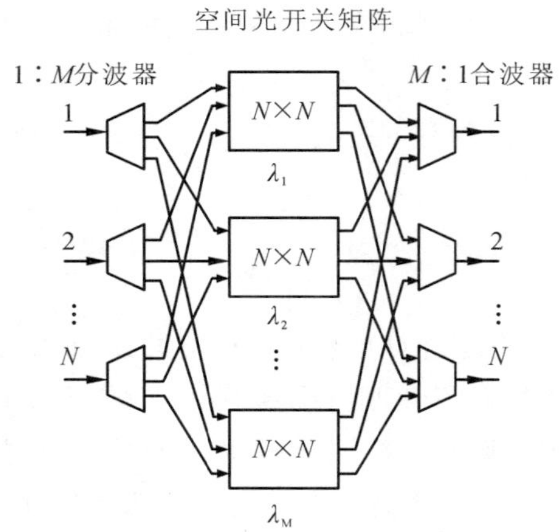

图7-48　空间光开关矩阵OXC结构

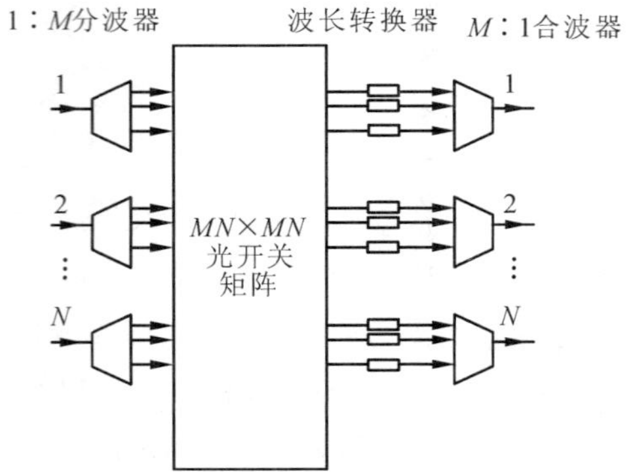

图7-49　*MN*×*MN*光开关矩阵OXC结构

(2)$MN \times MN$ 光开关矩阵 OXC

图 7-49 所示的是 $MN \times MN$ 光开关矩阵 OXC 结构。$MN \times MN$ 光开关矩阵可以将任一输入链路中的任一波长交换到任一输出链路中的任一波长，交叉点达到 M^2N^2。为了防止波长冲突，采用了波长变换器。

光开关空分交叉连接矩阵可以级联使用，采用多级矩阵时需要考虑光损耗的问题。除了采用空间光开关矩阵、耦合开关等技术以外，光开关空分交叉连接矩阵的种类很多，目前常用的有半导体技术的二维矩阵和液晶技术的全息三维矩阵等。

7.6.2.2　波长变换的 OXC

(1) 多级波长的 OXC

多级波长的 OXC 结构巧妙地利用了阵列波导光栅复用器的特性，通过级联多级波长复用器，实现在波长域光通道的交换。一个阵列波导光栅复用器可以同时实现波分复用和解复用功能，并且可以将自由光谱区域的整数倍的多个波长复用到一个输出端。图 7-50 所示的是多级波长的 OXC 结构。1×1 波长变换器是由一个解复用器、M 个波长变换器和一个耦合器构成。它的主要功能是完成 M 个输入波长转换为 R 个内部波长中某个波长的功能。当 $R \geq [(2M-1)/N] \times N$ 时，这种多级波长的 OXC 结构可以实现绝对无阻塞的虚波长通道交叉连接。

这种 OXC结构需要 2 个阵列波导光栅复用器和 $3N$ 个 1×1 波长变换器，后者相当于 $3N$ 个解复用器和 $3MN$ 个波长变换器。图 7-50 中的 DXC 是电交叉连接。通过增加波长变换器数或空间光开关数改进措施，可以减少所需要的内部波长数，从而达到降低对波长变换器的性能要求的目的。在两种改进的结构中，当 $R \geq (M/N) \times N$ 时，这种多级波长的 OXC 结构就可以实现绝对无阻塞的虚波长通道交叉连接。

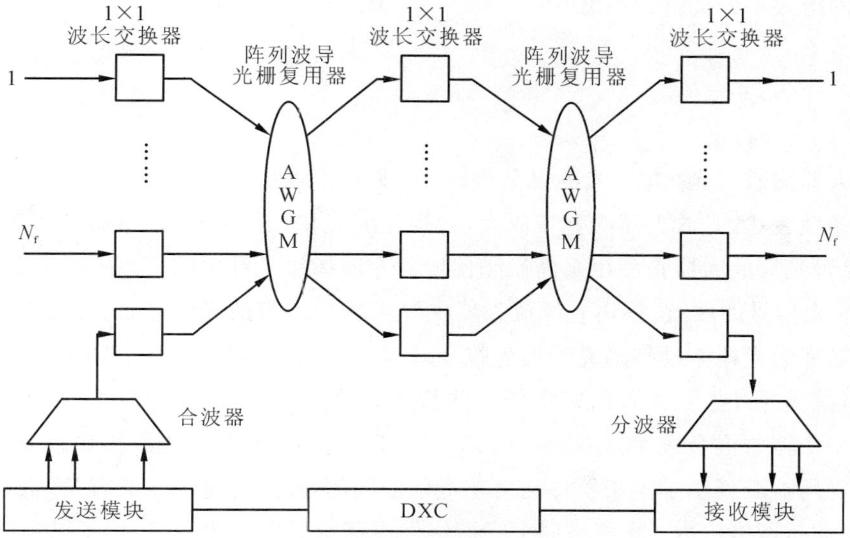

图 7-50　多级波长的 OXC 结构

(2) 完全波长交换的 OXC

图 7-50 所示的是完全波长交换的 OXC 结构。这种 OXC 是利用输入端和输出端的波长交换器实现波长域的光通道交换。这种完全波长交换的 OXC 结构是由波长交换器、星型耦合器和可调谐滤波器构成。

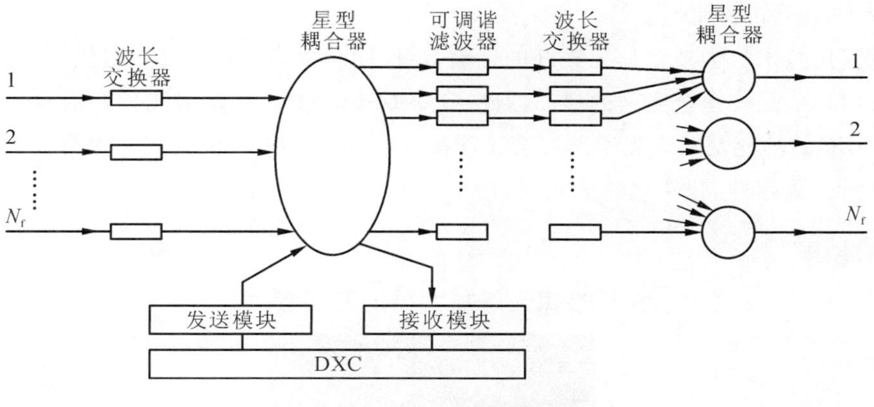

图 7-51　完全波长交换的 OXC 结构

在这种 OXC 结构中，应该完成的功能是：首先，利用位于输入端的波长交换器将输入的所有波分复用信号转换为 MN 个不同的内部波长，然后通过一个大耦合器送到 MN 条支路中，由可调谐滤波器选择出一个所需要的波长，最后再利用位于输出端的波长交换器转换成所需要的外部波长与其他波长，通过星型耦合器耦合到输出链路中。

在设计这种结构的 OXC 时，只需要 $(M+1)N$ 个波长交换器和 MN 个可调谐滤波器，而不需要空间交换器。增加一条输入/输出链路只需要增加 M 个可调谐滤波器、$M+1$ 个波长交换器和一个耦合器；每条链路增加一个波长只需要增加 N 个可调谐滤波器和 N 个波长交换器。因此，它不仅具有链路模块性和波长模块性，而且还具有广播发送能力。

OXC 不仅具有很大的交叉容量，而且可以透明地处理任何格式的高速率光信号。OXC 具有光通路配置、故障恢复和信号监视三大功能。OXC 是满足光网络管理可靠性、组网灵活性和提高网络效率的关键设备之一。

7.7 小结

光放大器突破了光-电-光的复杂模式，实现了光信号在光域的直接放大，给光纤通信带来了革命性变化。光放大器的宽带放大，为构建大容量、长距离光纤传输系统奠定了良好的基础。掺铒光纤放大器是利用泵浦激励使增益介质掺铒光纤中的铒离子发生受激辐射，实现 1550nm 光信号的放大。掺铒光纤放大器主要实现 C 波带的光信号放大。拉曼光纤放大器是利用大功率激光器激励传输光纤发生拉曼效应实现光信号的放大。只要选择合适波长的泵浦光源，拉曼光纤放大器可以实现任意波长的光放大。集掺铒光纤放大器＋拉曼光纤放大器优点于一体的混合放大器方案，可以构建长距离、超长距离的光纤传输系统。

波分复用器既规避了电子器件速度响应限制问题，使光纤进入了大容量、低成本传输时代，同时为通信网络由电-光网络向全光网络发展奠定了良好的基础。为了满足数据、图像、多媒体业务快速发展对通信网络带宽与日俱增的需求，波分复用器的演进经历了由熔融拉锥耦合器、干涉滤波器波分复用器和阵列波导光栅波分复用器的发展过程，宗旨在于通过光器件提高系统传输容量，达到降低成本的目的。

光开关是实现光路通、断功能的基本器件。光开关是构建光网络 OADM、OXC 的核心器件。光开关从机械光开关到半导体光放大器光开关的发展，标志着光开关开关速度的提高、体积的减小、能耗的降低。

波分复用技术极大地增加了光纤的传输容量，同时也为实现全光网提供了必要的条件。OADM 和 OXC 是构建全光网的核心器件。OADM 的功能是实现多波长的信号在本地的上下业务。OXC 的功能是实现光通路的交叉连接。OADM 和 OXC 的共同使用可以构建高度灵活性、透明性、生存性、智能化的全光网。

小知识

掺铒光纤放大器的开拓者

David N. Payne 教授

1985 年，英国南安普顿大学以研究特殊光纤而著名。1987 年，由英国南安普顿大学的教授 David N. Payne 和美国贝尔实验室的科学家 E. Desurvire 等研究人员发明了掺铒光纤放大器，从而引起了光纤通信中的一场技术革命，使光纤通信系统实现了全光传输。

掺铒光纤放大器是在石英玻璃光纤的纤芯中掺入少量的稀土元素，如 Er、Pr、Tm 等，分别构成 EDFA、PDFA 和 TDFA。这些光纤放大器可以构成多能级激光系统。在泵浦激光作用下，使输入这些光纤放大器中的光信号得到直接放大。由于光纤放大器为实现“透明”“宽带”和“全光”传输奠定了基础，所以光纤放大器被称为光纤通信中最伟大的发明之一。

由于EDFA的放大波长与石英玻璃光纤的最小衰减波长1550nm完全一致，所以EDFA在光纤通信系统中得到了广泛使用。在 EDFA 基础上，现在又研制出了一些新型光纤放大器，如拉曼光纤放大器和宽带光纤放大器。宽带 EDFA 的放大波长范围可以覆盖整个 DWDM 传输系统的工作带宽。

习　题

7-1　说明掺铒光纤放大器的基本结构和工作原理。

7-2　掺铒光纤放大器能够放大哪个波带的光信号？

7-3　说明拉曼光纤放大器的基本结构和工作原理。

7-4　拉曼光纤放大器的突出优点是什么？

7-5　比较掺铒光纤放大器和拉曼光纤放大器的性能特点。

7-6　解释长距离传输系统采用掺铒光纤放大器＋拉曼光纤放大器混合放大方案的理由。

7-7　阐述掺铒光纤放大器的应用形式与特点。

7-8　阐述波分复用器产生的原因。

7-9　画出干涉滤波器型波分复用器结构。

7-10　说明阵列波导光栅型波分复用器的工作原理。

7-11　开发光开关的意义何在？

7-12　阐述热光开关的工作原理。

7-13　叙述半导体光放大器光开关的工作原理。

7-14　解释光开关是 OXC 的基本元件的原因。

7-15　说明 OADM 在光网络中的作用。

7-16　绘制出 OXC 基本结构的组成图。

7-17　描述 OXC 在全光网中的作用。

第 8 章　波分复用传输系统

【学习目标】

1. 了解波分复用技术的产生背景。
2. 掌握波分复用工作原理、技术分类、技术特点。
3. 掌握波分复用的系统分类、系统组成、技术标准。
4. 掌握波分复用系统的关键技术。
5. 了解实现波分复用系统的管理技术。
6. 理解波分复用系统线路保护的意义。

【知识框图】

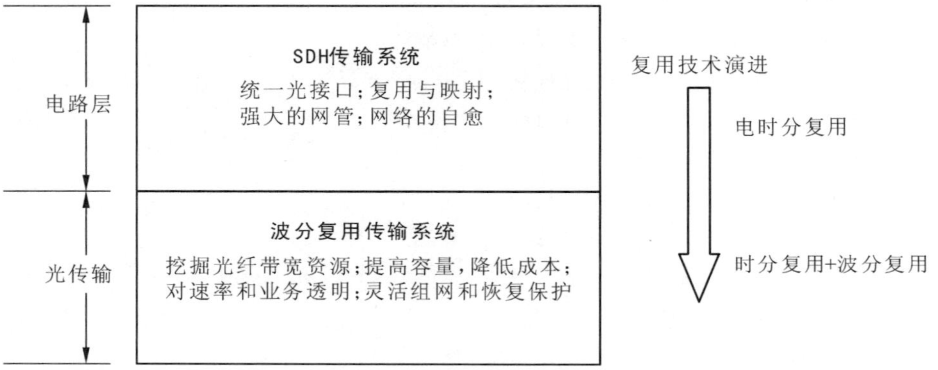

8.1　技术现状

光载波具有 10^{15} Hz 的巨大的频率资源，光纤传输系统的理论传输容量可以达到 58THz。1990 年之前，由于光纤的色散、非线性效应和电子器件响应速度的限制，光纤传输系统的传输速率被限制在 10Gbit/s 以下。为了充分利用光载波的巨大带宽资源，规避电子器件响应速度的限制，人们又开发出了以增加光波长数方法来有效提高传输系统容量的波分复用技术。

波分复用（Wavelength Division Multiplexing，WDM）技术是通过光波长复用方法实现在同一光纤中同时传输几十、数百个不同波长的光波长（信号）的简单扩大容量的传输技术。WDM 技术可以充分利用光纤提供的巨大带宽。例如，当波分复用的信道间隔为 100GHz(0.8nm) 时，在同一根光纤中同时传输数百个 40Gbit/s 波长。如果使用低水峰光纤，在光纤的低衰减工作波长 1260 ～ 1675nm，WDM 系统传输的总容量可以超过 58THz。图 8-1 所示的是 WDM 系统可以实现巨大传输容量的示意图。

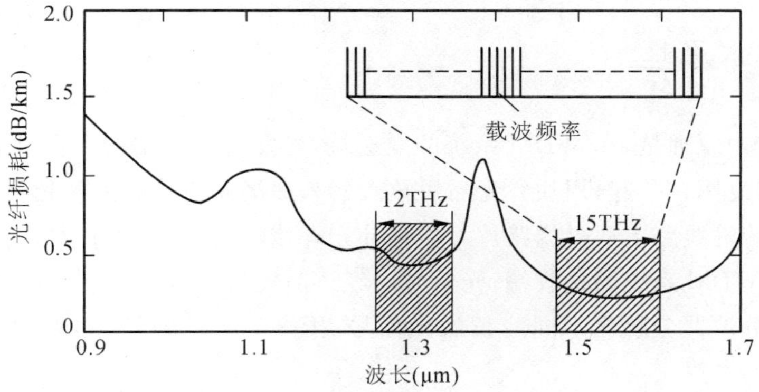

图 8-1　波分复用系统可以实现巨大传输容量的示意图

光纤通信研究的主要内容是提高速率、延长距离、扩大容量、降低成本。随着光放大器、色散补偿器、波分复用器技术进步和性能提高，WDM 系统的传输速率、传输距离、传输容量不断地提高。2001 年以来，世界各国实验室在 WDM 系统上不断地刷新传输容量的世界纪录。表 8-1 所示的是在 WDM 系统上创造的传输容量的世界纪录。

表 8-1　在 WDM 系统上创造的传输容量的世界纪录

年份	波长数	传输速率(Gbit/s)	传输距离(km)	传输容量(Tbit/s)
2001	256	40	100	10.24
2007	320	80	240	25.60
2009	320	100	580	32.00
2010	432	160	240	62.12

2010 年以后，大功率光放大器、拉曼光纤放大器的使用为延长无电中继距离创造了条件。高阶调制、多维复用、相干检测、数字信号处理、空分复用新型光纤[少模光纤(FMF)、多芯光纤(MCF)和多芯-少模光纤(MC-FMF)]等技术的出现，在提高频谱利用率、扩大传输容量、降低传输损伤、提高传输质量等方面取得了巨大的突破。表 8-2 给出了在波分复用＋空分复用系统上创造的传输容量世界纪录。

表 8-2　在波分复用＋空分复用系统上创造的传输容量世界纪录

年份	光纤类型	波长数	传输距离(km)	传输容量(Tbit/s)
2012	FMF	96	119	57.60
2012	MC-FMF	354	3	1050.00
2015	MC-FMF	360	9.8	2050.00
2016	FMF	1	20	3.20
2017	FMF	8	81	3.20

现在，WDM 技术既可以大幅度提高系统的传输容量，同时又可以明显地降低系统成本。WDM 具有扩容简单、组网灵活、安全可靠和经济合理等综合优势，使 WDM 技术正在从长途干线、城域光网络走向接入光网络。

8.2　基本原理

波分复用传输原理是，在 WDM 系统的发送端，光发射机发出的不同波长的光信号，经过光波长合波器复用在一起，用注入光后置放大器来提高光信号的传输光功率后，再经过光纤传输，在光纤传输线路上通过线路放大器弥补光纤传输损耗，再将放大光信号注入光纤传输，光信号到达 WDM 系统的接收端，光信号再经过前置放大器提高接收机灵敏度的放大以后，注入光波长分波器分解成不同波长的光信号。图 8-2 所示的是 WDM 系统组成与传输原理。

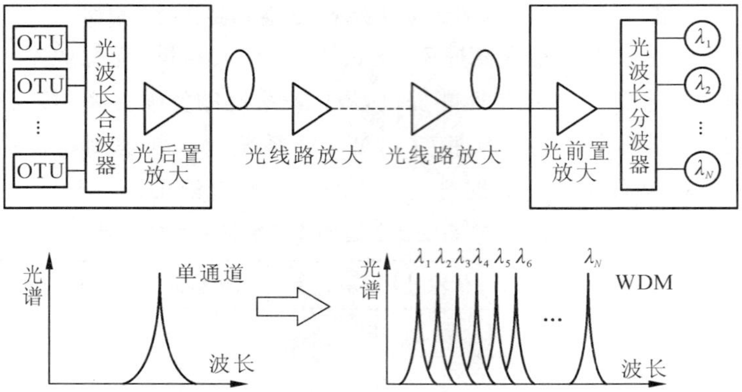

图 8-2　WDM 系统组成与传输原理

实现波分复用器技术的关键是光波分复用(合波)器和解复用(分波)器。合 / 分波器是通过它们所具有的波长选择功能，从而实现各个特定波长在光网络中的传输、检测和路由。合波器是将不同光源的不同波长光信号复用到一起的光器件。反之，分波器是将来自同一根传输光纤的多个不同波长光信号分解成多个单一波长光信号的光器件。合 / 分波器是波分复用传输系统的核心部件，它们的性能优劣直接决定着波分复用器传输系统类型、传输性能和应用场所等。

按照信道间隔大小不同，WDM 系统可以分为：信道频率间隔 $<$ 1000GHz 的宽波分复用系统(Wide Wavelength Division Multiplexing，WWDM)、信道频率间隔 $>$ 200GHz 的稀疏(粗)波分复用系统(Coarse Wavelength Division Multiplexing，CWDM)、信道频率间隔 $<$ 200GHz 的密集波分复用系统(Dense Wavelength Division Multiplexing，DWDM)和信道频率间隔几 GHz 到几十 GHz 的光正交频分复用系统(Orthogonal Frequency Division Multiplexing，OFDM)。它们本质上都是光波长分割复用(光频分复用)，所不同的是复用的信道波长间隔不同，系统的特点不同，适用的场所不同。图 8-3 所示的是 WDM 系统类型。

例如，DWDM 系统适用于长途干线、城域网核心层。光正交频分复用系统适用于高阶调制、多维复用、相干检测、高频谱效率的 100Tbit/s 传输系统。表 8-3 给出了 CWDM、DWDM 和 OFDM 技术特点的一些比较。

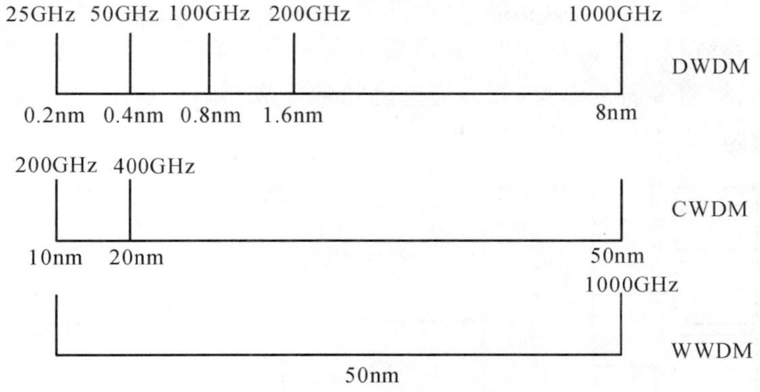

图 8-3　WDM 系统类型

表 8-3　CWDM、DWDM 和 OFDM 技术特点的比较

系统	CWDM	DWDM	OFDM
信号处理	光波长	光波长	光波长
传输速率(Gbit/s)	2.5,10	10,40	100,160
传输容量	中	大	非常大
光器件性能要求	宽松	严格	宽松
光纤带宽利用率	中	高	非常高
扩容升级成本	中	低	低
组网方式	简单	简单	简单
开展新业务	简单	简单	简单
网络应用	城域网,接入网	长途干线网,城域网	长途干线网

WDM 技术特点是:① 充分利用光纤的巨大带宽资源。一根光纤中同时传输几十乃至数百个密集的波长,承载多种不同的业务,大大提高了单根光纤的传输容量,从而大幅度地节约了光纤线路和系统设备的成本。② 多业务透明传输。可以透明地传输多种业务,例如 SDH、ATM、FR、以太网等业务,实现多种业务的混合传输。③ 便于扩容升级。每个波长通道是透明的,可以利用分插复用器和交叉连接器实现业务的分插复用与交叉连接,只需通过复用光波就可以开通新业务。④ 可建立灵活、透明的光网络。通过提供波长选路方式,可以建立灵活、透明、高生存性的光网络。因此,波分复用器技术已经成为构建长途干线、城域光网络的主导技术,而且正在以 WDM-PON 的形式走向下一代接入光网络。

8.3　系统构成

8.3.1　传输方向

按照光信号传输方向和使用光纤数量不同,WDM 系统可分为双纤单向传输 WDM 系统和单纤双向传输 WDM 系统。单纤双向传输 WDM 系统是指在一根光纤中同时实现双向传输。由于不同波长的光信号彼此独立,只需要将两个方向的光信号安排在不同的波长就可以实现彼此双方的全双工通信。图 8-4 所示的是单纤双向传输 WDM 系统。虽然单纤双向传输 WDM 系统具有可以减少使用光纤、线路光放大器数量，降低系统成本的优点，但是单纤双向传输 WDM 系统投入实际应用时，它需要考虑一些影响系统工作的因素。例如，需要使用双向光放大器、抑制多通道串扰、双向通道之间的隔离、双向功率大小、光监控传输、自动光功率关断等问题。

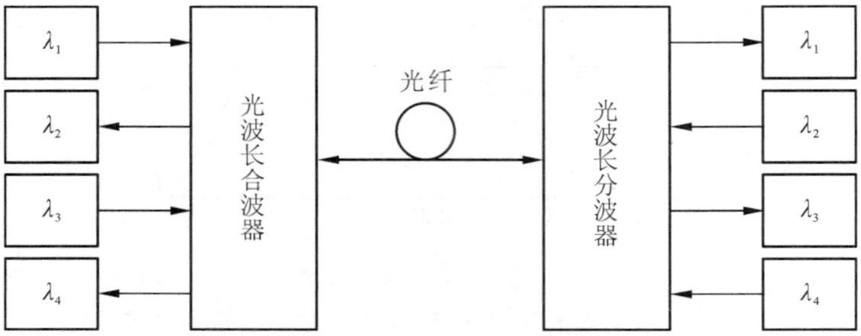

图 8-4　单纤双向传输 WDM 系统

为了规避单纤双向传输 WDM 系统存在的问题，人们又开发出了图 8-5 所示的双纤单向传输 WDM 系统。该系统是指采用两根光纤实现两个方向传输，即一根光纤传输一个方向，故称为双纤单向传输。在光发送端将载有各种信息、不同波长的已调信号 $\lambda_1,\cdots,\lambda_4$ 通过合波器复用在一起，注入一根光纤中进行传输，在光接收端通过分波器将不同光波长的信号分开，分别注入不同的光接收机进行解复用，从而完成多路光信号的传输任务。反方向通过另一根光纤传输，其原理与正方向传输相同。

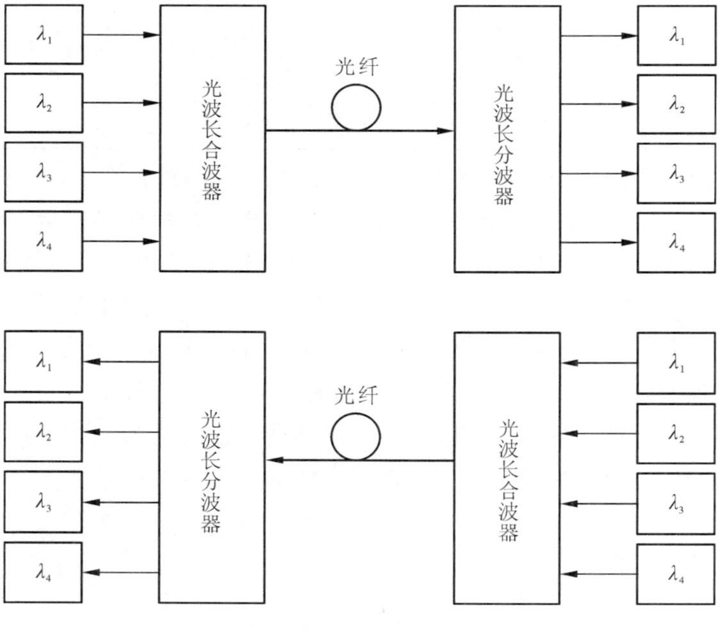

图 8-5　双纤单向传输 WDM 系统

由于双纤单向传输 WDM 系统传输具有不需要考虑多通道串扰、系统设计简单、故障隔离、易于实现性能监控、运行管理维护方便、组网灵活、网络扩容升级容易等优点，故其在实际通信工程中得到了广泛应用。

8.3.2　光接口

(1) 集成式系统

根据 WDM 系统对外的光接口是否是符合 WDM 系统规定的标准光接口，WDM 系统可以分为集成式 WDM 系统和开放式 WDM 系统。

集成式 WDM 系统是指接入合波器的 SDH 终端设备具有满足 ITU-T G.692《带有光放大器的多信道系统的光接口》要求的光接口，即 SDH 终端中具有满足 WDM 系统有关中心频率、色散容限、光功率等标准要求的光源，SDH 终端可以直接通过光波分复用单元复用进入集成式 WDM 系统进行传输。由于 SDH 进入集成式 WDM 系统没有增加任何设备，赋予集成式 WDM 系统结构简单、设备成本低、使用方便等优点。图 8-6 所示的是集成式 WDM 系统。

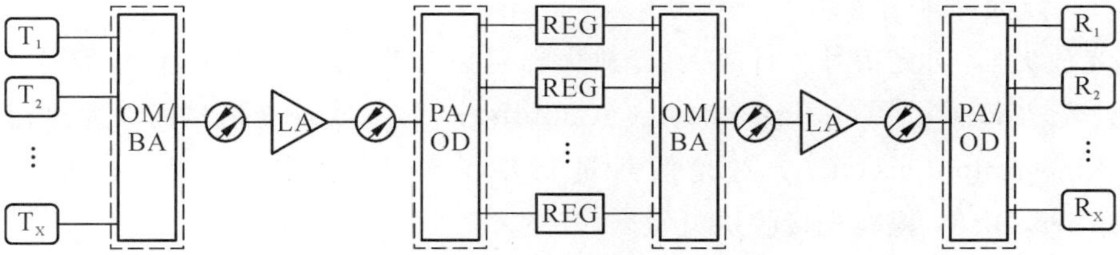

注：$T_1 \sim T_X$、REG 分别为具有 G.692 光接口的 SDH 终端或数据设备、中继设备。

图 8-6　集成式 WDM 系统

一般地，SDH 设备商用在前，WDM 设备商用在后。简言之，老的 SDH 设备光接口（工作波长）不满足 WDM 系统 ITU-T G.692 对标准光接口（光源工作波长）要求，即非标准光接口（光源工作波长）。为了解决光接口匹配问题，人们开发出了开放式 WDM 系统。

(2) 开放式系统

开放式 WDM 系统是指利用波长转换单元（Optical Transport Unit，OTU）将原来满足 ITU-T G.957《设备与系统的光接口》规范的 SDH 终端设备非标准波长转换为满足 WDM 系统 ITU-T G.692 要求的标准光波长，然后接入 WDM 系统。波长转换的目的是，在保护老的 SDH 终端设备投资的基础上，同时实现多种设备间、多厂家设备间互操作性。

所谓"开放"是指 WDM 系统对输入光信号波长没有特殊要求。换言之，通过波长转换单元可以使非标准波长转换为标准波长，以满足 WDM 系统对光源波长的要求，力求赋予 WDM 系统更大的兼容性。因而开放的波分复用器系统适用于多种环境，彻底实现 SDH 与波分复用器分开。图 8-7 所示的是开放式 WDM 系统。

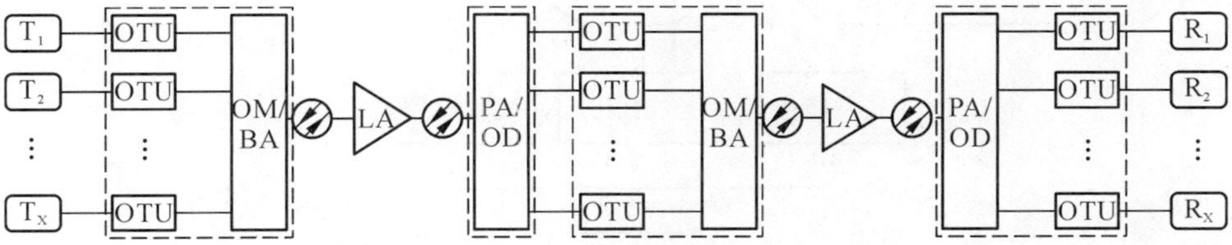

注：$T_1 \sim T_X$ 为具有 G.957/G.692 光接口的 SDH 终端设备或数据设备。

图 8-7　开放式 WDM 系统

8.4　关键技术

8.4.1　系统组成

通常，WDM 系统是由光发射机、光监控信道、光放大器、光接收机、网络管理五个功能部件组成。图 8-8 所示的是 WDM 系统组成。WDM 系统的各个功能部件的作用如下所述：

（1）光发射机。各个光通道的光源发射不同标称波长（频率）的光信号，经过光转换单元（Optical Transport Unit，OTU），将各个波长转换成满足波分复用系统规范的标准波长，然后由光波长合波器将这些业务信号合并为一束复用的光信号，经过光功率放大器（Optical Booster Amplifier，OBA）放大后注入光纤中传输。每个光通道承载不同的业务信号，如 SDH、ATM、以太网等信号。

（2）光放大器。对光信号进行放大。光放大器可以分为光功率放大器、线路放大器和光预放大器。光功率放大器（Optical Booster Amplifier，OBA）实现光信号的放大。线路放大器（Optical Line Amplifier，OLA）对光信号进行中继放大。光预（前置）放大器（Optical Pre-Amplifier，OPA）提高光接收机灵敏度。

（3）光接收机。使经光纤传输的光信号，再由光预放大器放大和光波长分波器分解各个通道的光信号，然后输入各个光接收机中。

（4）光监控信道。以 1510nm 独立的波长作为光监控信道，传送光监控信号。光监控信号用于承载 WDM 系统的网元（设备）管理和监控信息，使网络管理系统能够有效地对 WDM 系统进行管理。

（5）网络管理。WDM 系统的网络管理系统是一个综合管理平台。整个平台既具有管理光放大器、波分复用器、波长转换器、光监控信道性能的功能，又可以对设备进行性能、故障、配置以及安全等方面的具体管理。网络管理系统的信息是由光监控信道中的光监控信号承载。

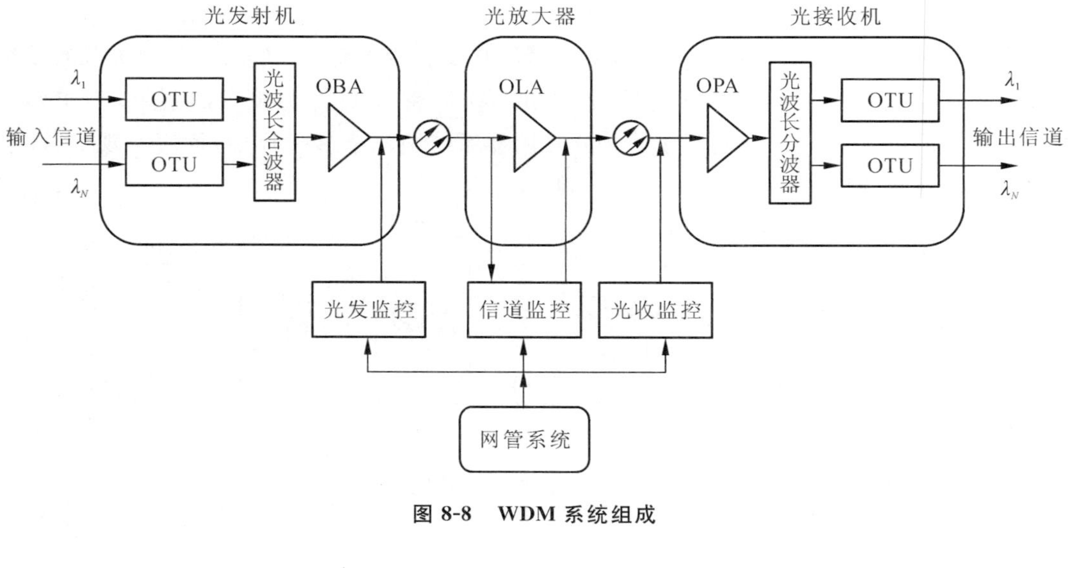

图 8-8　WDM 系统组成

8.4.2　研究内容

电信技术的终极目标是提高传输速率、延长传输距离、扩大传输容量。光纤放大器通过对光信号的直接放大，解决了光纤传输损耗的限制，大大地延长了长途干线的无电中继距离，实现了对一根光纤内传输的多个波长同时放大。在解决了光纤损耗之后，光纤色散就成为限制光纤传输速率的主要问题。为此，研究人员采用色散补偿和调制技术解决色散限制。波分复用技术通过在一根光纤中同时传输多个波长提高系统传输容量，同时在光纤中产生了非线性效应，使系统的传输质量大幅度降低。

进入 21 世纪以后，大数据、云计算、物联网、互联网＋、宽带接入、4G 等开始发展，使用户对带宽需求与日俱增，从而推动了作为信息传送平台的 WDM 系统能够实现从高速率、长距离、大容量到超高速率、超长距离、超大容量、超高频谱效率的传输，研究人员开发出了光放大、色散补偿、调制编码、纠错技术、相干检测和数字信号处理等一系列的关键技术。

8.4.3　关键技术

8.4.3.1　光放大技术

1989 年，EDFA 的问世，使得光纤通信营造了全光传输。EDFA 通过对光信号的直接放大，补偿光纤和光器件对光功率的损耗。EDFA 在光域中提高光信号功率的同时，也为系统引入了自发辐射噪声干扰，降低了系统的信噪比，从而限制了放大的传输距离。

为了解决 EDFA 的噪声、提高系统信噪比、扩大放大带宽，人们又研制出 RFA。RFA 采用分布式泵浦，可以使 WDM 系统实现低噪声、小非线性、高质量、长距离的传输。EDFA＋RFA 的混合放大具有高增益、低噪声、增益平坦、宽带放大的优点，可以确保 WDM 系统超高速率、超长距离、超大容量传输。

8.4.3.2　色散补偿技术

(1) 色散管理技术

色散是指光纤中传输的不同频率的光信号之间产生群时延差(色散)。色散表现为时域上的脉冲展宽。在数字通信中，色散的脉冲展宽，引起信号之间干扰，使接收机无法接收。光纤色散是限制光纤传输系统实现高速率、长距离传输的主要因素。

色散受限的系统传输距离与系统传输速率的平方成反比关系。当系统传输速率从 10Gbit/s 提高到 40Gbit/s 时，在 G.652 光纤上的传输距离减小到原来的传输距离的 1/16。因此，为了解决光纤色散对 40Gbit/s 系统传输距离的限制，人们先后研究出具有不同色散性能的各种类型光纤(如 G.653 光纤、G.655 光纤) 和光纤色散补偿(管理) 技术(色散补偿光纤、啁啾光纤光栅等)。过去，10/40Gbit/s 的 WDM 系统中，主要通过采用 G.655 光纤和色散补偿光纤对 WDM 系统进行色散补偿，以便使 WDM 系统能够实现高速率、长距离传输。

现在，100Gbit/s 及其以上的 WDM 系统同样采用通断 / 幅度键控调制方法，系统色散容限非常小，色散补偿光纤方式已经无法满足系统色散补偿要求，必须采用数字相干检测和数字信号处理技术措施，才能确保 WDM 系统能够实现 100Gbit/s 及其以上速率传输。

(2) 偏振模色散补偿技术

光纤和光器件的双折射引入的偏振模色散(PMD) 限制了 WDM 系统实现高速率、长距离传输。PMD 呈现随机变化，使得其补偿变得十分困难。现在，PMD 的补偿主要有偏振控制器＋差分时延器的光域补偿方式和数字信号处理的电域补偿方式，前者可以有效地补偿一阶 PMD 和高阶 PMD，后者能够以低成本减小 PMD 的影响。现在，随着光纤制造水平的提高，光纤的 PMD 非常小，光纤通信工程上很少采用 PMD 补偿技术，只是在系统中分配适当的通道代价。

8.4.3.3　调制编码技术

进入 21 世纪以后，随着 100Gbit/s 系统的快速发展，为了解决色散、PMD、非线性效应的限制，提高系统的传输容量和频谱利用率，人们开发出了基于偏振复用结合多相位调制的编码调制技术，如偏振复用－四相移键控（PMD-QPSK）、多级相位和幅度调制的调制码型，如 8/16 相移键控（8/16PSK），16/32/64 级正交幅度调制（16/32/64QAM）和基于低速率子波复用的正交频分复用。这些编码调制技术与偏振复用相结合，通过降低传输速率，降低色散、PMD、非线性效应影响，从而提高了系统的传输容量和传输距离。

8.4.3.4　纠错技术

在光纤传输系统中，采用前向纠错（Forwarding Error Correction，FEC）技术能够消除系统传输性能曲线中的误码率平台现象。通过编码增益提供的系统富余量，降低光纤链路中的线性和非线性因素对系统性能的影响。

FEC 是以牺牲有效带宽为代价来换取高质量的传输。FEC 通过在信号中加入少量的冗余信息发现并删除传输过程中由噪声引起的错误码，以低的成本和小的带宽换取高质量的传输。纠错编码只需要在收发端增加编译码器，无须增加和改变线路设备。纠错编码具有成本低、灵活便捷、效果明显的优势，所以备受青睐。随着线路传输速率的不断提高，FEC 技术经历了三代的发展，表 8-4 给出了三代 FEC 的编码技术与适用不同传输速率的系统。

表 8-4　三代 FEC 的编码技术与适用系统

类型	编码技术	适用系统
第一代 FEC	代数编码	2.5Gbit/s 系统
第二代 FEC	级联编码	10/40Gbit/s 系统
第三代 FEC	软判决编码	100Gbit/s 系统

8.5　技术标准

8.5.1　应用代码

8.5.1.1　系统规范配置

图 8-9 所示为我国国家标准规范的带有光放大器的 WDM 系统的参考配置。图中 T_X、OM/OA、OA/OD 和 R_X 分别表示的是光发射机、光波长复用器／光功率放大器、光前置放大器／光波长解复用器和光接收机。S_1 ～ S_n、R_{M1} ～ R_{Mn}、MPI-S 等分别表示的是波分复用系统光接口位置和参考点。表 8-5 给出了各个参考点的符号和名称。WDM 系统中各个接口的性能指标请查阅 ITU-T 建议和我国有关的 WDM 系统标准。

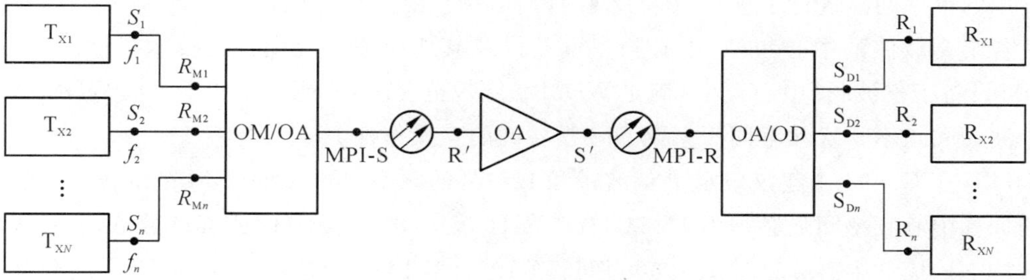

图 8-9　有在线光放大器 WDM 系统的参考配置

$T_{X1} \sim T_{XN}$— 光发射机；$R_{X1} \sim R_{XN}$— 光接收机；OM— 光波长复用器；OD— 光波长解复用器；OA— 光放大器

表 8-5　各个参考点的符号和名称

符号	名称
$S_1 \sim S_n$	光通道 1 ～ n 在发射机光输出连接器处光纤上的参考点
$R_{M1} \sim R_{Mn}$	光通道 1 ～ n 在 OM/OA 光输入连接器处光纤上的参考点
MPI-S	OM/OA 光输出连接器后面光纤上的参考点，主通道接口的 S 点
S′	光线路放大器光输出连接器后面光纤上的参考点
R′	光线路放大器光输入连接器前面光纤上的参考点
MPI-R	OA/OD 光输入端连接器前面光纤上的参考点，主通道接口的 R 点
$S_{D1} \sim S_{Dn}$	OA/OD 光输出连接器处的参考点
$R_1 \sim R_n$	接收机光输入连接器处的参考点

8.5.1.2　应用代码

ITU-T G.692，2001《带有光放大器的多信道系统的光接口》建议规范的波分复用系统应用代码是设计 WDM 系统的光线路放大段的跨距设计和电再生段规划的原则。对于高速率、长距离的 WDM 系统，采用式(8-1) 所示的应用代码表示有 / 无中继光放大器系统的应用代码。

$$nB\ —xWF(S) \tag{8-1}$$

式(8-1) 中的每个字母的具体含义分别是：n 表示系统满配置最大波长数；B 表示传输速率：2.5Gbit/s、10Gbit/s、40Gbit/s；x 表示跨距段数；W 表示跨距衰减：S 表示短跨距段的最大衰减 11dB，L 表示长跨距段的最大衰减 22dB，V 表示超长跨距段的最大衰减 33dB；F 表示光纤类型：G.652A……G.652D 光纤可以用 652A……652D 表示；S 表示系统工作波带(O 波带、E 波带、S 波带、C 波带、L 波带)。例如，40 10G—20L652A(C) 表示传输速率为 10Gbit/s、40 个信道系统，20 个长跨距段是由 G.652A 光纤组成(可以使用拉曼光纤放大器)、系统的工作波带是 C 波带。

8.5.2　标称波长

8.5.2.1　中心频率

波分复用技术的本质就是使单根传输光纤同时传输多个光载波。为了保证 WDM 系统之间的横向兼容，必须对各个通路的中心频率进行标准规范。ITU-T 两个建议：G.694.1《密集波分复用频率间隔》和 G.694.2《稀疏波分复用频率间隔》分别对密集波分复用和稀疏波分复用的频率间隔进行了规范。在系统设计时必须按照系统长期目标容量选择波长数、精确规范各个光载波的中心频率，中心频率偏差以及其他相关系统设备的技术指标。只有确保WDM设备工作波长(中心频率)满足WDM系统规范要求，才能真正实现不同WDM系统的各个波长间互不干扰和不同厂家WDM设备间的互操作性。

ITU-T G.694.1建议规定了C波带和L波带的频率间隔，即WDM系统在各个波长通路的标称中心频率间隔必须为12.5GHz、25GHz、50GHz、100GHz或其整数倍，参考频率为193.1THz，标称中心频率从184.500THz至195.937THz(对应的工作波长范围是1624.89～1530.04nm)。表8-6列出了按照所选择的相邻波长频率间隔不同，在94.85nm的工作波长范围可以容纳的波长数。

表8-6　相邻波长频率间隔与可容纳的波长数的关系

各个波长频率间隔	12.5GHz	25GHz	50GHz	100GHz
波长间隔	0.1nm	0.2nm	0.4nm	0.8nm
容纳波长数	915	457	228	114

现在，有关标准对波分复用系统的复用信道数与工作波长范围、频率范围、波道间隔、中心频率做了详细规定。波分复用系统工程通常用C波带1550nm窗口，标称中心频率是基于193.1THz，40波以下系统采用100GHz的频率间隔，80波系统采用50GHz的频率间隔系列。表8-7列出我国通信行业标准YD/T 5092—2014《波分复用光纤传输系统工程设计规范》中所规范的8/16/32/40波的波分复用系统的中心频率和波长。有关80/160波使用了C波带和L波带，具体内容请查阅相关标准规范。

表8-7　8/16/32/40波分复用系统的工作波长和中心频率

序号	中心频率(THz)	40波波长(nm)	32波波长(nm)	16波波长(nm)	8波波长(nm)
1	192.1	1560.61	1560.61	1560.61	1560.61
2	192.2	1559.79	1559.79	1559.75	1558.98
3	192.3	1558.98	1558.89	1558.98	1557.36
4	192.4	1558.17	1558.17	1558.17	1555.75
5	192.5	1557.36	1557.36	1557.36	1554.13
6	192.6	1556.55	1556.55	1556.55	1552.52
7	192.7	1555.75	1555.75	1555.75	1550.92
8	192.8	1554.94	1554.94	1554.94	1549.32
9	192.9	1554.13	1554.13	1554.13	
10	193.0	1553.33	1553.33	1553.33	
11	193.1*	1552.52	1552.52	1552.52	
12	193.2	1551.72	1551.72	1551.72	
13	193.3	1550.92	1550.92	1550.92	
14	193.4	1550.12	1550.12	1550.12	
15	193.5	1549.32	1549.32	1549.32	

续表 8-7

序号	中心频率(THz)	40 波波长(nm)	32 波波长(nm)	16 波波长(nm)	8 波波长(nm)
16	193.6	1548.51	1548.51	1548.51	
17	193.7	1547.72	1547.72		
18	193.8	1546.92	1546.92		
19	193.9	1546.12	1546.12		
20	194.0	1545.32	1545.32		
21	194.1	1544.53	1544.53		
22	194.2	1543.73	1543.73		
23	194.3	1542.94	1542.94		
24	194.4	1542.14	1542.14		
25	194.5	1541.35	1541.35		
26	194.6	1540.56	1540.56		
27	194.7	1539.77	1539.77		
28	194.8	1538.98	1538.98		
29	194.9	1538.19	1538.19		
30	195.0	1537.40	1537.40		
31	195.1	1536.61	1536.61		
32	195.2	1535.82	1535.82		
33	195.3	1535.04			
34	195.4	1534.25			
35	195.5	1533.47			
36	195.6	1532.68			
37	195.7	1531.90			
38	195.8	1531.12			
39	195.9	1530.33			
40	196.0	1529.55			
41	196.1	1528.77			

* 为绝对频率参考。

为了进一步提高波分复用的传输容量，G.655 光纤的工作波长必须向 L 波带甚至于 S 波带扩展，同时应该解决光放大器的增益平坦问题，从而开发出了宽带光传输用的非零色散单模光纤、L 波带的 EDFA 与拉曼光纤放大器和 S 波带的光放大器等。

8.5.2.2　中心频率偏差

中心频率偏差 $\pm\Delta\lambda$ 定义为标称中心频率和实际中心频率之差。光源啁啾、信号信息带宽、自相位调制引起的脉冲展宽、环境温度和器件老化等都会影响中心频率偏差的数值大小。表 8-8 给出了系统寿命终止容许的各个波长通道中心频率偏差要求，即最坏值要求。

表 8-8　系统寿命终止容许的各个波长通道中心频率偏差要求

各个波长间隔(GHz)	50，100	$n > 200$
最大中心频率偏差(± GHz)	待定	$n/5$

对于各个波长间隔大于 200GHz 的波分复用系统，中心频率偏差为 40GHz，一般采用激光器温度反馈控制和波长反馈控制技术就可以满足中心频率偏差要求。对于波长间隔为 100GHz 或 50GHz 的多跨距段的波分复用系统，尽管现在没有规定中心频率偏差要求，但是实际上对系统容许的中心频率偏差要求更严格。通常，采用精密的波长稳定外调制技术保证激光器的波长稳定。例如，采用的外调制技术可以使 10Gbit/s 激光器模块的中心频率偏差控制在 ± 5GHz，考虑老化因素后，最终也不会超过 ± 11GHz。

8.5.3　光信噪比

光信噪比(Optical Signal to Noise Ratio，OSNR) 是指光信号功率与噪声功率的比值。光信噪比是一个十分重要的参数，对估算和测量系统的误码性能、工程设计和维护都具有重要意义。式(8-2) 所示的是波分复用系统接收端的光信噪比的计算。

$$OSNR = P_{\text{out}} - 10\lg M - L + 58 - NF - 10\lg N \tag{8-2}$$

式中，P_{out} 为注入光纤中的光功率 (dBm)；M 为波分复用系统的复用信道数；L 为任意两个光放大器之间的损耗(dB)；NF 是光放大器 EDFA 的噪声系数(dB)；N 为波分复用系统合 / 分波器之间的光放大器数目。值得指出的是，在波分复用系统初期设计时，除了要考虑衰减受限距离和色散受限距离之外，还要考虑接收端的光信噪比。只有三个指标全部满足规范要求，这个设计计算才算是正确的。

8.6　波分复用设备

按照用途不同，WDM 设备可以分为光终端复用设备(Optical Terminal Multiplexer，OTM)、光放大器(Optical Amplifier，OA)、光分插复用器(Optical Add and Drop Multiplexer，OADM)、光波长转换器单元(Optical Transfer Unit，OTU) 四种类型。下面简单阐述这些设备的功能。

8.6.1　光终端复用设备

光终端复用设备包括光发射和光接收两部分。在光发送端，来自客户端信号(例如 STM-N)，通过发送 OTU 转换成满足 G.692 建议要求的不同波长光信号，经过合波、光放大、光监控信道后进入光纤线路传输。在光接收端，光信号的处理过程与光发送端相反。来自光纤线路的光信号先将光监控信号分离，再放大 WDM 主信号，经过分波，接收 OTU 后送至客户端。

8.6.2　光放大器

光放大器的核心功能是对传输的光信号进行放大。光放大器主要由光放大单元、色散补偿模块、光监控信道组成。光信号经过光纤线路接收后，先将光监控信号、WDM 主信号分离，主信号经过色散补偿和光放大后继续向下游传送，光监控信号经光-电转换后，提取和插入本站信息，成帧后与 WDM 主信号一起进入下一段光纤线路传输。

根据光放大器放置的位置不同，光放大器可以分为光功率放大器（Optical Booster Amplifier，OBA）、光线路放大器（Optical Link Amplifier，OLA）和光前置放大器（Optical Pre-Amplifier，OPA）。OBA 放置在光源后，其功能是提高光信号的传输功率。OLA 放置在光纤线路中，其功能是放大衰减的光信号。OPA 放置在光接收机前，其功能是提高光接收机灵敏度。

8.6.3　光分插复用器

光分插复用器是在光层上实现以波长为单位的分插/复用功能的设备，即可以从 WDM 传输线路中有选择地分插和复用某些光通道，而不影响其他光通道的传输。OADM 的应用基本上不影响 WDM 复用段内站段设置。

OADM 具体工作过程是，从光纤线路来的 WDM 信号包括 N 个波长信道，根据业务需求，从 N 个波长信道中，有选择性地从下路端（Drop）分出几个所需要的波长信道，相应地从上路端（Add）添加几个所需要的波长信道。其他与本地无关的波长信道直接通过 OADM 和上路波长信道复用在一起后，从 OADM 线路输出端输出。

根据实现上下波长的灵活性，OADM 可以分为固定波长 OADM 和可重构的 OADM（Reconfigurable Optical Add and Drop Multiplexer，ROADM）。OADM 是一种可以从多个波长信号中有选择性地实现波长上下，而不影响其他波长传输的设备。ROADM 是一种可以灵活进行波长调控，具有分插复用和交叉连接功能的设备。

8.6.4　光波长转换器单元

OTU 是确保 WDM 系统实现完全开放的设备，即通过 OTU 的光-电-光的转换功能，使满足 G.657 建议的 SDH 设备的标准波长转换为满足 WDM 系统 G.692 建议的标准波长。波长转换是光波分复用系统的一个基本功能。OTU 可以进行透明的互操作、解决波长争用、波长路由选定。在动态业务模式下，OTU 可充分利用网络资源，特别是在大容量、多节点的网状网，采用 OTU 可以大大降低网络的阻塞率。图 8-10 为 OTU 实现光波长转换的示意图。

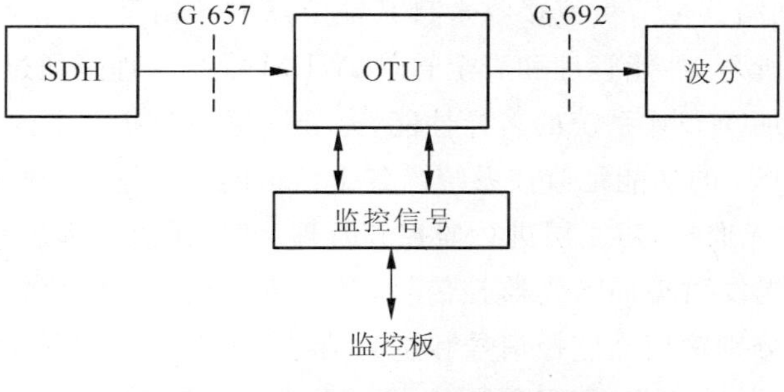

图 8-10　OTU 实现光波长转换的示意图

在光网络中，波长转换是通过信号的光-电-光处理来实现的。OTU 的工作原理是利用光电检测器实现光信号接收并转变为电信号，电信号经过限幅放大、时钟提取、数据再生处理，实现光-电转换；然后再将处理后的电信号调制到所需要的标准波长的激光器输出，实现电-光转换，从而达到波长转换的目的。图 8-11 所示的是 OTU 的工作原理。

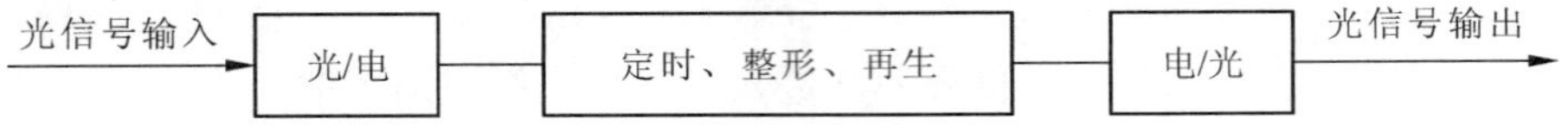

图 8-11　OTU 的工作原理

根据 OTU 实现再生、再定时、再整形功能的不同，OTU 可以分为 1R(整形) 型 OTU、2R(再生、整形) 型 OTU 和 3R(定时、整形、再生) 型 OTU。3R 型 OTU 是指同时具有定时、整形、再生(Retiming、Reshaping、Regenerating) 功能的 OTU。OTU 的主要作用表现在：重新产生适于长途 D 波分复用器线路的光接口，包括 G. 692 标准化中心波长、大的色散容限等。

根据 OTU 在系统中应用的位置不同，OTU 可以分为发送端光转发单元(T_X OTU)、接收端光转发单元(R_X OTU) 和再生中继光转发单元(IR OTU)。这三种 OTU 单元均完成 O/E/O 的再生过程，但光接口要求因在系统中应用位置不同而有所差异。T_X OTU 安装在具有 G. 957 接口的 SDH 设备与 WDM 设备之间，T_X OTU 的作用是将 SDH 设备的 G. 957 标准波长信号转换为 WDM 系统要求的 G. 692 标准波长信号，以实现 SDH 光信号在 WDM 系统中的传输。R_X OTU 位于具有 G. 957 接口的 SDH 设备之前，R_X OTU 的作用是将 WDM 系统要求的 G. 692 标准波长信号转换为 SDH 设备的 G. 957 标准波长信号，以实现 WDM 系统光信号在 SDH 设备中传输。

开放式 WDM 系统便于利用原有设备扩容，网络层次、结构清晰，可以建立容纳多厂家设备的宽松环境，但成本较高。由于 WDM 系统应用的一个重要特点就是光透明性，需要多种业务接口支持，所以开放式 WDM 系统是波分复用系统建设的方向。

8.7　系统管理

8.7.1　管理思想

由于 SDH 系统属于电层信号，而 WDM 系统属于光层，所以它们应该分成不同的层面进行网络管理。因此，WDM 系统应该具有自己独立的网络管理，与 SDH 系统网络管理平行。WDM 系统的网络管理思想是通过光监控信道(Optical Supervisory Channel，OSC) 物理层传送开销字节到网络其他节点或接收来自其他节点的开销字节对 WDM 系统进行管理，实现业务配置、故障管理、性能管理和安全管理。WDM 系统管理是通过 Q3 接口传入上层的电信管理网络，以增加 WDM 系统的多样性能，充分发挥 WDM 技术的业务透明的特点。

WDM 系统中 OSC 的功能是监控系统内各个信道的传输情况。对于具有线路放大器的 WDM 系统需要附加光监控，对光层进行监控和管理。实现系统管理思想的光监控的具体做法如图 8-7 所示。在光发射端插入光监控信号，其与主光信号合波后输出，在光接收端将接收到的光信号分波，分别输出光监控信号和主光信号。通过 OSC 可传输帧同步字节、公务字节和网络管理所用的开销字节。OSC 的波长可以选择 1310nm、1480nm 或 1510nm，它们位于 EDFA 的增益带宽之外，所以这种监控称为带外监控。

8.7.2　监控内容

WDM 系统的监控内容包括：对光器件(如 OTU、合 / 分波器、EDFA 等) 监控，对光缆链路运行情况(如运行质量、故障定位、事故告警等)监控。实用的 WDM 系统都是由波分复用器＋EDFA 组成的。EDFA 用作功率放大器或预放大器时，传输系统自身用的监控信道就可以实现 EDFA 监控功能。但是对于用作线路放大的 EDFA 的监控，必须采用独立的光监控信道来传输监控信息。

OSC 的作用是，在一个独立的波长上传输波分复用系统的网元管理和监控信息，如故障告警、故障定位、运行中的质量参数监控、线路中断时备用线路倒换、EDFA 监控等，以确保波分复用系统的安全可靠的运行。

目前根据光传送网的分层结构，将光通道层以上的光通路净荷单元 / 光通路数据单元 / 光传送单元层面的波道管理信息由随路信令，采用波道净荷的数字包封技术传送。有关这方面的详细内容读者可以参阅 G. 709。对于光通道层以下的光复用段、光传送段层信息由独立的光监控通道承载传输。

8.7.3　保护方式

8.7.3.1　保护意义

WDM 系统容量非常大，它主要使用在干线光网络、大城市光网络骨干层。因此，在由 WDM 系统组成的光网络中，必须采取一些保护方式，以提高波分复用光网络的安全性，使得光网络能够更好地为用户服务。

8.7.3.2　保护方式

光网络的光层由光通道层、光复用段层和光传输段层组成。因此，对光网络的保护方式对应有光通道层保护、光复用段层保护等保护方式。WDM 系统的故障可以分为线路故障和通道故障。光缆线路受损是典型的线路故障。构成光通道某个区段的光电器件的损坏会导致通道故障。

波分复用光网络保护的目的是实现线路保护和通道保护。业已开发出多种多样的保护方式。下面仅对线路路径的光通道波长保护、光通道路由保护和光复用段保护进行讨论。

(1) 光通道波长保护

光通道波长保护是建立在 SDH 层的逐个波长的保护，就是同一波分复用器链路上的保护。光通道波长保护原理如图 8-12 所示。WDM 系统有 $2n$ 个光通过道路，$1 \sim n$ 波长为工作波长，$n+1 \sim 2n$ 波长为保护波长，采用如同 SDH 中的并发选收机理进行保护。例如，STM-N_1 T_X 业务信号并发在 λ_1 和 λ_{n+1} 两个波长，接收端根据检测得到的 λ_1 和 λ_{n+1} 两个波长信号的质量、预定的倒换准则和阈值，选择接收质量好的 STM-N_1 R_X。一旦监测到启动倒换信号，保护倒换应在 50ms 内完成。

图 8-12　光通道波长保护原理

光通道波长保护方式的倒换时间快，可以采用人工或自动切换方式。并发传送的同一光信号的两个通路（波长）是在同一根光纤上，实现的是波长保护方式。这个保护方式的缺点是，当光纤路由发生故障时，两个波长上的光信号都无法正常传输。为此，人们开发出了光通道路由保护。

(2) 光通道路由保护

光通道保护实现的是对逐个波长保护，而光通道路由保护是在不同的波分复用器链路上的光通道保护。这种保护需要两套系统设备和线路，以实现互为备份。图 8-13 所示的是光通道路由保护原理。在发射端 STM-N_1 到 STM-N_n 发射的信号被连接在工作系统（W）和保护系统（P），在接收端检测到从两个波分复用器系统传送来的 STM-N_1 到 STM-N_n 信号，选择其中质量较好的信号作为业务信号。这种保护方式简称为“路由并发选收”。

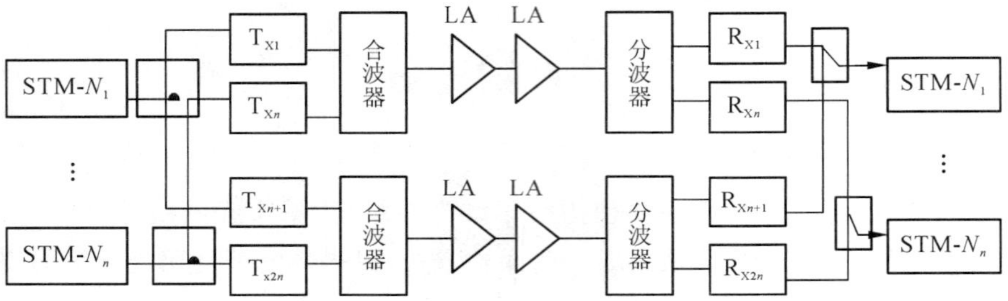

图 8-13　光通道路由保护原理

例如，业务信号 STM-N_1 T_X 并发到两个不同的波分复用器链路上的 λ_1，接收端检测得到来自两个不同的波分复用器链路上的 λ_1 信号的质量、预定的倒换准则和阈值，选择接收质量好的 STM-N_1 R_X。一旦监测到启动倒换信号，保护倒换应在 50ms 内完成。

光通道路由保护的优点：① 可以在不同制造商的波分复用器系统设备上实现；② 光信号是在不同的波分复用器系统的路由（光纤链路）上传输，它可以实现通道保护，也可以实现光复用段保护；③ 保护的可靠性高。光通道路由保护的缺点：需要配置两套波分复用器系统设备和光缆链路，大大地增加了工程投资和日常运营、维护成本。为了降低光通道路由保护成本，人们又开发出了光复用段保护。

(3) 光复用段保护

通过取消系统（波分复用和 SDH)）设备备份，仅利用光缆线路的备份在光路上同时对多个波长信号进行保护，称为光复用段保护（Optical Multiplexing Section Protection，OMSP）。简言之，OMSP 只是在光缆线路上进行 1＋1 保护，而不对线路终端设备进行保护，故其成本比光通道路由保护要低。

图 8-14 给出了光复用段保护原理。在光发射端将 WDM 系统合波的多个波长光信号利用 1×2 的光分路器分为两路，然后并行送入两条光缆（通道或路由）线路上传输。这两条路由可以是同一根光缆中的两根光纤，最好是不同光缆路由的两根光纤。当工作通道发生故障时，在接收端两路光信号被送入 WDM 系统分波器前的光开关（保护倒换盘）。首先对光信号进行选路。选路是根据接收到的信号的质量、预定的倒换准则和阈值，选择接收质量好的光信号作为业务信号。

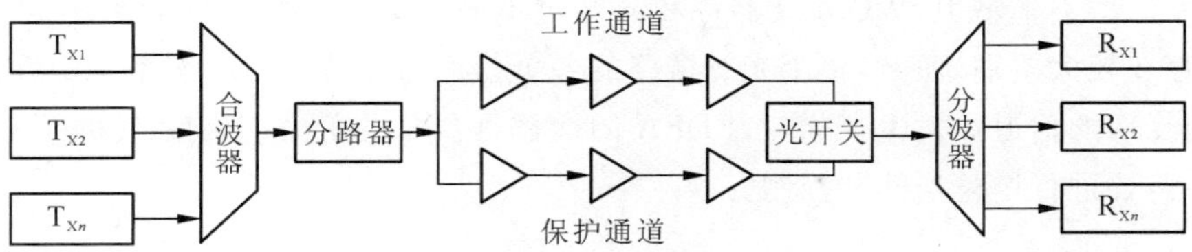

图 8-14　光复用段保护原理

图 8-14 所示的是利用光分路器和光开关构建的光复用段保护方案。在实际系统中，可以采用 $n:2$ 的光耦合器来代替 1∶2 光分路器，相对于 1＋1 保护，可以降低成本。OMSP 的判断简单，容易实现保护倒换。尽管光缆线路采用了 1＋1 保护，为系统赢得了比较好的生存性，但是 OMSP 只有在独立的两条光缆路由中实施才具有真正的实用价值。

8.8　设计实例分析

8.8.1　应注意的问题

波分复用技术是以增加波长数量提高传输系统容量，它既规避了电子器件响应限制，同时为光网络实现灵活组网、业务配置、网络保护带来许多便利，从而为光网络向全光网络发展提供必要技术保障。在设计 WDM 系统中应该注意的问题有：中心频率及其偏差、非线性效应、色散和噪声累计和增益均衡和控制。

(1) 中心频率及其偏差

目前，ITU-T 建议中规定的各个信道的频率间隔必须为 50GHz(0.4nm)、100GHz(0.8nm) 或其整数倍，参考频率为 193.1THz(1552.23nm)。现在，广泛使用的 8 波长 WDM 系统的波长范围为 1549.32 ～ 1560.61nm，选择的波长间隔为 1.6nm。为了保证 WDM 系统的正常工作，各个信道的波长必须稳定。不同信道间隔系统的各个波长通道中心频率偏差必须满足表 8-6 的规定要求。

(2) 非线性效应

在 WDM 系统设计中，必须高度重视非线性效应的影响。常用色散管理和减小入纤光功率来抑制 WDM 系统中的 FWM。色散管理就是利用 G.655 光纤在工作波长为 1550nm 的 4 ～ 8ps/(nm·km) 色散，使 WDM 系统中的 FWM 降低至最小。色散管理方法的特点是简单易行，故其作为降低 WDM 系统的非线性效应的首选方法。减小入纤光功率的方法是，对于传输速率为 10Gbit/s 及其以上的系统，尽量选择具有大有效面积、低衰减的 G.652/G.654/G.655 光纤，通过减小入纤光功率来抑制 FWM 等非线性效应。光纤中的总功率一般不超过17dBm。如果是 M 路复用系统，每路光功率一般不超过 $17-10\lg M$。

(3) 色散和噪声累计

在采用级联 EDFA 的长距离 WDM 系统中，色散和放大的自发辐射噪声会随着传输距离的增加而累计，从而严重地影响光信号的质量。对于高速率传输系统，应该尽量选择低色散系数光纤、窄的光谱光源、色散补偿等措施解决色散限制问题。通过区段配置和 EDFA 的选择，一般可以保证光信噪比大于 20dB。

(4) 增益均衡和控制

EDFA 的增益不平坦、WDM 光器件和光纤对不同信道的损耗不同导致不同复用信道的光功率存在较大差别。通常，整个光纤链路的各个信道的光功率差应该小于 10dB。除此之外，当系统复用的信道数发生变化时，EDFA 的增益也会发生变化，影响系统的正常工作。因此，EDFA 需要进行增益均衡和控制。

8.8.2　实例分析

1995 年，自从(美国朗讯公司的) 世界上第一个传输容量为 20Gbit/s×17(340Gbit/s)、传输距离为 150km 的波分复用系统投入商用以来，波分复用系统非常迅速地进入世界各国的通信网络。1997 年，2.5Gbit/s×8 波分复用系统在济南 — 青岛的干线上投入使用。2000 年，国内通信网络干线上已经有 10 多条 10Gbit/s×32 波分复用系统进入电信网络运行。在经济发达的珠三角、长三角地区，波分复用系统的应用越来越广泛。

2005 年，武汉邮电科学研究院研制出了 3.2Tbit/s (40Gbit/s×80) 波分复用传输系统。图 8-15 所示的是 3.2Tbit/s 波分复用传输系统组成。该系统主要由终端设备、线路设备和网管系统三个部分组成。终端设备主要由光合波 / 分波器(OMU/ODU)、光波长转换器(OTU)、光监控信道(OSC)、色散补偿模块 (DCM) 或可调色散补偿单元(TDC)、光功率放大器(OBA) 和前置放大器(OPA) 等组成。线路设备主要由线路放大器(OLA) 和色散补偿模块(DCM) 组成，而网管系统主要由网管软件和相关网管处理板卡及接口组成。这个 3.2Tbit/s 波分复用传输系统的技术特点体现在：

① 采用 G.655 光纤；

② 每个信道配置可调色散补偿器；

③ 光放大器使用三种应用形式；

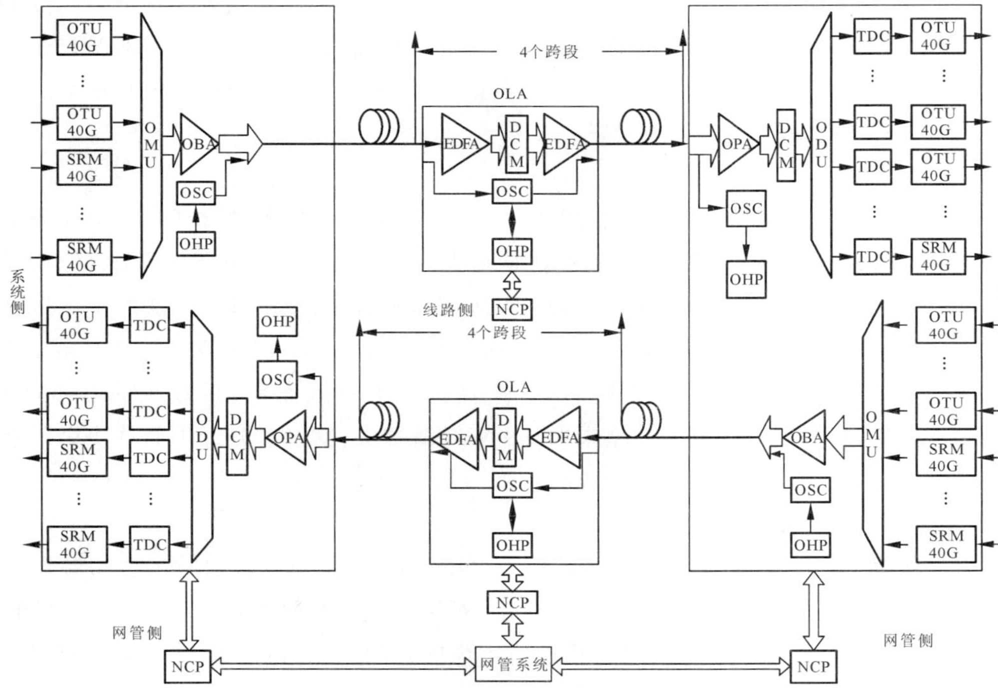

图 8-15　3.2Tbit/s 波分复用系统组成

④ 利用梳形合 / 分波器，以 C 波带 40 波，L 波带 40 波实现 80 波；

⑤ 选用前向纠错技术，提高光信比等。

这个 3.2Tbit/s 的波分复用系统于 2006 年 5 月正式投入中国电信的上海—杭州干线工程使用运行，这标志着我国在光纤通信技术研究领域已经达到国际先进水平，同时也为国家信息化基础设施奠定良好的基础。

8.9 发展趋势

8.9.1 技术演进

在信息化架构中，光网络是承载信息传输和交换的基础设施。互联网＋、高清晰数字电视、5G 宽带移动、智能手机的发展，促进了用户对带宽需求的持续增长，推动了波分复用系统向着高速率、长距离、大容量的方向发展。

2007 年 10 月，欧洲光通信会议报道法国阿尔卡特公司研究出了 80Gbit/s × 160(12.8Tbit/s) 波分复用系统，实现了 12.8Tbit/s，2550km，每个波长间隔为 100GHz (0.8nm) 长途传输。这个高速波分复用传输系统，对大容量的需求放缓，同时在(当时) 现有的波分复用容量基础上，优化系统以获得最佳的传输性能，成为值得考虑的现实问题：

① 降低系统成本，提高系统的集成度；

② 提高系统运行的可靠性；

③ 降低功耗，减少维护费用；

④ 更灵活地接入和控制，发展波分复用组网技术。

2008 年，有关研究人员已经完成了 21.7Tbit/s(114Gbit/s × 161) 波分复用传输系统实验。单信道传输速率 > 100Gbit/s 对于光纤通信技术领域提出了更大的创新挑战。这些技术创新内容涉及光调制格式、光放大器、设计新光纤等。例如，上述的 21.7Tbit/s 波分复用系统采用了 RZ-8PSK 调制格式，利用 C 波带 EDFA，在超低衰减光纤上传输 662km。

从 2012 年起，中国电信、中国移动、中国联通陆续开始采用单光纤传输容量 8Tbit/s 的 80 × 100Gbit/s 的 WDM 传输技术。2014 年，100Gbit/s 的 WDM 系统开始在国内外大规模地应用。2015 年，国内外电信网络运营商进一步加快了 100Gbit/s 的 WDM 系统部署步伐。2017 年，400Gbit/s 波分复用系统已经开始在网络上进行试点测试。预计 400Gbit/s、1Tbit/s 的波分复用系统很快进入网络商用。

今天宽带业务的与日俱增，网络架构的快速变化，对光传输网络在容量、功能和性能上提出了新的更高的需求。提高系统传输容量、延长传输距离、业务自动配置是波分复用传输技术的研究与发展方向。

8.9.2 研究方向

(1) 提高系统传输容量

提高系统传输容量的途径有两个：提高单信道传输速率和增加波长(信道) 数量。提高单信道传输速率的具体做法是通过高阶调制、相干检测、数字信号处理等技术，减小系统的色散、偏振模色散限制，使系统的单信道的传输速率从 40Gbit/s 提升到 100Gbit/s、

400Gbit/s 甚至于 1Tbit/s。

增加通道数量的具体做法是通过扩展工作波带来实现增加波长数量。例如，工作波带从 C 波带支持 80 个波，扩展到 L 波带支持 80 波，那么在 C 波带和 L 波带相结合，可以实现 160 个波。目前，采用多芯光纤、少模光纤、多芯-少模光纤，以芯分复用、模分复用和芯分复用、模分复用增加传输信道数量正在成为进一步提高系统容量的有效途径。

(2) 延长传输距离

随着宽带接入的普及，网络承载业务正在向数据转变，IP 业务已经成为 WDM 宽带的最大用户，汇聚数据业务在光传送网上呈现出"长距离直达"的特点。因此，业务模式的变化推动了 WDM 系统向超长距离方向发展。超长距离 WDM 系统通过降低光纤衰减系数、延长光放大器之间距离、减少放大器数量，从而降低了整个系统的成本。

(3) 业务自动配置

点到点的 WDM 系统尽管具有巨大的传输容量，但是它只提供了原始的传输带宽。在网络业务向动态的 IP 业务汇聚时，光网络的业务配置需要向灵活、动态转变。基于 WDM 的光传送网是光网络的发展趋势。

光网络需要在 WDM 链路上提供具有波长上下和波长交换的功能节点，如 OXC 等，以便实现业务的自由配置、动态分配功能，进一步向自动交换光网络和软件定义光网络演进。

8.10 小结

针对电子器件响应速度受限，为了提高系统容量，人们研制出了波分复用技术。波分复用器是建立在光纤具有巨大带宽资源基础上的一种简单的扩容技术。波分复用传输系统具有能够充分利用光纤带宽资源、提高容量、降低成本、对速率和业务透明、灵活组网和恢复保护等优点。因此，波分复用系统已经成为长途干线光网络、城域光网络首选的技术方案，而其正在向着下一代无源光网络(WDM-PON)迈进。

波分复用工作原理是在一根光纤中实现同时传输几十数百个波长业务。按照传输方向不同，波分复用系统可以分为单纤双向和双纤单向。双纤单向控制简单，故实际工程中常用双纤单向实现双向通信。根据工作波长是否是标准波长，波分复用系统可以分为开放式系统和集成式系统。前者赋予设备更大的兼容性，而后者则非常简单。波分复用技术标准规范了系统应用代码和标准波长，以确保系统运行安全，维护的简单可靠。波分复用系统可靠工作是建立在完善的波长转换、合/分波、光放大器和光信道监控等关键技术基础上的。波分复用系统监控运行质量、故障定位，采取光通道保护、光复用段保护，旨在确保波分复用系统可以实现长期安全可靠地工作。

数据通信速率已经达到 GE、10GE、40GE，正在向着 100GE 发展，解决了城市区域网络中大量存在的 GE、10GE、40GE 业务的承载问题，推动了 WDM 系统的单信道传输速率由 40Gbit/s 向 100Gbit/s，甚至于 1Tbit/s 的平滑升级，以满足 100Gbit/s 以太网等数据业务和宽带多媒体的发展需要。今天，WDM 系统的发展趋势是提高系统传输容量、延长传输距离和业务自动配置。

小知识

波分复用传输系统开拓者

厉鼎毅院士

厉鼎毅先生 1931 年 7 月 7 日出生于南京。1958 年毕业于美国西北大学，获博士学位，同年加入美国电话电报公司(AT&T) 贝尔实验室，直至 1998 年 12 月荣誉退休。1996 年当选为中国工程院外籍院士。厉鼎毅院士的研究领域涉及天线、微波传输、激光器和光通信，是世界著名光通信专家。他是光波分复用传输系统的开拓者和奠基人，从 1990 年起，他主持基于光放大器的波分复用传输系统的研究工作。他是世界上第一个提出并倡导这项技术的人，该技术使长距离电信网的价格大为降低并可大规模升级传输容量，引领了光通信领域的一场技术革命。2012 年 12 月 27 日，厉鼎毅先生在美国犹他州雪鸟岛滑雪度假时，突发心脏病不幸去世。

习　题

8-1　建立波分复用系统的基础是什么？

8-2　阐述波分复用的技术原理。

8-3　叙述波分复用的分类方法和特点。

8-4　说明波分复用的技术特点。

8-5　绘制波分复用系统的组成示意图。

8-6　阐述波分复用系统的关键技术。

8-7　叙述波分复用器、光纤放大器、色散补偿器与波分复用系统的依存关系。

8-8　说明制定波分复用系统技术标准的意义。

8-9　规范波分复用系统的标称波长的意义是什么？

8-10　根据光转换单元的应用，说明波分复用系统的分类及其主要区别。

8-11　说明波分复用设备的类型及其作用。

8-12　叙述波分复用系统设计时应该注意的问题。

8-13　阐述波分复用系统管理的意义以及采用光信道监控的意义。

8-14　阐述波分复用系统的光复用段保护的实际意义。

8-15　提高波分复用系统传输容量的主要途径有哪些？

8-16　阐述波分复用系统的发展趋势。

第9章　光　网　络

【学习目标】

1. 了解光网络的发展过程。
2. 掌握光传送网的工作原理、关键技术及应用特点。
3. 掌握自动交换光网络的工作原理、关键技术及应用特点。
4. 掌握分组传送网的工作原理、关键技术及应用特点。
5. 掌握接入光网络的工作原理、关键技术及应用特点。

【知识框图】

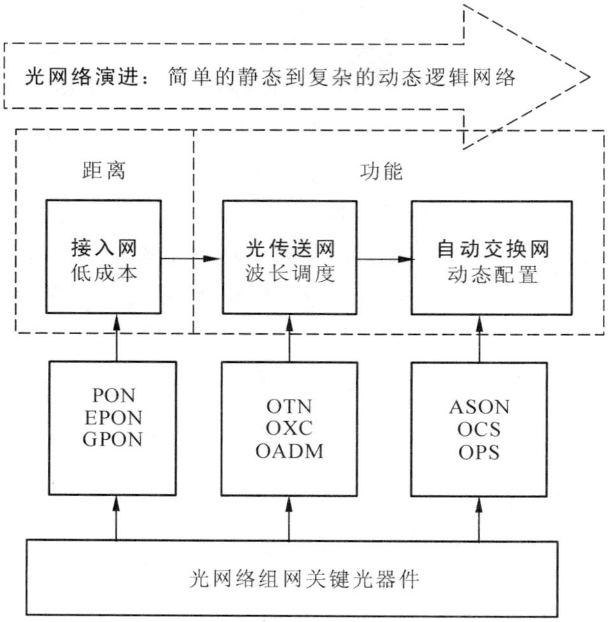

9.1　光网络发展

光网络是实现信息传输与交换的基础设施。光网络是在光纤提供大容量、远距离、高可靠性传输的基础上，利用光网络组网关键光/电子器件控制技术实现网络之间的互联、业务的灵活配置和网络路由保护等。光网络的发展经历了由同步数字体系、密集波分复用到光传送网、自动交换光网络、分组传送网到接入光网络的演进过程。

1988年，同步数字体系(SDH)问世。SDH是可以进行同步信息传输、复用、分插和交叉的标准化数字信号的结构等级。SDH既规范了光接口，又定义了对光信号的质量的监控、故障定位和远程配置等网络管理功能。SDH网络由一些基本网络单元组成，成为构建信息社会的基础设施。SDH 美中不足的是信息处理都是在电域中完成的，这不仅需要大量的光 / 电、电 / 光转换设备，而且信息处理速度受到电子迁移率速度限制，难以实现 40Gbit/s 及其以上的高速率传输。

1995 年，为了解决SDH受限于电子器件的响应速度问题，人们研制出了波分复用技术。波分复用技术利用光波长合 / 分波器，以简单且低成本的方式，挖掘光纤巨大带宽资源，极大地增加了光纤的传输容量，同时也为光层联网奠定了基础。波分复用器＋EDFA 成为光网络中的主流技术。就光网络应用而言，点到点波分复用链路是简单网络拓扑结构。

1998 年，为了充分利用波分复用中存在的多波长，构建灵活、透明的光网络，ITU-T 提出了光传送网(Optical Transport Network，OTN)。OTN 提出以波长(波带或光纤)作为交换颗粒，通过光分插复用器和光交叉连接器实现光网络的环形网和网状网组网，以便于构建高度灵活、透明和可靠的光网络。

针对波分复用提供的大容量和OTN具有的灵活组网的特点，光网络的服务质量和流量工程日益受到重视，人们对光网络自动化需求的呼声日益高涨。2000 年，ITU-T 提出了自动交换光网络(Automatical Switched Optical Network，ASON)。ASON 是将网络的控制功能和管理功能分离，通过控制平面的路由和信令机制实现邻居发现和业务的自动发现，实现连接的自动建立和删除，支持带宽按照需要分配和动态的流量工程。

2005 年，为了应对数据业务迅速发展的需求，人们提出了分组传送网(Packet Transport Network，PTN)。PTN 是基于分组、面向连接的多业务统一传送技术，是 IP/ 多协议标记交换、以太网和传送网这三种技术相结合的产物。

PTN 能够承载电信级以太网业务，同时兼顾传统的电话业务。PTN 还可以应用在 3G/4G 无线回传、集团客户专线、IPTV 等高品质业务承载。PTN 融合了数据网和传送网的优势，既具有分组交换、统计复用的灵活性和高效率，又具有电信网络的强大的网络管理功能、快速保护倒换能力和良好的质量保证等核心技术优势。

按照覆盖范围的大小，电信网络可以分为长途网、本地网(城域网)和接入网。接入网定义为业务节点与用户网之间的实体。按照接入方式不同，接入网可以分为铜线接入、光纤接入和无线接入等。随着互联网＋、物联网、云计算、高清晰数字电视等宽带业务的发展，光纤接入得到快速发展。

接入网是交换局和用户终端之间的连接纽带。2013 年，8 月 1 日国务院发布《“宽带中国”战略及实施方案》。数字化、宽带化推动了光纤到户的发展。FTTX 是电信网最后一公里实现宽带接入的最佳解决方案。无源光网络(XPON)以高带宽、低成本等优点成为 FTTX 的首选技术。光网络的发展经历了一个从 SDH、WDM、OTN、ASON 的传送网到 PTN 的业务网的演进过程。图 9-1 所示的光网络的发展历程。

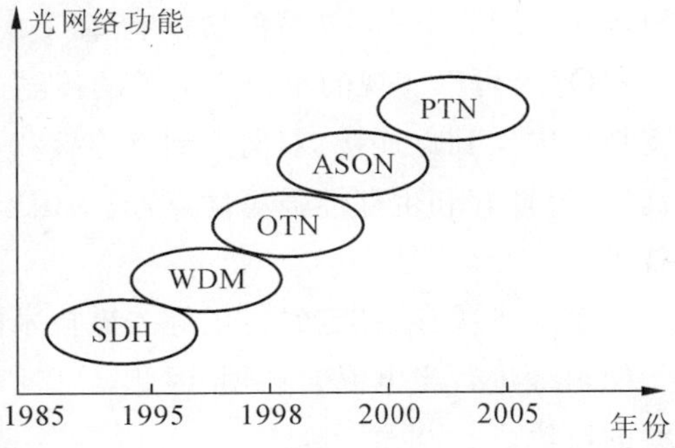

图 9-1　光网络的发展历程

9.2 光传送网

9.2.1 特点

9.2.1.1 产生

在分析了 SDH 和波分复用两种传送体系特点的基础上，1998 年，ITU-T 提出了 OTN 概念。OTN 是一个基于 SDH 和波分复用技术的新型传送体系。OTN 是由一组可以在光域对客户层信号提供传送、复用、选路、监控和生存性处理的功能实体组成的光网络。

OTN 产生的背景是：①SDH 传送体系可以提供 PDH、IP、以太网等多种业务传输功能，而且具有丰富的管理、保护功能；但是它是以虚容器为颗粒的调度，无法满足业务高带宽大颗粒 10Gbit/s、40Gbit/s、100Gbit/s 的要求。光网络传送节点容量扩展问题需要利用光层的波长来实现，将 SDH 的 VC4(155Mbit/s) 提高到一个波长，提高 16 倍(2.5Gbit/s) 到 48 倍(10Gbit/s) 乃至 192 倍(40Gbit/s)。同样 1000 个端口的节点容量也可以从 160Gbit/s 增加到 2.5Tbit/s、10Tbit/s 甚至 40Tbit/s。② 波分复用传输系统提高了光纤带宽利用率、业务透明传输。采用客户信号直接映射到光层的方式，其应用定位在点到点。

OTN 的组网设备有：光分插复用、光交叉连接、光放大等设备。OTN 主要功能包括：复用、传送、路由、性能监控和网络生存性等。OTN 处理的基本颗粒是光波长，它利用 SDH 的完善的管理和波分复用器光波长的传送、复用、放大、分插复用和交叉连接，为客户提供数据业务的有效和可靠的传送。更为具体地讲，OTN 是利用光纤将光网络的各个网元互连起来，使来自不同客户的数据通过网元交换或路由到 OTN，从而实现大颗粒数据传输的光网络。

9.2.1.2 特点

OTN 的出现不仅解决了现在网络中所用的电子器件处理速度的限制问题，而且为管理多波长、多光纤网络带宽资源提供了一种有效的手段。OTN 具有一些显著特点：① 光信号是以波长为单位，在 OTN 中，处理的光信号可以是一个波长甚至于一个波分复用波长组。② 业务在光域中处理，OTN 是在光域中实现业务信号的传递、复用、选择道路、监控等处理，而且能够保证网络的性能要求。③ 支持多种业务或协议，OTN 可以支持的业务有 PDH、SDH、ATM、IP 等，支持的协议有 GFP、MPLS 等。

OTN 可以实现的单个光信道的传输速率分别为 2.5Gbit/s、10Gbit/s、40Gbit/s，同时也支持单向点到点连接、双向点到点连接和单向点到多点连接。OTN 正在以吞吐量大、透明度高、兼容性好和生存性强等优点，成为国家干线光网络、城域光网络、宽带接入光网络的升级技术。

鉴于光缓存、光定时再生等关键技术的限制，OTN 只能在子网内部进行全光处理而在子网边缘进行光电混合处理。因此，OTN 现在处在光网络由光传送网、光交换网向全光网过渡的阶段。

9.2.2 网络结构

9.2.2.1 分层结构

2002 年，ITU-T G.709-2002《光传送网接口》等一系列建议定义了一种全新的光传送体系。如图 9-2 所示，OTN 体系结构的分层结构为光信道层(Optical Channel，OCh)、光复用段层(Optical Multiplexing Section，OMS)、光传输段层(Optical Transport Section，OTS)三个子段层。OCh 又可以进一步分为光通道的光净荷单元(Optical Payload Unit，OPU)、光数据单元(Optical Data Unit，ODU) 和光传送单元(Optical Transport Unit，OTU)。OTN 的子层次划分方案既是多协议业务适配到光网络的需要，同时也是网络管理和维护的需要。

OTN 技术核心是在波分复用上传输不同的业务信号。客户信号(传输的各种业务信号，如 SDH、ATM、以太网 ……) 首先映射到 OTN，然后在波分复用上传输。图 9-2 所示的是 SDH、WDM 与 OTN 网络的分层结构。OTN 的各个子层的具体功能如下：

电路层
通道层
复用段层
再生段层
物理层(光纤)

(a)

电路层
电通道层
电复用段层
光层
物理层(光纤)

(b)

<table>
<tr><td>电路层</td><td>电路层</td><td>虚通道</td></tr>
<tr><td>PDH 通道层</td><td>SDH 通道层</td><td>虚通道</td></tr>
<tr><td>电复用段层</td><td>电复用段层</td><td>(没有)</td></tr>
<tr><td colspan="3">光信道层</td></tr>
<tr><td colspan="3">光复用段层</td></tr>
<tr><td colspan="3">光传输段层</td></tr>
<tr><td colspan="3">物理层(光纤)</td></tr>
</table>

(c)

图 9-2　OTN 的分层结构

(a)SDH 网络；(b)WDM 网络；(c)OTN 网络

(1) 光信道层

光信道层为来自电复用段层的 IP、ATM、STM-N、以太网等客户信号选择路由和分配波长，为网络选路安排光通道灵活连接，实现端到端的联网功能。OCh 层是不同类型的客户信号通过光传送网传输必须经过的层次。OCh 层是光传送网实现透明性的关键层次。OCh 层处理开销，提供光通道的检测、管理功能，提供端到端的连接。OCh 层具有重构连接能力，一旦光网络发生故障，可以采用重新选路或者直接将工作业务切换到预先的保护路由的方式，以实现保护倒换和网络恢复。

(2) 光复用段层

光复用段层的功能是保证相邻两个波长复用传输设备之间可以实现多波长光信号的完整传输，为多波长光信号传输系统提供组网能力。OMS 的主要功能体现在：承上启下作用，即上承 OCh，而下连 OTS；为灵活的多波长网络选路安排光复用段开销；为保证经开销处理的多波长 OMS 适配信息的完整性；为网络的运行和维护提供 OMS 的检测和管理功能。

(3) 光传输段层

光传输段层为光信号在 G. 652 光纤、G. 655 光纤上的传输提供传输能力。整个信息的传输过程是：被复用的多路 OCh 信号通过一个光传送模块，以合理的光性能参数，在一个特定的波长范围内，通过光纤进行传输。OTS 层通过执行开销处理来确保 OTS 适配信息的完整性，同时实现对光放大器或中继器的检测和控制功能。

9.2.2.2　网络结构

图 9-3 所示的是 OTN 在波分复用基础上建立的端到端连接。由图 9-3 可以看出，OTN 采用分层结构 OCh 层、OMS 层、OTS 层的，形成了客户与服务者的关系。服务层是为客户层服务的，它是客户层网络的基础。OMS 层是由多个 OTS 段层组成，OCh 段层又是由多个

OMS 层组成。如果某一个 OTS 段层出现故障，那么必然会影响相应的 OMS 段层和 OCh 段层。因此，OTN 分层结构使复杂网络变得简单，便于规划设计、网络维护和故障修复。

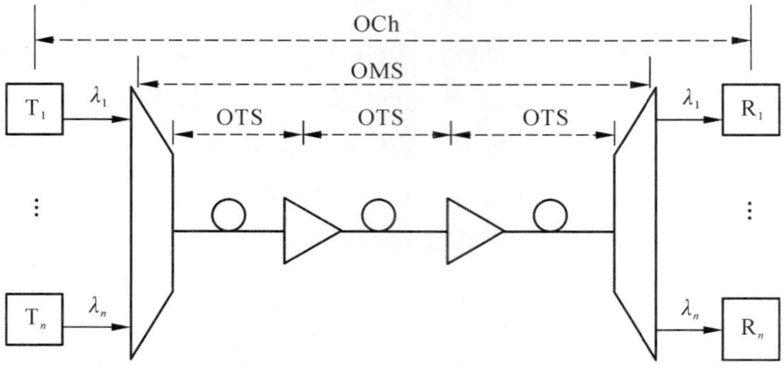

图 9-3　OTN 在波分复用基础上建立的端到端连接

9.2.2.3　功能模块

(1) 分类

图 9-4 给出了 ITU-T G.709 定义的两种光传送模块(Optical Transport Module，OTM)，即全功能光传送模块和简化功能光传送模块。光传送模块所描述的是不同传送域之间的连接方法及其模块内所包括的内容。

全功能光传送模块 OTM-$n \cdot m$($n \geqslant 1$) 定义了透明域内接口，它包括的各层内容有：光传送段(OTSn)、光复用段(OMSn)、全功能光通道(OChr)、光传送单元(OTUk)、光数据单元(ODUk)。n 和 k 分别代表可以进一步细分的子段或子单元。

简化功能光传送模块可以分为透明域内接口 OTM-$nr.m$ 和透明域间接口 OTM-o.m，表示接口支持的信号速率类型或组合，n 表示传送系统允许的最低速率信号时所能够支持的最大波长数。当 $n = 0$ 时，OTM-$nr.m$ 变为 OTM-$o.m$，这时物理接口就是单个没有特定频率的波长。OTM-$nr.m$ 和 OTM-$o.m$ 包括的层次有：物理段(OPSn)、简化功能光通道(OChr)、光传送单元(OTUk)、光数据单元(ODUk)。

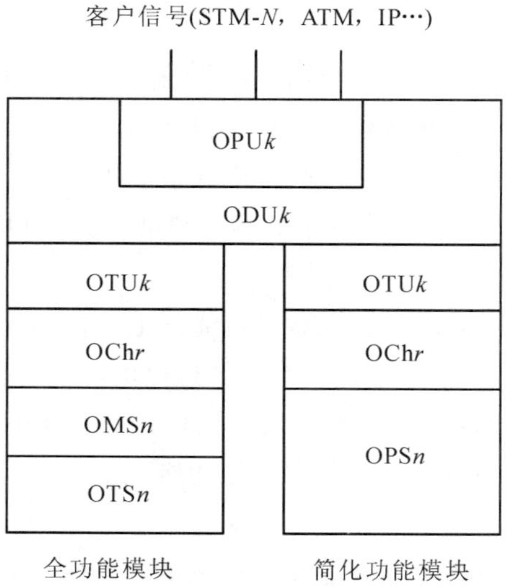

图 9-4　OTM 功能模块

(2) 功能

从客户信号适配到 OChr,信号是在电域内进行的,包括业务净荷的映射、复用及 OTN 开销的插入。从 OChr 到 OTSn,信号的处理在光区域内进行,包括光信号的复用、放大及光监控通道的插入。在 OTN 中,OPUk、ODUk、OTUk 和 OChn、OMSn、OTUn、OPSn 都是 ITU-T G.709 协议中的数据适配器。这种数据适配器可以理解成速率一定的帧结构,它们的作用相当于 SDH 中的各种虚容器,如 VC12、VC3、VC4。通过映射、复用可以得到不同传送功能、传送速率和传送容量的 OTM。

ODU 完成客户信号包封、OTN 保护倒换、提供踪迹监视等功能。OTU 提供 OTN 成帧、前向纠错等功能。两种光传送模块选用需要根据实际情况进行选择。例如,因为在域间接口不需要 OMS_n 和 OTS_n,所以简化功能光传送模块可以将 OPSn 直接适配 OChr。

9.2.2.4　OTN 帧结构

为了实现 OTN 的传送、复用、路由、网络安全和控制,OTN 协议应该在电层和光层完成。图 9-5 所示的电帧结构是由 4 行和 4080 列的矩阵组成。这个矩阵被称为光传送单元(Optical Transport Unit, OTU)的帧结构。

OTU 帧结构由光净荷单元(Optical Payload Unit,OPU)、光数据单元(Optical Data Unit,ODU)、OTU 单元和前向纠错(Forward Error Control,FEC)4 部分组成。OPUk 提供客户信号的映射功能。ODUk 具有客户信号的数字包封、OTN 的保护倒换、提供踪迹监控、通用通信处理等功能。OTUk 则提供 OTN 成帧、通用通信处理等功能。在一个或多个光通道连接的基础上支持 ODUk 的信息结构。FEC 是通过光传送单元帧加入冗余的检验信息,经过传输后解 FEC 的方式,纠正传输过程中引入的误码,达到提高传输质量的目的。

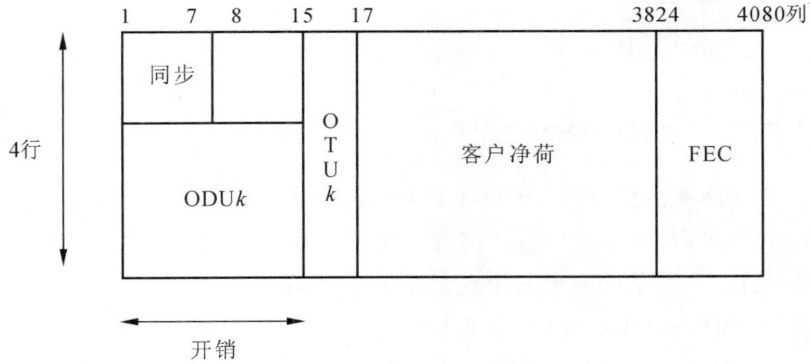

图 9-5　OTU 帧结构

9.2.2.5　OTUk 开销

如图 9-5 所示,OTN 帧结构中具有 OPUk 开销、ODUk 开销和 OTUk 开销。OPUk 开销包含有客户类型和负责适配的信息。ODUk 开销包括端到端信道监视信息。OTUk 开销则具有段(光发射机与光接收机之间) 监控信息。

利用 Reed-Solomon 编码的 FEC 可以在相同的误码率情况下,在传输速率提高 7% 时,使光功率减小 5.8dB。FEC 允许利用比特间插技术纠正突发错误。这样使得 SDH 的主要功能变得更加灵活。

9.2.2.6 复用/映射

(1) 复用/映射

图 9-6 给出了由 OPUk、ODUk、OTUk，经 OChn、OMSn、OTUn、OPSn 映射、复用至 OTM 结构的过程及其各个数据适配器之间的关系。OTN 输入信号是以电接口或光接口的客户业务。

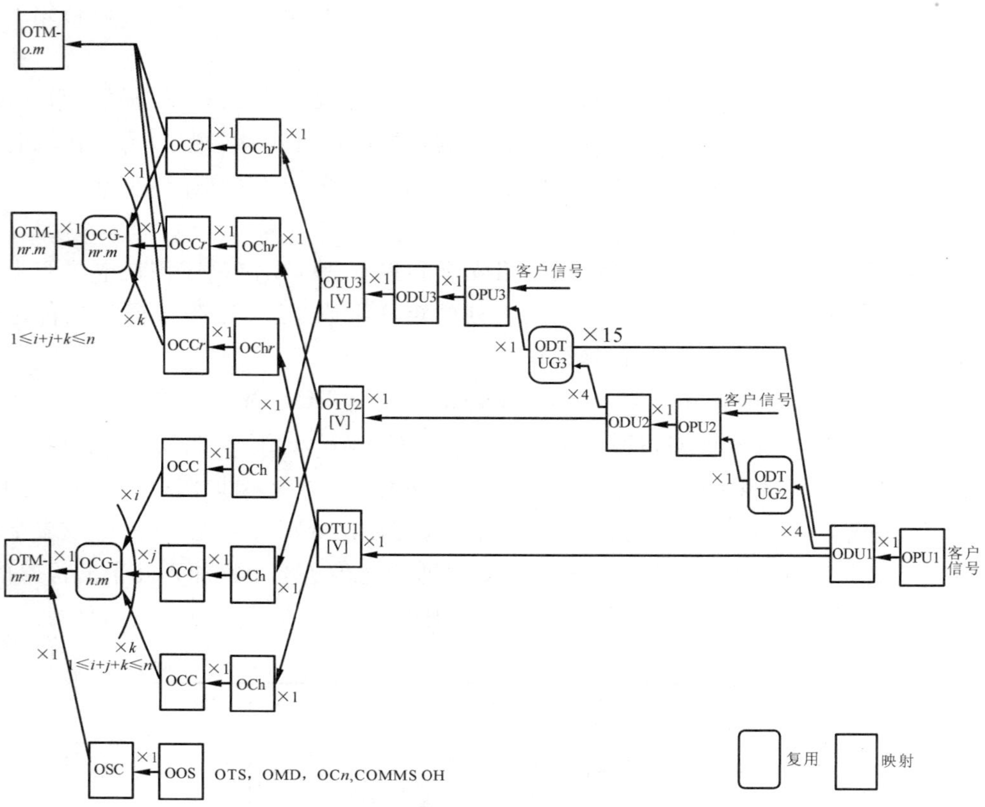

图 9-6 由 OPUk、ODUk、OTUk 映射、复用至 OTM 结构的过程

OTN 输出的是具有 OTUk 帧格式的复用的光波长。客户信号进入 OTN 的映射和复用过程，如图 9-6 所示。下面通过一个简单的例子来阐述客户信号的映射和复用过程。例如，客户信号的映射到 OPU1、ODU1，4 个 ODU1 复用成 1 个光数据支路单元组 ODTUG2，ODTUG2 映射到 OPU2、ODU2，4 个 ODU2 复用成 1 个光数据支路单元组 ODTUG3，ODTUG3 映射到 OPU3、ODU3、OTU3[V]、OChr 光通道载波 OCCr，映射到 OTM-$o.m$ 或先复用到光通道载波组 OCG-$nr.m$，然后再映射到 OTM-$nr.m$。

(2) 客户信号封装

图 9-7 所示为 OTN 中客户信号如何被封装到各个数据适配器，然后进行传送的整个过程。

① 客户信号加上开销 OPUk OH 构成客户光净荷单元 OPUk；

②OPUk 加上开销 ODUk OH 组成光数据单元 ODUk；

③ODUk 加上开销 OTUk OH 和 FEC 编码就变成光传送单元 OTUk；

④OTUk 映射到光通道容器 OChr 成为光信道净荷；

⑤OChr 被调制到光通道载波 OCC；

⑥OCC 经复用构成光通道载波组 OCG；

⑦OCG 经复用或映射组成光传送模块 OTM。

步骤 ①～④ 所处理的信号是电信号，步骤 ⑤～⑦ 所处理的信号是光信号。通过增加 OCh OH 开销就可以在光通道 OCh 上传送。表 9-1 指出了 SDH、WDM 和 OTN 三者的技术区别所在。

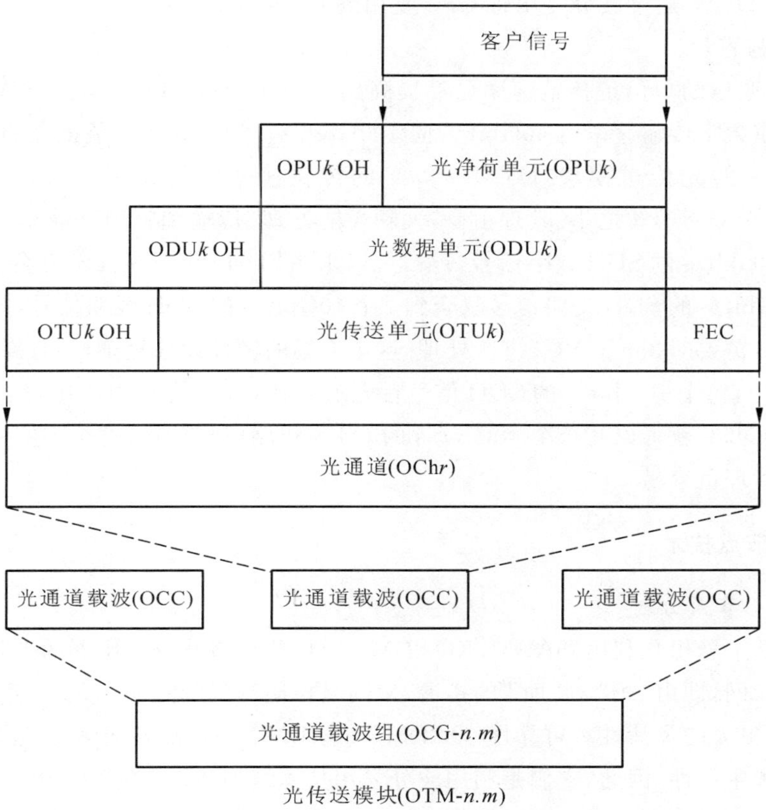

图 9-7　OTN 中客户信号的整个封装过程

表 9-1　SDH、WDM 和 OTN 三者的技术区别

项目	SDH	WDM	OTN
处理信号	电信号	光信号	光信号
传输速率	155M,622M,2.5G,10G,40G	155M,622M,2.5G,10G,40G	2.5G,10G,40G
复用方式	电路复用	光波长	光波长
传送单元	虚容器	光波长	光传送单元
节点设备	ADM,DXC	OADM,OXC	OADM,OXC
接口	局内接口 短距离局间接口 长距离局间接口	标准接口 非标准接口	域内接口 域间接口
承载业务	小颗粒	波长级大颗粒	波长级大颗粒
网络拓扑	链形,环形	环形，网状网	环形，网状网
应用	城域光网络接入层 城域光网络汇聚层	干线光网络 城域光网络骨干层	IP/以太网业务 首选传送平台

(3) 波分复用

OTN设备波分复用的功能是，利用WDM设备特点，大幅度提高设备的承载业务能力。具体地讲，OTN通过波分复用，将最多$n(n\geqslant 1)$个OCCr复用到一个OCG-$nr.m$，OCG-$nr.m$的OCG-r支路时隙可以是各种大小。通过OTM-$nr.m$传送OCG-$nr.m$，在全功能OTM-$nr.m$接口上，通过波分复用将OSC复用到OTM-$nr.m$上。

(4) 速率与容量

针对数字通信的单信道传输速率已经提高到2.5Gbit/s、10Gbit/s和40Gbit/s的技术状况，为了适应数字传输速率由40Gbit/s向100Gbit/s、160Gbit/s日益提高的发展需求，研发人员将OTN的光传送模块(OTM-$nr.m$)的传输速率定位在2.5Gbit/s、10Gbit/s和40Gbit/s是一个非常明智之举。其理由是，大颗粒的处理、传输和管理既简单又经济。例如，要实现一个40Gbit/s的SDH数字信号传输，可以采用SDH或OTN技术方案。在SDH方案中，将4个10Gbit/s的SDH支路信号复合到1个40Gbit/s的SDH线路信号，即使采用VC4实现交叉连接，需要对256个VC4进行处理。这个方案的硬件设计复杂，而且操作管理困难。在OTN方案中，每个10Gbit/s的SDH信号首先映射到OTN的ODU2中，然后4个ODU2复用成1个ODU3，就可以在1个40Gbit/s的OTN线路信号传输。这个方案的硬件设计简单，而且操作管理也容易。

9.2.3 节点技术

9.2.3.1 节点功能

OTN的基本思想是利用OADM、ROADM、OXC节点将波分复用器的点到点系统扩展为环形网、网状网，即由“线”到“面”的拓展；使网络控制从“静态”向“动态”智能化发展，赋予光网络组网更大的灵活性和可靠性。OADM、ROADM、OXC能够显著地增加光网络的吞吐量、透明性和生存性。因此，它们是利用波分复用技术结构建设全光网络的核心技术。

在OTN中的中间节点，OADM的主要功能是根据组网的需要灵活地实现插入和分出一个或一组选择的波长。同时，OADM具有操作、管理与维护功能。按照波长的上下是固定或者动态，OADM可以分为固定OADM和动态ROADM。固定OADM手工配置，不仅速度慢，而且容易出错。ROADM是一种利用软件远程控制实现在线动态配置上下波长的分插复用器。OADM可以减少光信道上的信号处理和等待时间，减小节点设备的复杂性，还可以使光信号透明地传输和实现业务的上下。OADM应用在环形光网络中，可以增强光网络的生存性。

在OTN中的枢纽节点，OXC的主要功能是实现在波长、波长组和光纤级的光信号交叉连接，分插复用、波长变换、保护和恢复等功能。OXC既能够灵活有效地管理OTN，也能实现OTN可靠的网络保护和业务管理。因此，OADM和OXC是OTN中最核心所在。它们既具有光互连功能，又是OTN中的变换节点。有关OADM、ROADM、OXC的工作原理和实现方案已在第7章“光网络组网关键光器件”中做了详细阐述。

9.2.3.2 节点技术

2001年3月，由科学技术部启动了“中国高速度信息示范网”专项工程。参与该工程的上千名科技人员来自40多个著名大学、科研单位和高新技术企业。他们成功地研制出了全光网关键设备、智能化网络管理、复杂网络测试软件等。

图 9-8 给出了中国高速度信息示范网的网络结构。该网络使用波分复用传输设备，建立IP/SDH/D波分复用传输平台。WDM传输平台能够支持16个2.5Gbit/s的波分复用信号的传输、总的传输容量达到160Gbit/s、光通道OADM和环网自愈等功能。

信息示范网的网络结构由4个环形网组成，其中一个主环，三个子环。主环由3个OXC组成，3个子环OXC分别带有2个或3个OADM。OADM节点结构采用的是"分波器＋空间交换矩阵＋合波器"和"耦合器＋滤波器＋合波器"两种方案。根据信息示范网的网络结构，OADM节点应该实现以下主要功能：

① 直通功能：光通道的同向直通传输。

② 分插功能：光通道的上下业务。

③ 指配功能：分插端口对不同通道的连接。

④ 保护功能：组网应用的自愈保护倒换。

⑤ 均衡功能：对光信号进行功率均衡。

⑥ 放大功能：实现光信号的预放、功放、线放。

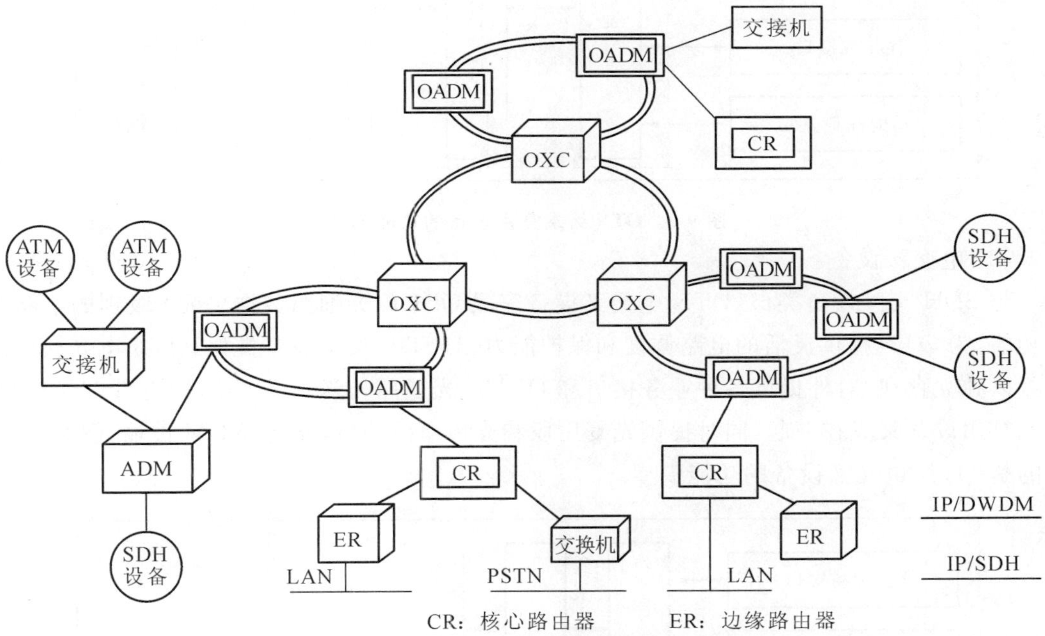

图 9-8　中国高速度信息示范网的网络结构

9.2.4　系统设备

9.2.4.1　设备分类

按照所采用的交叉技术的不同，OTN设备类型分为两类：电层交叉OTN和光层交叉OTN。OTN设备基于电层的ODU*k*交叉功能使得电路交换颗粒由SDH的155Mbit/s提高到2.5/10/40Gbit/s(分别对应于OTN的ODU1/ODU2/ODU3/ODU4)，从而实现了大颗粒业务的灵活调度和保护。基于光层的OTN通过光波长交叉完成波长调度，子网内部全光操作，节省了光-电-光转换功能单元。

OTN设备还可以引入基于自动交换光网络的智能控制平面，提高网络业务配置的灵活性和生存性。除了强大的维护管理功能之外，不同类型的OTN设备可以支持多种组网方式和保护功能。

9.2.4.2 设备类型

(1) 终端复用设备

OTN终端复用设备是支持OTN接口的WDM设备。这里的OTN接口包括线路接口和支路接口，业务接口或域间互连接口。

目前，主流厂商的波分系统在线路侧已基本上采用OTN结构，而且都已经支持符合G.709建议的OTN接口。因此，这些设备都属于OTN终端复用设备。图9-9所示的是OTN终端复用设备的功能模型。

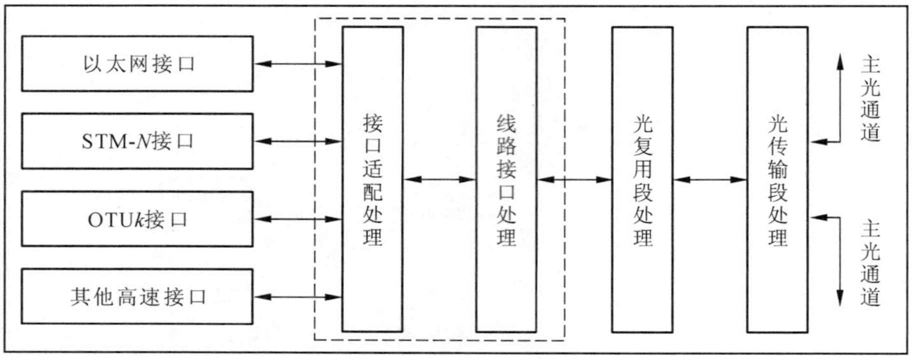

图9-9 OTN终端复用设备的功能模型

(2) 电交叉设备

与SDH交叉设备类似，OTN电交叉设备完成ODUk(光通路数据单元)级别的电路交叉功能，为OTN提供灵活的电路调度和保护能力。与SDH交叉设备类似，OTN电光交叉设备可以独立存在。对外提供各种业务接口和OTUk(光通路传送单元)接口，也可以与OTN终端复用设备集成在一起，同时提供光复用段和光传输段功能，支持WDM传输。图9-10所示的是OTN电交叉设备的功能模型。

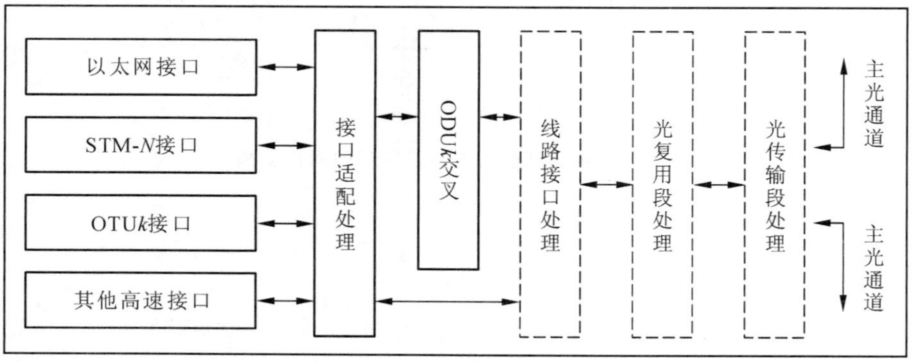

图9-10 OTN电交叉设备的功能模型

(3) 光电混合交叉设备

OTN电交叉设备可以与光交叉设备相结合，同时提供ODUk电层和OCh光层调度能力。波长级别的业务可以直接通过OCh交叉，其他需要调度的业务经过ODUk交叉。两者配合可以优势互补，又同时规避各自劣势。这种大容量的调度设备就是OTN光电混合交叉设备。图 9-11 所示的是 OTN 光电混合交叉设备的功能模型。

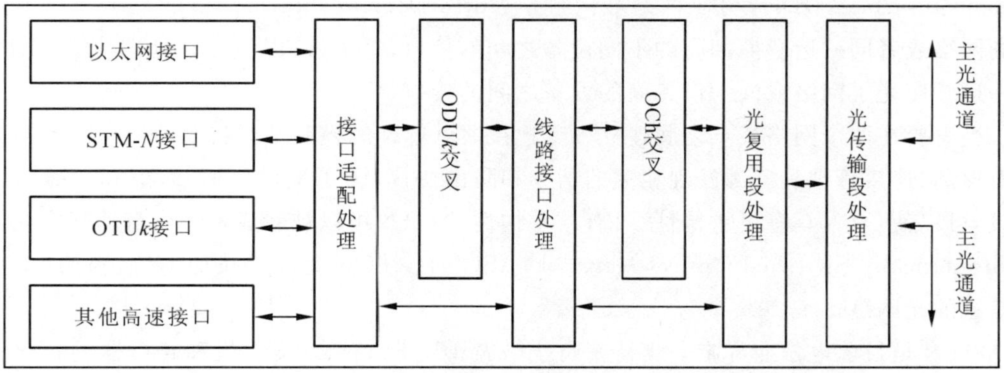

图 9-11　OTN 光电混合交叉设备的功能模型

基于 OTN 网络层面和设备类型不同，OTN 在网络建设中也存在不同的连接方法和不同应用。

9.2.5　应用实例

9.2.5.1　连接方法

在 OTN 中的各个网络层面和传输段域间接口和域内接口产生汇聚，以确保利用电子、光电或全光接口，使光信号从一端传输到另一端。图 9-12 给出了 OTN 各个网络层面和传输段的基本功能和不同传输域内或域间的连接方法。

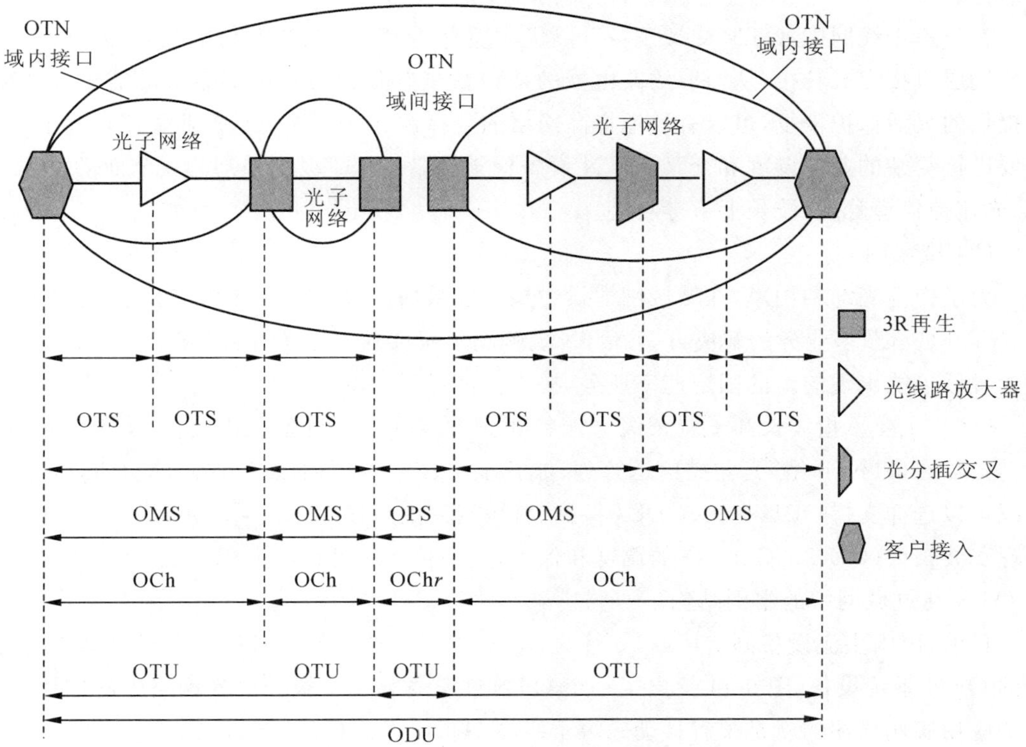

图 9-12　OTN 的接口和域内或域间的连接方法

OTN 提供了两种接口网络节点或网络 - 网络之间的接口。一种是域间接口(Inter Domain Interface,IrDI),另一种是域内接口(Intra Domain Interface,IaDI)。IrDI 是不同运营商网络或者同一运营商拥有的不同设备之间的接口,每个接口具有 3R 处理功能。IaDI 是同一运营商光子网络或同一设备商的设备之间的接口。

当需要在两个网络节点之间建立一个连接时,OTN 的控制平面将要涉及一系列与分配路由控制、连接管理和资源发现相关的信令和路由协议。为了提供快速、有效和可靠的网络连接,可以使OTN具有可重构性。具有可重构性的OTN可以被看成是一个自动交换光网络(Automatically Switched Optical Network,ASON)。ASON 是一个按照需要进行自动交换光信道的光网络。

OTN 是目前电信业界唯一支持来自全带宽 IP/ Ethernet 交换机和路由器的吉比特以太网(Gigabit Ethernet,GE)业务的传送平台。现在,电信网迅速向着 IP/ Ethernet 为基本业务架构的演进中,OTN 正在成为中国移动、中国电信等网络运营商的首选传输技术方案。作为承载 2.5Gbit/s 颗粒以上的传送技术,OTN 主要应用于长途干线网和城域网核心层。

9.2.5.2　应用实例

(1) 长途干线网

随着长途 IP 的发展,IP 业务量的增长,长途干线网的核心节点面临着巨大的业务量。为了更有效地使用 IP 网络资源,提高中继电路的利用率或提高网络运行质量,在长途干线网应用大容量的 OTN 交叉设备,可以实现大颗粒波长通道业务的快速开通,提高业务响应速度。通过加入 ASON 控制平面,还可以提供基于 ASON 的各种保护恢复方式,提高传送网的可靠性。

在长途干线网中,OTN 交叉设备可以优化现有的 IP 网络的组网结构。通过 OTN 设备在传输层直接完成转接,从而节约路由器的接口数量并降低对路由器容量的需求。OTN 设备提供的灵活保护恢复,可以有效地提高网络的生存性。OTN 主要承担业务传送和上下,不需要进行复杂的业务调度和交叉。OTN 设备应该支持 OTU 级别单通道、全面的 OTN 开销、光监控信道管理、波长上下等功能。

(2) 城域网

为了提高光纤利用率,在城域网建设中核心层采用波分复用是首选技术方案。在城域网中,OTN 是承载多业务的解决方案。OTN 既解决了城域网中存在大量 GE 业务的问题,同时又为日后可能出现的新的固定速率业务,提供全面灵活的解决方案。

OTN 主要承担波长和子波长级大颗粒业务调度。OTN 设备应该支持 OTU 级别单通道、全面的 OTN 开销、光监控信道管理、波长上下、多个方向的波长重构等功能,按照实际情况可以选择支持 ODU 交叉、ODUk 保护。城域网采用 OTN 交叉设备,由 OADM/ROADM 实现子波长级(GE、2.5Gbit/s) 的调度和保护,是一种切实可行的应用方式。图 9-13 所示的是 OTN 在城域网中的组网结构。

目前,国内主流设备制造厂商,如烽火、华为、中兴、北电等公司都可以提供基于波分复用的 OTN 系统设备。图 9-14 给出了一个 OTN 在某省移动二级干线光网络中的应用实例。这个应用实例描述的就是某省移动二级干线的 OTN。这个 OTN 具有以下特点:

① 大容量的环网设计,工程采用 96×10G 平台进行建设,能满足至少未来 5 年的业务发展需求;

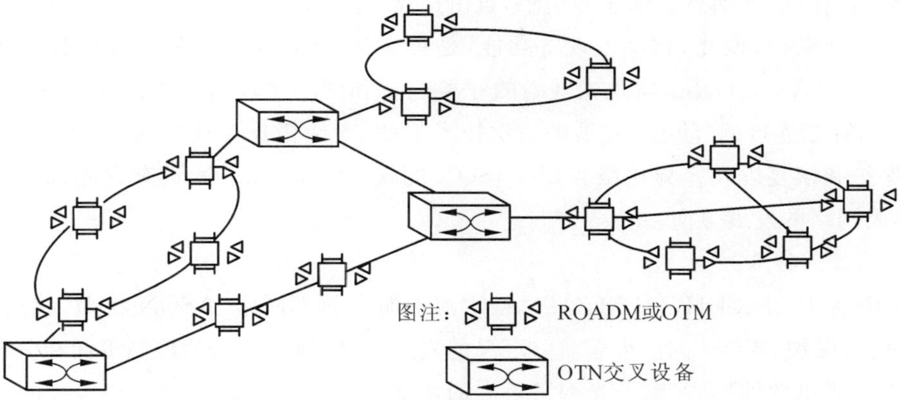

图 9-13　OTN 在城域网中的组网结构

② 全面的 OTN 平台，实现 ODUk 级别的业务颗粒调度，业务上下灵活，后期可根据业务需求引入 ROADM 模块实现波长级业务灵活调度以及 ASON 控制平面的加载；

③ 成熟的保护方式，同时采用电层、光层、线形及环形网等多种保护方式；

④ 统一的网管平台，网管平台和已有的 MSTP 系统网管一致。

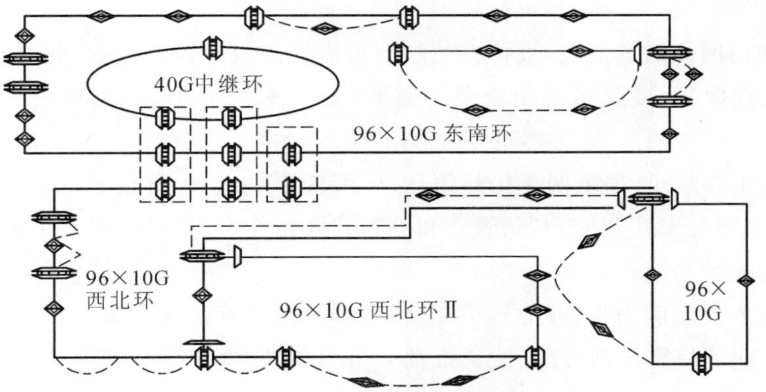

图 9-14　某省移动二级干线的 OTN

9.3　自动交换光网络

9.3.1　技术特点

9.3.1.1　产生

进入 21 世纪以来，人们转入了对光网络性能的智能化研究。例如，希望光网络能够实现资源(波长)动态最佳配置、快速向用户提供波长应用新业务、保证服务质量，使网络具有高效保护和恢复能力。2000 年 3 月，ITU-T 的 Q19/13 研究组正式提出自动交换光网络(Automatically Switched Optical Network，ASON)。ASON 是一个能够完成自动交换的智能功能光网络。ASON 是以光传送网(Optical Transport Network，OTN)为基础的自动交换传送网。

ASON 是传输技术发展的重要里程碑。通过在传统的静态光网络中引入动态交换和智能控制能力，从而使光网络从传统的“承载网络”向“业务网络”演进。ASON 的主要特征是，由用户端向网络管理动态发起业务请求，自由选路，通过信令控制实现业务连接的建立、修改、拆除，自动保护，恢复，自动发现等功能，是集交换、传送于一体的新一代智能化的光网络。就 OTN 而言，ASON 是实现光网络的业务配置和网络管理由人工或半永久连接的“静态”向自动智能连接的“动态”发展的一次技术革命。支持拓扑自动发现、端到端配置、网状网组网保护和恢复以及差异化服务，是 ASON 的核心特征。ASON 具有智能、灵活、可靠的特点，是光网络的发展方向。

9.3.1.2　特点

ASON 是从 IP、SDH、WDM、OTN 技术演进而来的光网络。ASON 将 IP 的高效灵活、SDH 的强大保护、WDM 的巨大容量、OTN 的光路交换，通过创新的控制平面和分布网络管理系统以计算机软件形式，赋予光网络更大的灵活性、可靠性和扩展性。与传统的光传送网相比，ASON 既继承传统光传送网的主要特点，同时它也具有其自身的一些突出的优点。

(1) 控制功能

ASON 利用控制平面的自动控制功能，可以实现实时的流量工程控制，根据用户请求动态分配带宽，这样网络资源就能得到充分的利用，而且可以对网络、资源、业务流量进行智能化的配置，按照数据流量类型实现数据业务的分类。

(2) 分布智能

ASON 利用网元的智能化，直接在光层上按需提供服务，适应网络拓扑的改变。通过公共控制平面加速服务，按照网络和服务的需要，改变网络大小，提供各种服务等级和保护机制。

在网络发生故障时，根据网络拓扑信息、可用资源信息、配置信息等自动指配最佳恢复路由。ASON 具有分布式智能控制、管理和分布式恢复能力，它可以实现快速业务恢复。

(3) 面向业务

ASON 业务提供能力强，业务种类丰富，可以在光层直接实现带宽按需分配，提供新的业务类型，如，业务带宽按需分配、波长批发 / 租用和光虚拟专用网等。

(4) 便于扩展

ASON 是通过一系列的标准约束设备提供商和规范网络接口与相关协议措施，从而赋予光网络更大的扩展性和设备之间的互通性。

9.3.2　体系结构

9.3.2.1　三个功能平面

采用自动交换技术所构成的 ASON 既支持光网络带宽的动态分配，又可以通过信令或管理平面自动建立或拆除光通路。因此，ASON 的研究重点是业务传送、自动交换控制和网络管理等问题。

ASON 功能结构模型，如图 9-15 所示。由图 9-15 可以清晰地看出，ASON 总体功能结构包括传送平面、控制平面和管理平面三个平面。三个平面之间通过相关接口相连。除此之外，ASON 还包括为控制和管理信息通信的数据通信网络。

(1) 控制平面

控制平面是 ASON 的技术核心。ASON 技术亮点在于引入“控制平面”，利用控制平面实现自动发现功能，使光网络实现自动交换。ASON 控制平面包括了一系列实时的信令和协

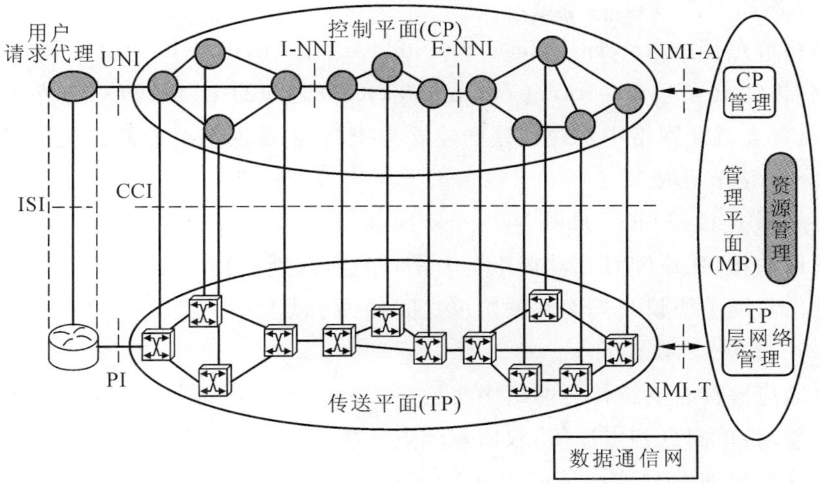

PI— 物理接口

UNI— 用户网络接口　　I-NNI— 内部网络接口　　E-NNI— 外部网络接口

CCI— 连接控制接口　　NMI-A— 网络管理接口 A　NMI-T— 网络管理接口 T

图 9-15　ASON 功能结构

议系统，能快速有效地完成对网络中的端到端连接进行动态控制，如连接建立、删除及修改等。

(2) 传送平面

传送平面是在两个地点之间提供单向或双向的端到端用户信息传送，它也可以提供控制信息和网络管理信息的传送。传送平面是由一系列的传送实体，如 SDH、WDM 设备组成。这些实体包含实施交换功能的传送网网元，如 ADM、MSTP、DXC 设备和 OXC 设备等。组网灵活性由封装在网元内的连接功能提供。

(3) 管理平面

管理平面主要面向网络管理，它履行对传送平面、控制平面和整个系统的管理功能，如性能管理、故障管理、配置管理、安全管理等。同时，管理层面要实现在这些平面之间的协调操作。

数据通信网络(Data Communications Network，DCN) 为传送平面、控制平面和管理平面三者之间的管理信息和控制信息通信提供传送通路。DCN 是一种支持网络七层协议栈中第一层(物理层)、第二层(数据链路层) 和第三层(网络层) 功能的网络。DCN 主要承载管理信息和分布式信令信息。

9.3.2.2　三种接口

ASON 中存在三个相互独立，而且可以实现彼此信息交互的平面。接口可以完成各个网络平面之间的连接功能。网络接口的规范化有利于在网络中使用不同制造商的设备，构造不同网络结构或划分不同的管理域。虽然 ASON 定义了六种不同的接口，但是最重要的是用户网络接口、内部网络节点接口和外部网络节点接口三种接口。

(1) 用户网络接口

用户网络接口(User Network Interface，UNI) 为光网络用户与光网络之间提供了一个申请光网络服务或操作的接口。UNI 的实现需要完成一套满足 UNI 功能要求的信令协议。

(2) 内部网络节点接口

内部网络节点接口(Internal-Network Node Interface,I-NNI)定义了同一网络中相邻光连接控制器(Optical Connection Controller, OCC)之间的接口,I-NNI存在于运营商的管理域之内,负责支持在网络中实现连接的建立与控制。内部网络节点接口包括:信令与路由。

(3) 外部网络节点接口

外部网络节点接口(External-Network Node Interface,E-NNI)定义了不同管理域间ASON控制面的接口。E-NNI在功能上与I-NNI有所区别,两者在功能上的区分与互联网域间模型中的内部网关协议与外部网关协议之间的关系类似。

9.3.2.3 三种连接方式

控制平面应该具有支持传送网络中交换连接或软永久连接的连接功能。这些基本连接功能的类型包括:单向点到点连接、双向点到点连接、双向点到多点连接。

根据建立连接需求和连接请求对象的不同, ASON 网络支持三种网络连接方式。图9-16 所示的是 ASON 的三种连接方式的特点。通过三种各具特色的连接方式,可以实现对光链路的快速、灵活的配置,以满足流量工程和用户的各种服务质量要求。

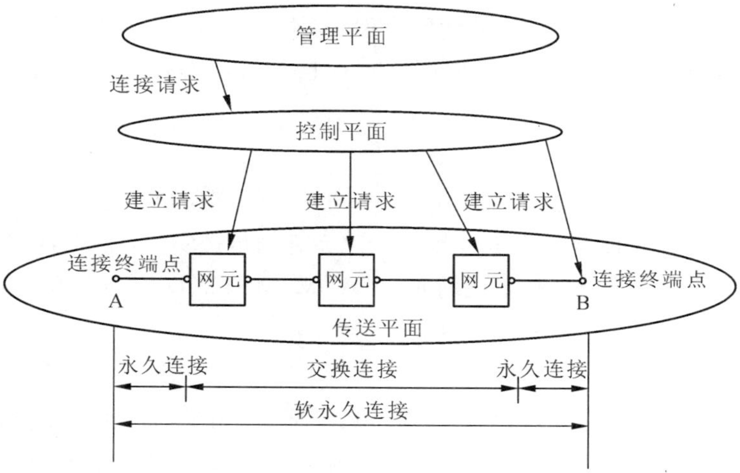

图 9-16 ASON 的三种连接方式的特点

(1) 永久连接

永久连接(Permanent Connection,PC)。PC 是由网管系统指配的连接。PC 利用网管协议对光通路进行配置,连接路径由管理平面根据连接请求和网络资源利用情况预先计算,然后沿着连接路径通过网管接口向每个网元发送交叉连接命令,进行统一指配,最终完成通路的建立过程。

在 ASON 中,PC可以使自动交换光网络与传统光网络兼容,实现两者彼此之间的互通。由于网管系统能够全面地了解网络的资源情况,使得 PC 可以按照流量工程的要求进行计算,可以更加合理地利用网络资源。PC 的缺点是连接建立相对缓慢。

(2) 交换连接

交换连接(Switched Connection,SC)是由控制平面的终端用户直接根据需要发起,采用信令消息来实现动态协议消息交换的连接。在连接终端点 A、B 之间计算出一条可用的通路,最终通过控制平面与传送网元的信令消息交互完成连接。

在 ASON 中，网络的节点如同电话网的交换机，根据信令实时地响应连接请求。SC 可以在网络中实现连接的自动化。SC 既能够满足快速、动态的要求，又符合流量工程的标准。因此，SC 是 ASON 的技术核心且为 ASON 连接实现的最终目标。

(3) 软永久连接

软永久连接(Soft Permanent Connection，SPC) 是通过网络产生的路由和信令协议建立的。SPC 取决于网络节点接口，是由管理平面和控制平面共同完成。SPC 的建立方式介于 PC 和 SC 之间。SPC 是一种分段混合连接。在 SPC 中，从用户到网络的部分由管理平面直接配置，而网络部分的连接通过管理平面向控制平面发起请求，然后由控制平面完成。

SPC 具有租用线路连接的属性，同时其却是通过信令协议完成建立过程。因此，SPC 是一种从通过网管系统配置到通过控制平面信令协议实现的过渡的连接。

三种连接方式之间的最重要的区别是请求连接的主体不同。PC 请求连接的主体是网络运营商，SC 请求连接的主体是终端用户，而 SPC 请求连接的主体则是网络节点接口。三种连接方式既可以使 ASON 与现有光网络进行"无缝"连接，又有利于推动现有光网络向 ASON 的演进进程。

9.3.3　自动交换原理

由图 9-17 的面向业务的 ASON 网络立体图可以看出，ASON 由管理、控制和传送三个功能平面组成。图中的 ①、②、③、④ 和 ⑤ 上方的立方体分别表示通路上的客户和光节点设备。管理平面功能集中在少数网络管理系统(Network Management System，NMS)，管理平面完成对被管理系统的公共管理。网络智能主要在控制平面上完成。控制平面要能够实现自动呼叫、流量工程、网络资源动态分配和快速服务指配等。传送平面实现客户信息在不同位置的转移，支持时间、波长和空间上的任意交换类型，可以根据用户要求提供 SDH 虚容器、波长级、波段级、光纤级等不同带宽颗粒的连接业务。通过传送平面设备也可以传递控制信息和管理信息。

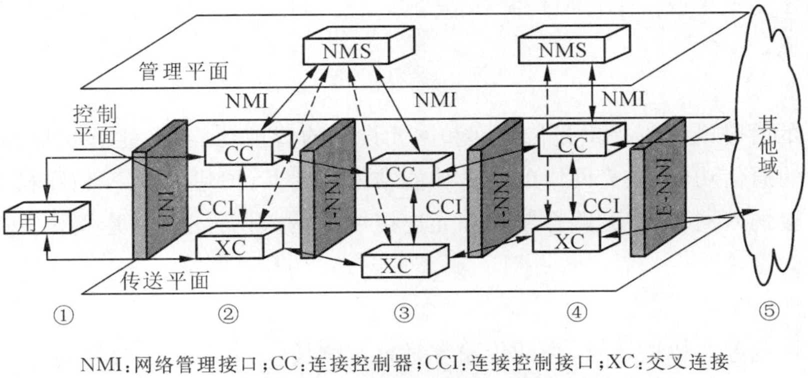

NMI：网络管理接口；CC：连接控制器；CCI：连接控制接口；XC：交叉连接

图 9-17　面向业务的 ASON 网络立体图

ASON 具有的控制平面和相关接口，通过协议和信令系统动态地交换网络拓扑状态信息、路由信息和其他控制信息，具备了光通路的动态建立和拆除的能力，从而真正实现了光网络的自动交换。为了实现自动交换光网络，ASON 涉及许多关键技术。

9.3.4 关键技术

(1) 网络结构设计

目前,ASON具有重叠模型结构和对等模型结构。重叠模型结构的实施方法是让光层特定的控制智能完全放在光层独立实施。光层就成为一个统一、透明、开放的通用传送平台,可以为IP层在内的多种客户提供动态互联。

对等模型结构实施方法是把光网络和IP网看作是一个集成的网络,实现一体化的管理和流量工程。在实际光网络的设计与规划中,应该从标准、设备和运营多角度综合考虑,以求尽可能的完美。

(2) 自动邻居发现

ASON中的自动邻居发现包括:邻居发现和业务发现。邻居发现具有从本节点连到邻接链路的各种状态,可以通过协议自动配置或手动配置参数。为了建立IP标记和波长的关联,必须使用业务发现机制,使终端系统和WDM网络能够彼此确认并描述业务信息。

(3) 光网络路由

ASON需要光网络设备能够自动获取并跟踪网络拓扑结构变化,可以实现动态的路由功能。ASON路由体系结构在各个子网之间的路由是通过域间路由协议完成互联互通。

(4) 动态波长路由

为了支持流量工程和自动保护恢复机制,ASON必须能够实现波长的动态分配,使路由与波长相关联,通过网络的路径选择建立所需路由。为了规避路由信息过多,要求能够支持绑定路由、分(等)级路由和考虑一些决定路由的特殊政策。

(5) 信令技术

在ASON中,光网络的业务提供和带宽分配是通过分布式的信令控制动态地完成业务路径的建立、修改、维护和删除,从而大幅度缩短了新业务配置时间和降低网络的运营成本。为了在网络设备之间分发拓扑状态信息、监控物理层状态和配置带宽,完成连接管理,必须在设备之间建立一个或多个传输控制和信令的信道。目前,信令的传送是由安全、可靠的信令网络来完成。

(6) 管理

ASON的管理既可以提供光传送网和网元设备的管理功能,又能够实现操作系统与网元之间高效的通信功能。在光网络的传送功能结构基础上,构建ASON信息模型,将光路径和光链路连接纳入网管,将光路径终端和光连接终端纳入网元管理,建立执行交叉连接、实施保护单元的管理。

(7) 保护与恢复

随着数据业务的快速增长,光纤传输容量日益增长,承载着巨大容量的光网络一旦出现故障,一定会引起严重的经济损失和不良的社会影响。因此,光网络应该具有快速的保护与恢复能力和安全可靠的网络生存性。简言之,ASON应该具有动态提供传送层所需带宽、波长配置、光路径信息搜索等功能。

(8) 光网络互连接

光网络互连接要能够提供连接业务和恢复需要的各种状态。例如,可以单独识别各种网络中的光路终点,要有协议确定跨网络的两终点能否互相连接,要有标准信令能够穿过网络建立光路径等。

9.3.5　应用实例

ASON应该是下一代传输网络的基础。ASON技术不但解决了业务量本身的不确定性所带来的网络带宽动态分配问题，而且可以全面提升网络的可靠性和生存性，为光传送网的不断发展赋予新的活力。ASON网络采用网状网结构。网状网结构可以分成长途干线光网络和城域光网络两大部分，两者之间通过外部网络节点接口连接。

在长途干线光网络应该采用大容量、远距离、多业务和高可靠性的ASON设备。例如，烽火公司的FonsWeaver960具有1280G的超大交叉能力，支持64个10G两纤环，而FonsWeaver780A具有720G交叉能力，可以支持4个40 G两纤环或者24个10G两纤环，而且整个系统可以平滑升级为1.28T的ASON系统。大容量ASON设备具有极强的组网能力、高可靠性，支持多种保护恢复机制，可以配合超长距离传输系统和光分插复用器进行组网，以满足长途干线光网络的组网要求。在长途干线光网络建设中，以波分复用系统作为光传送通道，城域光网络、本地网的业务通过POS、SDH、GE等接入ASON，以实现省际智能调度。

城域光网络具有高动态性和复杂性的带宽管理要求，只有采用具有支持强大多业务接入能力和高度智能化的ASON节点设备，才能满足城域光网络的传输要求。图9-18所示为ASON构建组网方案。该方案可以同时作为承载网和业务网。ASON作为承载网，可以为IP、3G和软交换等业务网络提供可靠的传送服务。ASON作为业务网，可以直接为客户提供高品质的专用线、带宽按需分配和光虚拟专用网等业务。同时，它以网状网与环形网拓扑组合方式，提高了网络的可靠性，而且它能够与传统的光传送网兼容。

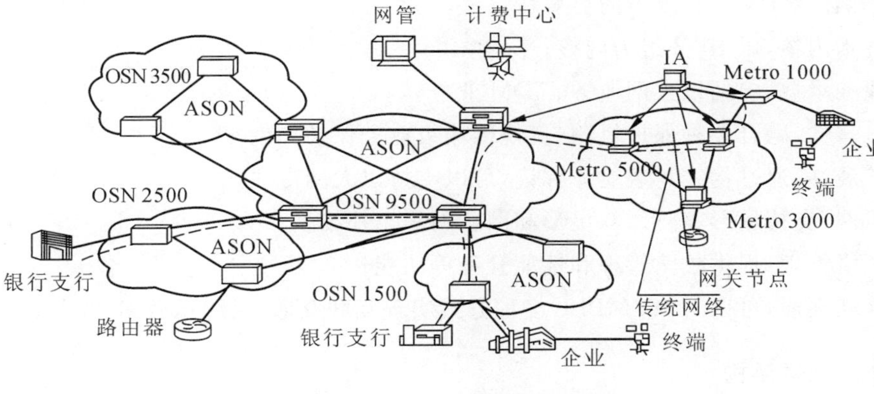

图9-18　ASON的组网方案

随着各种新型的数据业务的迅速发展，用户对带宽的需求不断增长。语音、视频和无线业务的IP化，企事业单位大客户的虚拟专用网业务应用，对传送网的带宽灵活调度、业务传输质量和运维管理成本等要求日益提升。

9.4 分组传送网

9.4.1 技术特点

9.4.1.1 产生

传统的以电路交换为基础的SDH、WDM网络存在带宽调度不灵活、运维管理成本高的问题，使得网络运营商逐步陷入收入微薄的困境。与此同时，传统的非连接特性的IP网络和产品，难以保证重要业务的传输质量和性能要求。因此，网络运营商迫切需要一种既可融合传统语音业务，又能降低运维管理成本的IP传送网。为了构建带宽灵活调度、运维管理成本低、智能化和可持续发展的电信级网络，分组传送网(Packet Transport Network，PTN)应运而生。

PTN是基于分组的、面向连接的多业务统一、有效传递分组业务的传送网技术。PTN将IP业务所具有的灵活性、统计复用、高带宽、可扩展等特点与光传输技术所具有的高可靠性、高效的带宽管理机制、流量工程、便于运维管理等技术优势融为一体，使得其具有分组交换、统计复用的灵活高效，又具有电信网强大的运行管理维护、快速保护倒换和良好的服务质量保证。因此，PTN正在成为网络融合和发展的重要方向之一。

9.4.1.2 特点

PTN是IP/MPLS、以太网和光传送网三种技术融合一体的产物。因此，PTN具有面向连接的传送特征，它适用于以太网专线、二层交换虚拟专用网络和IPTV等高质量多媒体数据业务。PTN是以分组业务为核心，支持提供多业务，同时继承了光传输的优势。与传统的SDH网络相比，PTN具有以下的显著特点：

(1) 技术内核，以IP分组为内核；

(2) 业务承载，包括以太网业务、TDM业务；

(3) 可靠性，融合多种保护机制，实现传输级业务保护和恢复；

(4) 扩展性，通过伪线封装业务标记，可以支持以太网专线；

(5) 组网，支持星形、环形、双星形和网状网等拓扑结构；

(6) 网络管理，提供故障管理和性能管理等功能；

(7) 互联互通，可以与IP/MPLS多种方式实现互联互通，无缝承载IP业务。

9.4.2 技术架构

9.4.2.1 技术分类

PTN是一种能够有效传递分组业务的传送网技术。现在，从实现方式上来看，支持面向连接、可扩展和可管理等特性的PTN技术有：运营商骨干桥接-流量工程(Provider Backbone Bridge-Traffic Engineering，PBB-TE)技术和多协议标记交换传送通道(MultiProtocol Label Switch-Transport Profile，MPLS-TP)。

(1)PBB-TE

PBB-TE是基于以太网的分组传送技术。以太网的分组传送技术是在现有的以太网技术的基础上进行改进，通过添加标记或帧头，提高交换容量、增加设备级管理、环网络保护、服务质量分级和运行维护管理开销等，以满足分组传送网的可扩展、可管理、高服务质量等需求。

PBB-TE 是在运营商骨干桥接传输技术（Provider Backbone Transport，PBT）的基础上进行扩展而形成的面向连接的以太网传送技术。PBB-TE 建立在已有的以太网标准之上，具有较好的兼容性能，可以在现有的交换机上实现，从而赋予 PBB-TE 低成本和广泛应用的特点。

（2）MPLS-TP

MPLS-TP 是起源于 IP/MPLS 技术。MPLS-TP 没有采用 MPLS 中复杂的控制协议族，简化了数据平面，去除了不必要的转发处理，采用双标记交换和转发模式，即转发在为客户层提供分组式数据传输时，会对客户数据分配两层标记：虚信道标记和传输交换标记。在 MPLS-TP 网络中，通过伪线技术实现面向连接的特性。

PTN 是 MPLS 技术的一种面向连接的分组传送技术。MPLS-TP 是 MPLS 的一个子集。它不仅降低了 IP/MPLS 成本，提高了可靠性，而且具有面向连接的运行维护管理和保护能力。因此，MPLS-TP 可以满足城域网的汇聚层、接入层的 IP 化转型需求，承载 3G 无线基站回传和企事业以太网专线，而且可以跨越 IP/MPLS 核心网实现互通。

9.4.2.2　技术比较

PBB-TE 和 PTN 技术具有以太网和多协议标记交换的优点，提供了一种扁平、可运营、低成本的融合网络架构。两种技术架构都拥有类似于 SDH 的性能和可靠性，都提供了标准的面向连接的隧道。表 9-2 给出了 PBB-TE 和 MPLS-TP 两种技术的主要区别是：实现设备、数据转发、保护、运行维护管理的方式。

表 9-2　PBB-TE 和 MPLS-TP 技术比较

传输技术	PBB-TE	MPLS-TP
实现技术	二层连接	二层连接
实现设备	以太网设备	SDH 设备
支持业务	以太网，TDM，ATM	以太网，TDM，ATM，FR
技术特点	以太网＋边缘封装＋ 快速保护＋运维管理＋服务质量	SDH＋MPLS 子集＋ 快速保护＋运维管理

我国已对两种 PTN 技术都进行广泛研究，所研制的 PTN 产品已经进入商用。例如，PTN 产品在 3G 移动网络中的应用，推动了 3G 回传的 IP 化和宽带化。由于大多数运营商拥有 MPLS 网络，所以 MPLS-TP 技术的 PTN 受到青睐。下面简单地介绍 MPLS-TP 技术的 PTN 的网络功能结构。

9.4.3　网络功能结构

9.4.3.1　分层模型

PTN 网络层面设置在 IP 业务和物理层的光传输介质层之间。它是针对分组业务流量的突发性和统计复用传送的要求而设计的一个网络层面。

MPLS-TP 技术的 PTN 层网络模型分为虚通道层、虚通路层、虚段层三层。层网络的底层是物理介质层，可以采用以太网或 SDH、OTN 等面向连接的电路交换技术。图 9-19 给出了 MPLS-TP 技术的 PTN 层网络模型及其各层之间的复用关系。

(1) 虚通道层

虚通道层网络提供点到点、点到多点、多点到多点的客户业务的传送，提供运行、管理、维护功能来监测虚通道层并触发虚通道层子网连接保护。客户业务信号可以是以太网或非以太网信号，如 TDM、ATM、帧中继。MPLS-TP 的虚通道层即伪线层。

(2) 虚通路层

虚通路层网络通过配置点到点和点到多点的虚通路层链路来支持虚通道层网络，并提供虚通道层隧道的运行、管理、维护功能，可以触发虚通路层的保护倒换。

(3) 虚段层

虚段层网络提供监测物理介质的点到点连接能力，并通过提供点到点 PTN 虚通道和虚通道层链路来支持虚通道和虚通道层网络。PTN 虚段层为可选层，在物理介质不能充分支持所要求的运行、管理、维护功能或点到点虚段层连接跨越多个物理介质链路时可选。层网络信号之间的复用关系是 1∶1 或 n∶1，如图 8-15 所示。1∶1 或 n∶1 关系是通过层之间适配功能提供的。

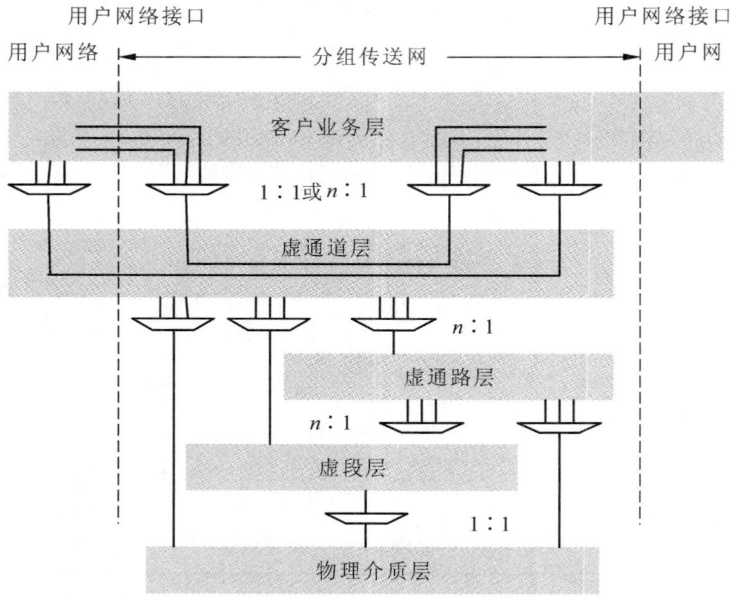

图 9-19 PTN 层网络模型

9.4.3.2 *网元功能结构*

图 9-20 所示的是 PTN 网元由传送平面、管理平面和控制平面共同组成。下面简单叙述 3 个平面的具体功能：

(1) 传送平面

传送平面实现对用户网络接口的业务适配、业务报文的标签转发和交换、业务的服务质量处理、网络保护、同步信息处理和接口线路适配等功能。

(2) 管理平面

管理平面实现网元级和子网级的拓扑管理、配置管理、故障管理和性能管理等功能，而且能够提供必要的管理和辅助接口，支持北向管理。

(3) 控制平面

迄今为止,PTN 控制平面的相关标准制定工作尚未完成。人们认为它可以是 ASON 向 PTN 领域的扩展,用因特网工程任务组的通用多协议标记交换的协议实现,支持信令、路由和资源功能等功能,而且可以提供必要的控制接口。

PTN 的网元分为网络边缘节点和网络核心节点两类。网络边缘节点与客户边缘节点直接相连,网络核心节点在 PTN 网络中实现标签交换和转发。

PTN 支持基于线形、环形、星形和网格网等多种组网拓扑结构。PTN 应用在城域网核心层、汇聚层、接入层时,常常采用多环互联 + 线形的组网结构。

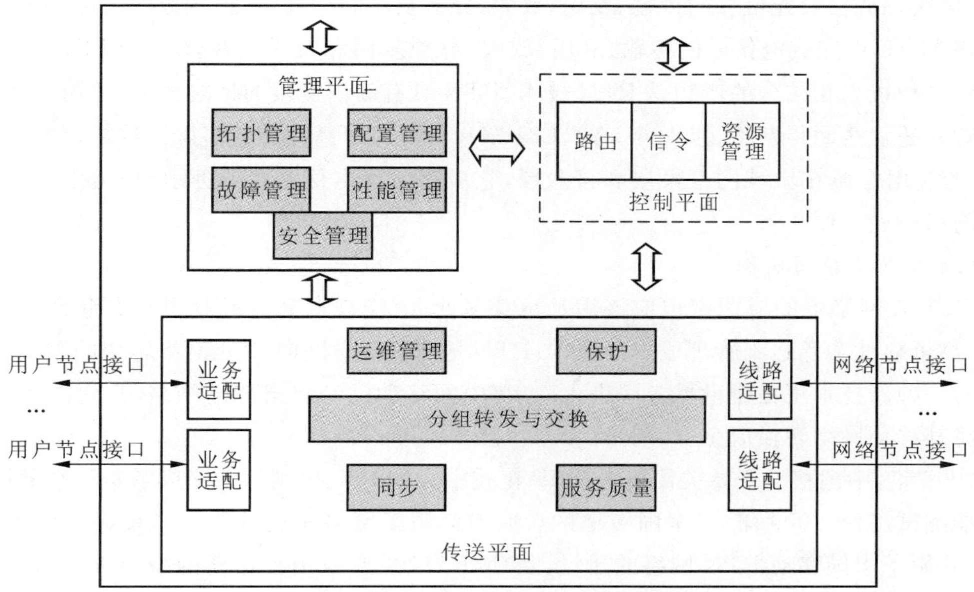

图 9-20　PTN 网元功能模块

9.4.4　关键技术

PTN 是针对分组业务流量的突发性和统计复用传送的要求而设计,以分组交换为核心,支持 IP、ATM 和 TDM 等多业务。为了能够真正理解 PTN 技术本质,读者应该掌握下述的 PTN 关键技术:

(1) 控制平面技术。MPLS-TP 控制平面采用通用多协议标记交换,具有的功能包括:信令、路由、流量工程和基于约束的链路建立等。

(2) 运行、管理、维护技术。MPLS-TP 的运维管理功能主要有:连续性检查、连接确认、性能监测、告警抑制、远端完整性能。

(3) 时钟同步技术。PTN 时钟同步技术包括:时钟分发和时钟的同步等。

(4) 保护与恢复技术。MPLS-TP 可以支持线形、环形和网状网拓扑结构。保护方式有:环道路保护、线路倒换和网状网恢复。环路保护时间 $\leqslant$ 50ms,保护范围包括:光纤维、节点、环的段层等;线路倒换 $\leqslant$ 50ms;网状网恢复主要依靠重新选择路由机制完成。

9.4.5　应用实例

9.4.5.1　要求

随着通信技术的发展，通信业务不断地推陈出新，从而改变了人们的工作和生活方式。作为承载业务的传送网而言，其采用的技术也在随着业务容量、业务特点和业务性能要求而发生巨大的变化。为了便于网络规划设计和维护管理，城域传送网通常是采用骨干层、接入层和汇聚层的三层结构。

由于每层所履行的职责不同，应该采用不同的传输技术。城域网的骨干层选用波分复用系统，以实现波长级光信号的传输、复用、放大、分插复用和交叉连接。城域网的接入层、汇聚层选用 SDH，以完成电信号的传输、复用、放大、分插复用和交叉连接。IP/MPLS、以太网和传送网三种技术相结合的产物是 PTN 技术。PTN 具有面向连接的传送特征，适用于承载电信运营商的无线回传网络、以太网专线、L2VPN、IPTV 等高品质的多媒体数据业务。因此，PTN 的应用定位在城域网汇聚层和接入层，它应该实现电信级多业务承载、运维管理成本低和网络扩展方便。

9.4.5.2　应用实例

PTN 在网络中的应用定位应该满足承载多业务、实现点到点或点到多点汇聚、高服务质量、高可靠性和低运维管理成本等要求。PTN 是传统传送网向 IP 化网络转变的重要手段。它作为一种新技术正在全世界各国进入商用。中国移动已经提出移动网络 IP 化战略，准备逐步将其移动网络转换成全 IP 网络。

2007 年，中国移动开始关注传送网 IP 化技术。2008 年，中国移动完成了实验室 PTN 设备性能测试工作。2009 年，在全国多个试点城市组织了网络测试并取得了很好的效果的基础上，开始了中国移动 PTN 网络的建设。目前，PTN 主要应用在移动网络中进行高速转发和实现用户业务的汇聚、接入。

(1) 高速转发

图 9-21 所示的是 PTN 在移动核心网中的高速转发的应用实例。PTN 位于光网络和 IP/MPLS 网络之间。移动核心网是由 IP/MPLS 路由器组成。对于中间路由器(Lable Switched Router，LSR)而言，它应该完成 IP 分组转发的功能。由于这个转发位于三层，协议处理复杂，而 PTN 是在二层进行转发，协议处理简单且转发效率高，所以可以利用 PTN 实现中间路由器 LSR 的分组转发功能。

除此之外，PTN 能够比较好地解决 IP/MPLS 业务大量消耗网络带宽，路由器不断扩容、网络保护、故障定位、运营维护管理等问题，从而达到提高链路的利用率、大幅度降低网络建设成本的目的。

(2) 承载多业务

目前，引入 IP 化传送技术策略是 IP 网与传送网同步发展并融合，传送层面将逐步完成向 PTN 方向的升级。在城域网的汇聚层可以率先采用支持完全分组能力的 PTN 的传送节点；打破传统传输网和二层数据网的界限，力求建立融合的统一网络。

PTN 技术具有简单、实用、融合多种业务的特点，它可以应用在城域网的骨干层、汇聚层和接入层。图 9-22 所示的是 PTN 实现 IP 化的多业务承载。PTN 可以提供丰富的业务接口 TDM、ATM、E1、STM-*N*、FE、GE。PTN 通过端到端伪线仿真接入 TDM、ATM、以太网业

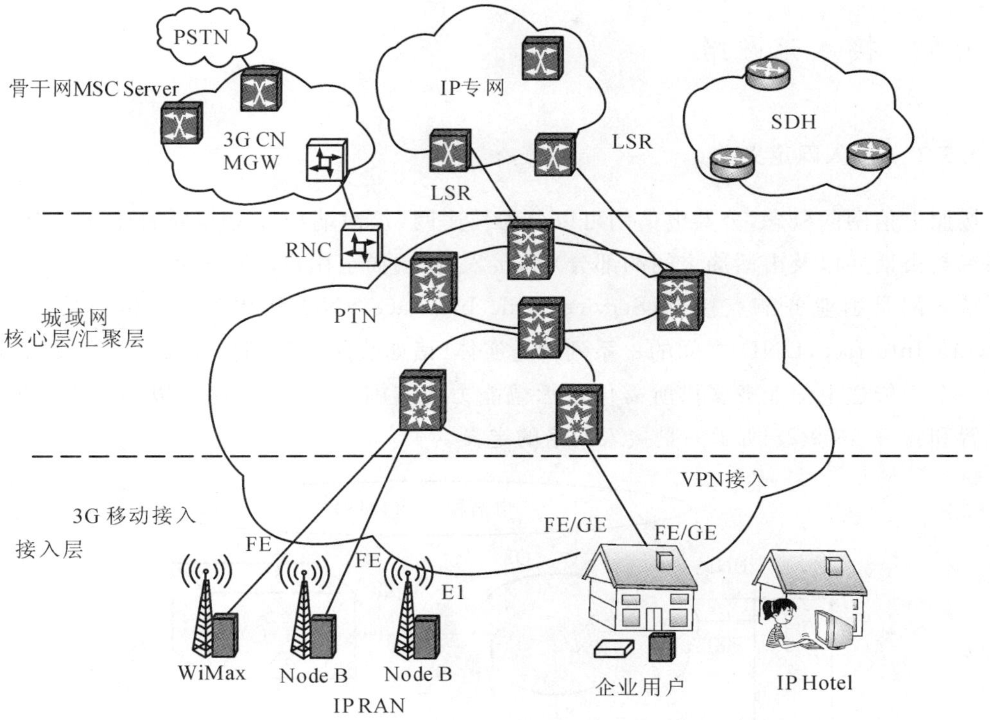

图 9-21　PTN 在移动核心网中的高速转发的应用

CN— 核心网络；MGW— 媒体网关；RNC— 无线网络控制器

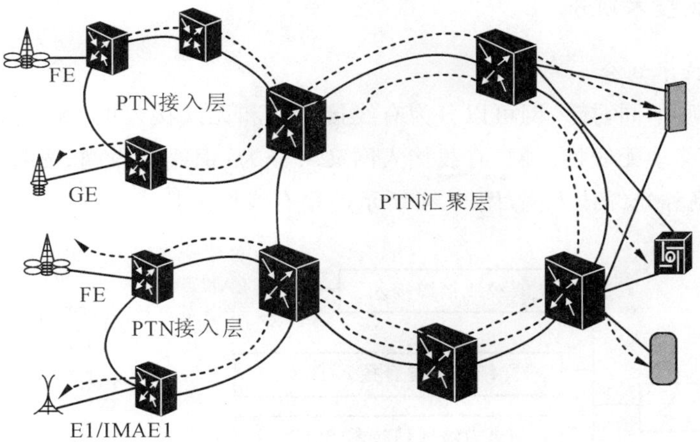

图 9-22　PTN 实现 IP 化的多业务承载

务，并将业务传送到核心网一侧。伪线是一种通过分组交换网将一个或者多个承载的业务的关键要素从一个业务提供商边缘设备运送到另一个或多个边缘设备的机制。

PTN 是可以承载现有业务和未来可能出现的各种新业务的网络，所有业务在同一个平台上传送，从而形成最佳性价比的演进。根据有关文献报道，在未来的几年内，在视频、高速数据等宽带业务的推动下，大部分运营商的传送网最终将从 MSTP 网络升级至 PTN 网络。

9.5　接入光网络

9.5.1　接入网定义

按照电信网的概念，公共电信网可以分为长途网（长途端局以上部分的部分）、中继（长途端局与市话局以及市话局之间的部分）和接入网（端局至用户之间的部分）。

接入网是由业务节点接口（Service Node Interface，SNI）和相关用户网络接口（User Network Interface，UNI）之间的一系列传送实体（诸如线路设施和传输设备）组成的。接入网是一个为传送电信业务提供所需传送承载能力的实施系统。接入网可以经由 Q3 接口进行配置和管理。图 9-23 所示的是接入网络的定义。

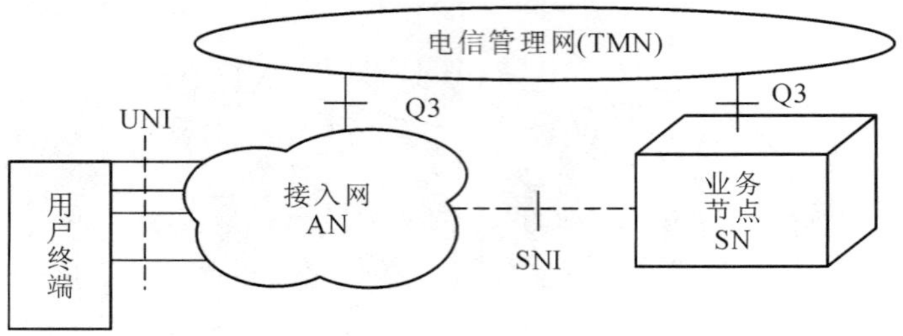

图 9-23　接入网络的定义

9.5.2　接入技术划分

9.5.2.1　技术划分

按照传输介质不同，接入网可以分为有线接入网和无线接入网。无线接入网可分为：固定无线接入网和移动无线接入网。有线接入网又可分为：铜线接入网、光纤与同轴混合接入网、电力线接入网和光纤接入网。图 9-24 所示的是有线接入技术。

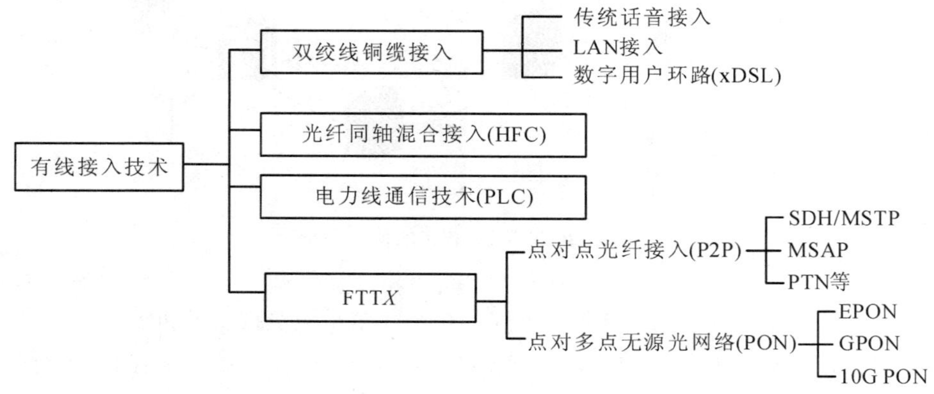

图 9-24　有线接入技术

9.5.2.2　技术特点

（1）铜线接入网

图 9-25 所示的是一个典型的铜线接入网系统，即市内铜线用户环。局端本地交换机通过大线径、大对数的馈线电缆（数百甚至于数千对）连接到交接箱或分路点转向不同方向。

由交接箱开始通过细线径、小对数的配线电缆(每组几十对)连接到分线盒。分线盒的功能是配线点。它上连配线电缆下接引入线,构成用户终端与网络接口,实现用户业务接入。引入线通常是对绞铜线,为用户专用。

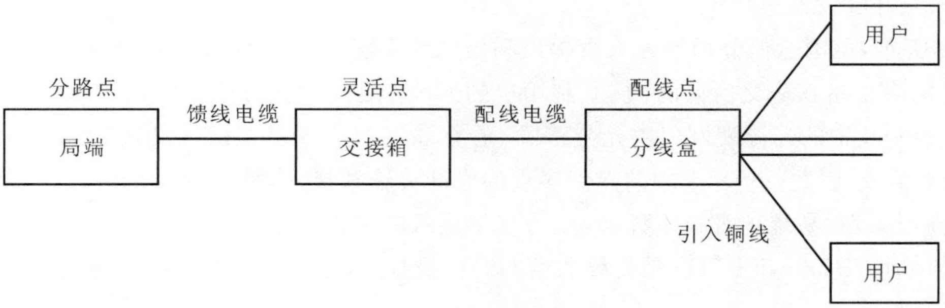

图 9-25　一个典型的铜线接入网系统

铜线接入网采用的是数字用户线技术(Digital Subscriber Line,DSL)。DSL 是采用不同的调制方式在现有的公共电话网引入线上实现的高速传输技术。根据具体的调制方式不同,DSL 可以进一步分为高数字用户线(High-speed Digital Subscriber Line,HDSL)、非对称数字用户线(Asymmetric Digital Subscriber Line,ADSL)、超高速数字用户线(Very high data rate Digital Subscriber Line,VDSL)。

HDSL 是一种利用现有电话网中使用的普通铜线实现高速效率、全双工数字信号传输的技术。通过两对或三对对绞铜线提供全双工传输速率为 2Mbit/s,传输距离可以达到 3～5km 的数据能力。

ADSL 是一种上行速率与下行速率不对称的数字用户线技术。在一对用户线上,可以实现的下行速率为 8Mbit/s,而上行速率为 640kbit/s,但它的传输速度受限于传输距离和传输线路质量。

VDSL 是一种超高速不对称的数字用户线技术。它在 300m 距离内实现的下行速率为 52Mbit/s,而上行速率为 2.3Mbit/s。VDSL 主要用于实时视频传输和高速数据访问。表 9-3 给出了三种铜线接入技术实现的技术性能比较。

表 9-3　三种铜线接入技术实现的技术性能比较

接入技术	传输速率	传输距离
ISDN	128 或 144kbit/s	5.5km
HDSL	2Mbit/s	3～5km
ADSL	8Mbit/s,下行 640kbit/s,上行	8Mbit/s:2.7km
VDSL	13～52Mbit/s,下行 1.5～2.3Mbit/s,上行	13Mbit/s:1.4km 52Mbit/s:300m

(2) 光纤接入网

由于传输介质铜线本身的限制,使得铜线接入技术无法承担接入网日益增长的高速率、长距离的传输任务。为此,人们提出了光纤接入技术(FTT*X*)。FTT*X* 的实现方式有两大类型:点到点(P2P)有源光网络和点到多点无源光网络(Passive Optical Network,PON)。

P2P 的含义是采用光信号的点到点的传输方式，从局端或远端机房到每个用户都用一对或一根独立的光纤，局端和用户端各有一个传送实体。高端用户，如政府、银行等对传送要求较高的场景，一般采用 SDH/MSTP、小型 PTN 等技术，其他大型企业组网可以采用 MASP、光纤收发器等技术。

1987 年，英国电信公司研究人员提出利用光纤实现接入的网络 —— 无源光网络。所谓无源光网络是指在从交换局的 OLT 到用户的 ONU 之间的光分配网是由无源器件构成的光网络。PON 中的光分配网仅由光分路器、光缆、光连接器及其光配线设施（光交接箱、光分线盒等）组成。因此，PON 采用的点到多点的光纤传输和接入，使其具有低成本、高带宽、全业务、高可靠性、易维护等技术优势，成为宽带接入的主流技术。以 PON 为基础的光纤到户(Fiber to the Home，FTTH）是光纤通信的终极目标，也已经成为宽带综合接入光网络发展的终极目标。

9.5.3　无源光网络

9.5.3.1　发展

基于时分多址（Time Division Multiplexing，TDM）的 PON 是实现高带宽、低成本综合接入的主流技术。PON 经历了从 ATM-PON（ATM Passive Optical Network，APON）、以太网 -PON（Ethernet Passive Optical Network，EPON）、吉比特 -PON（Gigabit Passive Optical Network，GPON）到下一代 -PON（NG-PON）的发展过程。业务类型、传输速率、传输距离等是推动 PON 发展的原动力。

20 世纪 90 年代，人们提出了 ATM-PON。在 APON 中，ATM 统计复用的特点可以较好地利用资源，但是由于业务适配复杂，数据传送速率和效率不高，所以 APON 并没有得到广泛应用。

2000 年，人们提出了 EPON。IP 的迅速发展，使得 EPON 应运而生。EPON 保留物理层 PON 的精华部分，而以以太网作为链路层协议，构成一个可以提供更大带宽、更低成本和更高效率的技术。EPON 和 GEPON 消除了 ATM 和 SDH 层，降低了初建成本和维护成本，简化了硬件设备，可以具有更高的工作速率和支持更多用户，已经成为 PON 的主流技术。

2003 年，人们提出了 GPON。GPON 是基于通用成帧协议、传输速率超过 1Gbit/s 的 PON。通用成帧协议可以透明、高效地将各种信号封装进入网络，具有开放、通用的特点，可以适应现有的各种用户信号以及未来可能出现的各种新型业务。同时 GPON 可以提供 1.244Gbit/s 和 2.488Gbit/s 的下行速率，传输距离可以达到 20km。GPON 又具有高速率、长距离的传输特点，成为 PON 发展的一个重要方向。

2009 年，根据用户带宽需求持续的增长，人们启动了下一代 -PON（Next Generation Passive Optical Network，NG-PON）的研究。NG-PON 的研究分化为 NG-PON1 和 NG-PON2 两个阶段。NG-PON1 分为 10G EPON 和 10G GPON。10G GPON 的发展思路：下行使用 1557nm 波长，10Gbit/s 速率；上行使用 1270nm 波长，2.5Gbit/s 速率或 10Gbit/s 速率。NG-PON2 是一个长期的解决方案。它以增加接入带宽、延长传输距离为研究目标。NG-PON2 可以提供 40Gbit/s 及以上传输速率，是 PON 长期演进的技术方案，主要有时分复用-PON，TDM-PON、WDM-PON、WDM/TDM 混合 PON（WDM/TDM-PON）、正交频分复用（Orthogonal Frequency Division Multiplexing，OFDM）-PON 等。图 9-26 所示的是 PON

的发展历程。

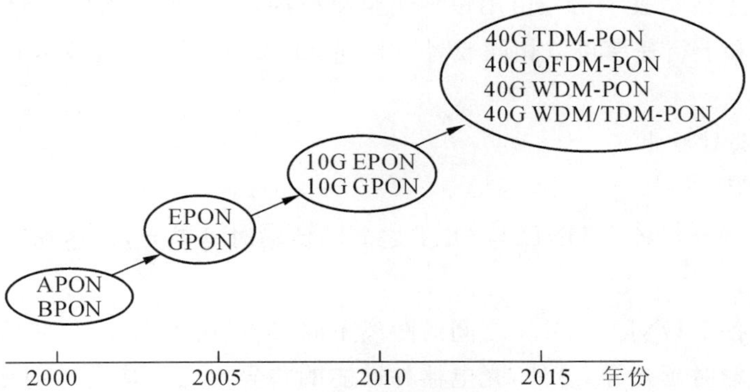

图 9-26　PON 的发展历程

9.5.3.2　*应用方式*

PON 的基本结构是由光线路终端(Optical Line Terminal,OLT)、光配线网(Optical Distribution Network,ODN)、光网络单元(Optical Network Unit,ONU)及适配功能(Adaptable Function,AF)组成。OLT 位于交换局端,通过业务网络接口与业务网络连接,按照一定的格式(异步转移模式或以太网)实现多种业务的接入。ONU 位于用户端,主要完成业务复用/解复用和用户网络接口功能。ODN 为 OLT 和 ONU 之间的物理连接提供共享光传输介质,通过无源光分路器构成树形拓扑结构的光分配网,实现业务的透明传送。

PON 是最常用的点到多点光接入技术。一个端局 OLT 可以为多个用户的 ONU 服务。根据 ONU 安放的位置不同,可以分为光纤到路边(Fiber to the Curb,FTTC),光纤到楼(Fiber to the Building,FTTB)以及光纤到办公室(Fiber to the Office,FTTO)和光纤到家(Fiber to the Home,FTTH)。图 9-27 所示是 PON 的应用方式。

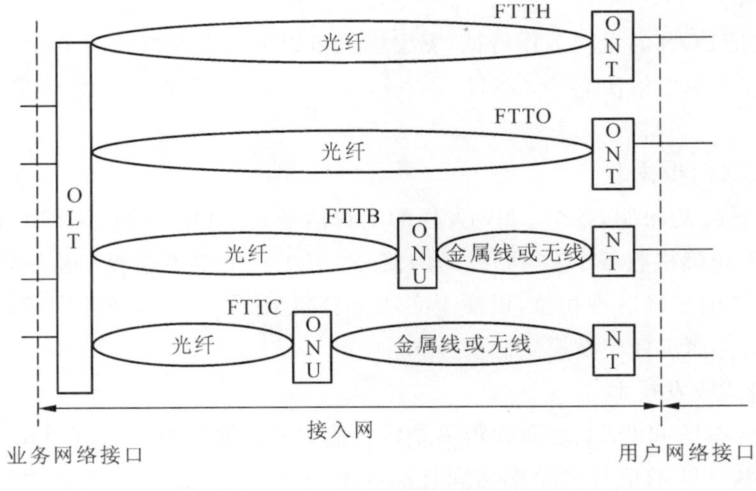

光线路终端:OLT(Optical Line Termination);
光网络终端:ONT(Optical Network Termination);
光网络单元:ONU(Optical Network Unit);
网络终端:NT(Network Termination)

图 9-27　PON 的应用方式

PON 使用 WDM 和 TDM 在同一光纤上提供双向、点到点或者点到多点的通信，维持上、下的帧结构。上行是表示信号由用户传送至交换局，下行则是指信号自交换局传送至用户。PON 的上行和下行速率可以相同或者不相同。ONU 的两项关键技术是精确测距和突发模式。

9.5.3.3　关键技术

(1) 精确测距

测距的目的是补偿各个 ONU 与 OLT 之间的传输时延差异，以达到所有 ONU 到 OLT 的逻辑距离相同。

在 PON 中，各个 ONU 与 OLT 之间的距离不同，最短仅为几百米，最长可达 20km，从而产生了明显的传输时延差异。另外，光电器件性能的差异也会造成传输时延差异，使得各个 ONU 发送的信号在 OLT 中复用时相位很难对准。为了使每个 ONU 的上行信元在 OLT 复用时能够插入到指定的时隙且不发生碰撞，必须准确测量各个 ONU 到 OLT 的距离，以确保 ONU 的上行信元在 OLT 规定时刻到达。

APON 和 EPON 都已提出多种测距方法。APON 经常采用带内开窗测距法，其基本思想是，当某个 ONU 需要测距时，OLT 下令暂停其他各个 ONU 发送上行业务，形成一个测距窗口，供被测的 ONU 使用。被测的 ONU 发送一个特定信号，在 OLT 处接收这个信号并计算出时延值，完成粗略的测距，再通过监测上行信号相位变化实时调整时延值，可以完成精确测距。

在 EPON 中，除了可以采用 APON 所用的带内开窗测距法之外，还可以通过时间标记来实现各个 ONU 到 OLT 的同步。在 OLT 中有一个总的计时器，OLT 根据这个总计时器来设置各个 ONU 的计时器。同步过程首先测出往返时间，然后由 OLT 来补偿各个 ONU 到 OLT 距离的不等。

(2) 突发模式

突发模式是 PON 的重要工作特征。突发模式可以分为突发模式同步技术和突发模式收发技术。两种技术主要解决各个 ONU 发射上行信元在 OLT 复用时相位突变和幅度突变问题。

① 突发模式同步技术

由于测距精度的限制，各个 ONU 发送的上行信号到达 OLT 的相位产生了一定的漂移。为了确保 OLT 正确接收各个 ONU 发送的信号，OLT 应能够迅速确定从不同 ONU 传送来的每个突发信号的正确时钟相位，以便于实现比特同步、字节同步和帧同步，从信号流中正确地提取数据，从而需要突发模式同步技术。

② 突发模式收发技术

由于各个 ONU 和 OLT 之间的距离差异所造成的传输衰减不同，在 OLT 接收端，难以保证来自各个 ONU 的信号光功率相同且幅度不变，可以采用突发模式收发技术在每次收到新的信号后，实时调整接收阈值。

根据传送信号数据格式的不同，PON 可以进一步细分为：ATM 的 APON、以太网的 EPON 和吉比特兼容的 GPON 等。

9.5.3.4　EPON

(1) 产生

20 世纪 80 年代发展了以太网，它是一种局域网技术，其带宽为 10Mbit/s。以太网最初是共享媒体型，这就限制了其使用效率和传输距离。20 世纪 90 年代发展了交换型以太网，它解决了效率和距离限制问题，并先后推出了快速以太网 FE(100Mbit/s) 和吉比特以太网 GE (1000Mbit/s)。以太网具有使用简单方便、价格低、速度快等优点，很快成为局域网的主流。

2002 年 7 月 IEEE 的第一英里以太网工作组(Ethernet in the First Mile Study,EFM) 制定了 EPON 草案。EPON 是一种以以太网为基础的无源光网络。EPON 是在与 APON 类似的结构和 ITU-T G.983 的基础上，保留物理层 PON 的精华部分，而用以太网代替 ATM 作为链路层协议，构成一个可以提供大带宽、低成本和高效率的接入网技术。

(2) 系统组成

图 9-28 给出了 EPON 系统基本组成。EPON 的光分布网络由无源光分路器 / 耦合器、连接器和光缆线路等组成。EFM 规范的分路器的分光能力在 1∶16 ～ 1∶128 之间。有源网络组件，如 OLT 和多个 ONU 都位于 PON 的端点。跨 PON 传播的光信号，根据光向上传播或向下传播的方向，由光分路器 / 耦合器或分路到多条光纤上，或者组合到一条光纤上。对于住宅用户，PON 一般是按单光纤、一点到多点、树与分支的结构配置。对于企业应用，PON 也可以按保护环状结构配置，对于校园环境或多户承租的单元(Multiple-Tenant Units,MTU)，PON 也可以按总线结构配置。

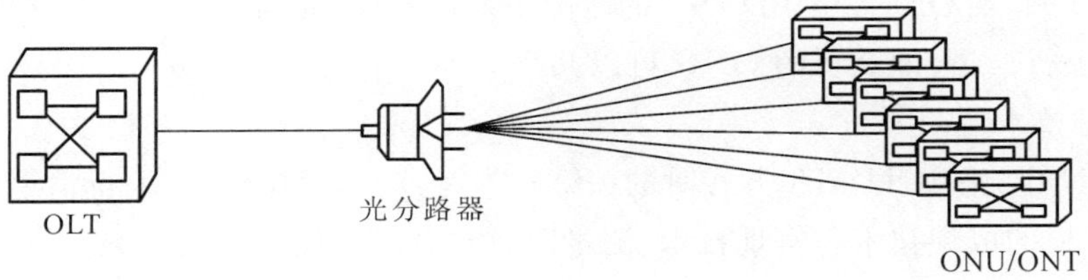

图 9-28　EPON 系统组成

在 EPON 中，通常将自 OLT 到多个 ONU 的方向称为下行方向，反之称为上行方向。上行和下行线路的光信号所用的工作波长范围是 C 波段 1530 ～ 1565nm 中的某两个不同的波长，传输速率都为 1Gbit/s，传输距离可以达到 20km。

(3) 工作原理

图 9-29 所示的是 EPON 下行时分复用信号传输示意图。在下行信号传输中，数据以变长信息包形式，从 OLT 广播至多个 ONU，信息包长度最长为 1518 字节，依据的是 IEEE 802.3 协议。每个信息包带有一个标题，唯一标志该信息包是发给 ONU-1、ONU-2 还是 ONU-3 的。某些信息包还可能是发给所有 ONU 的(广播信息包) 或发给特定的 ONU 组的(多点传送信息包)。在分路器中，将交易信息包划分为三个独立的信号，每个信号载有特定 ONU 的信息包的全部内容。当数据到达 ONU 时，ONU 接受专门发给它的信息包而丢弃发给其他 ONU 的信息包。例如，在图 9-30 中，ONU-1 接收信息包 1、2、3，但是只将信息包 1 传输给最终用户 1。

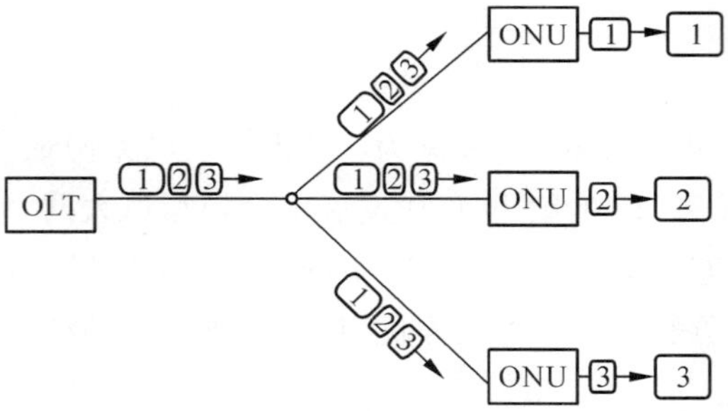

图9-29　EPON下行时分复用信号传输示意图

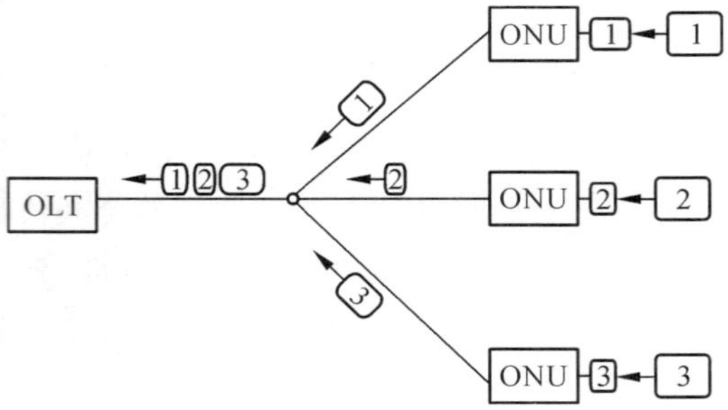

图9-30　EPON上行时分多址信号传输示意图

图 9-30 所示的是EPON上行时分多址(Time Division Multiple Access,TDMA)信号传输示意图。各个 ONU 的数据帧以突发方式通过共同的无源分配网传输到 OLT。因此,必须采用一种多址接入方式保证每个激活的 ONU 能够占用一定的上行信道带宽。考虑到业务的不对称性和 ONU 的低成本,为了确保上行的信息包不会互相干扰,上行链路采用时分多址复用方式。例如,ONU-1 信息包在第 1 个时隙传输,ONU-2 信息包在第 2 个非重叠的时隙传输,而 ONU-3 信息包在第 3 个非重叠的时隙传输。

因此,TDMA 的实现方法将是主要讨论的焦点,即如何使用 TDMA 的方法使上行信道的带宽利用率、时延和时延抖动等指标达到要求。其中,上行带宽的分配方法、ONU 发送窗口是固定还是可变、最大的 ONU 发送窗口应该为多大、ONU 发送窗口的间隔、以太网帧能否切割等问题都有待于进一步研究和确定。

TDMA 方式的 OLT 分配好各 ONU 允许发送上行信号的时隙,发出时隙分配帧。ONU 按照时隙分配帧,在 OLT 分配给 ONU 的时隙中发出自己的上行信号。这样,ONU 之间就可以共同享有上行信道,即众多的 ONU 可以共享有限的上行信道带宽。

(4) 关键技术

在 EPON 中,采用 TDMA 方式时的关键技术有:动态带宽分配、上行信道复用技术、以太网在 PON 上的成帧技术与实现技术、测量距离与延时补偿、光器件、突发信号的快速同步技术等。

① 上行带宽分配

动态带宽分配算法是以 ms/μs 量级实时地改变 EPON 的各 ONU 上行带宽的机制。EPON 中如果用带宽静态分配,对变速率的数据通信业务很不适合,如按峰值速率静态分配带宽则整个系统带宽很快就耗尽了,带宽利用率很低,而动态带宽分配可使系统带宽利用率大幅度提高。通过动态带宽分配,可以根据 ONU 突发业务的要求,通过在 ONU 之间动态调节带宽可以提高 PON 的上行带宽效率。由于能够更有效地利用带宽,网络管理人员可以在一个已有的 PON 上增加更多用户,终端用户也可以享有更好的服务,如用户可以用到的带宽峰值,它可以超过传统的固定分配方式的带宽。

根据 EPON 的特点及 ITU-T G. 983 建议,动态带宽分配设计的具体要求是:业务透明,高带宽利用率,低时延和低时延抖动;公平分配带宽,健壮性好,实时性强。动态带宽分配使用集中控制方式:每个 ONU 的上行信息发送,都要向 OLT 申请带宽,OLT 根据 ONU 的请求按照一定的算法给予带宽(时隙) 占用授权,ONU 根据分配的时隙发送信息。其分配准许算法的基本思想是:每个 ONU 利用上行可分割时隙反映信元到达的时间分布并请求带宽,OLT 根据每个 ONU 的请求公平合理地分配带宽,同时需要考虑处理超载、信道误码、信元丢失等情况的处理。

在 FTTH 情况下，ONU 可能经常要断开，已经断开的 ONU 不应再占用网络带宽。解决这个问题的方法是：使新的请求在许可信号后的 OLT 和 ONU 之间的往返时间 RTT 时间内到达；如果请求（k 个）丢失了就意味着 ONU 已经断开；下次询问这个 ONU 前先等待 1min。这样可使断开 ONU 只占用大约 0.0005％ 的 PON 带宽。

在 PON 中的传输汇聚层上用流量容器来存储管理上行带宽分配的业务流，可以提高 PON 段带宽利用率。有关分析表明，采用动态带宽分配，带宽利用率最大可达 80％，而没有动态带宽分配时仅 40％。平均传输时延无动态带宽分配时为 100ms，而采用动态带宽分配时为 $<$ 10ms。

② 实时业务上行传输

TDMA 方式可以采用固定时隙的 TDMA 复用、统计 TDMA 复用、随机接入等方式。固定时隙 TDMA 复用方式不足之处有：当其中有的时隙未用时，还是占用一样的带宽；对高突发率业务适应力不强；ONU 需要同步。随机接入没有确定的接入时间；由于采用 CSMA/CD，故有传输距离的限制。而统计 TDMA 复用可以克服前两者的不足，所以一般都选择采用统计 TDMA 复用。上行信号传输在 ONU 被分配到的时隙里发送以太网帧，统计复用通过提供的数据量的大小来改变时隙大小的方法来实现。

TDMA 实现方法的重点是，如何使用 TDMA 的方法使上行信道的带宽利用率、时延和时延抖动等指标满足要求。其中，上行带宽的分配方法、ONU 发送窗口是固定还是可变、ONU 发送窗口最大应该多大、ONU 发送窗口的间隔、以太网帧是否切割等问题都在研究和确定之中。

因数据 / 视频业务流是自相似的，不存在最佳大小的固定时隙，故流量聚合也不能起多大作用。突发信息包大小分布为长相关性（大的拖尾），即大多数突发信息包都比较小，但绝大多数都是有大量的突发信息包同时出现。实现统计时分复用要考虑的问题有：

a. 突发时间和业务流大小难以预料，所以要有反馈；

b. 采用轮询方式比较好，但需要在 ONU 之间进行相互侦听，即 PON 只能用作广播星型或无源环（这太严格了）；也可以采用 Hub 轮询方式，但是工作时间非常长。折中的解决方法是采用间插轮询路由方式。

上行信号应用灵活的请求 / 许可方式。例如可以通过“逻辑端口”灵活地为一个 ONU 中的每个用户、每个服务提供许可信号，可以实现灵活操作或采用“多请求方式”缩短许可周期，提高 TCP 流量。

③ 测量距离和时延补偿

光纤信道时延较大的特点，ONU 与 OLT 之间的距离会影响到上行信道的复用，如果准确测量各个 ONU 到 OLT 的距离，精确地调整 ONU 的发送时延，则可以减小 ONU 发送窗口间的间隔，从而达到提高上行信道的利用率和减小时延的目的。另外，测距过程应充分考虑到整个 EPON 的配置情况。例如，系统在工作中加入新的 ONU，这时对其的测距不应对其他 ONU 有过大的影响。

(5) 网络应用实例

图 9-31 所示的是 EPON 支持的多种业务。EPON 为电信公司带来了诸多的好处。第一，降低了预先支付的设备资金和与 SDH 及 ATM 有关的运行成本。第二，由于 EPON 所需的

硬件复杂性低，没有外部敷设的电子设备，从而可以减少有经验的技术人员，所以比SDH/ATM容易配置。第三，为灵活供应和快速的服务重组提供了方便。第四，提供了多层安全，例如限制用户、支持虚拟专用网、IP安全等。最后，电信公司可以通过在EPON体系结构上开发的广泛而灵活的服务来增加收入，例如管理防火墙、语音交易支持、虚拟专用网和互联网接入。

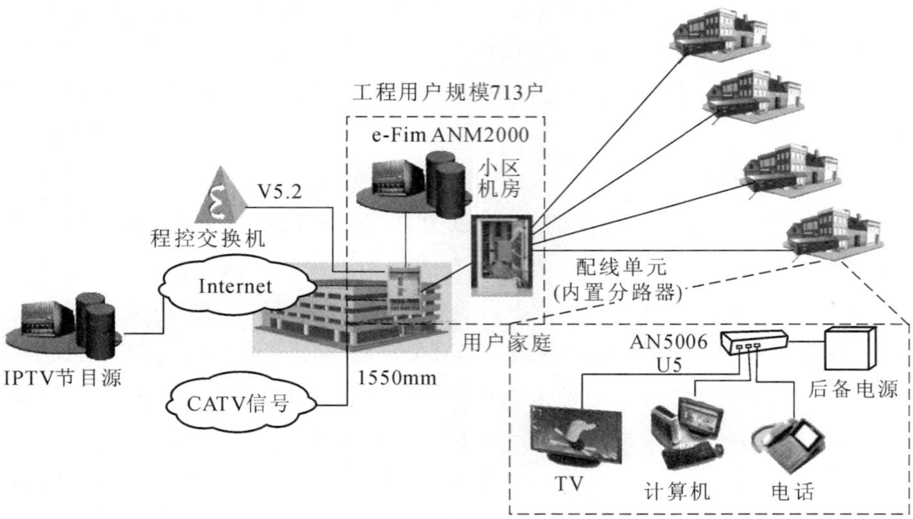

图 9-31 EPON 支持的多种业务

9.5.3.5 GPON

(1) 产生

GPON是传输速率为吉比特级的无源光网络(Gigabit Passive Optical Networks，GPON)。针对EPON存在的传输效率低等问题，2002年9月ITU-T提出了一种传输速率为吉比特级、能以原有格式(透传)和带宽利用效率达到90%以上的极高效率，传输包括TDM和多种数据业务的光纤接入网解决方案。2003年1月正式通过和颁布了有关GPON标准系列中的3个标准:ITU-T G.984.1(2003)《GPON的总体特性》、ITU-T G.984.2(2003)《GPON:物理介质相关层规范》和ITU-T G.984.3(2003)《GPON传输汇聚层规范》。

这些标准规定了GPON可以提供1.25Gbit/s与2.5Gbit/s的下行速率和多种标准上行速率，可以灵活地提供对称和非对称传输速率。GPON的高传输速率，对各种业务的传输效率更高，其传输距离可以达到20km，进而实现了高速率、高效率和长距离的传输。系统分路比可以为1∶16、1∶32、1∶64乃至1∶128，而且支持多种业务接入。

为了克服ATM承载IP业务开销大的缺点，GPON在传输汇聚层采用了一个全新的传输协议，即GPON封装方法(GPON Encapsulation Method，GEM)。GEM协议能够完成对高层多样性业务的适配，如ATM业务、TDM业务和IP/以太网业务。GEM协议可以透明、高效地将各种数据信号封装进入现有网络协议，它具有开放、通用的特点，可以适应任何用户协议格式和任何传输网络制式。同时，GEM协议支持多路复用，动态带宽分配等操作管理机制。

(2) 系统组成

图 9-32 所示的是 GPON 系统组成结构。GPON 是由光线路终端(OLT)、光网络单元/光网络终端(ONU/ONT)和光纤分配网(ODN)共同组成。在 GPON 中,OLT 与 ONU/ONT 之间是一种点到多点的关系。

OLT 位于机房,它提供广域网接口,包括 GE、ATM 等。ONU/ONT 安放在用户侧,为用户提供 10/100Base-T、T1/E1 等应用接口。适配功能(AF)在具体实现中可能集成在 ONU/ONT 中。ODN 由分路器/耦合器等无源器件构成。GPON 可以灵活组成树形、星形、总线等拓扑结构,典型结构为树形结构。GPON 可以实现语音、数据和视频业务。

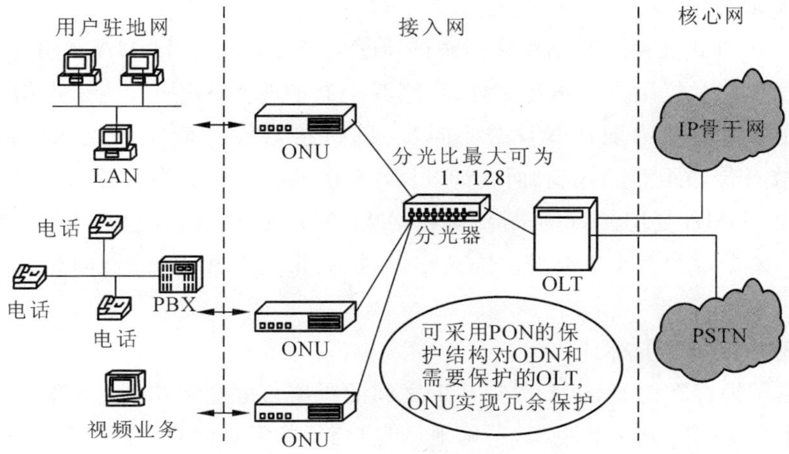

图 9-32　GPON 系统组成结构

(3) 工作原理

在 GPON 中,上、下行信号的传输方式是不同的,下行信号采用广播式传送方式,而上行信号采用 TDMA 接入传送方式。在下行链路上,OLT 发出的信号,以广播式传送给每个用户的 ONT。ONT 通过识别数据包头的分配地址来接收和处理相应的数据流量。在上行链路上,GPON 可以使用时分多址复用、波分多址复用、频分多址复用和码分多址复用等接入技术。在 GPON 中采用波分多址复用、频分多址复用和码分多址复用方式,存在成本高、实现复杂、信道容量固定和信道之间干扰等问题。因此,现在 GPON 最常用 TDMA 复用接入方式。这种接入方式的优点是,n 个 ONT 只需要一个 OLT 转发器和极少的波长。随着光纤通信技术的发展,波分多址复用接入方式具有强大的竞争力,可以实现上、下链路的对称带宽,独立享受链路容量,从而成为今后的发展方向。

(4) 关键技术

GPON 技术特征主要体现在传输汇聚层。由 GPON 协议参考模型得知,传输汇聚层可以细分为 PON 成帧子层和适配子层。GPON 传输汇聚层(GPON Transmission Convergence,GTC)的成帧子层完成 GTC 帧的封装,关闭所要求的 ODN 的传输功能和 PON 的特定功能,如测距、带宽分配等。GTC 的适配子层提供协议数据单元与高层实体的接口。ATM 和 GFP 信息在各自的适配子层完成业务数据单元与协议数据单元的转换。操作管理通信接口(Operations Management Communications Interface,OMCI)适配子层高于 ATM 和 GFP 适配子层,它可用于识别虚拟通路接口/虚拟电路接口和身份标示符,完成 OMCI 通道数据与高层实体的交换。

GPON 采用时分多址方式时的关键技术有：动态带宽分配、上行信道复用、数据在 GPON 上的成帧、测距与延时补偿、光器件、突发信号的快速同步技术等。

① 动态带宽分配

动态带宽分配是实时地改变 GPON 中每个 ONT 上行带宽的机制。在 GPON 中，如果采用静态分配带宽方式，对突发、变速率的数据传输，带宽利用率很低，而动态带宽分配机制大幅度提高了网络带宽利用率。通过动态带宽分配，OLT 可以按照 ONT 突发性业务要求，在 ONT 之间动态调节带宽，提高 PON 上行带宽效率。由于 GPON 能更有效地利用带宽，所以它可以接入更多用户，终端用户也可以享有更好的服务。

② 上行实现技术

TDMA 复用方式又可以采用固定时隙的 TDMA 复用、统计 TDMA 复用、随机接入等方式。固定时隙 TDMA 复用方式不足之处有：当其中有的时隙未用时，还是占用一样的带宽；对高突发率业务适应能力弱；ONT 需要同步。随机接入没有确定的接入时间；由于采用 CSMA/CD，故有传输距离的限制。而统计 TDMA 复用可以克服前两者的不足，所以一般都选择采用统计 TDMA 复用。上行信号传输在 ONT 被分配到的时隙里发送以太网帧，统计复用通过提供的数据量的大小来改变时隙大小，以提高带宽利用率，降低时延和抖动，提高信号质量。

③ 测距和时延补偿技术

光纤信道传输存在时延，ONT 与 OLT 之间的距离长度会影响到上行数据的复用，如果准确测量每个 ONT 与 OLT 的距离，精确地调整 ONT 的发送时延，那么就可以减小 ONT 发送窗口间的间隔，实现提高上行信道的利用率并减小时延的目标。

④ 光器件

GPON 上行信道采用分时复用方式，每个 ONT 只能在指定的时间窗口内发送数据。因此，GPON 上行信道中使用的是突发信号，这就要求在 ONT 和 OLT 中使用支持突发信号的光器件。商用的大部分光器件还不能支持突发要求，少数支持突发模式的光器件的工作速率为 155Mbit/s，而且价格昂贵。这就是 GPON 技术面临的一个急需解决的大问题。

⑤ 突发信号的快速同步

OLT 接收到的信号为突发信号，OLT 必须能在几个比特的很短的时间内实现相位的同步，进而接收数据。快速同步与 APON 中使用的类似，故可以借鉴 APON 的经验。

(5) 网络应用实例

众所周知，IP 网络存在缺乏网络可靠性和服务质量保证两大问题。GPON 就是要在一个统一的接入平台上实现 TDM 业务与 IP 业务的汇聚。GPON 综合了 APON 与 EPON 各自在服务质量方面的长处，以满足业务，如视音频多媒体数据流、电子商务、IP- 虚拟专用网类业务所需要的服务质量。因此，在 GPON 系统上建立与完善服务等级协议，保证用户服务和提高服务质量。GPON 提供全业务服务的重要标志是建成了全网全程的质量监控和管理。图 9-33 给出了由 ADSL、VDSL、EPON、GPON 组成的综合接入方案。

作为一种灵活的吉比特级的光纤接入网，GPON 除了支持高速率和对称 / 非对称工作方式，同时具有支持多业务和强大的运维与管理能力。GPON 是以 ATM 信元和 GEM 承载多业务，对各种业务能提供相应的服务质量保证，支持企业和居民业务的宽带全业务接入。为此，可以得到一个结论，GPON 是一个宽带全业务接入解决方案，它既可以提供多种业务，

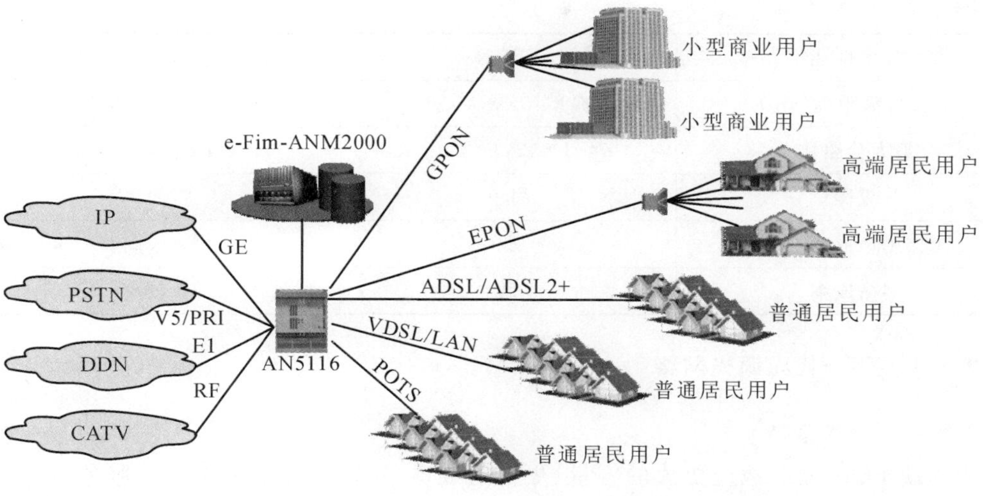

图 9-33　由 ADSL、VDSL、EPON、GPON 组成的综合接入方案

又可以保证服务质量。

9.5.3.6　EPON 与 GPON 的性能比较

EPON 本身属于 IEEE 以太网标准范畴，对于由 ATM 向 IP 过渡，EPON 是一个最佳的选择。EPON 的特点是消除了 ATM 和 SDH 层，降低了初始投资和运行成本；可以大量采用技术成熟的以太网芯片，实现起来简单方便，扩容升级简单。EPON 的缺点为：① 总体效率比较低，难以支持以太网以外的业务；② 不能对传送实时业务提供高质量保证；③ 缺少电信级的网络监测和业务管理。

GPON 具有吉比特级高速率、高效率，支持多业务透明传输；能够实现动态带宽分配，提高网络资源的利用率，能够提供明确的服务质量和服务级别，而且具有电信级的网络监测和业务管理能力。因此，从技术优势上看，GPON 将会逐渐在接入网中占据重要的地位。表 9-4 对 EPON 和 GPON 技术性能进行了综合比较。例如，所采用的传输层协议各不相同，EPON 则是 IP/Ethernet 传输层协议，而 GPON 为 ATM/GEM 封装方法（GPON Encapsulation Method，GEM）传输层协议。

表 9-4　EPON 和 GPON 技术性能的综合比较

技术性能	EPON	GPON
传输层协议	IP/Ethernet	ATM/GEM
下行复用技术	TDM	TDM
上行复用技术	TDMA	TDMA
线路编码	8B/10B	扰频 NRZ
数据业务承载方式	Ethernet	GEM
提供的语音业务	VoIP	VoIP
提供的视频业务	WDM，IPTV	WDM，IPTV
提供的 TDM 业务	未标准化	GEM
最高传输速率(Gbit/s)	上下行对称 1.25	下行 2500，上行 2500/1250

续表 9-4

技术性能	EPON	GPON
最长传输距离(km)	典型:5,最大:20	典型:6,最大:20
最大分路比	1∶32,1∶64	1∶64,1∶128
升级操作	简单	简单
用户成本	低	较高
网络成本	低	较高

9.5.4 下一代无源光网络

9.5.4.1 概念

为了使 PON 能够适应更大的容量、更低的成本、更新的业务和更好的服务质量,2008 年 1 月,全业务接入网研究组提出了 NG-PON (Next Generation -PON)。按照技术演进阶段,NG-PON 分为 NG-PON1 和 NG-PON2。NG-PON1 分为 10G EPON 和 10G GPON。NG-PON2 是指 40Gbit/s 及以上传输速率的 PON。NG-PON2 主要有:TDM-PON、WDM-PON 等。下面重点介绍 NG-PON1 中的 10G EPON 和 NG-PON2 中的 WDM-PON 的产生、关键技术和应用。

9.5.4.2 10G EPON

(1) 产生

10G EPON 是传输速率为 10Gbit/s 的以太网无源光网络。FTTH 技术发展,使光纤“信息高速公路”直通用户。FTTH 的发展动力来源于它可以实现语音、数据和视频等业务的“网络融合”,特别是能够接入视频点播、流媒体、视频会议等高带宽业务。EPON 技术以其公认的高速率、长距离、多业务、低成本、易维护等优点,成为宽带接入的首选技术方案。据有关统计资料报道,截止到 2010 年 5 月,中国的 PON 发展规模已经接近五千万线。

虽然 EPON 集以太网和无源光网络优点于一体,具有良好的实用价值和经济效益,但是当 OLT 接入能力不断提高,其覆盖的终端用户(ONU) 数目也会成倍增长时,带宽保障和服务质量性能随之下降。除此之外,IPTV、HDTV、在线互动游戏、视频点播高带宽业务的开展与普及,用户接入带宽要求达到 50 ～ 100Mbit/s,而且以太网正在由 100M、1G 向着 10G、40G 的方向发展。现有接入带宽很快成为瓶颈。

因此,为了支持向更高以太网速率的演进,以解决用户数量增长和高带宽需求,人们提出了将 EPON 的传输速率提高到 10G,即 10G EPON 的接入技术方案。2009 年 9 月,美国电气与电子工程师学会正式发布 IEEE802.3av 10G EPON 标准。该标准的宗旨是将 EPON 的上、下行速率从 1Gbit/s 提高到 10Gbit/s,以适应 10Gbit/s 以太网接口的需要。10G EPON 与 EPON 共享大部分协议,波分复用和时分复用结合,使 10G EPON 与 EPON 在同一 PON 上实现共存,最大限度地保护运营商的投资。10G EPON 技术与 EPON 技术兼容,极大地提高了带宽,使其成为下一代接入光网络的技术。

(2) 关键技术

10G EPON 技术性能满足 IEEE802.3av 标准。10G EPON 技术设计上采用后向兼容方法,即最大限度地继承 EPON 的所有特点。这样做的优势体现在:a. 在保持 ODN 结构不变的情况下，实现 EPON 网络平滑升级到 10G EPON 网络；b. 具有 EPON 与 10G EPON 混合组网能力；c. 推出了 EPON 与 10G EPON 并存的分层模型；d. 管理宽松，既可以沿用 EPON 运维管理，又可以继承 10G 以太网的管理手段。

与 EPON 技术相比，10G EPON 的物理链路层是在物理链路层、控制协议上做了一些技术改进，增加了前向纠错等。为了使读者理解技术本质，下面简单阐述 10G EPON 的一些关键技术：

① 物理链路层

10G EPON 的技术变化重点是在物理链路层。10G EPON 下行方向的传输速率是 10Gbit/s，而上行方向同时支持的传输速率是 1Gbit/s 和 10Gbit/s。下行线路编码来源于 10Gbit/s 以太网，以 64B/66B(效率为 97%）线路编码实现 10. 3125Gbit/s 信号线路速率，替代 EPON 使用的 8B/10B(效率为 80%)，大大减少了开销，提高了数据传输速率。上行 1Gbit/s 信号采用 EPON 系统的 8B/10B 线路编码，从而使线路速率达到 1. 25Gbit/s。

② 波长分配

10G EPON 采用的是波分复用技术，在同一 PON 的光纤中实现上下行数据的传输。图 9-34 所示的是不同的上下行信号的波长分配方案。采用波分复用技术使 10G EPON 设备在同一 PON，从一个 OLT 向多个 ONU 提供的工作波长为：1270nm、1310nm、1490nm、1577nm。可以利用四个波长分配方案实现不同速率的上下行数据传输。

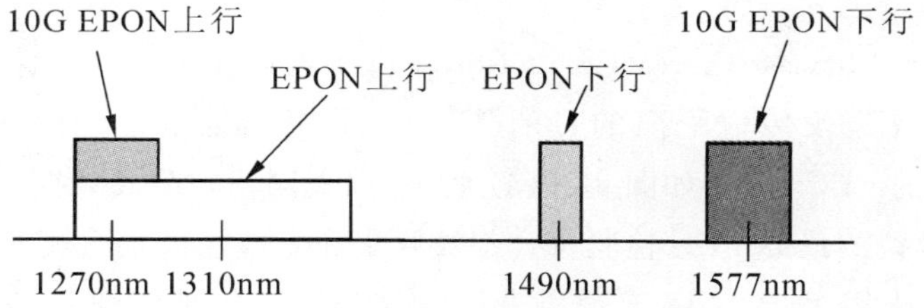

图 9-34　10G EPON 波长分配方案

在 10G EPON 中，四个波长的分配方案是，1490nm 和 1577nm 用于下行，分别传输 1. 25Gbit/s 和 10Gbit/s 信号。下行选择工作波长在 1490nm 和 1577nm 的理由在于，石英玻璃单模光纤在 1550nm 的衰减系数为 0. 20dB/km，可以实现数据比较长距离传输。1310nm 被用于 1. 25Gbit/s 突发上行信号接收。1270nm 被用于 10. 3125Gbit/s 突发上行信号接收。这种波分复用波长分配方案可以实现在同一光分配网络上的业务共存与网络的平滑升级。

③ 功率分配

同样，利用波分复用能够实现 EPON 和 10G EPON 的混合组网。图 9-35 给出了一个 OLT 向多个 EPON ONU 和 10G EPON ONU 共存的实例。由图 9-35 得知，OLT 向 ONU 的下行 1Gbit/s 与 10Gbit/s 信号采用波分复用分离，即以不同的波长传输不同的数据，而由 ONU 向 OLT 的上行信号则使用时分多址进行组合。

在 10G EPON 标准中，以 1：16 或 1：32 分光比作为光纤链路损耗预算参考。实际工程中，如果光纤链路比较短，整个链路损耗(长度、接头）减小 3dB，那么分光比可以提高到 1：64 或 1：128。表 9-5 列出了不同光接口所对应的分光比、通道插入损耗、传输距离。该表中的 PR 表示上 / 下行速率为 1Gbit/s /10Gbit/s 的光接口，而 PRX 则代表上 / 下行速率均为 10Gbit/s 的光接口。目前，10G EPON 高功率预算可以支持 1：32 的分光比和 20km 的传输距离。

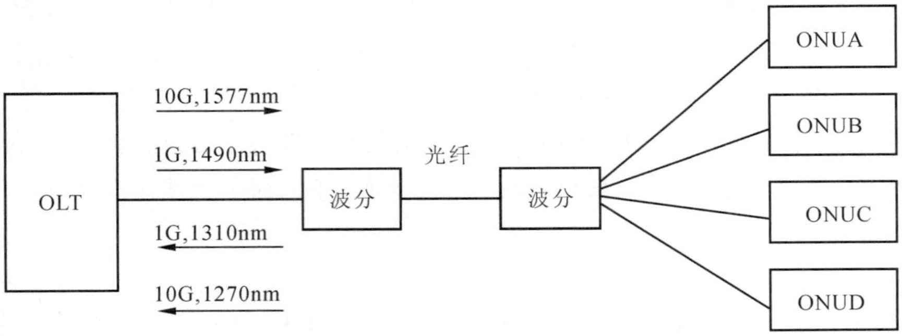

图 9-35 EPON 和 10G EPON 信号在同一个 PON 上的共存

表 9-5 不同光接口所对应的分光比、通道插入损耗、传输距离

性能	低功率预算		中功率预算		高功率预算	
	PR10	PRX10	PR20	PRX20	PR30	PRX30
分光比	1∶16		1∶16 或 1∶32		1∶32	
最大通道插入损耗	20dB		24dB		29dB	
最小通道插入损耗	5dB		10dB		15dB	
传输距离	≥10km		≥20km 或 ≥10km		≥20km	

④ 前向纠错

采用前向纠错(Forward Error Correction,FEC)可以提高光纤链路的功率预算,从而达到提高分光比或延长传输距离的目的。EPON 采用的是适用于以太网帧的 RS(255,239)FEC。EPON 的 FEC 开销,如图 9-36(a)所示。以太网帧被分成数据模块,以便计算模块码字,用于所有模块的最终 FEC 检验符合都被收集和安放在以太网帧末端。

10G EPON 选用的是适用于流数据的固定长度序列而非以太网帧的 RS(255,223)FEC。图 9-36(b)所示的是 10G EPON 的 FEC 开销。RS(255,239)FEC 只能处理 8 个字符的纠错,而 RS(255,223)FEC 可以实现 16 个字符的纠错。RS(255,223)FEC 可以使光功率预算改善 5～6dB,误码率提高到 10^{-12}。因此,RS(255,223)FEC 具有更强的纠错能力。

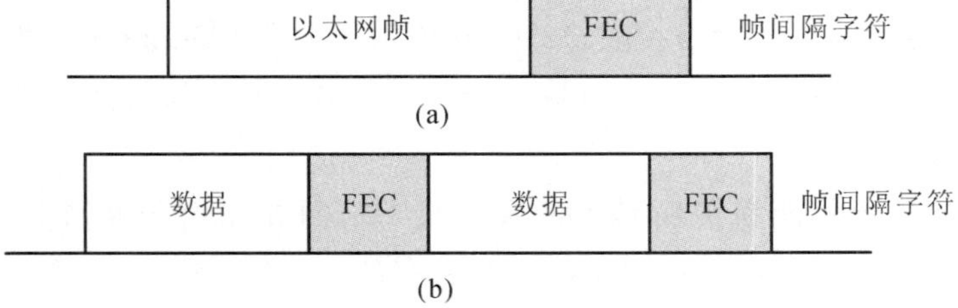

图 9-36 EPON 和 10G EPON 的 FEC 开销

(a) EPON 的 FEC 开销;(b)10G EPON 的 FEC 开销

⑤ 动态带宽分配

在采用动态带宽分配情况下,OLT 可以根据不同的 ONU 必须发送的数据为其动态地分配带宽。EPON 采用 ONU 发送报告信息通知 OLT 其当前的带宽需求。带宽需求按照不同优先级队列等待上行传输的字符数进行报告。

10G EPON 系统的优势之一是,它能够通过调整 EPON 的动态带宽分配计算方法消除系统瓶颈。动态带宽分配时间和每个 ONU 的带宽分配可以调整，从而使进入交换机的整体 OLT 上行传输变得更为平滑，突发性更低。这样，运营商可以消除其网络拓扑结构中的阻塞因素。

(3) 网络应用实例

10G EPON 产业链的不断成熟，光收发模块研究已经取得突破，达到可以进入商用水平。各国电信运营商纷纷开始关注 10G EPON 系统设备研究进展和商用动态。例如，自 2009 年 7 月开始，法国电信、日本电报电话公司、中国电信和中国移动都在积极开展 10G EPON 设备测试、系统互通和商用试点。

2009 年 10 月，烽火通信宣布已经研制出了 10G EPON 高速宽带接入平台。该平台是一个 EPON 和 10G EPON 混合平台。它的最大优势表现在，既可以全面支持 10G/10G、10G/1G、1G/1G 三种速率模式同时运行，同时也可以支持 EPON、GPON、10G EPON 混插模式，还能够为用户提供 FTTH、FTTB 多种建设方案。这个平台特别适合不同企业用户高带宽业务，高密度企业用户接入的各种高带宽业务的应用。图 9-37 所示的是烽火通信的 10G EPON 高速宽带接入平台应用实例。

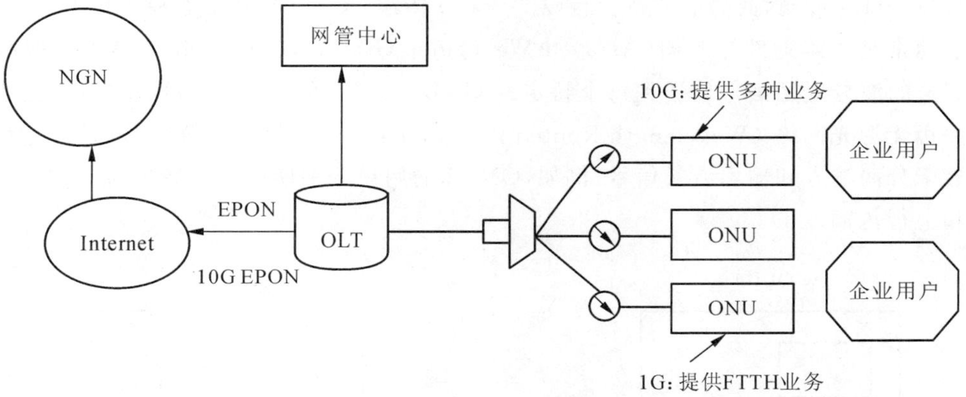

图 9-37　10G EPON 高速宽带接入平台应用实例

2010 年，10G EPON 已经进入高端用户接入、网吧群落接入、商业楼宇接入等 FTT*X* 的工程应用。在实现 FTTH 时，10G EPON 进入高端用户家庭，可以为用户提供高速上网、语音、IPTV 和 VoD 等综合业务。10G EPON 用于网吧群落接入，采用网络无源树形拓扑结构，从局端设备出来只需要少量的光纤，在网吧集中地的路边交接箱内可以放置分路器，通过分路器连接各个网吧。这种技术方案既可以节约光纤资源，又可以使维护变得非常简单。随着用户对带宽业务需求的日益增长，10G EPON 作为对 EPON 技术的升级版，正在实现着它的产业辉煌和社会价值。

9.5.4.3　波分复用-无源光网络

(1) 产生

现有的 PON 技术，可以为用户提供 1G /2G 速率的接入带宽。随着 IPTV、HDTV、网络游戏和 10G、40G 和 100G 以太网业务的发展，未来每个用户所需要的带宽将会达到 50～100M。在高带宽需求的驱动下，业界研究人员正在积极开发下一代 PON 技术。

在传统的 PON 结构中，下行方向上，数据在 OLT 以时分复用(广播)方式发送到各个 ONU。在上行方向上，各个 ONU 以时分多址方式在各自分配到的时隙发送数据到 OLT，以避免发生冲突。然而，这种方法只有一个波长在光纤中传送数据，没有充分利用光纤丰富的带宽资源。为此，人们提出了波分复用 -PON(即 WDM-PON)。

WDM-PON 是波分复用技术与无源光网络技术组合而成的无源光网络。WDM-PON 可以实现在一根光纤上同时传输 20 ～ 40 个波长，甚至于可以扩展到 60 个波长。利用 WDM-PON 既可以大幅度地提高一根光纤接入的用户数，又可以在不同波长上实现多业务承载。与其他的 PON 相比，WDM-PON 可以提供更大容量、更宽的覆盖范围和更低的建设成本，而且增加新业务更简单、网络升级更容易。

WDM-PON 进入商用需要解决一系列的关键技术：突发模式疏波分复用、可调谐波分复用、密集波分复用集成和低成本光源等。

(2) 工作原理

图 9-38 所示的是 WDM-PON 的组成结构。OLT 是由波分复用光源和波分复用接收单元组成。它们分别发送和接收波分复用器信号。使用光通带滤波器(Optical Bandpass Filter，OBPF) 分离 OLT 中位于发送和接收单元之间的光信号。通过一根光纤将 OLT 与远端节点连接起来。这根光纤承担双向信号传输任务，以确保能够实现两个波带传输。一个波带下行($\lambda_1 \cdots \lambda_n$) 传输，而另一波带上行($\lambda_{n+1} \cdots \lambda_{2n}$) 传输。RN 由光复用器和解复用器组成。远端节点通常是由阵列波导光栅(Arrayed Waveguide Grating，AWG) 组成。AWG 被用来将来自 RN 的波分复用信号传送到每个特定的 ONU，反之亦然。因此，WDM-PON 也被称为波长路由无源光网络 (Wavelength Routed PON，WRPON)。另外，在每个 ONU 中是利用光滤波器来分离输入和输出波长信号。例如，ONU1 的用户分别使用信号波长为 λ_1 和 λ_{n+1} 进行下行和上行传输。

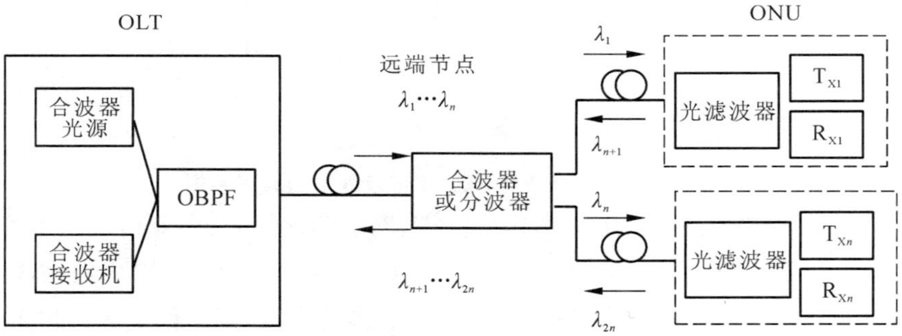

图 9-38　WDM-PON 的组成结构

可以使用 AWG 传送一个波带信号到一个特定的团体或者许多个 ONU。通过采用一个多级配置就可以实现波带信号分配。RN 被分为多级，每一级由一个或多个 AWG 器件组成。每个 RN 级特定数目的 ONU 提供接入。这种多级 WDM-PON 并没有进入商用，但是人们已经在实验室进行基于 AWG 的 WDM-PON 的研究试验工作。图 9-39 所示的是多级 WDM-PON 的组网结构。这是一个两级 AWG 配置的网络结构。AWG 配置第一级由 1 个 2×8AWG 器件，后面紧接第二级则由 8 个 1×4AWG 组成。这个方案可以实现总数为 32 个 ONU 的接入。每个 1×4AWG 可以为由 4 个 ONU 组成的独立用户组提供服务。

(3) 特点

这些 WDM-PON 包括：纯波分复用 -PON，波分复用 + 时分复用(混合)PON(WDM-TDM-PON) 和超密集波分复用 PON(Ultra-dense WDM-PON)。图 9-40 给

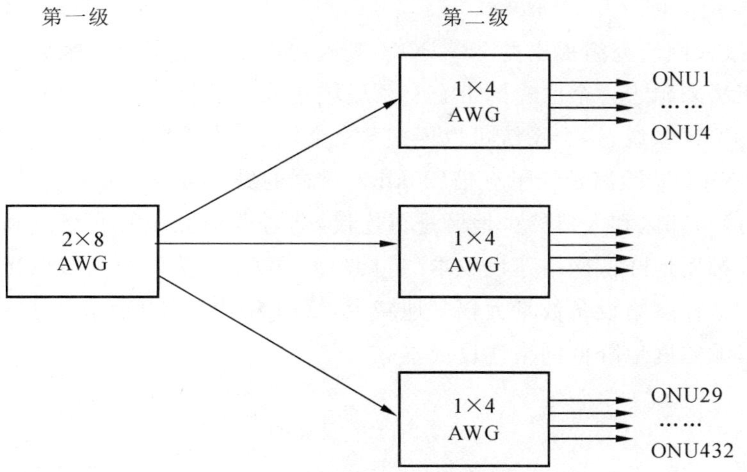

图 9-39　多级 WDM-PON 的组网结构

出了 PON 技术的演进过程。混合 PON 可以提供更大的颗粒度和可扩展性，它正在成为研究的焦点。随着新技术和新器件不断地诞生，将会赋予 NG-PON 下列一些特点：

① 高分光比：> 64；

② 高速率：> 1Gbit/s；

③ 每个用户带宽：> 100Mbit/s；

④ 双向传输、对称数据、单纤接入；

⑤ 长的传输距离：> 20km；

⑥ 无源；

⑦ 可以简单扩容升级；

⑧ 网管中心管理；

⑨ 动态资源分配；

⑩ 引入基本保护。

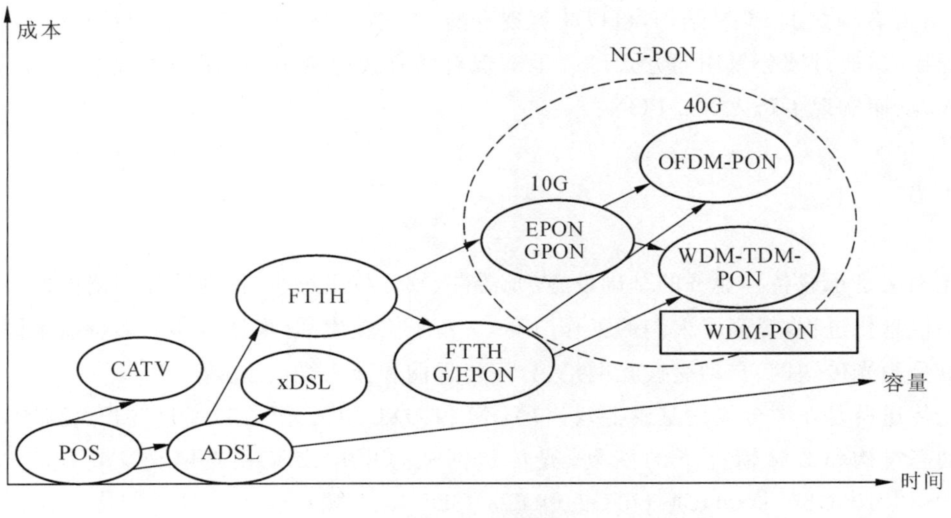

图 9-40　PON 技术演进

(4) 网络应用实例

由全业务接入网研究组提出的 NG-PON 接入建议是希望实现长距离传输和大容量的接入。他们的想法来源于一个已建的带有有源城域接入点的超长距离 PON。图 9-41 给出了一个超长距离 PON 系统。这个系统可以连接 512 个用户。该最长距离可达 100km，这个距离(100km) 使现在 PON 距离延长了五倍(20km)。这样的做法可以达到降低成本的目的。网络运营商可以直接与郊区和人口稀少地区进行连接，通过取消城域光网络层和直接核心网边缘连接，可以大幅度地降低网络建设成本。超长距离 PON 将接入网和城域光网络简化成一个简单的网络。这样网络设备数量大幅度地减少，从而为网络运营商节约了大量的设备投资和施工费用，以大幅度地降低网络建设成本。

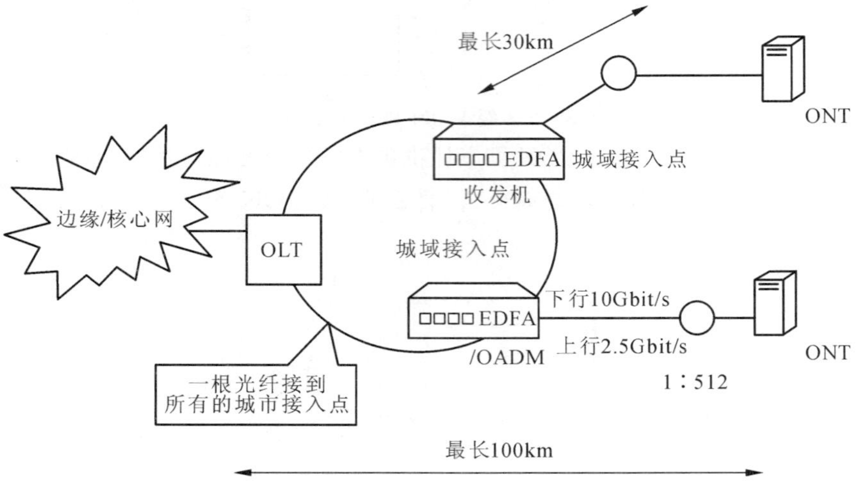

图 9-41　超长距离 PON 系统

2010 年 8 月，武汉邮电研究院宣布已经研制出了 WDM-TDM- PON 系统。它是国内业界第一套单纤 32 波，每波支持 1∶64 分路，传输距离 20km 以上的 WDM-TDM-PON 系统。该系统采用了局远端双“无色”光模块设计，具有最高单纤接入速率(对称 40G)；采用 WDM 和 TDM 混合模式的 PON 结构，可以兼容现有的 1G/2.5G/10G EPON、GPON 和 P2P 等多种光纤接入；通过波分复用器方式可以承载现有的有线电视业务，便于实现“三网融合”业务接入，从而实现了跨入 NG-PON。

9.6　小结

光网络是承载各种业务的基础设施。光器件、软件技术进步，推动了光网络的发展，加速了社会信息化进程，提高了人们的工作节奏，丰富了文化生活。根据网络功能特点不同，光网络可以分为光传送网、自动交换光网络、分组传送网和接入光网络。

光传送网是在波分复用基础上，将 OADM 和 OXC 引入光网络，通过波长选路实现光网络的动态重构和故障情况下的恢复。光传送网通过电层交叉和光层交叉功能可以实现 2.5/10/40/100Gbit/s(ODU1/ODU2/ODU3/ODU4) 大颗粒业务的灵活调度和保护。各层网络都具有相应的管理控制机制和网络生存机制，可以提供强大的运行、维护、管理功能，提供完善的性能和故障的监测功能。

自动交换光网络的主要特征是,利用电话网交换思想,使光网络控制实现智能化的技术革命。自动交换光网络通过信令控制实现业务连接的建立、修改、拆除,自动保护和恢复,自动发现等功能。因此,自动交换光网络是集传送和交换于一体的智能化光网络。

分组传送网是以小颗粒的分组为处理单位,以实现多业务承载,具有更低的总体使用成本。分组传送网既继承了 SDH 极端到极端连接、配置和维护便利、高可靠性等控制管理的优势,又融合了 IP 业务的灵活性、统计复用、高效率和低成本传送、可扩展性等。分组传送网实现了全业务统一承载和网络融合。

接入光网络位于电信网络的边缘,是交换局与用户终端的实施系统。接入光网络具有复用、交叉连接和传输功能。由于接入网对于成本敏感,从而产生了多种多样的宽带接入技术,但是最具发展前景的是无源光网络,即 EPON、GPON、WDM-PON、WDM-TDM-PON 和 OFDM-PON。

小知识

中国同步数字传输设备的开拓人

邬贺铨院士

邬贺铨(1943—),光纤传送网与宽带信息网专家。1943 年 1 月 16 日出生于广东省广州市,为广东番禺人。1964 年毕业于武汉邮电学院。曾任信息产业部电信科学技术研究院副院长兼总工程师、大唐电信集团副总裁。现兼任中国互联网协会理事长、中国“新一代”宽带无线移动通信网科技重大专项总设计师、中国通信协会副理事长,是国内最早从事数字通信技术研究的骨干之一。作为项目负责人,在国内首先研制成功了 PCM30 路复用设备、STM-1/STM-4 复用设备、155/622Mbit/s SDH 光纤通信系统等,领导管理了 8×2.5Gbit/s 波分复用光通信系统,研制开发光通信示范工程。多年连续参加 ITU-T 网络标准研究组会议,参与了国家重要领域技术政策研究和国家中长期科技发展规划纲要的起草,多次参与了国家通信发展的决策。获国家科技进步奖 1988 年一等奖、1998 年二等奖,1997 年邮电部科技进步奖一等奖。出版专著 1 部。1999 年当选为中国工程院院士。

习　　题

9-1　阐述光网络演进的实质。

9-2　光传送网的优点是什么？

9-3　叙述光传送网的分层结构和各层的功能。

9-4　说明光传送网的设备类型及其特点。

9-5　阐述光传送网在城域网中的应用特点。

9-6　自动交换光网络的定义是什么？

9-7　给出自动交换光网络的优点。

9-8　比较自动交换光网络三种连接的特点。

9-9　自动交换光网络的控制平面如何实现连接的自动建立？

9-10　说明分组传送网的特点。

9-11　分组传送网技术主要解决哪些需求？

9-12　有线接入技术主要分为哪几种技术？

9-13　阐述接入网向光纤发展的根本原因。

9-14　简述无源光网络的基本组成及其各个部分的功能作用。

9-15　无源光网络有哪些关键技术？

9-16　比较 EPON、GPON、WDM-PON 的工作原理和技术特点。

9-17　根据 ONU 放置的位置，PON 系统可以分为哪些应用形式？

9-18　阐述下一代无源光网络的技术特点。

第 10 章　光纤通信技术前沿研究

【学习目标】

1. 了解光纤通信的发展趋势。
2. 掌握“四超”光纤传输关键技术。
3. 了解高速光电子器件类型及其作用。
4. 掌握 100Tbit/s 光纤传输系统的工作原理、关键技术和传输实验技术特点。
5. 掌握软件定义光网络的技术背景、体系架构和应用场景。

【知识框图】

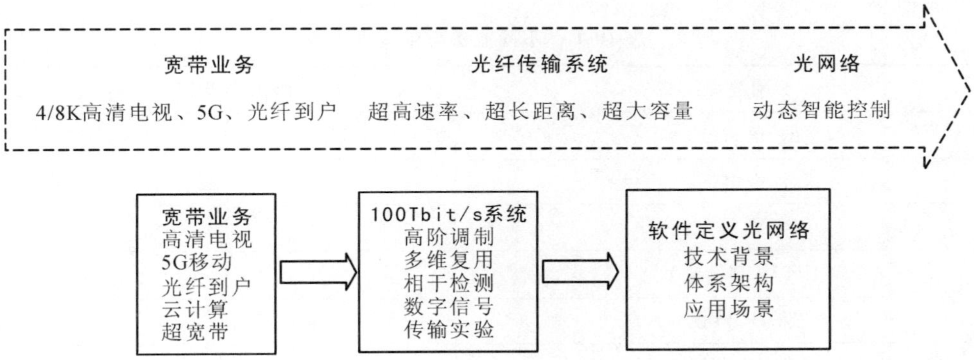

10.1　光纤通信发展趋势

10.1.1　宽带业务驱动

数字高清电视、云计算、物联网、5G 宽带移动、超高宽业务成为光网络发展的主要支柱，促进光网络的架构转型，以便满足用户对带宽需求的与日俱增。图 10-1 所示的是光纤传输系统支持的各种宽带业务。

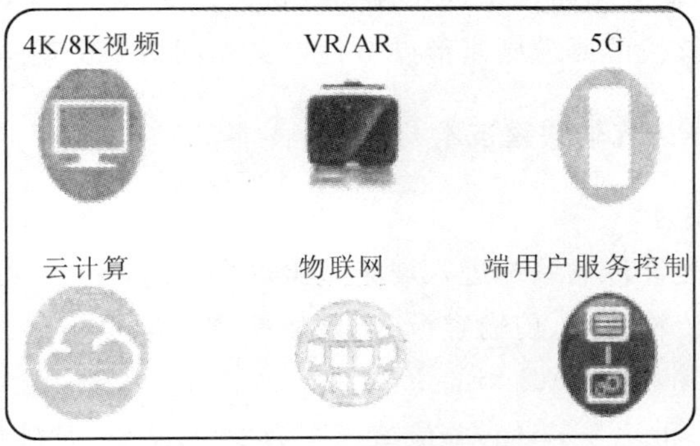

图 10-1　光纤传输系统支持的各种宽带业务

现在，视频业务流量已占通信管道流量的70%以上，虚拟现实(Virtual Reality，VR)和增强现实(Augmented Reality，AR)、360°全前景、高速摄影、多角度动态视频等宽带新视频技术发展，使得数据带宽呈现几何量级增长。为了宽带视频业务的发展需求，城域网架构正在向着减少网络节点规模、降低建设成本，确保传输的大带宽、低时延、灵活可达和高可靠性方向发展。

互联网的发展，使得传统城域网络＋干线企业专线逐步演进为云专线＋数据中心云专线模式。以数据中心为中心的网络重构的关键在于干线网络传输质量(时延、服务质量)。为此，网络架构要求简单、扁平，实现大带宽管道光层一跳直达。

5G宽带移动通信承载物联网、车联网、语音、数据、图像等业务。5G可以提供Gbit/s量级带宽。在光纤接入网中，光纤到户接入带宽已经达到100Mbit/s，光纤到大楼接入带宽可以达到1Gbit/s。未来，以太网入户要求宽带为1Gbit/s(GE)。城域网和干线网的汇聚带宽可能达到几十Tbit/s。2017年，某些业务繁忙的城域网骨干层之间的带宽已经达到30Tbit/s以上。宽带业务发展对光纤传送网络容量和带宽的需求与日俱增。表10-1所示的是各种业务与带宽需求。

表10-1　不同业务与带宽需求

业务	所需带宽(Mbit/s)
语音	＜0.1
可视电话	2
IPTV(标准)	3～4
IPTV(高清晰)	6～8
准4K电视	15～20
真4K电视	30～50
极致4K电视	50～100
三维虚拟/增强(VR/AR)现实游戏	50～100
高速上网	100
16K电视	＞1000

宽带业务的迅速发展，用户对宽带业务的需求与日俱增，使得信息传送网面临着巨大的宽带压力。互联网对光网络的需求提出了三大要求：大带宽、低成本、足够快。大带宽、低成本的要求是通过光纤传输的超高速率、超长距离、超大容量、超高频谱效率(“四超”)和空分复用光纤来实现的；足够快的要求则是借助软件定义光网络来实现的。

10.1.2　“四超”光纤传输关键技术

10.1.2.1　技术演进

自1976年第一个光纤传输系统进入现场试验以来，经过43年的研究与发展过程，光纤传输系统在传输速率、传输距离、传输容量、频谱效率方面取得了巨大的成就。从1985年的单信道传输速率2.5Gbit/s到2015年的20Tbit/s，提高了800倍。图10-2所示的是光纤传输系统技术演进。例如，20世纪80年代，单信道速率为2.5Gbit/s，基础技术是光的强度调制和直接检测。21世纪20年代，单信道速率分别为100Gbit/s、400Gbit/s、1Tbit/s，基础技术包括高阶调制、相干检测、数字信号处理(Digital Signal Processing,DSP)、偏振复用(Polarization Multiplexing,PM)、高阶正交幅度调制(Quadrature Amplitude Modulation,QAM)、软判决前向纠错(Soft Defined-Forward Error Correction,SD-FEC)和超级奈奎斯特调制与解调等。图 10-2 中汇总了光纤传输系统技术水平的单信道速率、调制格式等关键数据,可以清晰地看到,过去 40 年光纤传输技术取得的巨大成就,从而使光纤传输系统逐渐实现"四超"的传输。

年代	20 世纪 80 年代	20 世纪 90 年代	21 世纪初	21 世纪 10 年代	21 世纪 20 年代
单通道速率	2.5Gbit/s	10Gbit/s	40Gbit/s	100Gbit/s	200Gbit/s、400Gbit/s、1Tbit/s 及以上
调制格式(典型的)	OOK(NRZ) 0 √2	OOK(RZ) 0 2	DPSK −1 0 1 DQPSK	PMD-QPSK X-pol Y-pol	PMD-16QAM X-pol Y-pol
系统特性(新添加)	单跨段(单通道)	含 EDFA 的多跨段、WDM	DWDM,拉曼放大,ROADM	ENWSS,CDC-ROADM	弹性波分网络,M : N WSS
系统容量(典型的)	2.5Gbit/s(单通道)	400Gbit/s(40WDM 通道)	1.6Tbit/s(40WDM 通道)	8Tbit/s(80WDM 通道)	20Tbit/s(50 通道间隔 WDM 通道)
传输距离(典型的)	100km(单跨段)	1000km	1000km@40Gbit/s 3000km@10Gbit/s	2000km@100Gbit/s	4000/2500km @100(200)Gbit/s
基础技术	光调制和检测	高速调制 HD-FEC	差分相移键控	相干光技术	SD-FEC,PMD-QAM,FTN,超通道

图 10-2　光纤传输系统技术演进

光纤传输系统实现"四超"传输需要提高系统的光信噪比(Optical Signal Noise Rata,*OSNR*)。式(10-1)给出了 ITU-T G.692《带有光放大器的多信道系统光接口》建议规范的波分复用系统 $OSNR_{out}$ 计算式。

$$OSNR_{out} = 58 + P_{ch} - A - NF - \lg N \qquad (10\text{-}1)$$

式中,P_{ch} 为入纤光功率(dB);A 是系统的再生段的损耗(dB);NF 为光放大器的噪声系数(dB);N 是系统的跨距段数。从式(10-1)可以看出,光纤衰减有关的两个参数分别是 P_{ch} 和 A。在研究光纤非线性效应中得知,$P_{ch} \propto A_{eff}/n_2$,$A_{eff}$ 是光纤的有效面积,n_2 为光纤的非线性系数。A 的数值大小与光纤衰减系数成正比。由式(10-1)可以看出,波分复用系统的 $OSNR_{out}$ 与光纤有效面积成正比,与光纤的衰减系数和光纤的非线性系数成反比。因此,为了满足光纤传输系统实现"四超"传输发展需求,超低损耗大有效面积光纤是光纤前沿研究的方向之一。

图 10-3 所示的是从 1980 年到 2040 年光纤传输系统的关键技术演进模拟过程。从通信原理中得知,提高系统传输容量的有效途径是复用技术,光纤通信的复用技术经历了一个从电时分复用(Electrical Time Division Multiplex,ETDM)、光波分复用(Wavelength

Division Multiplex,WDM) 到光空分复用(Space Division Multiplex,SDM) 的演进过程。改善光纤性能经历了一个从降低衰减、色散管理到减小非线性效应的演进过程。检测技术经历了一个从直接检测到数字相干检测的演进过程,放大技术从掺铒光纤放大器(Erbium Doped Fiber Amplifier,EDFA)、拉曼光纤放大器到C+L波带宽带光纤放大器的演进过程。单芯光纤传输容量经历了从Gbit/s级到Pbit/s级甚至于Ebit/s级的演进过程。相干检测解决了色散限制系统传输距离的问题,非线性效应上升为相干系统主要限制因素。空分复用光纤成为克服非线性效应的有效方法。空分复用光纤包括多芯-单模光纤、少模光纤和多芯-少模光纤等分别以SDM、模分复用(Mode Division Multiplex,MDM)、SDM + MDM,确保光纤传输系统实现100Tbit/s的超大容量传输。

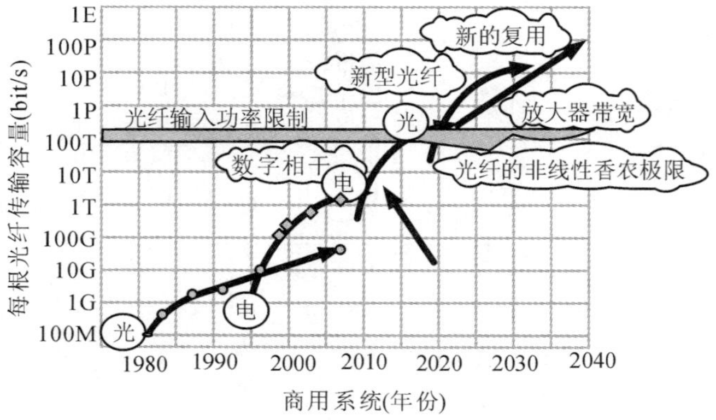

图 10-3 超大容量光纤传输系统的技术演进

10.1.2.2 调制编码

100G系统之所以采用高阶调制编码技术,主要目的是获取高频谱效率,减小色散和偏振模色散及非线性效应的影响,提高传输距离,也相当于降低线路传输速率。降低传输速率和符号速率可以减轻模拟-数字转换器的抽样速率要求。

与其他复杂的调制编码技术相比,正交频分复用(Orthogonal Frequency Division Multiplexing,OFDM) 多载波,偏振调制(Polarization Modulation,PM)-正交相移键控调制(Quadrature Phase Shift Keying,QPSK)(即 PM-QPSK),正交幅度调制(Quadrature Amplitude Modulation,QAM) 调制是构建"四超"传输系统、实现高频谱效率常用的调制格式。

OFDM以传输多个并行的相对低速的等间隔、正交和均分的窄带信号(子载波) 替代一个串行的超高速信号传输。图10-4所示的是OFDM工作原理。OFDM既可以看作是一种调制技术,也可以看作是一种有效对抗符号间干扰的高速传输技术。具体地讲,OFDM将一个高速串行数据流通过串/并变换,转换成若干个并行的低速数据流,并分别将它们映射到多个子载波上实现并行传输。

由图10-4得知,OFDM具有的特点是:① 使用了大量的子载波。② 简单的矩形脉冲对应每个子载波sin平方频谱,如图10-5所示。③ 载波间隔 $\Delta f = 1/T_u$ 的子载波在频域上呈现密集分布。图10-6所示的是OFDM子载波的频谱。其中的 T_u 是每个子载波的调制时间。因此,在忽略循环前缀的情况下,每个子载波间隔就是每个子载波的调制速率 $1/T_u$。

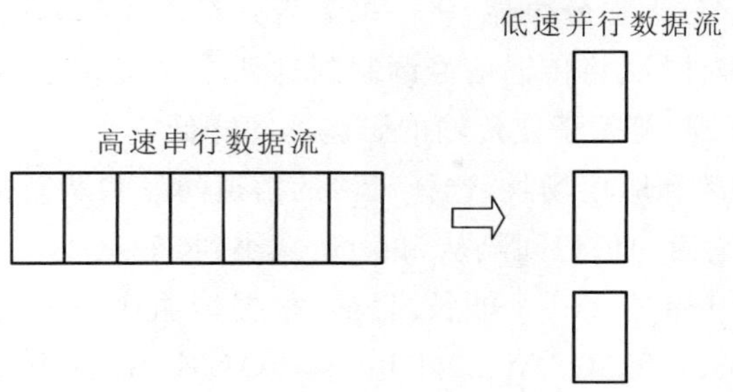

图 10-4　OFDM 工作原理

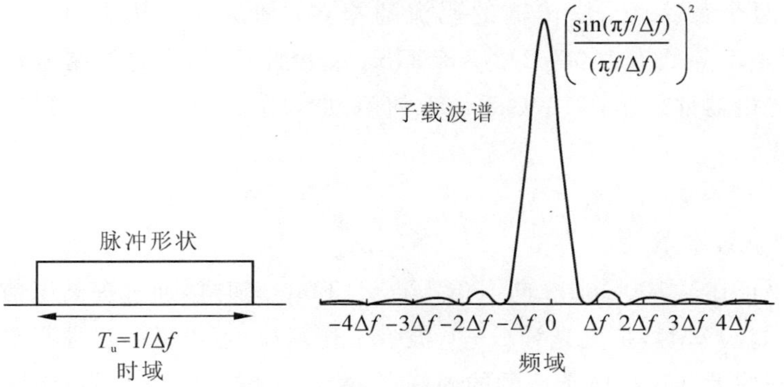

图 10-5　每个子载波脉冲对应 OFDM 传输频谱

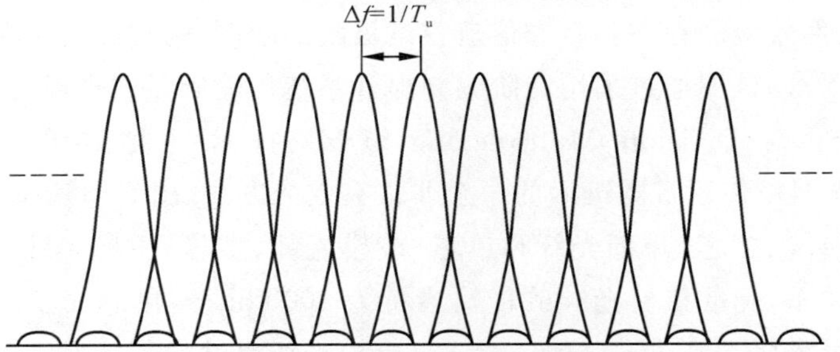

图 10-6　OFDM 子载波频谱

其关键是以多个并行低速率数据传输，可大大减少高速数据传输中出现的载波间干扰问题。与相邻信道间隔较大的传统频分复用相比，OFDM 的特点是，利用各个子载波间相互正交，大大地减少保护带宽，提高频谱利用率。在规避了信道之间干扰的同时，也增加了传输系统容量。图 10-7 给出了 OFDM 与传统的频分复用(Frequency Division Multiplexing，FDM)的频谱效率比较。OFDM 通过快速傅里叶变换 / 反变换完成调制与解调，从而也大大减小了系统实现的复杂度。

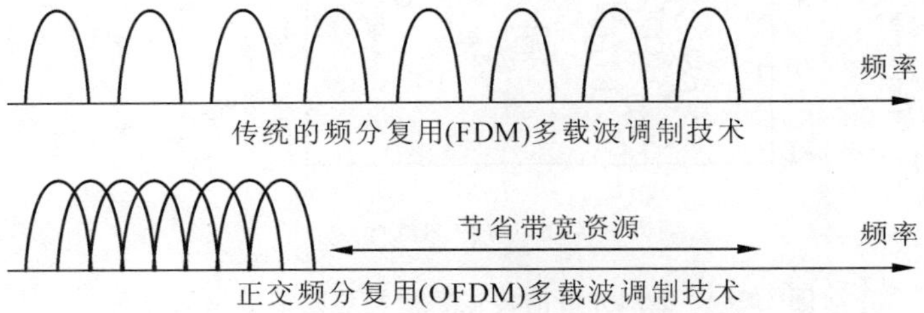

图 10-7　OFDM 与传统的 FDM 频谱效率的比较

偏振调制原理是，通过偏振分束器，将一束激光分离成 X 与 Y 两个相互垂直方向上的偏振分量，其他偏振方向被滤除。将传输信号调制到这两个光偏振态，相当于对所传输的数据进行“一分为二”并行处理，等效于使传输的码流速率降低一半。

根据不同的传输距离和应用场景，选择灵活的信道间隔和调制格式，光纤传输系统可以实现“四超”传输。现在灵活的信道间隔从 50GHz 减小到 37.5GHz 甚至 33GHz，使得 C 波带支持的最大波长数达到 128 ～ 145 个波长。目前，根据传输速率不同，选择不同的调制格式(100Gbit/s QPSK、150Gbit/s 8QAM、200Gbit/s 16QAM、400Gbit/s 64QAM)，调制格式从 QPSK 到 16QAM 和 64QAM，频谱效率可以提高 2 ～ 3 倍。例如，QPSK 利用相位表示信息：一个相位代表两个数字位，使传输的码流速率再降低一半。因此，PM 与 QPSK 结合，100Gbit/s 信号速率降低为 $100G/2/2 = 25Gbit/s$。由此可见，通过调制编码降速后，可使目前成熟的 40G 光电器件继续在 100G 系统上使用，加快了 100G、400G、1T、10T 和 100T 系统设备的研究步伐。

10.1.2.3　空分复用光纤

(1) 光纤频谱效率

单信道速率正在从 100Gbit/s 向 400Gbit/s、1Tbit/s 演进，通过提高电信号波特率，采用高阶调制格式(如 QAM)，扩大光纤 C＋L 波带工作窗口，可以进一步提高单纤传输容量。由于模拟前端器件的带宽速率电子瓶颈的限制，后端数字信号处理器件的制程和集成度逐渐接近于摩尔定律极限，使得试图通过提高电信号波特率提升系统传输容量变得十分困难。同时，由于光纤非线性效应的存在和香农信道容量极限的限制，采用高阶调制格式对系统传输性能提出更高的要求。试图通过采用高阶调制提升系统传输容量同样面临诸多困难。

空分复用(Space Division Multiplexing，SDM)技术是突破单纤极限传输容量 100Tbit/s，解决光网络传输带宽饥渴的一个非常有效的方法。图 10-8 所示的是在单芯 - 单模光纤(标准单模光纤)、多芯 - 单模光纤和单芯 - 少模光纤、多芯 - 少模光纤上获得的传输容量与总频谱效率的关系。标准单模光纤的传输容量为 100Tbit/s，单芯 - 多模光纤通过模分复用实现的传输容量可以达到 116Tbit/s，多芯 - 单模光纤通过空分复用可以使光纤传输容量提高到 2.16Pbit/s。通过模分复用 - 空分复用组合形成的两维复用，还可以进一步提高光纤传输系统的传输容量和频谱效率。多芯 - 少模光纤具有多芯光纤和少模光纤两种复用优势，是构建超大容量和高度灵活扩展光网络的最佳光纤选择方案。

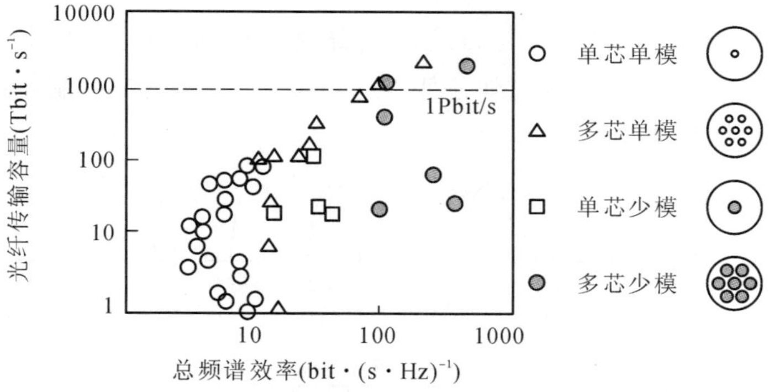

图 10-8　不同光纤的传输容量与总频谱效率的关系

（2）多芯光纤

随着波分复用、偏振复用和高阶调制等技术的使用，单芯单模光纤的传输容量已经快接近于香农极限容量 100Tbit/s。为了满足光纤传输系统的容量与日俱增，人们期冀通过空分复用，为传输系统增加一个自由度，使得光纤传输系统能够突破香农容量极限。为此，研究人员开始研究多芯（单模）光纤（Multi-Core Fiber，MCF）。

所谓 MCF 就是在一个光纤包层中包含了若干个纤芯的光纤。MCF 的空分复用的工作原理是，通过使光信号在同一根光纤中的多个纤芯传输，以物理空间上实现多路传输的方式，从而达到提高系统的传输容量的目的。与单芯单模光纤相比，如果采用 N 芯光纤利用空分复用就可以使光纤传输系统传输容量扩大 N 倍。图 10-9 给出了单芯光纤和多芯光纤的结构和传输带宽的示意图。

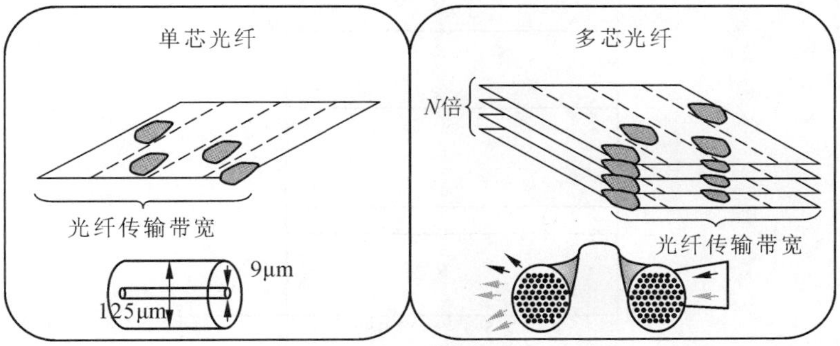

图 10-9　单芯光纤和多芯光纤的结构和传输带宽的示意图

MCF 的结构参数和传输性能是影响系统传输容量的关键因素。MCF 的结构设计是在折射率分布、纤芯数量、纤芯间距和机械性能之间寻找平衡。目前，实用化 MCF 的最大纤芯复用数量为 30 ～ 50 芯。MCF 的三个重要参数是纤间串扰、芯区有效面积和截止波长。MCF 的有效面积、衰减和色散性能与单模光纤相同，提供基于空分复用的交换维度。

虽然 MCF 能够有效地提高光纤传输容量，但是 MCF 进入商用化需要解决与其配套光信号转发和处理的光电子器件。最近几年，国内外一些著名研究机构在 MCF 及其传输系统方面的研究取得了一些研究成果。在 MCF 传输容量方面，2016 年，日本 NICT 报道了在 22 芯光纤（芯间串扰小于 －45dB，衰减系数为 0.21dB/km）上完成了 DP-64QAM 光信号的传输距离 31km，传输容量为 2.15Pbit/s，频谱效率为 214bit/(s · Hz) 的传输实验。在 MCF 传输距离方面，同年，美国 TE SubCom 报道通过掺铒光纤放大器阵列在 12 芯光纤（芯间串扰小于－54dB，衰减系数为 0.21dB/km）上实现 8D-APSK 光信号的传输容量为 105Tbit/s，传输距离为 14350km 的传输实验。

（3）少模光纤

所谓少模光纤（Few Mode Fiber，FMF）是指光纤中可以传输若干个模的光纤。FMF 是通过优化纤芯和包层的折射率分布，适当提高其归一化截止频率（V），在光纤中同时传输若干个模的光纤。图 10-10(a) 所示的是 FMF 传输模式和归一化截止频率的关系。

FMF 介于多模光纤（Multi-Mode Fiber，MMF）和单模光纤（Single Mode Fiber，SMF）之间。通过采用若干个数量可以控制的线性偏振模式（LP 模分复用），可以达到提高光纤传输容量的目的。按照是否需要大规模的多进多出（Multi-Input Multi-Output，MIMO）数字

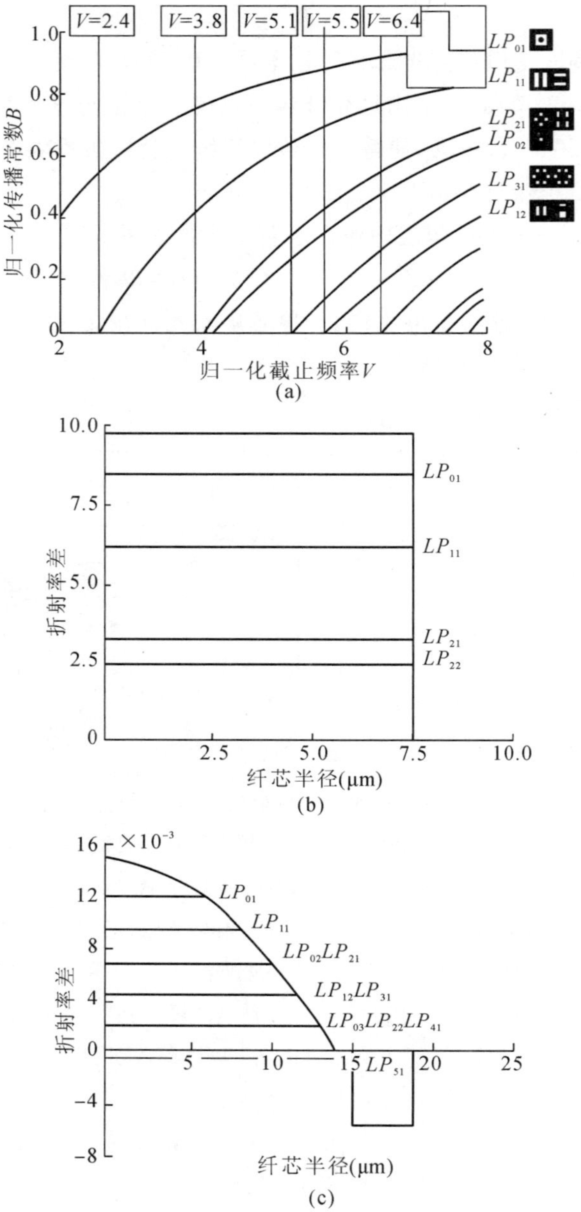

图 10-10　FMF 结构特性

(a) 截止频率和传输模式;(b) 弱耦合 FMF 折射率分布;(c) 强耦合 FMF 折射率分布

信号处理(Digital Single Processing,DSP),FMF 可以分为强耦合 FMF 和弱耦合 FMF。弱耦合 FMF 常用阶跃折射率分布。通过提高芯区折射率的方法,增加各个模式之间的折射率差异和差分模时延,降低模间串扰,实现各个模式的独立检测接收。图 10-10(b) 所示的是弱耦合 FMF 折射率分布。

强耦合 FMF 常用纤芯为梯度折射率,包层为下凹包层折射率分布,实现所有模的同时传输和检测接收。强耦合 FMF 设计时需要尽量降低模间的差分模时延,以减小 MIMO-DSP 中对多路信号时延进行缓存的要求。图 10-10(c) 所示的是强耦合 FMF 折射率分布。弱耦合的模式复用极限为 9- 线性偏振模,弱耦合 FMF 中的模间串扰难以满足无 MIMO 均衡的长距离传输要求。因此,弱耦合 FMF 主要应用于移动回传、数据中心互联和城域网络汇聚等中短距离传输。FMF 的设计主要是在折射率分布、模场直径、模间串扰之间寻求平衡。

FMF 确实可以提高光纤传输容量,但是 FMF 进入商用化必须解决模式转换、空间模式复用、少模光放大等光电子器件的问题。最近几年,国内外一些著名研究机构在 FMF 及其传输系统的研究方面取得了一些研究成果。

在 FMF 的频谱效率、传输容量方面,2016 年,美国贝尔实验室报道了强耦合的梯度折射率 FMF 上,实现了 6-LP 模式(10 组传输模)复用,进行了 30Gbit/s 波特率 16QAM 调制格式,30 个波长的波分复用信号的传输距离为 87km,传输容量为 67.5Tbit/s,频谱效率为 58bit/(s·Hz) 的传输实验。

在 FMF 的传输距离方面,2016 年,美国贝尔实验室报道了利用 FMF 中的拉曼效应,实现了 2-LP 模式(3 组传输模)复用,60 个波长 30Gbit/s 波特率 DP-QPSK 光信号在 70km 长度 FMF 环路中传输 1050km 的传输实验。

(4) 多芯 - 少模光纤

在提高光纤传输容量方面,FMF 和 MCF 分别扮演着非常重要的作用,但是 FMF 和 MCF 本身也分别存在着一定的问题。MCF 存在的问题是,随纤芯数的增加,纤芯间的串扰(Inter- Core Crosstalk,IC-XT) 就会变大。FMF 的受限问题是,随模数的增加,模间串扰(Inter- Mode Crosstalk,IM-XT) 就会增大。为了克服 MCF 和 FMF 的局限性,2012 年日本古河公司的研究人员首次提出了多芯 - 少模光纤(Multi-Core- Few Mode Fiber,MC-FMF) 的概念。MC-FMF 是将 MCF 的空分复用和 FMF 的模分复用相结合的两维空分复用技术,即在一个光纤包层内放置多个纤芯,每个纤芯可以同时传输多个 LP 模式。

单芯单模光纤传输容量极限为 100Tbit/s,少模光纤模式复用的传输容量可以突破 115Tbit/s,多芯光纤空分复用可以大幅度提高单光纤传输容量到 2.15Pbit/s,那么通过多芯光纤(空分复用)+少模光纤(模分复用)相结合其传输容量已经达到 10.16Pbit/s,为进一步提高光纤传输容量和频谱效率,创造了必要的发展空间。

MC-FMF 的复用原理是以多芯光纤(空分复用) + 少模光纤(模分复用) 相结合的方式来达到提高光纤传输容量的目的。图 10-11 所示的是 MC-FMF 的空分 - 模分复用原理。

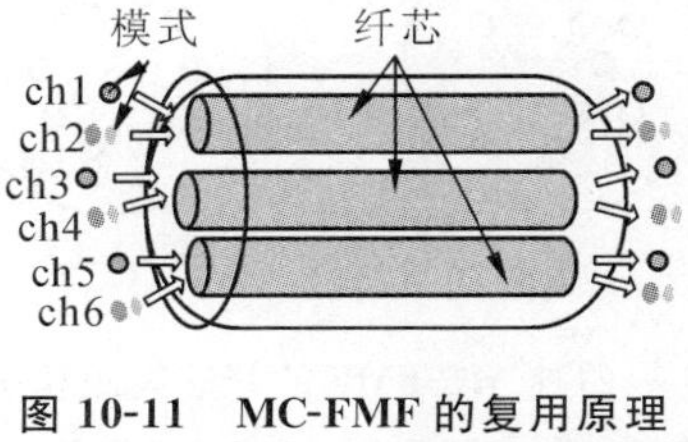

图 10-11　MC-FMF 的复用原理

MC-FMF 的复用原理赋予 MC-FMF 三个技术优势:① 三重复用结合。空分复用与模分复用相结合构建的信道数:纤芯数量×模式数量、信道数量×传输速率,在 MC-FMF 单纤上可以实现 Pbit/s 超大容量和数百 bit/(s·Hz) 超高频谱效率的传输。② 取长补短。通过优化纤芯数与模式数,通过彼此取长补短,MC-FMF 可以实现工艺和性能最佳。③ 降低信号处理要求。MC-FMF 能够显著降低接收机的数字信号均衡处理的要求。为了降低接收机的数字信号处理复杂程度,MC-FMF 需要合理地选择纤芯数和模式数。

MC-FMF 结构设计的内容是在纤芯数量和模式数量之间寻找最佳平衡关系。为此,MC-FMF 的结构参数包括纤芯直径、包层直径、纤芯数量、纤芯几何排列和纤芯折射率分布等。目前，报道的 MC-FMF 的折射率分布结构主要有阶跃折射率分布、多阶跃折射率分布、梯度折射率分布、辅助凹槽的梯度折射率分布、W 型折射率分布和辅助气孔折射率分布。

图 10-12 所示的是 4 种常用的 MC-FMF 纤芯折射率分布结构。阶跃折射率分布可以获得小的模间串扰和大的差分模时延。为了在 C 波带和 L 波带获得小的差分模时延并保持大的模间相对折射率差，MC-FMF 的纤芯需要采用多阶跃折射率分布、梯度折射率分布和辅助凹槽的梯度折射率分布结构。随着传导模式的增加，小的差分模时延 MC-FMF 的纤芯设计和制造变得更加困难，其原因是纤芯小的差分模时延对于结构波动非常敏感。

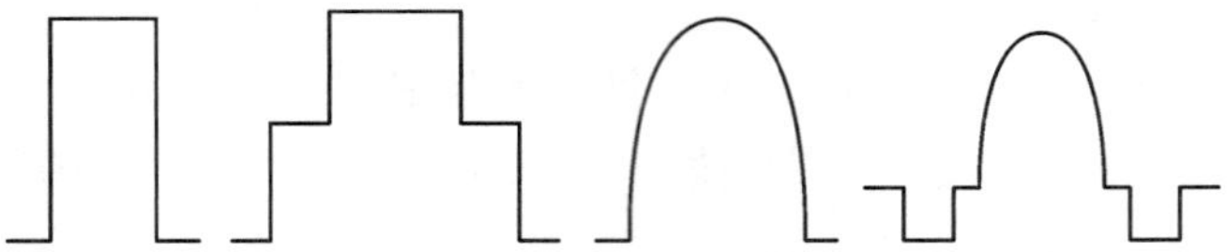

(a) (b) (c) (d)

图 10-12 MC-FMF 纤芯折射率分布结构

(a) 阶跃折射率分布；(b) 多阶跃折射率分布；(c) 梯度折射率分布；(d) 带有凹槽的梯度折射率分布

MC-FMF 纤芯排列设计是在纤芯数量和几何排列之间寻找平衡。在纤芯数量和模式数量之间寻找平衡点的设计中，采用辅助凹槽结构降低纤间串扰，通过控制凹槽尺寸和模场面积来减小模间的差分模时延，从而设计出 12 芯三模光纤。目前，报道的 MC-FMF 主要有 12 芯三模、19 芯六模和 36 芯三模（空间传导模式）等。实用化 MC-FMF 设计的空分复用（纤芯数 × 模式数）信道数上限为 160 ～ 180。

MC-FMF 中的纤芯几何排列方式主要有环形分布、双环形分布、正方形分布、三角形分布和正六边形分布等，其中使用最多的是正六边形分布。图 10-13 所示的是四种 MC-FMF 的纤芯间距和排列结构。图中 T_c 为外包层厚度，Λ 为纤芯间距。在六边形分布和双环分布结构中，纤芯按照三角形排列，允许使用三种类型纤芯来变化纤芯的排列结构。换言之，正方形排列，只允许使用两种类型纤芯实现六边形排列结构。

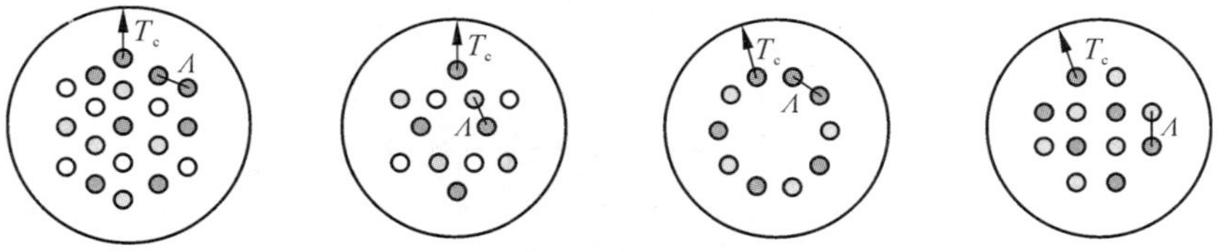

(a) (b) (c) (d)

图 10-13 四种 MC-FMF 的纤芯间距和排列结构

(a) 六边形分布；(b) 双环分布；(c) 单环分布；(d) 正方形分布

虽然 MC-FMF 是大幅度提高光纤传输容量的有效方法，但是 MC-FMF 进入商用化必须解决 MC-FMF 的模分复用 / 解复用、MC-FMF 的光放大等光电子器件。最近几年，国内外一些著名研究机构在 MC-FMF 及其传输系统的研究方面取得了一些研究成果。

MC-FMF 的主要优势体现在以下四个方面：① 巨大的单纤容量传输。MC-FMF 的少模（模分）复用与多芯（空分）复用的结合，通过模式速率 × 模式数 × 纤芯数的连乘，可以实现 Pbit/s 量级的巨大的单纤容量传输。2016 年，日本 KDDI 在 19 芯六模光纤上实现了传输容量为 2.05Pbit/s 的超大容量的光传输。② 极高的频谱效率。2016 年，日本 KDDI 在 19 芯六模光纤上实现了频谱效率为 456bit/(s · Hz) 的超高频谱效率的光传输。③ 简化光纤制造工艺要求两种复用方式相结合,实现了彼此取长补短的效果。④ 通过多芯复用方式,降低了高阶模式复用的串扰和折射率分布的设计困难,同时又以模式复用方式放宽了高密度纤芯复用对光纤设计和制造提出的苛刻要求。

10.1.2.4　多维复用

光纤传输系统扩容带宽增速大大落后于互联网和无线移动网流量增速,加上光纤线路敷设难度极大并且费用高昂,光纤传输系统一直呼唤突破性新技术出现,以便满足网络带宽增长的需要。多维复用针对现有传输技术已接近单模光纤香农容量极限、难以进一步有效扩容而提出新增传输维度实现扩容的新技术,如空分复用、模分复用、轨道角动量、空分复用+模分复用技术等。

通过 Tbit/s 级光纤传输实验发现,实现 Tbit/s 级光纤传输实验涉及的问题很多,图 10-14 列出了扩大光纤传输系统容量的 8 个自由度。图中点画线范围是学术研究范畴,实线范围是 100Gbit/s 和 Tbit/s 系统设备范畴。因此,需要特别强调的是,只有通过减少学术研究范畴的 8 个自由度,才能得到商用的 Tbit/s 级光纤传输系统产品。

由此可见,Tbit/s 及其以上的光纤传输系统是在多维复用、高阶调制、数字信号处理,及光电器件全面创新下得到的。考虑前向纠错、灵活栅格等辅助技术,可以得到商用 Tbit/s 级技术解决方案。① 技术改善。相干光接收、偏振复用技术、光纤与光放大技术和前向纠错技术。② 技术提升。通过增加调制阶数(QAM、16QAM、64QAM 等),使信号波特翻一番或者提升到更高。③ 技术创新。从信道间复用到信道内复用的电多边电正交频分复用、电域 / 光域奈奎斯特 - 波分复用、灵活栅格和非线性均衡等。利用更多的维度来传输光信息,是目前应对光纤线路扩容危机的关键技术之一。

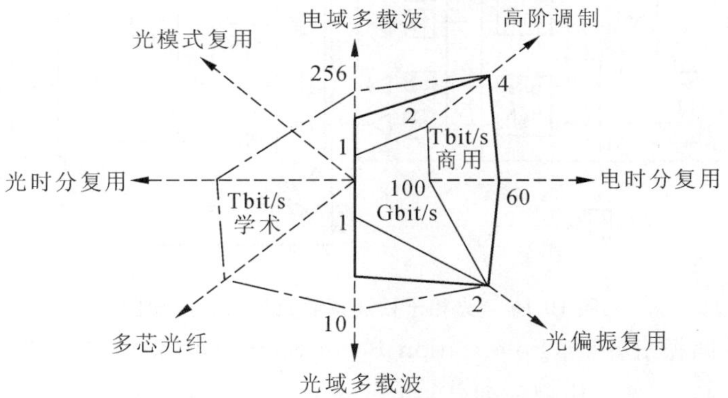

图 10-14　扩大光纤传输系统容量的 8 个自由度

10.1.2.5　相干检测

在光纤通信中,单信道传输速率为 2.5Gbit/s、10Gbit/s 的系统都多数采用强度调制 - 直接检测(Intensity Modulation-Direct Detection,IM-DD)技术实现光信号传输。图 10-15 所示的是 IM-DD 光纤传输系统的工作原理。输入的电信号通过驱动电路对光源(LED 或 LD)进行强度调制,使电信号转换为光信号在光纤中进行传输,光信号经过光纤传输后,输入到光发射机中,通过光电检测器(PIN 或 APD),使光信号转换为电信号,电信号经过放大、整形后,最终输出电信号。

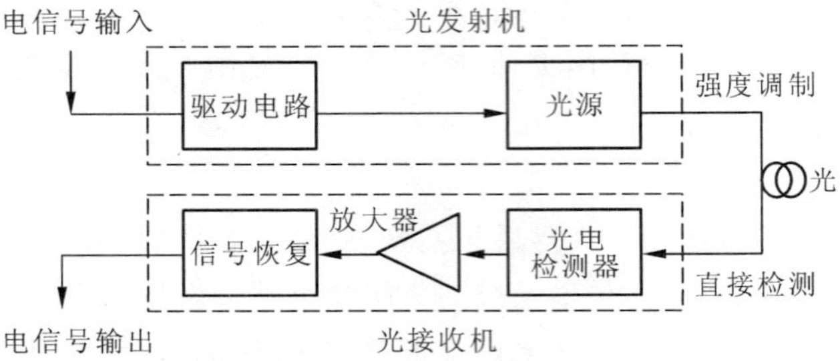

图 10-15　IM-DD 光纤传输系统的工作原理

IM-DD 系统具有调制/解调简单、成本低廉等优点，但是直接检测的是信号的幅度，无法解决色散、*PMD* 的相位畸变和时延差引起的接收端眼图劣化和码间干扰，从而造成系统的传输损伤，而且接收机灵敏度不高、频谱效率低。

在单信道传输速率为 40Gbit/s 的波分系统中，采用直接检测的差分二相位和四相位调制显示出一定的优势。当波分复用系统进入 100Gbit/s 时代以后，为解决 100Gbit/s 传输系统色散和 *PMD* 限制，提高光接收机灵敏度和频谱效率，现阶段单信道传输速率为 100Gbit/s 及其以上的系统多采用相干检测和数字信号处理技术，优点是可以同时获得光场的偏振、幅度和相位信息。在 100Gbit/s 系统的相干方案中，实现相干的技术方法是，在光接收机端选用的激光二极管与光发射机端的激光二极管具有相同的中心波长。图 10-16 所示的是光相干检测接收机的工作原理图。

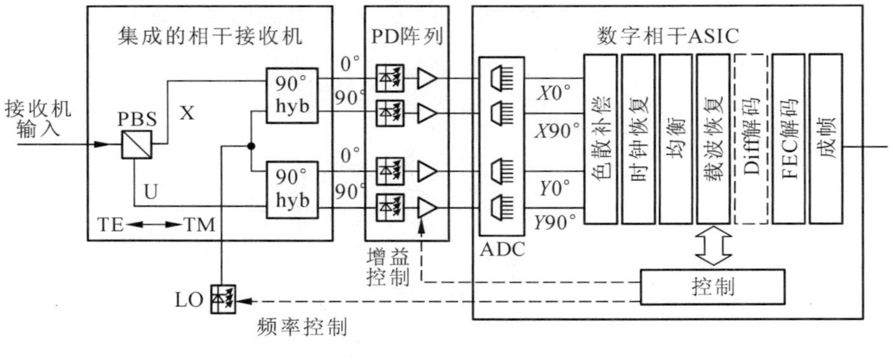

图 10-16　光相干检测接收机的工作原理图

光接收机由偏振分束器(Polarization Beam Splitter，PBS)、本振光(Local Oscillator，LO)、90°混频器(90°)、光电检测阵列(Photo Detector，PD Array)和数字相干专用集成电路(Application Specific Integrated Circuit，ASIC)等主要部分组成。在光接收机端，从传输光纤输出的已调信号光首先进入偏振分束器，使信号光的空间分布和偏振方向与本振光匹配，以便获得最大的混频效率。已调信号光和本振光经 90°混频器混频后，由光电检测器阵列检测，经模拟-数字转换(Analog-Digital Conversion，ADC)，输出的信号在中频放大器中得到放大，然后再经过数字信号处理(Digital Signal Processing，DSP)的一系列功能，可以对系统的信道损伤，如色散、*PMD*、非线性效应、相位噪声等进行补偿，最后恢复出被传输的原始数据信号。因此，100Gbit/s 系统采用相干检测，可同时获取光场偏振、幅度和相位信息，它具有接收灵敏度高、传输容量大、抗干扰能力强、电域均衡等优点。

2015 年，100Gbit/s 相干检测系统已经在运营商干线网开始部署。目前，400Gbit/s 相干检测系统已经开始进入商用。1Tbit/s 相干检测系统正在进行研究与实验。Tbit/s 量级的相干检测系统应该是提高光纤传输系统传输容量的主要技术。

10.1.2.6　前向纠错

在高速光信号传输过程中，由于各种干扰的影响，信号码元的波形可能发生畸变，致使接收端对信号码元发生误判，导致误码率增大。为确保误码率控制在一定范围内，需要采用纠错技术。前向纠错（Forward Error Correction，FEC）思路是，在发送端发送纠错码，在接收端通过纠错译码自动发现并纠正传输过程中产生的差错。目前，光纤通信系统中，广泛使用 FEC 技术的目的是，改善系统误码率、提高系统可靠性、延长系统传输距离、降低发射端光功率及系统成本。

图 10-17 所示的是光纤传输系统中 FEC 技术的演进过程。第 1 代 FEC 由 ITU-T G.975 规范，可以减轻误码率波动，已广泛应用于长距离光纤通信系统。第 1 代 FEC 分为带内 FEC 和带外 FEC。带外 FEC 可以增加线路传输速率，具有比较强的纠错能力，可以灵活地选择纠错容限。RS(255，239) 又称里德 - 所罗门（Reed-Solomon，RS）码，开销为 7%，净编码增益为 6.3dB，纠错之前的 BER 容限为 8.3×10^{-5}，主要用于 2.5Gbit/s 和 10Gbit/s 传输系统。

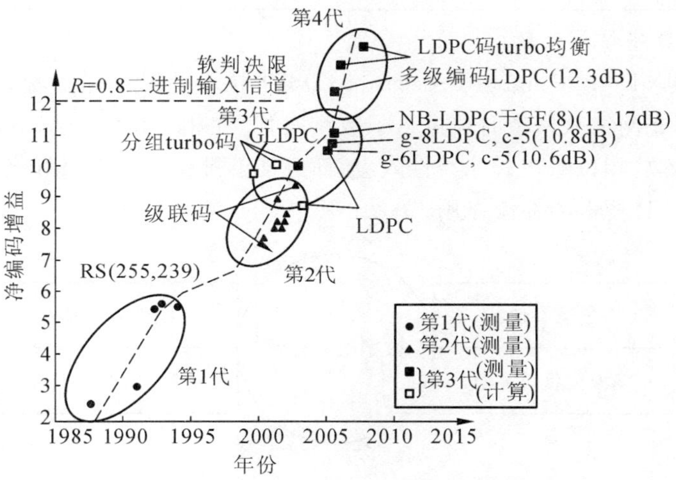

图 10-17　光纤传输系统中 FEC 技术的演进过程

为了满足高速率、长距离传输要求，需要进一步降低传输系统纠错之前的 BER 容限，人们研究出了具有更高净编码增益、更强纠错能力的第 2 代 FEC。第 2 代 FEC 是基本 FEC 编码，如 RS 编码、BCH 编码（Bose-Chaudhuri-Hocquenghem）和卷积编码的组合，从而设计出的更为有效的 FEC。例如，两个 RS 编码级联：RS(255，239) 和 RS(255，233) 或 RS 编码和卷积编码。目前，ITU-T G.975.1 建议已经规范了多种类型的级联模式。第 2 代 FEC 净编码增益为 8～9dB，纠错之前的 BER 容限可以增加到 $1\times10^{-3}\sim4\times10^{-3}$，它主要用于 10Gbit/s 和 40Gbit/s 系统。

为了满足 100Gbit/s 长距离传输的需要，人们提出了基于 Turbo 编码和低密度奇偶校验（Low Density Parity Check，LDPC）编码的第 3 代 FEC。LDPC Turbo 编码的误码性能优于 Turbo 编码，其译码器的复杂度与 Turbo 乘积编码相当。第 3 代 FEC 可以提供的净编码增益为 11dB，它主要用于 40Gbit/s 和 100Gbit/s 系统。

第 4 代 FEC 由不同的编码方法与不同的 Turbo 均衡组合而成。LDPC 码与 Turbo 均衡器是一个非常好的克服非线性符号间干扰的候选方案。图 7-3 给出了光纤通信中 FEC 演变过程，纵坐标是净编码增益（Net Coding Gain，NCG），由此可见，第 4 代比其他三代的性能要好，它主要用于 100Gbit/s 和更高速率的系统。

通常，FEC 的第 1 代和第 2 代编码为硬判决编码，而第 3 代是软判决编码。硬判决编码是通过数值进行判断，是非此即彼的一级量化判决。软判决编码是利用波形信号中的干扰统计信息进行判断，是多级量化判决。译码器件通过概率译码，可以利用统计信息。因此，软判决译码可获得更大的编码增益。第 4 代编码是图形编码。表 10-2 给出了 100Gbit/s 系统软 / 硬判决增益对比。

表 10-2　100Gbit/s 系统软 / 硬判决增益对比

开销(%)	硬判决		软判决		增益改善(dB)
	增益(dB)	纠错前误码率	增益(dB)	纠错前误码率	
7	10	2.42×10^{-3}	11.1	3.45×10^{-3}	1.1
15	10.95	7.50×10^{-3}	12.2	4.46×10^{-3}	1.25
20	11.3	1.79×10^{-2}	12.6	1.61×10^{-2}	1.3

10.1.2.7　数字信号处理

数字信号处理（Digital Signal Processing，DSP）技术的诞生标志着光纤传输系统进入了崭新的时代，即光网络从模拟时代进入了数字时代。在相干检测系统中，DSP 不仅能够补偿色散、偏振模色散、相位噪声和非线性效应，而且能够补偿光发射机和光接收机的损伤。图 10-18 所示的是 DSP 技术的补偿作用。

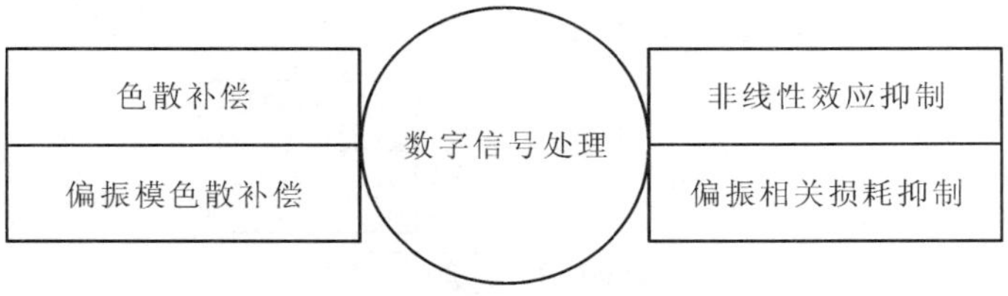

图 10-18　DSP 技术的补偿作用

目前，DSP 技术可以采用频谱灵活的调制方式。根据传输容量和传输距离不同，可以选择灵活的信道间隔和调制格式，实现更加灵活高效的大容量光传输。通过选择灵活的信道间隔，可以增加工作波带的波长数量。例如，信道间隔从 50GHz 减小到 37.5GHz 甚至 33GHz，可以使 C 波带的波长数量增加 1.6 ～ 1.8 倍，最多可以支持 128 ～ 145 个波长。不同的调制格式，支持不同的传输速率。例如，正交相移键控调制（QPSK）支持的传输速率为 100Gbit/s，8 正交幅度调制（8QAM）支持的传输速率为 150Gbit/s，16 正交幅度调制（16QAM）支持的传输速率为 200Gbit/s，64 正交幅度调制（64QAM）支持的传输速率为 400Gbit/s。调制格式从 QPSK 到 64QAM，频谱效率提高了 2 ～ 3 倍。由此可见，调制格式是提高频谱效率的有效方法。

10.2　高速光电子器件

10.2.1　电 / 光交换器件

10.2.1.1　电层调度

进入 21 世纪，光网络功能进一步增强，其系统架构日益复杂，出现了具有多个环形网或网状网的光网络。为了实现业务的灵活调度，需要在多个光纤之间实现光交换。大规模集成电路的发展，促进了电层交换的光传送网（Optical Transport Network，OTN）的发展，从而满足了电信传输网的需要。

2010 年以后，光网络发展趋向复杂，OTN 技术演变成分组增强型 ONT 技术。2013 年，国家通信行业标准《分组增强型光传送网设备技术要求》将 SDH 交叉、分组交换、光数据单元交换统一纳入增强型 OTN 设备中，集成了 OTN/SDH/ 分组交换三种业务调度功能。

OTN 交叉容量的增加，数字信号处理功耗的增加，只能通过减小芯片纳米工艺数值来降低功耗。集成电路的集成度提高接近极限，芯片散热成为最终限制，继续降低功耗变得非常困难。除此之外，在光 / 电或电 / 光交换（O/E 或 E/O）中，需要相对较大的时延。为此，光网络的交换技术应该从电交换转到光交换，以便构建集光传输和光交换于一体的全光网络。

10.2.1.2　光层调度

随着波分复用技术的成熟和单波长速度的持续提高，带宽管理成为光层调度的技术瓶颈。波长数量的增加引发了波长管理和调度的需求。波长业务颗粒提升，波长业务颗粒出租，凸显了波长的调度、管理和恢复的要求，促进了光层的光交叉的发展。全光交叉过去的实现路线是延续波长的光分插复用（Optical Add-Drop Multiplexer，OADM）。为了继续对光波长（光频谱）进行功能增强的波长交换和调度，人们研制出了可重构的光分插复用（Reconfigurable Optical Add-Drop Multiplexer，ROADM）。

ROADM 是波分复用系统中的一种具备在光（波长）层面远程控制光信号分插复用能力的设备。ROADM 不仅具备 OADM 的全部功能，同时还具备光交叉连接器（Optical Cross Connecter，OXC）的部分功能。简言之，ROADM 支持波长通路上下的灵活配置，多维 ROADM 可以支持波长通路在多维度（方向）之间的灵活调度。与电信网络中的其他交换技术相比，ROADM 提供的光波长层调度的优点是低成本和高效率。

ROADM 有三种技术方案：波长阻隔器（Wavelength Blocker，WB）、平面波导电路（Planar Lightwave Circuits，PLC）和波长选择开关（Wavelength Selective Switch，WSS）。其中 WSS 以其具有的优秀的光学性能和可扩展性，成为 ROADM 的主流技术方案。选择 WSS 可以构成多维 ROADM。每个 WSS 也可以与本地上下路的交换单元连接，进行波长的上下路（可重配）。

根据本地上下路的实现方式不同，ROADM 可以分为四种类型：波长无关（Colorless）、方向无关（Directionless）、竞争无关（Contentionless）和灵活栅格（Gridless）。CDCG（波长无关、方向无关、竞争无关、灵活栅格）ROADM 的价值在于提高了上下路端口的灵活性，减少了波长通道调度时在上下路节点的人工干预，其中波长无关灵活性使得上下路波长信道在更换波长时不需要人工干预改变端口。方向无关灵活性使得上下路波长信道在更换关联线路方向时不需要人工干预改变端口。竞争无关灵活性可以使得不同线路方向的相同波长信道同时上下路，提高波长资源利用率。灵活栅格的灵活性是以支持灵活的栅格来提高频谱效率。图 10-19 所示的是动态、灵活选择的栅格。与固定栅格 50GHz、100GHz 的波分复用系统相比，灵活栅格可以支持 400Gbit/s(50/75GHz)、1Tbit/s(187.5GHz)、2Tbit/s(375GHz)等多种(栅格)传输速率的动态、灵活配置。

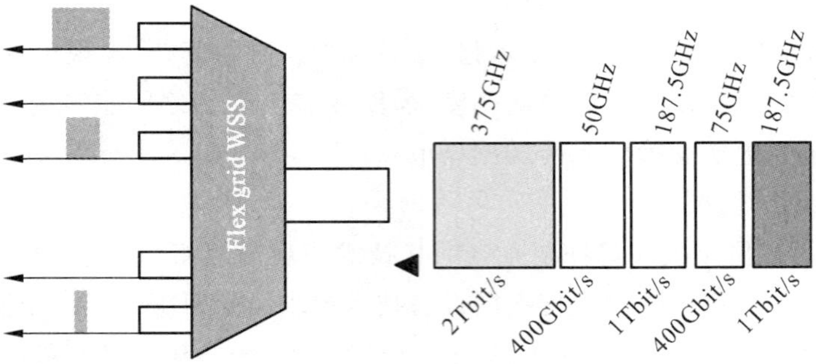

Flex grid WSS:灵活栅格波长选择开关

图 10-19　动态、灵活选择的栅格

10.2.2　高速光电器件

10.2.2.1　光电子集成器件

高速光电器件是一门涉及光学、材料、工艺、高速封装的复杂科学，是光纤传输系统的重要支撑基础。光纤与激光器拉开光纤通信序幕。分布反馈激光器、外调制器、光放大器、波分复用器和色散补偿器奠定了高速率、长距离、大容量光纤传输系统的基础。光开关、光分插复用器、可重构光分插复用器、光交叉连接器和光波长选择器等赋予光网络的光层实现光信号的传输、交换和选路功能，为构建灵活、透明、可以动态重构的光网络，提供必需的技术保障。高阶编码调制、相干检测和数字信号处理技术，推动了光纤传输系统向着“四超”方向发展。因此，光纤传输系统中的技术革命与新型高速光电器件技术创新、性能突破和产品更新换代密不可分。

光电子器件性能、设计和生产水平是构建高水平光纤传输系统的技术核心，也是光纤通信产业链健康发展的基石。传统光器件的不同功能必须采用不同的材料来实现，分立光器件存在生产环节多、生产效率低、价格昂贵的缺点，难以满足系统实现高密度端口、小尺寸封装、低成本、小功耗的市场新的需求。光子集成技术，尤其是大规模光电子集成技术，突破器件性能、成本、集成、功耗限制，带来了光电器件的技术革命。

目前，高速光电器件已经开发出光纤、铌酸锂、InP、Si、聚合物等多种不同性质的材料体系。高速光电器件由单一功能、单一材料体系的分立器件向多种功能的单片光子集成甚至光电集成发展，每一次进步意味着性能进一步提升和已有器件成本、功耗的进一步下降。

10.2.2.2　硅基光子集成器件

20 世纪 90 年代，人们提出光子集成回路(Phonic Integrated Circuit，PIC) 技术，即采用Ⅲ-Ⅴ 族化合物半导体材料(如 InP) 实现光源在内的所有光器件的单片集成。针对单片集成存在加工复杂、成本较高等问题，受到硅在集成回路中的广泛应用的启迪，人们利用硅材料价格便宜和互补金属氧化物半导体(Complementary Metal Oxide Semiconductor，CMOS)

工艺技术成熟的两个优势，又开发出硅基光子集成技术。

基于硅(Si)基和铟磷(InP)基材料的光子集成一直是光纤通信光器件的主要发展方向之一。2004年，美国因特公司研究人员开发出了基于马赫-曾德尔干涉仪结构的GHz高速硅基光调制器。2010年，IBM公司研制出40Gbit/s锗波导型雪崩光检测器。2015年，美国IBM公司利用45mm CMOS工艺将6000万个晶体管和850个光子器件集成在一个芯片上，达到硅光集成领域的新高度。2017年，武汉邮电科学研究院研究人员开发出了以太网使用的400Gbit/s光收发模块，从而满足了以太网实现高速通信的需求。

硅光子100Gbit/s相干光模块代表硅光技术的商用最高水平。高速相干光收发微纳级集成、硅波导与锗硅检测集成、多功能微结构集成与制备工艺、光子集成芯片测试与模块化封装等均是难点。国际上基于铟磷基平台已能实现400个功能元件的单片集成，每片数据率可达500Gbit/s。硅基光子集成技术也已实现224Gbit/s光收发芯片，研制出硅量子点激光器、基于受激拉曼散射的硅基激光器、Ⅲ-Ⅴ族面发射激光器键合到带波导结构的绝缘体(Silicon On Insulator，SOI)衬底上的混合型激光器、高速硅基调制器等。

针对高速光纤通信快速发展的需要，经过多年的努力，国内在100Gbit/s、400Gbit/s核心光器件上取得了一定的进展，掌握了部分核心光器件的关键技术并完成自主研制。例如，可调谐激光器，集成相干接收机，光性能监测模块，100Gbit/s、400Gbit/s客户侧的核心光器件。武汉邮电科学研究院已研发出了100Gbit/s、400Gbit/s线路侧光收发模块。这些光器件和模块的自主研制，增强了我国光纤通信领域的国际实力。

10.2.2.3　石墨烯光器件

硅光材料本身并不是最完美的材料。研究发现二维石墨烯用于制造光电器件，可以获得大的带宽、小的尺寸和低的驱动电压。石墨烯生产工艺与硅基CMOS工艺兼容，硅光技术和工艺直接移植到石墨烯光器件的生产中，可以实现两种材料的优势互补，以便建设更加强大的下一代“超硅光”技术。

未来，硅光/石墨烯技术作为一种平台技术，可以用来制造下一代光网络中使用的光交换、光路由、光逻辑和光信号处理器件。这些光器件的优势在于能够实现新型光学操控机理。它们有可能颠覆现有的光网络中的器件功能和网络架构，实现光网络的大幅度简化和光纤通信产业的革命。

10.3　多芯-单模光纤传输实验

10.3.1　系统组成

高阶调制、正交频分复用通过数字信号处理来提高了系统的频谱效率，而数字相干检测、低噪光放大器和数字信号处理的目的是减小光纤传输损伤，延长系统传输距离。目前，商用光纤传输系统的单信道传输速率正在从100Gbit/s向400Gbit/s、1Tbit/s发展，系统满配波长数量已经超过180波，系统传输总容量已经接近或者超过100Tbit/s。由于光纤信道非线性和光信噪限制，100Tbit/s被认为是单模光纤传输容量的极限。因此，提高单模光纤传输容量的研究转入以空分复用为基础的单模-多芯光纤和少模光纤。

SM-MCF空分复用系统是集SM-MCF的空分复用与相干检测技术可以补偿光纤传输

损伤于一体，是实现超大容量传输的最佳技术方案。图10-20所示的是SM-MCF空分复用光纤传输系统组成的框图。该系统由光发射机 T_X、合波器、空分复用主要光器件（空分复用器、多芯光纤、多芯光纤放大器、多芯光纤连接器、空分解复用器）、光接收机 R_X 组成。

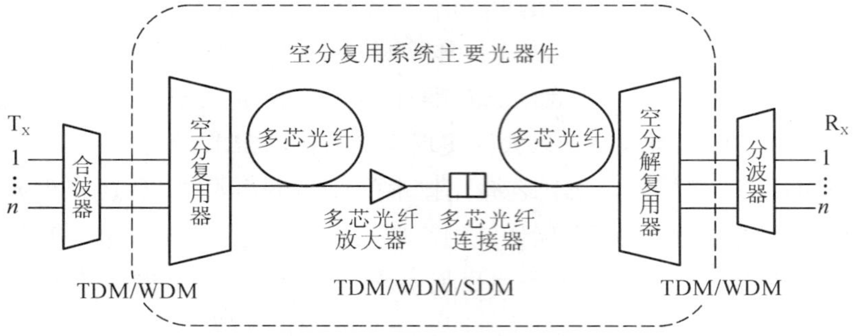

图 10-20 SM-MCF空分复用光纤传输系统组成

光发射机 T_X 产生不同波长的光时分复用（Time Division Multiplexing，TDM）光信号，合波器实现不同波长光信号的波分复用（Wavelength Division Multiplexing，WDM），扩大光纤传输容量，合波的光信号通过空分复用器（光耦合器）实现光信号的空分复用（Space Division Multiplexing，SDM）。SDM的光信号被分别注入多芯光纤的多个平行信道，即空分复用使光纤传输系统实现超大容量传输。因此，SM-MCF空分复用光纤传输系统是通过时分复用/波分复用/空分复用（TDM/WDM/SDM）三维复用的方式来实现超大容量传输的目的。

10.3.2 关键光器件

10.3.2.1 空分复用连接器

空分复用连接器（Space Division Multiplexing Connector，SDM-CON）的作用是确保SM-MCF之间直接连接。SM-MCF的纤芯呈密集分布，这造成每个纤芯连接困难。为此，研究人员研制出新型高效锥形耦合多芯光纤连接器。借助多芯光纤的纤芯间距与模场特征相匹配，可以实现多芯光纤的连接。锥形耦合多芯光纤连接器可以减小纤芯之间的能量耦合，同时能够避免引入如耦合器的光串扰源。表示SDM-CON的主要性能是插入损耗和光串扰。插入损耗主要是由连接器与纤芯之间连接偏差和模场的不匹配引起的。光串扰是纤芯之间的光能量转移。现在，锥形耦合多芯光纤连接器的典型性能为：插入损耗为0.45～2.77dB，光串扰小于−45dB。

10.3.2.2 空分复用器

空分复用/解复用器（SDM-MUX/DEMUX）的作用是支持单芯单模光纤的光信号实现到多芯光纤的空分复用，反之亦然。可以通过一个自由空间耦合器来实现SDM-MUX/DEMUX的功能。SDM-MUX的空分复用（耦合）原理是通过一组透镜实现单模单芯光纤（Single Mode-Single Core Fiber，SM-SCF）光束到单模多芯光纤（SM-MCF）的光束的空分复用（SDM）。SDM-MUX的空分复用的实现过程是，从SM-SCF发射出来的光束，首先经过一组透镜校准，变成平行光束。注入SM-MCF中间纤芯的光束需要通过聚光透镜的基准轴，而注入SM-MCF外部纤芯的光束需要与聚光透镜的基准轴形成一个角度和位置偏移。平行光束经过另一组透镜聚光后，分别空分复用（耦合）到多芯光纤的中间纤芯和外部纤芯。同理，利用两组透镜也可以实现多芯光纤与单芯光纤的光束的空间分离（空分解复用）。

10.3.2.3　多芯光纤放大器

按照多芯光纤放大器泵浦方式不同，多芯掺铒光纤放大器（MC-EDFA）可以分为纤芯泵浦-EDFA 和包层泵浦-EDFA。在纤芯泵浦-EDFA 中，信号光和泵浦光同时注入纤芯。这种纤芯泵浦-EDFA 的特点是：① 可以使用 EDFA 常用的泵浦光源及其配套的光器件；② 可以实现高效泵浦和高速控制。在包层泵浦-EDFA 中，泵浦光和信号光分别注入多芯光纤的内包层和多芯光纤的纤芯。包层泵浦-EDFA 的特点是：① 通过减少泵浦光源（激光器）数量，可以降低泵浦功耗，减小光器件尺寸；② 需要开发与多芯光纤、包层泵浦光源配套的新的泵浦耦合器（连接器）。

针对当前光纤通信的两个研究热点：超大容量传输和超长距离传输。下面介绍两个在 SM-MCF 上实现的 14350km 传输实验和 560Tbit/s 传输实验。这两个传输实验代表着当前世界最高水平。希望读者通过这两个传输实验能够真正理解 SM-MCF 是如何实现超长距离和超大容量传输。

10.3.3　传输实验

10.3.3.1　14350km 传输实验

2016 年，A. Turukhin 等人在 SM-12 芯光纤上进行了传输容量为 105.1Tbit/s（106.8Gbit/s × 82 个波长 × 12 芯），传输距离为 14350km 的传输实验，创造了 SM-12 芯光纤传输的最长距离的世界纪录。这个传输实验系统实现的传输容量与传输距离为 1.508Ebit/s · km（105.2Tbit/s×14350km），达到世界最高水平。图 10-21 所示的是单模-12 芯光纤传输系统组成。

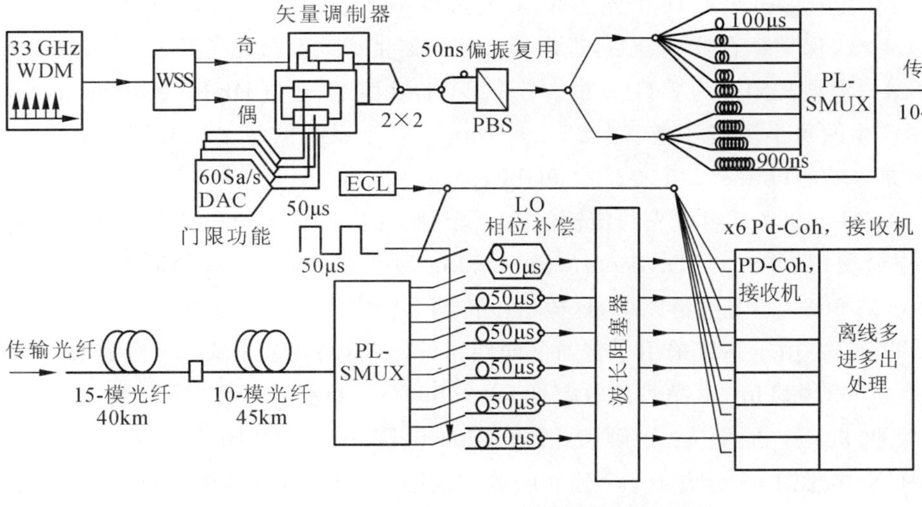

图 10-21　单模—12 芯光纤传输系统组成

这个在 SM-12 芯光纤上实现的 14350km 传输系统的工作原理是，在光发射机端，使用了 82 个光谱栅格为 33.3GHz 的分布反馈激光器，借助数字信号处理和 I/Q 调制器调制，形成 82 个 8 维（D）幅度相移键控（Amplitude Phase Shift Keying，APSK）编码调制信道。经过偏振复用之后，在符号速率为 32.6Gbaud 时获得的净数据速率为 106.8Gbit/s，在信道间隔为 33.3GHz 时，获得的频谱效率为 3.2bit/(s·Hz)。

经过编码、调制和偏振复用后的光信号通过扇形空分复用器分别被注入由单模 -12 芯光纤组成的传输链路。单模 -12 芯光纤构成 12 个平行传输信道，26 个跨距段，每个跨距段由长度为 46km 的单模 -12 芯光纤组成。单模 -12 芯光纤中的第一个纤芯作为第一个传输信道，以此类推。这个传输实验线路总长度为 14350km(12 芯×26 跨距段×46km)。每个跨距段使用扇形空分复用器(连接器)实现每个光纤纤芯与单模掺铒光纤放大器连接，同时，每个跨距段配置一个环路放大器、一个环路同步偏振控制器和一个波长选择开关，以便完成每个跨距段的增益均衡，确保整个系统能够实现超长距离传输。

光接收机接收的是取样速率为 50GSa/s 的光混合信号。在经过解偏振和使用改进的多模数算法通过脉冲响应滤波器实现信号均衡，进而对光信号的色散进行补偿。载波相位估算使用的是基于最大的后端检测器直接判决算法。

为了评价经过 14350km 传输后的系统传输性能，研究人员测量这个传输系统的品质因数(Q 值)和光信噪比(Optical Signal Noise Ratio，OSNR)。测试的所有信道的纠错性能都在纠错门限以上。分 10 组测量，每组包含了四百万个取样，获得了每个信道的 Q 值。测得的实验数据证明，使用 8D APSK 调制格式和光放大器，在单模 -12 芯光纤上实现的 14350km 的传输实验是成功的。

10.3.3.2　560Tbit/s 传输实验

2017 年，罗鸣等人成功地在 SM-7 芯光纤上实现了 560Tbit/s 相干光双偏振离散傅里叶变换(Discrete Fourier Transforms，DFT-s)正交频分复用(Orthogonal Frequency Division Modulation，OFDM)、32 正交幅度调制(Quadrature Amplitude Modulation，QAM)信号 10km 的传输实验，创造了在 SM-7 芯光纤上实现最大传输容量的世界纪录。

图 10-22 所示的是 SM-7 芯光纤 560Tbit/s 传输系统组成。这个 SM-7 芯光纤传输系统的工作原理是：在光发射机端有 16 个光源(C/L 波带各 8 个光源)，其中 8 路奇数光和 8 路偶数光分别经过 4×1 保偏耦合器耦合后，进入相位调制器生成 375 路光子载波(C 波带 190 路，L 波带 185 路)，即波长间隔为 25GHz 的 375 个 DWDM 信道。通过 DFT-s、OFDM、32QAM、光偏振复用产生的每个子信号速率为 229.09Gbit/s。这个系统的每个波分复用信道(单芯)的传输容量是 85.91Tbit/s(375×229.09Gbit/s)。

10km 的 SM-7 芯光纤组成光纤传输链路。7 个独立的 85.91Tbit/s 光信号通过 SM-7 芯光纤 7∶1 空分复用器(Space Division Multiplexing-Multiplexer，SDM-MUX)复用后注入长度为 10km 的 SM-7 芯光纤链路中，这样这个传输系统实现的总传输容量是 601.36Tbit/s(7×85.91Tbit/s)。由于系统采用了普通前向纠错编码(编码冗余为 7%)，整个系统实现的净传输容量为 562.02Tbit/s，净频谱效率是 59.95bit/(s·Hz)。

在光接收机端，通过空分解复用器(Space Division Multiplexing-Demultiplexer SDM-DEMUX)按照 1∶7 分离出 7 个独立的波分复用光信号。选择其中任意一路，经过光接收机端的光放大器和光滤波器后，得到该路中待测的波分复用光信号，调整相干接收端的本振光源的波长，利用相干接收将该信道中的光子载波信号解调，输入实时示波器进行数据采集模 / 数转换后，通过计算机离线处理得到恢复解调的最终数据。

研究人员测量了单模 -7 芯光纤中的每个纤芯上传输的光信号经过 10km 传输后的光信噪比与误码率的关系。从测量的结果可以看出单模 -7 芯光纤中的所有纤芯的光传输性能是

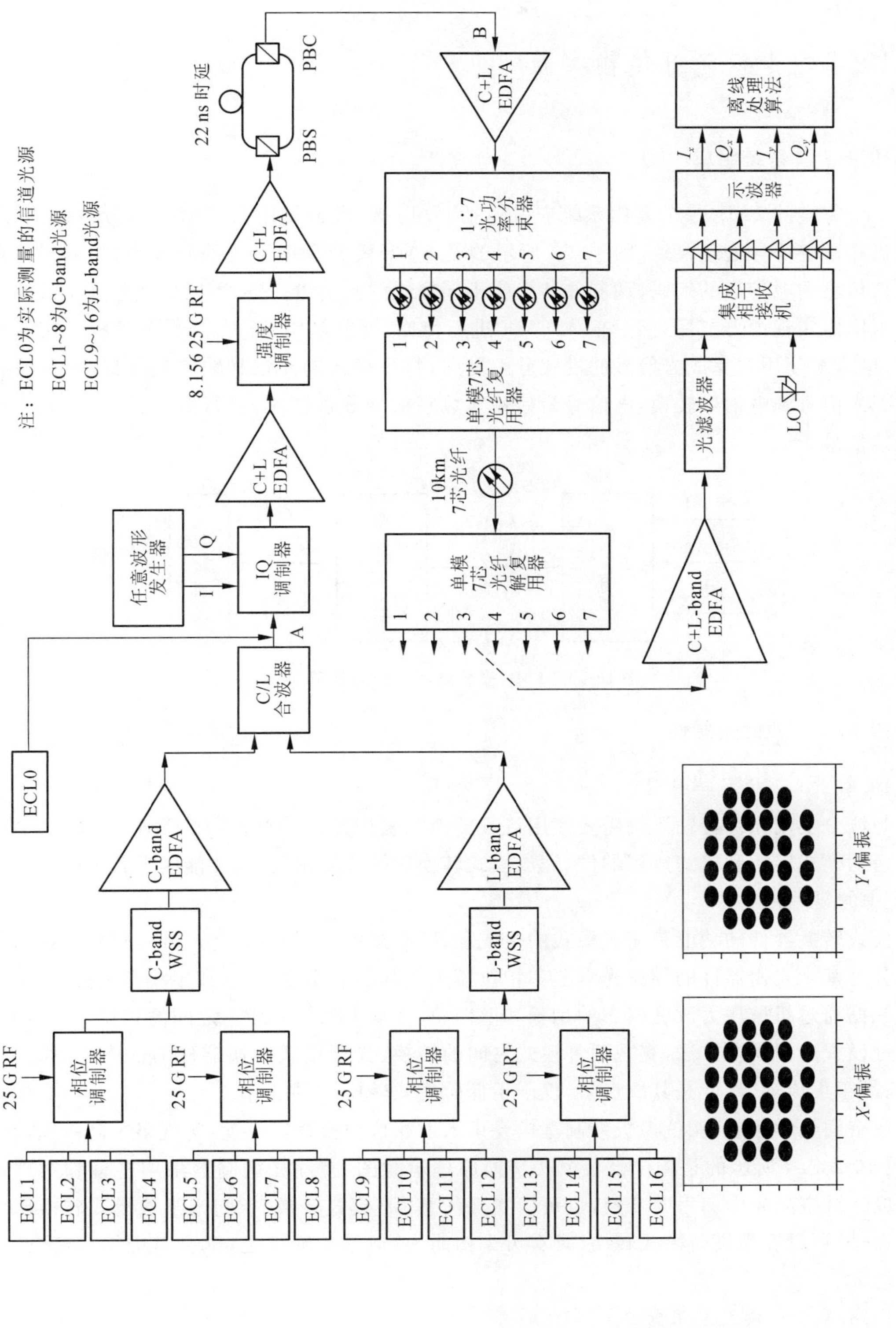

图10-22　SM-7芯光纤560Tbit/s传输系统组成

一致的。560Tbit/s 信号经过 10km 传输后所有被测量信道误码率都小于普通前向纠错解码门限制 3.8×10^{-3}。这些实验结果充分证明单模 -7 芯光纤上实现的 560Tbit/s 传输是成功的。

10.4　少模光纤传输实验

10.4.1　系统组成

一个完整的 FMF 模分复用系统应该包括：发射机、模分复用器、FMF、模分解复用器、接收机和数字信号处理模块。图 10-23 所示的是 FMF 模分复用系统的原理图。发射机负责完成被传输的电信号的编码、调制并转换为不同模式的光信号任务，不同模式的光信号通过模分复用器实现模分复用，然后输入 FMF 进行传输，模分复用光信号传输到达模分解复用器，由模分解复用器完成光信号的模式分解复用，每个模式的光信号输入接收机，在接收机中实现光信号到电信号转换，电信号最后输入数字信号处理模块，进行数字信号处理，以恢复传输信号。

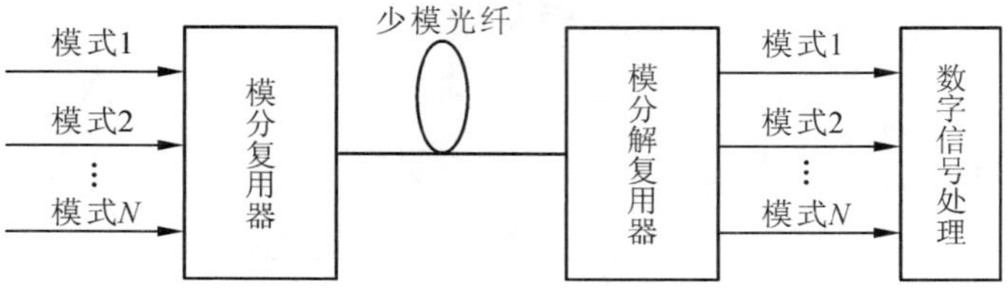

图 10-23　FMF 模分复用系统的原理图

10.4.2　关键光器件

10.4.2.1　模式转换器件

与波分复用光纤传输系统需要使用波长转换与复用器件相类似，在 FMF 传输系统中，需要借助模式转换和模式复用器件，完成模式转换和模式复用处理，才能实现若干个模式在 FMF 中的复用传输。

模式转换器件的功能是完成模式的生成和控制。按照模式转换方法不同，模式转换器件可以分为基于光栅器件的导波光学法和相位模板调制器空间光学法。在导波光学法中，压力应变光栅通过机械压力改变模态的拍长和取向角，实现 LP_{01} 和 LP_{11} 之间的转换。长周期光栅通过设置光栅周期方法，实现两种模式之间的转换。光栅模式转换器件的优点是，插入损耗小、易于集成耦合，但是其缺点是，仅限于低阶模式转换，不可重构。

在空间光学法中，相位模板控制基模光束入射相位模板特定位置，实现多个高阶模式转换。图 10-24(a) 所示的是相位模板模式转换原理示意图。空间光调制器采用透镜和乘性模板完成二维空间光学傅里叶变换，也可以实现任意 LP 模式转换。空间光学法模式转换器件的优点是，可以实现高阶模式转换、具有可重构能力，但是其缺点是，耦合对准结构复杂、插入损耗大。

10.4.2.2　模式复用器件

模式复用器件的功能是完成模式复用（解复用）。按照模式复用方法不同，模式转换器件也可以分为基于光纤耦合器的导波光学法以及基于透镜和相位模板结合的空间光学法。

在导波光学法中，光子灯笼复用器是利用光纤熔融拉锥结构，使得若干根单模光纤纤芯合并为一个超模纤芯，从而实现模式复用。图 10-24(b) 所示的是光子灯笼复用器的复用工作原理的示意图。图中的各根单模光纤纤芯与空间模式之间的对应关系满足正交酉矩阵要求，可以利用多进多出均衡处理求逆变换还原。目前，商用光子灯笼模式复用器件可以支持 2 ～ 4 组 LP 模格式的复用 / 解复用。定向耦合器采用的是多个单模光纤与少模光纤的并行结构，以包层模式定向耦合的方法来实现纤芯与模式的一一对应，即一个纤芯对应一个模式的模式复用 / 解复用。导波光学法器件的优点是，结构紧凑、集成度高、插入损耗小和模式相关损耗小，但是其缺点是，器件制造工艺限制了它的可复用的模式数量。

在空间光学法中，空间光耦合器采用多组不同的相位模板和透镜结合，实现将多根单模光纤中的多个模式耦合进入少模光纤中。图 10-24(c) 所示的是由相位模板和透镜结合而成的空间光耦合器的工作原理示意图。目前，空间光耦合器商用产品可以支持 6-LP 模式的复用 / 解复用。空间光耦合器的优点是，可以实现可重构的高维度的模式复用，但是其缺点是，分立器件结构复杂、集成度较低。

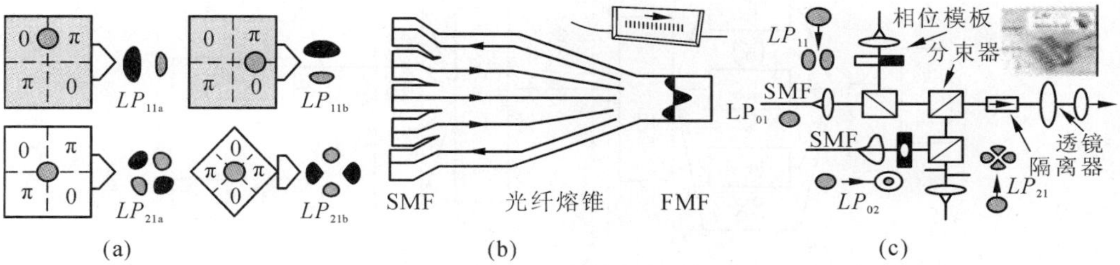

图 10-24　模式转换与模式复用器件工作原理示意图

(a) 相位模板；(b) 光子灯笼；(c) 空间光耦合器

10.4.2.3　少模光放大器

少模光放大器是确保模式复用的光信号在 FMF 传输系统中实现长距离传输的必要的功能器件。与此同时，在少模光放大器增益设计中注意适当补偿 FMF 的弯曲损耗和模式耦合影响，高阶 LP 模式传输损耗略大于低阶 LP 模式传输损耗，降低模式相关损耗的累积。

少模光放大器是少模光纤掺铒光纤放大器(Few Mode- Erbium Doped Fiber Amplifier，FM-EDFA)。根据光放大器的泵浦方式不同，少模光放大器可以分为纤芯泵浦 FM-EDFA 和包层泵浦 FM-EDFA 两大类型。例如，4-LP 模(6 组传输模式) 纤芯泵浦 FM-EDFA 利用纤芯环型铒离子掺杂控制差分模式增益。采用两组单模光源双向泵浦方式，结合相位模板对泵浦光进行模式控制，以便实现 FMF 纤芯中各个 LP 模式光信号的准确增益。纤芯泵浦 FM-EDFA 能够实现 C 波带平均增益 > 20dB，差分模式增益 < 2dB，噪声系数 < 5dB。纤芯泵浦 FM-EDFA 的缺点是，需要单模泵浦光源阵列实现对各个 LP 模式光信号的同时放大，单模激光器泵浦功率受到限制，而且器件集成难度大。为此，研究人员开发出了包层泵浦 FM-EDFA。

包层泵浦 FM-EDFA 的泵浦光源采用的是大功率、低成本的多模激光器。例如，4-LP 模(6 组传输模式) 包层泵浦 FM-EDFA，其掺铒光纤采用双包层结构，通过低折射率的塑料外层将反向泵浦 900μm 多模光源以包层耦合方式输入，实现单泵浦光源对多个 LP 模式的同时放大，既可以降低成本又能够实现全光纤集成。现在，FMF 传输系统的实验报道的

FM-EDFA 的增益模式数量为 4 ～ 6-LP 模，限制了高维模式复用在长距离传输中的应用。

10.4.3 传输实验

10.4.3.1 无源光网络传输实验

图 10-25 所示的是由 FMF 构建的模分复用(Mode-Division Multiplexing，MDM)- 无源光网络(Passive Optical Network，PON) 系统的工作原理图。在光线路终端(Optical Line Terminal，OLT) 侧，激光器发出的光通过 1：n 的光分束器分成 n 路，其中 $n-1$ 路送往 $n-1$ 个独立的发射机进行单独调制，剩下的一路作为导频不经过任何调制处理。经过调制处理的 $n-1$ 路信号和导频通过模分复用器合路并转换成 FMF 中特定的空间模式。在 MDM 的光分配网络(Optical Distribution Network，ODN) 中的起始端，调制信号和导频经过 FMF 传输后，通过模分解复用器解复用，转换成 LP_{01} 模式并送至各个光网络单元(Optical Network Unit，ONU)。在 ONU 侧，导频通过 1：n 的光分束器分成 n 路作为本地振荡和信号进行混频，以便实现相干检测。

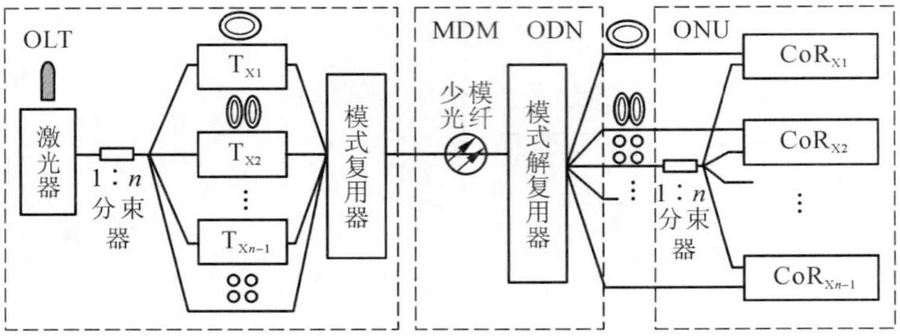

图 10-25 由 FMF 构建的 MDM-PON 系统的工作原理图

图 10-26 所示的是由 FMF 构建的 MDM-PON 实验系统组成。陈远祥等在这个实验系统中实现了传输容量为 4 × 40Gbit/s，传输距离为 55km 的传输实验。研究人员利用模分复用器、两个模式的低串扰 FMF 和模分解复用器构建了 MDM-PON 系统。在两个模式的 FMF 中，一个模式传输信号，另一个模式传输导频。在 OLT 发射机端，4 个激光器输出中心波长分别为 1651.648nm、1651.848nm、1652.048nm 和 1652.248nm 的光，经过波分复用器合路，然后合路的多波长光信号通过 1：2 的光分束器分成两路，一路送入 IQ 调制器进行调制，再进行偏振复用，另一路不需要任何调制。模分复用器将调制后的信号和导频合路并转换为 FMF 中的各个模式。导频从 LP_{01} 模式转换到 LP_{11} 模式，信号以 LP_{01} 模式传输。IQ 调制器由取样速率为 10GSa/s 的任意波形发生器(AWG) 驱动，经过偏振复用后产生 40Gbit/s 的 PMD - QPSK-OFDM 的信号，40Gbit/s 的信号和导频送入长度为 55km 的 FMF 中进行传输。在 ODN 中，信号和导频首先进行模分解复用，然后进行波分解复用，解复用的信号和导频再送入各个 ONU 中进行相干检测。在 ONU 端，各个相干接收机完成各个信号的自零差相干检测。这个传输实验结果证明 MDM 的自零差相干检测可以有效地抑制激光器相位噪声。接收端的数字信号处理算法也可以简化。通过 FMF 代替单模光纤，突破单模光纤传输容量"瓶颈"，可以实现提高 PON 的传输容量。因此，在高速率、大容量、低成本的光纤接入网中，MDM-PON 具有非常好的应用前景。

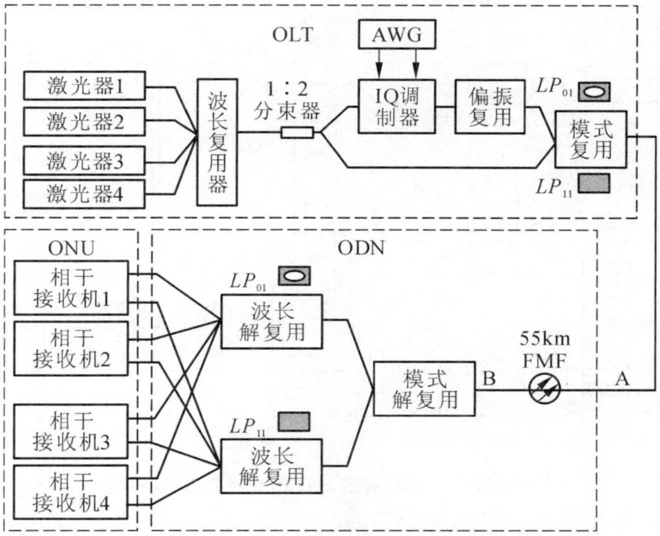

图 10-26　FMF 构建的 MDM-PON 实验系统的组成

10.4.3.2　5230km 传输实验

2010 年，Faith Yaman 等首次在 FMF 中成功地完成了 10×112Gbit/s PMD-QPSK 调制信号 5032km 的传输实验。图 10-27 所示的是，在 FMF 上实现的 5032km 传输实验的系统组成。信道间隔为 50GHz 的 10 个波分复用信道，每个信道的速率为 112Gbit/s 的 PMD-QPSK 调制信号，通过单模光纤(Single Mode Fiber，SMF) 与 FMF 直接连接的方式注入 FMF 的基模。即使 FMF 可以支持 1650nm 的空间模 LP_{11}，但是基模信号在整个光纤传输中并没有经过模分复用处理。在传一个 FMF 跨距段后，信号由与 FMF 连接的第二段 SMF 接收。在信号被注入下一个 FMF 跨距段之前，使用单模掺铒光纤放大器来补偿 FMF 跨距段的传输损耗。没有采用模分复用处理的目的是确保信号不会产生由差分群时延或者附加损耗引起的任何传输损伤。单模工作的 FMF 的带宽与 SMF 相同。FMF 传输实验结果验证 FMF 显著的优点是，以大的纤芯直径来减小了信号的非线性效应损伤。同时，FMF 传输实验证明有效面积为 130μm^2 的 FMF，其最佳注入功率要比 SMF 高 2dB，而且经过 3000km 以后，质量因子 Q 的数值可以提高 1.1dB。

这个光纤传输系统成功地完成了在 FMF 上进行 10 个偏振复用-波分复用信道，每个信道的传输速率是 28Gbud 的 QPSK 调制信号的传输实验。在发射机端，信道间隔为 50GHz 的 10 个分布反馈激光器被分成 5 个奇数信道和 5 个偶数信道。利用 I/Q 调制器将奇数信道和偶数信道的传输速率分别调制为 28Gbud。相同的信号通过分配到两个正交偏振态来实现奇数信道和偶数信道的偏振复用，然后分别通过一个时延臂和一个可调衰减器(Adjustable Attenuator，ATT)，再组合在一起。I 信道 /Q 信道的数据和两个偏振信号是通过 4 个 7Gbit/s 支路信号复用和数据延时获得的。在发射机输出端，使用 50GHz 梳形滤波器完成奇/偶信道的组合。

FMF 环路是由长度分别为 76km 和 72km 的两个跨距段 FMF 组成。第一个跨距段是由两盘长度分别为 39km 和 37km 的 FMF 直接熔接而成。第二个跨距段是由两盘长度分别为 50km 和 22km 的 FMF 直接熔接而成。每盘 FMF 被绕在凸缘直径为 25cm 的标准光纤盘上。FMF 的衰减系数、色散系数和有效面积分别是 0.2dB/km、20ps/(nm·km) 和 130μm^2。使用

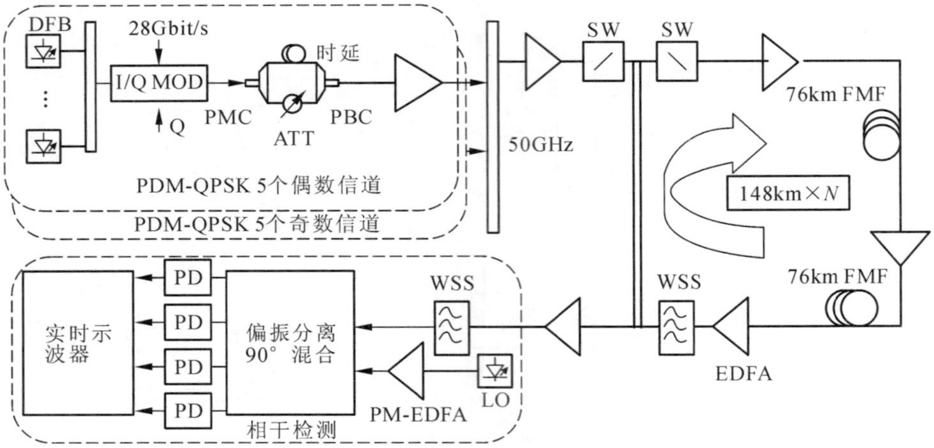

图 10-27　FMF 实现 5032km 传输实验系统

熔接标准单模光纤的熔接机将两个 FMF 跨距段的每个终端直接与单模光纤熔接。使用双向光时域反射仪测量接头损耗。测得的每个接头损耗大约为 0.2dB。将两个跨距段的每个终端连接起来以后，再测量每个跨距段的损耗。测得的 76km 跨距段和 72km 跨距段的损耗（包括接头和连接器）分别为 16.7dB 和 16dB。由模耦合产生的附加损耗并不明显。在测量时间内测得的光纤损耗是稳定的，而且输出功率没有产生波动。两个单段掺铒光纤放大器（EDFA）被用来补偿光纤跨距段损耗，而另一个 EDFA 不用于补偿环路控制损耗。在环路中插入波长选择开关的目的是为了均衡 EDFA 增益和消除 WDM 信道外的放大自发辐射噪声。

相干偏振分离接收机用来接收信号。第二个波长选择开关（Wavelength Selective Switch，WSS）实现对接收到的信号信道进行滤波并与来自偏振分离均衡混合器的本地振荡器的信号进行混合。使用取样速率为 40GSa/s、模拟带宽为 16GHz 的实时示波器收集均衡光检测器的输出信号。为了估算出接收信号的质量因子 Q 值，需要对接收到的数据进行离线处理。离线处理是由数字色散补偿、频率移动估算、相位噪声估算和时域均衡等组成。离线处理是利用恒定的模块算法来消除偏振旋转，对偏振模色散补偿和任何残留色散补偿。

上述的 FMF 单模工作代替单模光纤的优点是，FMF 具有更大的纤芯面积，不仅减小非线性效应损伤，而且单模工作不会产生附加的 DMD。使用两段跨距长度分别为 80km 的单模光纤（Single Mode Fiber，SMF）代替两段 FMF 进行传输实验来证明 FMF 的优点。SMF 的衰减系数、色散系数和有效面积的数值分别为 0.2dB/km、17ps/(nm · km)、80μm^2。利用接收到的质量因子 Q 值与注入功率的关系，比较 FMF 传输 3100km（21 个环路）和 SMF 传输 3040km（19 个环路）之后的非线性性能。FMF 有效面积比 SMF 有效面积大 1.6 倍，FMF 最佳工作功率比 SMF 大 1.6 倍。FMF 传输 3100km 获得的最大的质量因子 Q 值比 SMF 传输 3040km 获得的质量因子 Q 值大 1.1dB。因此，FMF 可以作为传输介质构建标准信道间隔和调制格式信号的超长距离（数千千米）、超大容量（10 × 112Gbit/s）的光纤传输系统。

为了使光纤传输系统的传输容量提高 100 ～ 1000 倍，光纤通信领域需要借助于各种复用原理和各种复用技术来减少大量安装设备和降低铺设光缆成本。为此，进入 21 世纪以后，国内外一些著名的光纤通信研究团体，开展了 FMF、MCF 和 SDM 传输系统研究，而且已经取得了一些令人瞩目的研究成果。

10.5　多芯 - 少模光纤传输实验

10.5.1　系统组成

图 10-28 所示的是典型的 MC-FMF 传输实验系统组成。在系统的输入端，N 个激光器输出的 N 个波长的光，分别经由 N 个调制器调制加载信号，以便形成 N 个波分复用光信号，N 个波分复用光信号经过一个波分复用器复用后，再送入一个 EDFA 进行放大，放大的光信号再送入偏振复用器完成偏振复用，偏振复用后的光信号，经过延时消除处理，进入空分复用器，实现空分复用后，送入 MC-FMF 进行传输。

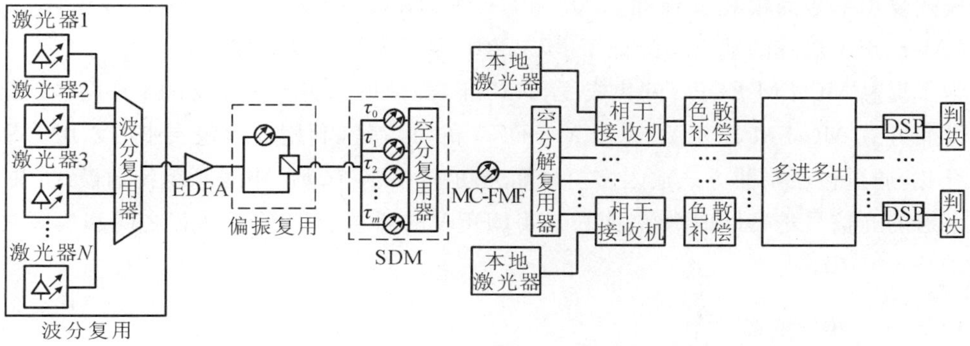

图 10-28　MC-FMF 传输实验系统组成

在系统的输出端，经过 MC-FMF 传输后的光信号，由空分解复用器和模分解复用器分别实现空分解复用和模分解复用，再通过光的波分解复用将光信号分解成多路并行信号并耦合传入单模光纤，然后分别完成电域色散补偿后，再送入多进多出（Multi-Input Multi-Output，MIMO）- 数字信号处理（DSP）模块进行数字信号处理，最终恢复数据并进行判决。

10.5.2　关键光器件

10.5.2.1　多芯 - 少模复用器

多芯 - 少模复用器是确保 MC-FMF 传输系统实现高维度空间复用的关键光器件之一。多芯 - 少模复用器本身的研究经历了一个从自由空间光学系统到光子灯笼复用器的研究与发展过程。

2016 年，J. Sakaguchi 等采用多芯 - 少模解复用器实现了 36 芯三模复用，即将 108 根单模光纤分为三组，每组的 36 芯单模光纤通过相位模板和透镜的自由空间光学系统实现各个独立的模式转换，之后再用透镜分别耦合到 36 个纤芯中进行传输。同年，Igarashi 等采用多芯 - 少模复用器完成了 19 芯六模复用。他们首先通过商用模分复用器完成 19 根 FMF 中的 4-LP 模式复用，然后再通过透镜系统将多根 FMF 信号耦合进入 19 个纤芯进行传输。

基于空间光学耦合系统的多芯复用（Multi-Core Multiplexing，MCM）和少模复用（Few Mode Multiplexing，FMM）两级分离式的组合复用，无法真正体现出 MC-FMF 高维度复用的优势。2016 年，美国佛罗里达大学报道了全光纤结构的 7 芯三模光纤光子灯笼复用器。他们将不同芯直径的FMF插入7个低折射率的掺氟毛细管中，实现了插入损耗为0.2dB、芯间串扰小于－60dB的少模多芯复用。

10.5.2.2 多芯-少模光放大器

多芯-少模光放大器是构建长距离MC-FMF传输系统的关键光器件之一。多芯-少模光放大器的研究经历了一个从环型芯区掺杂结构的少模-掺铒光纤放大器(Few Mode-Erbium Doped Fiber Amplifier，FM-EDFA)到基于环型包层结构和包层泵浦的多芯-少模掺铒光纤放大器(Multi-Core - Few Mode-Erbium Doped Fiber Amplifier，MC-FM-EDFA)的发展过程。

2015年，kohki Shibahara等采用具有环型芯区掺杂结构的FM-EDFA矩阵进行了12芯三模光纤传输实验。他们利用FM-EDFA矩阵对MC-FMF中的各个纤芯的少模复用(FMM)信号进行放大，并且结合空间光学透镜系统进行模式相关损耗补偿，抑制各个纤芯中的模式复用信号的模相关损耗＜0.2dB，FM-EDFA的增益＞18dB，差分模增益＜1.4dB。FM-EDFA矩阵的缺点是降低了MC-FMF赋予系统的高集成度。

为了提高MC-FM-EDFA的集成度，2015年，美国贝尔实验室开发出了环型包层结构和包层泵浦方式MC-FM-EDFA。MC-FM-EDFA的特点是，利用环形包层中的六组掺铒增益介质纤芯，通过包层泵浦方式输入多模泵浦光功率，在各个纤芯中对三组传输模式，共18组空间信道的光信号进行同时放大，MC-FM-EDFA的增益＞20dB，纤芯之间和模式之间差分模增益＜3dB。

10.5.3 传输实验

2016年，日本NTT公司报道在12芯三模光纤上成功地进行了信道数为36、传输容量为28.8Tbit/s、频谱效率为94.32bit/(s·Hz)、传输距离为527km的传输实验。同年日本KDDI公司在9.8km的19芯六模MC-FMF上成功地完成了空间信道数为114、传输容量为2.05Pbit/s、频谱效率为456bit/(s·Hz)的传输实验。

2017年9月17—21日，在瑞典哥德堡召开的欧洲光通信会议上，日本KDDI、Sumitomo与大阪大学联合在超大容量传输研究中又取得突破性成果。他们在19芯六模光纤上成功地完成了C+L波带10.16Pbit/s的传输实验，创造了MC-FMF上实现的传输容量的最新世界纪录。

随着大数据、云计算、5G宽带移动等业务的快速发展，MC-FMF传输系统将会在大容量、灵活交换的城域光网络，高速光互连的大数据中心，大容量、低成本的光纤接入网中得到应用。

10.6 软件定义光网络

10.6.1 基本概念

10.6.1.1 软件定义网络

过去光网络结构简单、功能单一，网络管控主要由硬件实现。2000年以前，SDH光网络的网络管理采用的是人工管理配置系统。2000年后，互联网业务迅速发展，光网络开始向IP化(多业务传送平台)方向演进，为了适应突发性和不确定性特点，要求光网络能够快速、高质量地为用户提供各种带宽服务与应用,要求光网络具有完善的保护和恢复功能,使得光网络成为一个具有自动交换功能的智能光网络。

2000 年,ITU-T 提出自动交换光网络(Automatic Switch Optical Network,ASON)。ASON 技术核心是支持电子交换设备动态向光网络申请带宽资源,可以根据网络中业务分布模式动态变化的需求,通过信令系统或管理平面自动建立或拆除光通道,而不需要人工干预。ASON 的优势集中表现在组网应用的动态、灵活、高效和智能方面。ASON 的核心特征是支持多颗粒、多层次的智能,提供多样化、个性化的服务。

ASON 的智能化管理控制在一定程度上缓解了光网络运行、维护复杂性问题,但是光网络的多域之间的协同依然存在着问题。面对光传送网的挑战时,光网络的管理力不从心。2009 年,Nick Mckeown 教授正式提出软件定义网络(Software Defined Network,SDN)概念。SDN 的核心思想是,利用分层实现,使网络的控制平面与数据转发平面进行分离,从而实现网络资源的可编程软件控制。SDN 的实质是一种网络架构。SDN 分为应用层、控制层、转发(基础设备)层。图 10-29 所示的是 SDN 的分层结构。

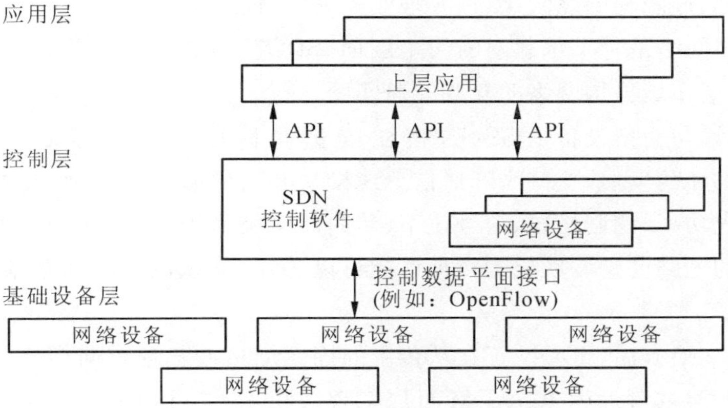

图 10-29　SDN 的分层结构

SDN 的核心思想是将独立的离散式智能从分支节点转移到中央控制节点,中央枢纽保持全网流量监视和控制,从开放式系统接口的 2 ～ 7 层实时把握网络整体状态,即时控制和调度,建立强大中央智能,实现全网和 100% 的垂直完整管理。

10.6.1.2　软件定义光网络

软件定义光网络(Software Defined Optical Network,SDON)是将 SDN 概念和技术应用在光传送网上,通过控制功能和传送功能分离,对网络资源和状态进行逻辑集中控制,通过开放控制接口将抽象后的传送网资源提供给应用层,实现传送网的可编程性、自动化网络控制,建设面向业务应用的灵活、开放、智能的光传送网体系结构。

SDON 应用于光传送网的主要目的是:① 提供多网域、多技术、多层面、多厂商光传送网的统一控制、网络虚拟化、网络优化和集中恢复;② 实现与具体传送技术无关的连接控制,支持跨分组和电路层的多层优化;③ 连接与控制分离,向业务应用开放传送网服务功能,而不需要开放网络管理系统的其他部分。

SDON 具备的三大基本特征:控制与传送分离、逻辑集中控制和开放控制接口。控制与传送分离:在控制层屏蔽光传送设备层细节,简化现有的光传送网复杂和专用的控制管理协议。控制层和传送设备之间通过传送控制平面接口进行通信。逻辑集中控制:逻辑集中控制可以掌握全局网络资源，进行优化的决策控制，提高光网络的智能调度和协同控制能力。开放控制接口：通过标准的网络控制接口，向外部业务应用开放网络能力和状态信息，允许业务层开放软件来控制传送网资源，对传送网进行监视和调整，以满足光传送网业务灵活快速提供、网络虚拟化、网络和业务创新等发展需求。

10.6.1.3 SDON 核心技术

软件编程思想引入光网络业务平面、控制平面和传送平面，使得光网络体系架构不仅具有客户业务感知的能力，并且还具有传输质量感知的能力。借助软件编程控制的思想，可以实现光网络元素（包括业务处理、网络控管机制、传输设备方面）的软件可编程控制，提高了光网络的灵活控制能力，解决了传统多层异构网络面临的一些关键问题。

SDON 是对光网络智能化的延伸与增强，它代表着光网络的控制平面由单纯的交换智能向同时考虑业务智能、传输智能的综合方向发展。为了适应这一角色变革，SDON 的核心技术包括：开放灵活的业务编排、异构网络互联、可编程光传输与交换设备。

开放灵活的业务编排是 SDON 的灵魂。通过网络应用部署与特定的网络环境解耦合，不同的应用程序通过统一的北向接口，实现业务灵活、快速地接入。

光网络与 IP 网络是骨干承载网的两个层面。SDON 通过面向对象的交互控制接口，可以有效地解决多层多域异构网络的互联互通问题。

可编程光传输与交换设备是 SDON 核心，是数据平面实现软件控制的保障。在可编程光传输方面，SDON 的发展，支持光纤通信系统模块和器件的调谐能力。支持光收发机的波长、输入 / 输出光功率、调制格式、信号速率、前向纠错类型等选择。光放大器增益等参数在线调整。SDON 的光路已经发展成为物理性能可以感知、可以调节的动态系统，从而实现光层智能化。

在可编程光交换方面，SDON 正在从传统的固定栅格波长通道向栅格灵活的带宽颗粒精细化方向发展。通过可编程 ROADM 可以实现波长无关、方向无关、竞争无关、栅格无关的光交换。利用可编程光路交换技术，为实现高的频谱效率、速率灵活的光路配置和带宽管理提供了一个全新思路。

10.6.2 体系架构

SDON 是 SDN 理念在光传送网中的应用，为此 SDON 采用 SDN 的体系架构。图 10-30 所示的是 SDON 的体系架构。SDON 的体系架构分为四个平面：应用平面、控制平面、数据平面和管理平面。数据平面与控制平面之间的接口为数据 - 控制平面接口（Data-Control Plane Interface，D-CPI），控制平面与应用平面之间的接口为应用 - 控制平面接口（Application-Control Plane Interface，A-CPI）。下面简单地描述各个平面的构成和功能。

数据平面，包括一个或多个网元。每个网元都包含一组数据转发或业务处理资源，需要分配一个设备代理，以便实现数据 - 平面接口中的通用协议转换为硬件设备的专有协议。

控制平面，采用集中控制器的机制。控制器内安装相应的特定功能模块，实现建路、拆路等网络功能。除此之外，还可以根据应用的需要安装相应的特定功能模块，以便适应控制功能的扩展。

管理平面，通过管理接口对传送平面、控制平面、应用平面和数据通信网络进行管理、实现配置、告警、计费等功能。

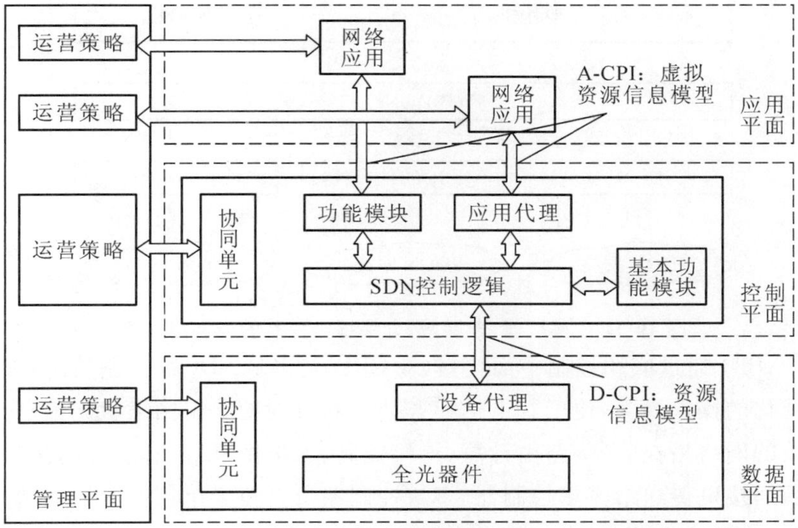

图 10-30　SDON 的体系架构

应用平面，可由设备商、运营商等任意商家进行开发，如虚拟网络业务、故障分析和流量分析等。

就模块之间接口而言，SDON 架构仅关注南北向两类接口：D-CPI 和 A-CPI。接口主要用于提供资源模型和组网策略。与通用多协议标记交换架构中的各类接口相比，SDON 架构中的接口要简单得多。

10.6.3　应用场景

10.6.3.1　应用价值

光传送网采用 SDON，通过智能化管理，可以提高网络资源的利用率和运营效率，可以快速部署传送业务，提高服务效率，确保运营商从基础网络获得更多的经济效益。从运营商的角度看，光传送网采用 SDON 的价值主要体现在以下几个方面：

(1) 简化运营、提高效率

通过在光传送网中引入 SDON，实现光传送网从“人工静态网管配置”向“实时动态智能控制”的演进，提高了业务开通速度，简化了网络配置和运营。

(2) 跨层、跨域、跨厂商统一控制

通过采用层次化的控制结构，光传送网 SDON 支持对多厂商设备和多层多域网络的统一控制和管理。通过多层网络 SDON 控制协同，实现跨层网络统一智能组网。

(3) 开放北向接口、创新业务模式

通过提供新的网络能力和开放的北向接口实现光传送网业务创新能力，如智能专线、光虚拟专用网、虚拟传送网等业务。

10.6.3.2　多厂商、多网域统一控制

图 10-31 所示的是多厂商、多网域、分层统一控制光网络结构。这个体系是由数据平面的传送设备、各个单域 SDON 控制器、多域 SDON 控制器和应用平面组成。通过分层控制器结构，可以实现多厂商、多网域的光网络的端到端的连接控制和网络管理。

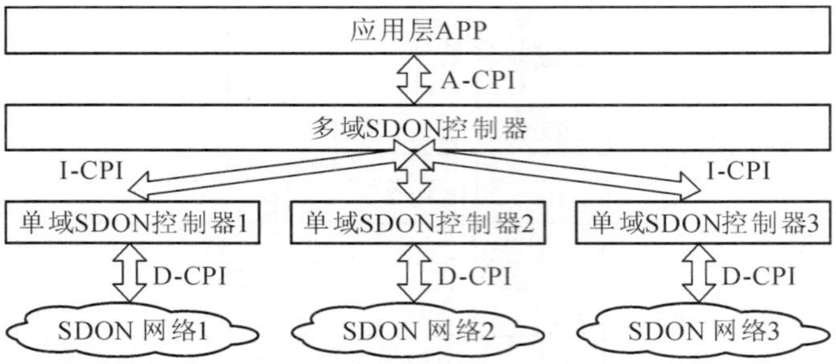

图 10-31 多厂商、多网域、分层统一控制的光网络结构

应用层(APP)通过应用控制平面接口(A-CPI)与多域SDON控制器进行通信,用于给用户提供可视化的操作界面,便于其下达业务请求和直观地获得网络状态信息。各个单域控制器负责本域的网络拓扑收集、路由计算、连接控制、保护恢复等功能,并将拓扑和资源信息通过控制器层间接口传送给多域控制器。多域控制器负责多个单域控制器的域间拓扑收集、跨域路径计算、跨域端到端连接和保护恢复等功能。传送平面与单域控制器之间通过数据控制平面接口(D-CPI)进行通信。

10.6.3.3 IP与光协同控制

在现有的IP over WDM的组网模式下,IP网和光传送网络分别进行网络规划和建设。IP层是面向光传送网提出传送带宽需求,光传送网负责提供静态连接,两者之间缺乏有效的协同和联合优化,从而造成了网络资源利用效率低、缺乏全局优化、网络规划周期长等问题。

利用SDON的集中控制的思路,在IP网和光传送网中分别引入网络控制器,同时在两者之上引入一个综合的SDON控制器,以便实现IP与光协同控制。图10-32所示的是IP与光协同控制光网络结构。

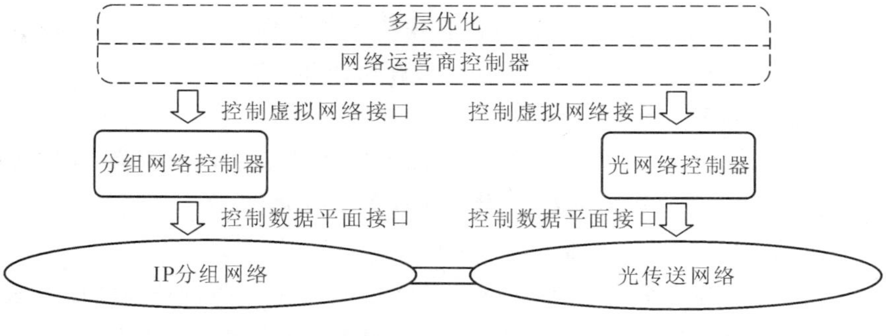

图 10-32 IP与光协同控制的光网络结构

IP协同组网可以实现IP层和光层网络的统一控制和优化,快速响应突发业务需求,协调IP层和光层的保护机制,提高网络资源利用率。通过引入SDON统一控制,可以充分发挥IP网和光传送网二者各自的优势,实现网络整体的最优化,提高网络资源利用率。

10.6.3.4 数据中心

数据中心是当前以云计算服务为代表的互联网技术中不可或缺的信息化重要载体,提供信息存储和信息处理功能,是互联网服务的核心基础设施。传统的电交换技术的数据中心网络遇到了带宽容量、能量消耗和传输距离等技术瓶颈。光互联网具有大容量、高带宽、高能效等优势,成为适应大规模数据中心组网的关键技术。

在光网络技术发展和数据中心业务的驱动下，数据中心光网络发展经历了面向光电混合光网络、波分复用光网络和弹性光网络三个阶段。数据中心光网络的未来发展方向是开放组网和智能控制。图 10-33 所示的是数据中心演进趋势。

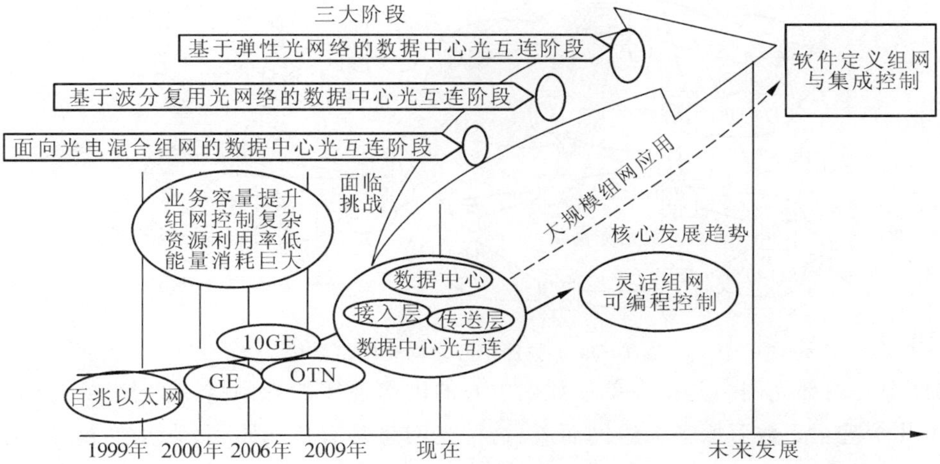

图 10-33　数据中心演进趋势

传统的数据中心电互联网由于交换容量和能量消耗等问题，逐步向面向光网络组网的数据中心应用场景过渡，光网络可以提供大容量、低时延、小能耗等优势，以便实现高速率、大带宽业务。波分复用光网络作为数据中心更好地适应数据中心应用需求。① 传输容量大，节约光纤资源。② 业务信号透明，可以同时传输不同类型、不同速率的信号。③ 网络扩容升级简单易行，更换终端设备和增加光波长就可以实现网络扩容和开通新业务。弹性光网络通过细化并分割频谱资源，根据数据中心业务需求，以动态有效配置频谱资源，满足数据中心通信不同带宽的需求。

按照应用场景的不同，软件定义数据中心光网络可以分为数据中心之间光网络和数据中心内部光网络。数据中心之间光网络指的是不同数据中心之间采用光纤通信的方式进行连接的光网络。不同地理位置的数据中心互连，实现跨洲、跨国、跨省的长距离通信。数据中心之间出口的数据流量呈现出高带宽的特征。数据中心之间光网络一般由骨干信号网络或城市区域光网络承载。

(1) 数据中心之间光网络

图 10-34 所示的是数据中心之间光网络结构。分布式数据中心由灵活(弹性) 光网络(eSDON) 实现互联。在数据中心之间的互联网中，分别部署了应用层资源和网络层资源，每层资源由相应的应用控制器(Application Controller，AC) 和传输控制器(Transport Controller，TC) 利用开放流(OpenFlow) 协议分别进行统一控制。为了实现面向数据中心应用的异构网络开放流控制，需要利用开放流控制协议代理软件与光网络设备节点进行通信。该设备称为软件定义光传送网节点(SD-OTN)。eSDON 架构具有双重优势。首先，eSDON 可以增强 AC 与 TC 之间的通信协议，首先数据中心应用与网络资源的联合交互，以完成全局跨层优化的目标。其次，根据路径的距离和网络资源状态，灵活光网络可以通过 eSDON 控制调整物理层参数(带宽和调制格式)，来实现软件定义路径和资源的优化。

(2) 数据中心内部光网络

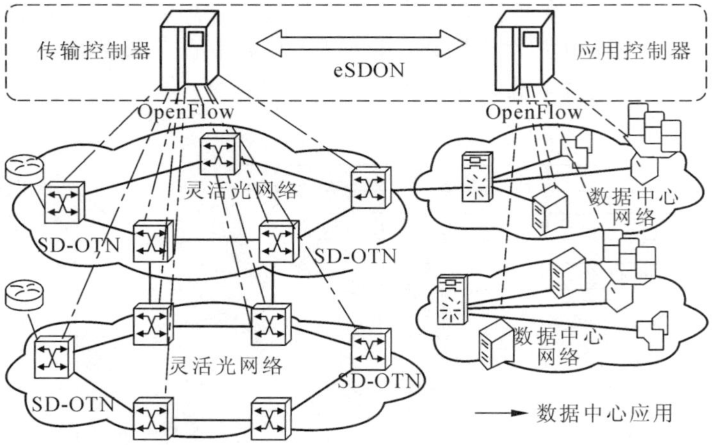

图 10-34　数据中心之间光网络结构

数据中心内部光网络是指在单一数据中心的内部连接的光网络。光网络处在同一地理位置，由几十甚至于数万服务器组网而成。这种光网络具有传输距离短、交换机端口维度多等特征。

图 10-35 所示的是开放流(OpenFlow)数据中心内部光网络结构。这个光网络结构是基于时间感知软件定义组网架构(TaSDN)实现服务动态迁移。使用机柜顶端(ToR)、汇聚层和核心层三种等级光交换设备连接域内的数据中心服务器，其中应用层资源部署在数据中心内部。每层资源通过开放流技术软件定义，并且由应用控制器和网络控制器分别以统一的方式实现控制。

为了在数据中心内部网络中应用开放流协议完成服务迁移，需要在网络中部署只具有开放流代理的协议功能的光交换设备。在数据中心内部实现 TaSDN 架构的两个驱动力是：①TaSDN 能够强调应用控制器与网络控制器之间的交互协作，完成不同时间敏感需求的数据中心服务适配调度，并且通过时间感知的服务调度策略优化应用与网络层资源的利用。② 针对数据中心内部的高突发性，TaSDN 通过集中式控制和相关流程提供快速突发服务。

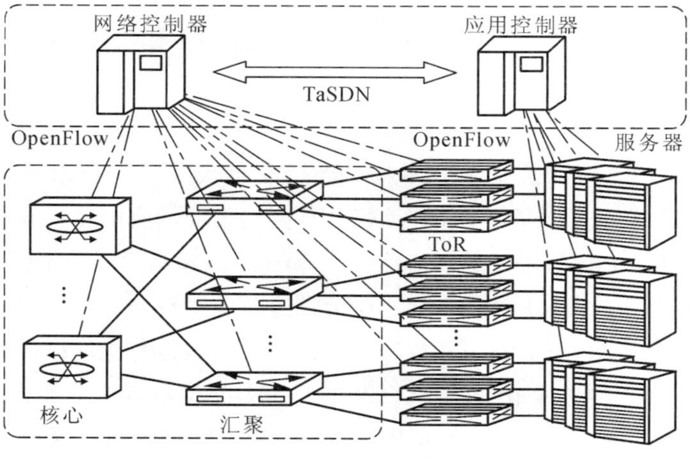

图 10-35　开放流数据中心内部光网络结构

10.7　小结

数字高清晰电视、云计算、物联网、5G 宽带移动、超高带宽业务成为光网络发展的主要支柱，促进光网络的架构转型，以便满足用户对带宽需求的与日俱增。图 10-1 所示的是光纤传输系统支持的各种宽带业务。

高阶调制、多维复用、相干检测、数字信号处理、前向纠错等技术，通过降低传输速率、提高传输容量、减小传输损伤、提高传输质量，推动光纤传输系统向着超高速率、超长距离、超大容量、超高频谱效率（"四超"）的方向发展。

高速光电器件是光纤传输系统的重要支撑基础。可重构光分插复用器、光交叉连接器和光波长选择器等赋予光网络的光层实现光信号的传输、交换和选路功能，为构建灵活、透明、可以动态重构的光网络，提供必需的技术保障。高速光电器件技术创新、性能突破，推动了光纤传输系统和光网络更新换代。

多芯光纤（空分复用）、少模光纤（模分复用）和多芯 - 少模光纤（空分复用 + 模分复用）及其配套的光器件，打破了单纤传输容量 100Tbit/s 的极限，促使光纤传输系统向着单信道传输速率 $>$ 100Gbit/s，单纤传输容量 $>$ 100Tbit/s，传输距离 $>$ 1000km，频谱效率 $>$ 10bit/(s · Hz) 的方向发展。

软件定义光网络是将计算机软件定义网络概念和技术应用在光传送网，通过控制功能和传送功能分离，对网络资源和状态进行逻辑集中控制，通过开放控制接口将抽象后的传送网资源提供给应用层，实现传送网的可编程性、自动化网络控制，建设面向业务应用的灵活、开放、智能的光传送网体系结构。软件定义光网络技术在控制能力方面的优势已经使其成为智能光网络发展的重要技术选择。

小知识

中国电信传输网与互联网两网融合开拓者

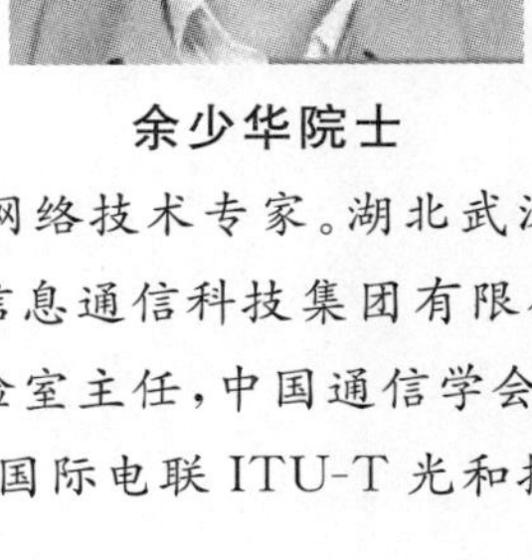

余少华院士

余少华（1962—）信息与通信网络技术专家。湖北武汉人。1992 年毕业于武汉大学电子信息学院，获博士学位。现任中国信息通信科技集团有限公司教授级高工、总工、副总经理、光纤通信技术和网络国家重点实验室主任，中国通信学会光通信委员会主任，国家 863 计划网络与通信主题专家组成员。曾任国际电联 ITU-T 光和接入网研究组（SG15）副主席，国家 973 项目首席。

他长期从事光纤传输系统和通信网络技术研究，是我国电信传输网 SDH（同步数字体系）与互联网（含以太网）两网融合的开拓者之一，在国际上率先发明以太网与 SDH 网融合传送的链路接入规程的 SDH 系统设备和城域网多业务环系统设备，均实现产业化。他在 SDH 传输网的互联网化、利用已覆盖全球的 SDH 网解决互联网的覆盖与提速问题、城域分组环网传送多种业务等国际热点问题上作出了开拓性贡献。以他为独立发明人的专利获中国发明专利金奖 1 项、优秀奖 2 项、全国信息产业重大技术发明 3 项，他以第一完成人获国家技术发明二等奖两项和国家科学技术进步二等奖两项。先后获中国青年科技奖、全国杰出专业技术人才、光华工程科技奖、全国优秀科技工作者、湖北省最高科技奖和全国劳模称号。

2015 年当选中国工程院院士。

习　题

10-1　说明各种业务与带宽需求。

10-2　叙述光纤传输系统实现“四超”的意义。

10-3　阐述光纤传输系统实现“四超”采用的关键技术原理。

10-4　讨论可重构光分插复用器在光网络中扮演的重要作用。

10-5　比较多芯光纤、少模光纤和多芯 - 少模光纤的复用原理。

10-6　说明多芯 - 少模光纤传输系统的组成、关键技术和传输实验。

10-7　阐述软件定义光网络的概念。

10-8　叙述软件定义光网络的技术特征。

10-9　说明软件定义光网络的体系架构。

10-10　比较软件定义光网络的应用特点。

参考文献

[1] GOVIND P. AGRAWAL. Fiber-Optic Communication Systems (Fourth Edition)[M]. John Wiley & Sons,Inc, 2010.

[2] 胡先志,等. 光纤通信概论[M]. 北京:人民邮电出版社,2012.

[3] GERD KEISER. Fiber-Optic Communications (Fifth Edition)[M]. McGraw-Hill Education, 2015.

[4] 余建军,等. 基于数字信号处理的相干光通信技术[M]. 北京:人民邮电出版社,2013.

[5] 余少华,等. 超高速超大容量超长距离光纤传输系统前沿研究[M]. 北京:科学出版社,2015.

[6] AJOY GHATAK. Optics (Fourth Edition)[M]. McGraw-Hill Education, 2010.

[7] 顾畹仪,等. 光纤通信[M]. 2 版. 北京:人民邮电出版社,2011.

[8] 杨淳良,等. 光纤通信网络[M]. 新北:全华科技图书股份有限公司,2008.

[9] 李铭渊. 光纤通信概论[M]. 新北:全华科技图书股份有限公司,2009.

[10] 魏忠诚. 光纤材料制备技术[M]. 北京:北京邮电大学出版社,2016.

[11] MOHAMED ATEF,HORST ZIMMERMANN. Optical Communications over Plastic Optical Fiber[M]. Springer, 2012.

[12] 高军诗,等. 光通信技术与应用[M]. 北京:人民邮电出版社,2016.

[13] 宋菲君,等. 信息光子学物理[M]. 北京:北京大学出版社,2006.

[14] 胡先志. 光纤与光缆技术[M]. 北京:电子工业出版社,2007.

[15] 胡先志. 通信光纤性能及其应用前沿研究[M]. 武汉:武汉理工大学出版社,2016.

[16] 胡庆,等. 通信光缆与电缆线路工程[M]. 2 版. 北京:人民邮电出版社,2016.

[17] 谢桂月,等. 通信线路工程设计[M]. 北京:人民邮电出版社,2008.

[18] 胡毅. 光有源器件原理与技术[M]. 北京:北京邮电大学出版社,2016.

[19] 陈鹤鸣,等. 激光原理及应用[M]. 3 版. 北京:电子工业出版社,2017.

[20] 王启明,等. 光子学技术[M]. 北京:清华大学出版社,2002.

[21] 韦乐平,等. 光网络 —— 系统、器件与联网技术[M]. 北京:人民邮电出版社,2006.

[22] ASIT KUMAR DATTA,et al. Information Photonics Optics[M]. CRC Press, 2017.

[23] 余金中. 半导体光子学[M]. 北京:科学出版社,2015.

[24] JEFF HECHT. Understanding Fiber Optics[M]. Prentice Hall,2002.

[25] 纪越峰,等. 现代通信技术[M]. 3 版. 北京:北京邮电大学出版社,2010.

[26] 顾畹仪. 光纤通信系统[M]. 3 版. 北京:北京邮电大学出版社,2013.

[27] ITU-Manual. Optical fibres, cables and systems[M]. ITU,2013.

[28] ITU-Manual. Optical Transport Networks from TDM to Packet[M]. ITU,2010.

[29] 孙学康,等. 光纤通信技术基础[M]. 北京:人民邮电出版社,2017.

[30] 祝宁华. 光纤光学[M]. 北京:科学出版社,2011.

[31] 余金中. 硅光子学[M]. 北京:科学出版社,2011.

[32] ACHYUT K. DUTTA,et al. WDM Technologies Passive Optical Components Volume Ⅱ[M]. Academic Press, 2003.

[33] 张成良,等. 光网络新技术解析与应用[M]. 北京:电子工业出版社,2016.

[34] MUKASA K, IMAMURA K,SUGIZAKI R. Multi-core Few-Mode optical fibers with large Aeff [C]//ECOC 2012. Amsterdam: OSA, 2012.

[35] 赖俊森,等. 光纤通信空分复用技术研究进展与分析[J]. 电信科学, 2017(9):118-135.

[36] 付松年，等. 基于多芯少模光纤的传输与传感应用[J]. 光通信研究，2017(6)：12-19.

[37] SAKAGUCHI J，et al. Realizing a 36core，3-mode fiber with 108 spatial channels [C]. California：Optical Fiber Communications Conference and Exhibition，March 22-26. 2015，Los Angeles，CA，USA. New Jersey：IEEE Press，2015：1-3.

[38] IGARASHI K，et al. Ultra-dense spatial-division-multiplexed optical fiber transmission over 6-mode 19core fiber [J]. Optics Express，2016，24(10)：10213.

[39] EZNAVEH Z S，et al. Few mode multicore photonic lantern multiplexer [C]. California：Optical Fiber Communications Conference and Exhibition，March 20-24. 2016，Anaheim，USA. New Jersey：IEEE Press，2016.

[40] SHIBAHARA K，et al. Dense SDM(12-core × 3-mode) transmission over 527km with 33.2ns mode-dispersion employing low-complexity parallel MIMO frequency-domain equalization [C]. California：Optical Fiber Communications Conference and Exhibition，March 22-26. 2015，Los Angeles，CA，USA. New Jersey：IEEE Press，2015.

[41] JIN C，et al. Efficient annular cladding amplifier with six，three-mode cores [C]. California：Optical Fiber Communications Conference and Exhibition，March 22-26. 2015，Los Angeles，CA，USA. New Jersey：IEEE Press，2015.

[42] 吴冰冰，等. 2017 年欧洲光通信会议述评[J]. 电信科学，2017(10)：1-8.

[43] 崔秀国，等. 光纤通信系统技术的发展、挑战与机遇[J]. 电信科学，2016(5)：1-10.

[44] 胡先志，等. 400Gbit/s 传输的单模光纤的研究[J]. 光通信研究，2017(5)：1-5.

[45] 胡先志，等. 单模光纤类型与性能演进[J]. 光通信技术，2017(11)：32-36.

[46] 易亚军，等. 多芯 - 单模光纤 1435km 和 560Tbit/s 传输实验[J]. 光通信技术，2017(12)：54-57.

[47] 陈雷，等. 400Gbit/s PAM4 CFP8 光收发模块技术研究[J]. 光通信研究，2018(2)：60-64.

[48] 李嘉恒，等. 高集成硅基微波光子芯片的研究进展及趋势[J]. 光通信研究，2017(3)：1-5.

[49] 赵永刚，等. 软件定义光网络[M]. 北京：人民邮电出版社，2017.

[50] 易亚军，等. 多芯 - 单模光纤传输系统研究进展[J]. 光通信技术，2018(8)：21-25.

[51] 陈炳炎. 光纤光缆的和制造[M]. 杭州：浙江大学出版社，2016.

[52] DAVID KLOTZKIN. Introduction to Semiconductor Laser for Optical Communications[M]. Springer，2014.

[53] 熊余，等. 下一代光源光网络[M]. 北京：北京邮电大学出版社，2016.

[54] 胡毅，等. 光有源器件原理与技术[J]. 电信科学，2019(4)：41-46.